土壤与植被相互作用研究系列

黄土高原植被恢复的土壤环境效应研究

安韶山　黄懿梅　朱兆龙　焦　峰　等　著

科学出版社

北京

内 容 简 介

本书是关于黄土高原植被恢复与土壤相互作用研究的集成，是作者主持和参与的多项科研项目的凝练与总结。本书主要涉及黄土高原植被恢复特征、土壤有机碳固定、土壤团聚体稳定性及抗侵蚀能力、土壤微生物群落特征及其对植被恢复的响应、植被与土壤生态化学计量特征、植被恢复下生态系统服务功能提升等研究内容。

本书适合土壤学、生态学、环境科学等学科，以及水土保持与荒漠化防治领域的广大科技工作者和研究生阅读。

图书在版编目（CIP）数据

黄土高原植被恢复的土壤环境效应研究/安韶山等著. —北京：科学出版社，2020.10

（土壤与植被相互作用研究系列）

ISBN 978-7-03-063614-0

Ⅰ.①黄⋯ Ⅱ.①安⋯ Ⅲ.①黄土高原–植被–生态恢复–土壤环境–环境效应–研究 Ⅳ.①Q948.524 ②X21

中国版本图书馆 CIP 数据核字（2019）第 273668 号

责任编辑：陈　新　闫小敏 / 责任校对：郑金红
责任印制：肖　兴 / 封面设计：铭轩堂

科学出版社 出版
北京东黄城根北街 16 号
邮政编码：100717
http://www.sciencep.com

北京九天鸿程印刷有限责任公司 印刷
科学出版社发行　各地新华书店经销

*

2020 年 10 月第 一 版　开本：787×1092 1/16
2020 年 10 月第一次印刷　印张：22 1/2
字数：530 000

定价：298.00 元
（如有印装质量问题，我社负责调换）

《黄土高原植被恢复的土壤环境效应研究》著者名单

主要著者

安韶山　黄懿梅　朱兆龙　焦　峰

其他著者（按姓名汉语拼音排序）

白雪娟　成　毅　程　曼　窦艳星

高　涵　焦　峰　刘　洋　王宝荣

王　丛　王信增　向　云　薛志婧

杨　轩　杨　阳　曾全超　张树萌

序

  黄土高原是我国生态退化最严重的地区之一，也是西部大开发中生态环境建设重点区域。随着人口的不断增长，黄土高原地区乱砍滥伐、过度放牧及毁林开荒等现象越来越严重，原有的自然林草植被越来越少，水土流失严重，造成了土地质量和生产力不断下降，资源也日益枯竭，生态环境进一步恶化，形成了"破坏—环境恶化—贫穷—再破坏"的恶性循环。对已退化的生态系统进行综合整治，使其逐渐恢复，是提高黄土高原地区植被生产力、改善生态环境的关键。

  植被作为重要的生态因子，是防治黄土高原水土流失的有效措施，在自然生态环境中占有极其重要的地位。随着我国西部大开发这一重大战略的提出，以退耕还林/草为核心的生态环境建设在西部实施，对改善西部生态环境起到积极作用。从全球来看，美国国家航空航天局最新公布的卫星结果显示，最近20年来我们的地球在逐渐变绿，主要归功于中国和印度。就我国而言，全球5%的变化率里面，我国就贡献了25%。从全国来看，黄土高原近20年植被覆盖度增加最为显著。据初步统计，2000~2014年，陕西、山西和宁夏三省（区）退耕还林/草工程累计投入超过450亿元，造林面积达4.8万km^2，其中有1/3为退耕造林，其余为荒山荒地造林和封山育林。退耕还林/草使区域生态环境发生了很大变化，2000~2015年，黄土高原植被指数增长率远高于全国平均水平。

  在土壤保持方面，从2000年到2015年，平均土壤侵蚀速率由47.37t/hm^2下降到18.77t/hm^2。2000年以来，随着退耕还林/草工程的实施，植被恢复措施成为土壤保持的主要贡献者（占57%）。在固碳方面，黄土高原植被净生态系统生产力（NEP）显著增加，主要集中在黄土丘陵沟壑区等退耕还林/草实施区域。虽然黄土高原生态系统服务功能整体向健康方面发展，但大规模植被恢复也造成蒸散量增加、流域产流和径流减少、土壤含水量下降等问题，部分地区出现了土壤干层和"小老头树"等现象，植被恢复的稳定性和可持续性需要提高。

  退耕还林/草工程实施后，黄土高原实现了生态环境保护和社会经济发展的"双赢"。植被呈现明显增加趋势，土壤保持、固碳等生态系统服务功能增强，粮食产量增加，社会经济发展水平提升。尽管还存在着一些问题，但从整体上看，退耕还林/草工程在保护黄土高原生态环境方面取得了成功。

  该书回顾了退耕还林/草工程实施以来黄土高原植被恢复进程，归纳和总结了植被恢复对土壤固碳、土壤微生物多样性、土壤团聚体稳定性和区域生态服务功能等产生的环境效应。该书是在作者总结其主持和参与的多项课题的研究成果的基础上完成的，是相关研究工作的系统归纳与总结。作者将长期的观测数据、试验结果和已有的研究成果进行汇总分析,较为系统地回答了黄土高原植被恢复的土壤环境效应等科学问题,为从事土壤生态研究的科研人员提供了科学借鉴,为恢复黄土高原植被及发挥其生态环境效应提供了科学依据。

傅伯杰
中国科学院院士
2019 年 9 月

前　言

随着我国西部大开发这一重大战略决策的提出,以退耕还林/草为核心的生态环境建设在西部展开,对减缓土地沙化、控制水土流失、有效涵养水源、改善西部生态环境起到积极作用。植被的恢复与重建已经成为众多学者关注的问题。因为植被有较好的水土保持功能,所以其恢复与重建将影响土壤养分分布和保持。恢复植被可以涵养水源、改良土壤、增加地面覆盖、防止土壤侵蚀,进而减少土壤养分流失。随着退耕还林/草工作的开展,社会开始广泛关注和重视黄土高原的植被恢复工作,对于这方面的研究也已经取得了一定的成果。

退耕还林/草工程实施以来,黄土高原植被覆盖度总体状况明显好转,呈现出显著的区域性增加趋势,其中以黄土丘陵沟壑区植被恢复态势最为典型。为了有效改善我国日益严重的水土流失和土地沙漠化问题,需要改善逐渐恶化的生态环境。退耕还林/草工程究竟在哪些方面影响了黄土高原地区生态环境演变?采用人工手段恢复林草植被的组成、结构、功能表现如何?不同年限、不同覆盖度、不同类型的人工植被恢复下土壤因子发生了怎样的变化?人工植被与天然植被相比,生态因子影响的差异如何?什么样的林草布局才能产生最佳的生态效应?这些问题已成为退耕地生态恢复与植被重建中需要进一步深入研究的内容。因此,正确回答退耕还林/草工程的土壤生态效应,不仅有助于客观地定性/定量评价这一工程,为国家当前和今后退耕还林/草工程的可持续发展提供科学的决策依据,而且进一步丰富和完善退耕还林/草工程的学科理论,发挥退耕地人工植被的生态服务功能。基于此,本书回顾了黄土高原植被恢复进程,归纳和总结了植被恢复的土壤环境效应,可为从事黄土高原植被恢复建设与土壤生态研究的科研人员提供科学借鉴。

本书是中国科学院水利部水土保持研究所土壤与植被相互作用研究团队自 2006 年以来,所承担的国家自然科学基金青年科学基金项目"黄土丘陵区植被恢复过程中土壤微生物多样性演变"(40701095)和"宁南山区植被恢复中氨化微生物群落对土壤氮素矿化的影响及机制"(41101254),国家自然科学基金面上项目"宁南山区植被恢复对土壤不同粒径团聚体中微生物群落分异特征的影响"(40971171)、"黄土丘陵区枯落物对土壤微生物多样性及碳固定的影响机理"(41171226)、"宁南山区植被恢复中根系生产力及其对有机碳贡献辨析"(41671280)、"黄土丘陵区环境因子对土壤水分的贡献率及其尺度效应"(41271043)、"基于超声能量法研究凋落物分解与土壤团聚体作用机制"(41771317),国家自然科学基金重点项目"黄土丘陵区土壤侵蚀对植被恢复过程的干扰与植物的抗侵蚀特性研究"(41030532),中国科学院"西部之光"项目"黄土高原植被恢复对土壤团聚体稳定性和有机碳官能团的影响"等相关研究的结晶。本书主要是在成毅、程曼、薛志婧、曾全超、向云、刘栋、杨阳、王宝荣、杨轩、刘洋、张树萌、董扬红、李鑫、李娅芸、刘雷、方瑛、马任甜、陈亚楠、赵晓单、王信增等的学位论文的基础上，由安韶山、黄懿梅、朱兆龙、焦峰等撰写完成。其中，第一章由杨阳、安韶山、刘洋撰写；第二章由杨阳、安韶山撰写；第三章由薛志婧、窦艳星、刘洋、成毅撰写；第四章由向云、白雪娟撰写；第五章由黄懿梅、王丛、张树萌、高涵撰写；第六章由程曼、朱兆龙、成毅撰写；第七章由曾全超、成毅撰写；第八章由窦艳星、王宝荣撰写；第九章由焦峰、朱兆龙、王信增撰写；第十章由杨阳撰写；书稿封面照片由田均良研究员、史新合老师提供；全书由安韶山统稿。在内容编排上打破了论文原有内容的框架，以解决科学问题为主，结合博士、硕士学位论文和所发表文章，查漏补缺重新组织而成。

感谢李壁成研究员、焦菊英研究员、邹厚远研究员、赵世伟研究员、常庆瑞教授、曲东教授等对本书相关研究工作的建议与支持。感谢黄土高原土壤侵蚀与旱地农业国家重点实验室、安塞水土保持综合试验站、西北农林科技大学宁夏固原生态试验站、云雾山草原自然保护区对野外研究工作与生活的支持。感谢 2007～2019 级多位研究生所做出的贡献及给予的支持与帮助。

由于著者水平有限，疏漏和不足之处恐难避免，敬请读者不吝赐教。

著 者

2019 年 9 月于杨凌

目 录

第一章 黄土高原植被恢复概述···1
第一节 黄土高原植被恢复与重建理论·······································2
第二节 近百年黄土高原植被恢复概况·······································3
第三节 黄土高原退耕还林/草工程···4
  一、自然恢复···5
  二、人工恢复···6
第四节 黄土高原自然植被恢复进程···7
  一、森林植被恢复进程···7
  二、草原植被恢复进程···8
第五节 近30年黄土高原植被 NDVI 变化··································8
  一、黄土高原植被 NDVI 时间变化趋势·····································9
  二、黄土高原植被 NDVI 空间分布特征····································10
  三、黄土高原植被 NDVI 空间变化趋势····································11
第六节 小结··12

第二章 植被恢复与土壤的相互作用··13
第一节 植被恢复对土壤的影响···13
第二节 土壤对植被恢复的影响···15
第三节 小结··16

第三章 植被恢复中土壤有机碳的变化·······································18
第一节 不同尺度下土壤有机碳储量的变化·······························18
  一、区域尺度··19
  二、生态系统尺度···23
  三、流域尺度··31
第二节 植被恢复中的土壤有机碳含量····································34
  一、植被区···34
  二、恢复年限··37
  三、演替阶段··44
第三节 植被恢复中的土壤有机碳形态····································53
  一、土壤活性有机碳··53
  二、土壤缓效性有机碳···60

  三、土壤惰性有机碳 ··· 61
  四、不同形态土壤有机碳的稳定性研究 ·· 62
 第四节 小结 ··· 64

第四章 枯落物分解对土壤有机碳的贡献 ··· 65
 第一节 枯落物分解研究概述 ··· 65
  一、枯落物的定义 ··· 65
  二、枯落物分解过程 ··· 66
  三、枯落物分解的研究方法 ··· 67
 第二节 植被恢复中枯落物生物量的变化特征 ··· 68
  一、不同封育条件下草地枯落物蓄积特征 ··· 69
  二、不同林分枯落物蓄积特征 ·· 72
  三、不同环境条件下枯落物蓄积特征 ··· 74
 第三节 草地枯落物分解对有机碳的贡献 ··· 77
  一、典型草地枯落物分解对土壤有机碳的影响 ·· 78
  二、不同混合条件下枯落物分解对土壤有机碳的影响 ·· 81
  三、草地枯落物分解对土壤有机碳形态的影响 ·· 84
 第四节 森林枯落物分解对土壤有机碳的影响 ··· 87
  一、森林枯落物分解对土壤总有机碳的影响 ··· 87
  二、森林枯落物分解对土壤活性有机碳的影响 ·· 89
 第五节 小结 ··· 91

第五章 植被恢复中土壤氮素转化特征 ·· 92
 第一节 区域土壤氮素的分布特征 ··· 92
  一、土壤氮素储量 ··· 92
  二、土壤全氮含量 ··· 93
  三、土壤氮素组分含量 ·· 94
 第二节 不同植被恢复方式下土壤氮素的分布特征 ··· 95
  一、自然恢复 ·· 95
  二、人工恢复 ·· 97
 第三节 枯落物分解过程中土壤氮素的变化特征 ·· 100
  一、林地 ·· 100
  二、草地 ·· 101
 第四节 土壤氮素转化作用及其机制 ·· 105
  一、原位矿化过程中土壤氮素的转化作用 ·· 106
  二、室内模拟矿化过程中氮素的转化作用 ·· 113
  三、^{15}N 标记外源有机氮在土壤中矿化的途径与机制 ··· 117

第五节　土壤氮素转化相关生物学指标的变化	121
一、土壤氮素转化微生物生理群的变化	121
二、土壤氮素转化酶活性的变化	125
第六节　小结	129

第六章　植被恢复中土壤团聚体效应 … 131

第一节　土壤团聚体分析方法 … 131
一、Yoder 法 … 131
二、Le Bissonnais 法 … 133
三、超声分散能量法 … 133

第二节　超声分散能量法在土壤团聚体评估中的应用 … 139
一、土壤团聚体稳定性评估 … 139
二、土壤团聚体层次性判别 … 145

第三节　土壤团聚体特征对黄土高原植被恢复的响应 … 148
一、陕北黄土高原不同植被区土壤团聚体特征 … 148
二、宁南黄土丘陵区植被恢复下土壤团聚体特征 … 155
三、刺槐林地和柠条林地土壤团聚体特征 … 158

第四节　土壤团聚体稳定性与抗蚀性的关系 … 162
一、不同植被区土壤抗蚀性 … 162
二、刺槐和柠条林地土壤抗蚀性 … 165

第五节　小结 … 166

第七章　黄土高原土壤微生物群落结构与功能 … 167

第一节　黄土高原土壤微生物地理格局 … 167
一、土壤微生物多样性分布特征 … 168
二、土壤微生物群落结构分布特征 … 169
三、土壤微生物生物地理学分布的驱动因子 … 172

第二节　黄土高原植被恢复对土壤微生物功能多样性的影响 … 175
一、植被恢复对土壤酶活性的影响 … 175
二、植被恢复对土壤微生物量的影响 … 180

第三节　黄土高原土壤微生物群落结构多样性特征 … 183
一、地形因子对土壤中总 PLFA 含量的影响 … 183
二、植被类型对微生物群落结构多样性的影响 … 186

第四节　黄土高原土壤微生物群落遗传多样性特征 … 188
一、不同植被类型对土壤细菌群落的影响 … 188
二、不同梯田类型对土壤微生物群落结构的影响 … 200
三、植被演替对土壤细菌群落结构的影响 … 201

第五节　小结 ... 205

第八章　植被恢复中的生态化学计量特征 ... 207
第一节　概述 ... 207
第二节　刺槐林地生态化学计量特征 ... 209
一、不同林龄刺槐生态化学计量特征 ... 210
二、不同纬度下刺槐林地生态化学计量特征 ... 213
第三节　柠条林地生态化学计量特征 ... 227
一、不同林龄柠条林地生态化学计量特征 ... 227
二、不同恢复年限下柠条林地生态化学计量特征 ... 232
第四节　草地生态化学计量特征 ... 239
一、不同封育年限草地生态化学计量特征 ... 239
二、不同类型草地生态化学计量特征 ... 244
第五节　叶片–土壤–土壤微生物生态化学计量特征案例分析 ... 246
一、不同林龄刺槐林地叶片–土壤–土壤微生物生态化学计量特征 ... 246
二、不同恢复年限柠条林地土壤微生物生态化学计量特征 ... 250
第六节　小结 ... 253

第九章　黄土高原植被恢复的土壤水分效应 ... 254
第一节　黄土高原水资源特征 ... 254
一、黄土高原土壤水资源特征 ... 254
二、黄土高原土壤水分时空分布特征 ... 257
第二节　黄土高原土壤水库 ... 260
一、土壤水库概述 ... 261
二、土壤水库蓄水数量特征和动态变化 ... 263
三、土壤水库蓄水量和亏缺量 ... 266
第三节　黄土高原土壤水分影响因子 ... 275
一、土壤因子 ... 275
二、植被因子 ... 277
三、地形因子 ... 280
四、人为因子 ... 282
五、土地利用 ... 284
六、降水与土壤水资源 ... 288
第四节　植被恢复的土壤水分效应 ... 290
一、植被恢复中植被变化特征 ... 290
二、不同退耕年限土壤水分变化特征 ... 292
三、土壤水资源承载力 ... 294

第五节　小结 ·· 295
第十章　黄土高原植被恢复与生态系统服务功能 ··· 297
　　第一节　黄土高原生态系统服务功能概述 ··· 298
　　第二节　纸坊沟流域生态系统服务功能 ·· 299
　　　一、土壤保持功能评估 ·· 299
　　　二、水源涵养功能评估 ·· 300
　　　三、碳储量功能评估 ··· 301
　　　四、生境质量评估 ·· 302
　　　五、生态系统服务功能综合评估 ··· 304
　　　六、生态系统服务功能影响因素 ··· 307
　　第三节　小结 ·· 313

参考文献 ··· 315

后记 ·· 343

第一章 黄土高原植被恢复概述

黄土高原位于黄河中游地区,是世界上最大的黄土分布区,面积约 64 万 km^2,占我国陆地总面积的 6.86%,是中华文明重要的发源地。就自然条件而言,黄土高原地处我国温带的半湿润半干旱过渡区,降水量从西北部 200mm 至东南部 700mm 不等,包括毛乌素沙地、库布齐沙漠、晋陕黄土丘陵、陇东及渭北黄土台塬、甘青宁黄土丘陵、六盘山、吕梁山、子午岭、中条山、河套平原、汾渭平原等,地势西北高、东南低,丘陵起伏,地形破碎,沟壑纵横,地貌上可分为丘陵沟壑区和高塬沟壑区(侯扶江等,2002;程积民等,2014);就植被条件而言,自东南向西北依次分布着落叶阔叶林、森林草原、典型草原和荒漠草原,但大部分处于温带森林带向温带草原带过渡区,植被区系复杂,植被类型和组合较多(张金屯和李斌,2003)。

黄土高原也是世界黄土堆积面积最大的地区,在第四纪由黄土堆积形成,大部分地区为厚层黄土覆盖,厚度通常为 0~250m、部分厚度超过 300m,受干旱多风的气候影响,土壤结构疏松,生态环境异常脆弱,土壤容易沙化,当植被发生局部破坏,则发生大面积的水土流失,土地崩溃,形成植被破坏—水土流失、土地崩溃—植被破坏的恶性循环过程,正是这一过程使现今黄土高原地表被切割得支离破碎、沟壑纵横(杨文治,2001;刘国彬等,2003;傅博杰等,2014)。

随着我国西部大开发和"一带一路"倡议的提出,我国对黄土高原区已经投入了大量的人力、物力和财力。在退耕还林/草工程实施之前,黄土高原植被恢复与建设已进行了近 50 年的探索,但整体效果不佳。由于没有遵循自然恢复及演替规律,片面追求高生长量和高经济效益,大部分地区的植被恢复工程以失败告终,如 20 世纪 50~70 年代的"山顶戴帽子"(唐克丽,1998);80 年代初期,飞播沙打旺,人工种植红豆草,3 年内沙打旺、红豆草长势喜人,5 年后逐渐衰亡(王飞等,2001;王国梁等,2002a);90 年代中期以来发展的大面积果园,也已普遍出现土壤干层;大力推广的三北防护林也出现了明显的退化现象(邵明安等,2016)。自 1999 年退耕还林/草工程实施以来,该区植被覆盖度总体状况明显好转,呈现出明显的区域性增加趋势(Chen et al.,2015;Deng et al.,2016)。然而,随着退耕还林/草工程的深入实施和区域经济社会的快速发展,黄土高原生态环境治理进入新的时期,出现新的问题,如水资源平衡问题、城市建设用地高度紧张问题、农村优质耕地不足问题、塬面侵蚀剧烈和破碎化问题、农村发展缓慢和贫困问题等。

新中国成立以来,党和政府高度重视黄土高原的生态治理与植被恢复工作,当前的植被恢复工作已取得举世瞩目的成就。近 20 年来,人类活动对黄河径流增加和泥沙减少的贡献率已达到 80%~90%,表明人类活动已经主导了黄土高原生态环境的变化过程(郑粉莉等,1994)。例如,中国科学院水利部水土保持研究所穆兴民研究员 2014 年在《人民黄河》发表文章指出,2000~2013 年人类活动对黄河输沙量减少的贡献率达到

93%。新时代黄土高原生态治理和植被恢复如何做，是每一位从事黄土高原研究工作的学者值得思考的问题。已故的中国科学院院士、中国科学院水利部水土保持研究所名誉所长朱显谟研究员于20世纪80年代初提出了黄土高原国土整治"28字方略"：全部降水就地入渗拦蓄，米粮下川上塬、林果下沟上岔、草灌上坡下坬（朱显谟，1998）。"28字方略"的前10个字"全部降水就地入渗拦蓄"，目标是重建黄土高原土壤水库，后18个字主要是根据不同地形条件下土壤水分的不同，对旱地农业和植被恢复提出的科学布局。"28字方略"的重要科学意义在于以黄土的形成和物质结构为基础，提出重建黄土高原的"土壤水库"学说，这对黄土高原综合治理具有现实指导意义（朱显谟，2000）。然而，针对新时期黄土高原存在的新问题，如何根据时代需求，从地理与地貌分区的角度提出新时代黄土高原生态环境综合治理的方略，值得深入研究。尤其是在当前新的生态条件下，黄土高原出现了很多大规模的工程治理措施，如延安"治沟造地"工程、庆阳"固沟保塬"工程等。根据这些新的时代特征和新的区域发展需求，中国科学院地球环境研究所周卫健院士和安芷生院士提出了《关于新时代黄土高原生态环境综合治理方略的建议》，即"塬区固沟保塬，坡面退耕还林草，沟道拦蓄整地，沙区固沙还灌草"。当前，《关于新时代黄土高原生态环境综合治理方略的建议》已通过中国科学院学部呈交给党中央、国务院，获得国家领导人和国务院相关管理部门的重视，相信在今后相当长一段时间内，"26字建议"将对黄土高原生态环境综合治理起到重要的指导作用（杨文治，2001），为黄土高原植被的可持续发展和生态文明建设做出新的贡献。

第一节 黄土高原植被恢复与重建理论

植被与土壤是陆地生态系统最为突出的两个组成部分，两者的分布特征及相互关系是生态学研究的重要内容（许炯心，2000；王飞等，2001）。植被恢复是指运用生态学基本原理，通过保护现有植被，封山育林，或营造人工林、灌、草植被，修复或重建被毁坏或破坏的森林和其他自然生态系统，恢复其生物多样性。植被恢复是生态环境建设的重要组成部分，是生物和非生物因素共同作用的一个复杂的生态学过程（胡良军和邵明安，2002；高学田和郑粉莉，2004）。植被具有拦蓄降水、减少径流、固持土壤、防止侵蚀、改良土壤和改善生态环境等作用，是防止生态退化的物质基础（王经民和汪有科，1996）。因此，植被恢复是退化生态系统恢复的前提，同时是退化生态系统恢复的关键。在植被恢复生态系统中（包括草地生态系统和森林生态系统），植被与土壤作为有机统一的体系，相互依存、互为条件、相互选择和制约（邵明安等，1987；康绍忠等，1992；李玉山，2001），植物与土壤之间这种彼此影响、相互促进的作用，是植被恢复的主要驱动力。首先，植被覆盖能增加土壤水分含量，主要是由于植被覆盖减少了地面的径流量，增加了水分的入渗量。其次，植被覆盖对稳定土壤温度、减少土壤温度剧烈波动起着很大作用。在生长季节，林地土壤温度一般低于裸地，而且郁闭度越大，土壤温度越低（穆兴民和陈霁伟，1999；李玉山，2002）。最后，植被恢复能够改善土壤质地和结构，在植被恢复过程中，根系的直接穿插作用和凋落物腐解所产生的间接作用，使得土壤结构的稳定性增加,不易被冲蚀,并增加了土壤的孔隙度和通透性;在裸地中,容易发生的土壤侵蚀可选择性地从土壤中带走较细颗粒,使表土砂质化或砾质化,但随着植被覆盖度的增加,水土流失得到控制,土壤中物理性黏粒含量增加,从而使土壤质地得到改善(唐克丽,1998)。黄土高原子午岭次生林区的植被经历了人为破坏过程与自然恢复过程(张金屯和李斌,2003),有研究表明:次生林恢复前该区土壤类似现在的黄绵土;在植被恢复过程中,土壤发育程度逐渐增强,具有一定的腐殖化过程和淋溶过程,土壤向褐色森林型土壤演变,林地被人为开垦破坏后,加速侵蚀迅速发展并致使土壤剖面迅速遭到破坏,土壤又向黄绵土演变(高旺盛等,2003;姚玉璧等,2005)。此外,植被恢复对土壤水稳性团聚体也产生了重要的影响。例如,草本植物通过根系的挤压、穿插和分割作用,促进土块的碎裂。同时,根系的分泌物及根系死亡分解后所形成的多糖和腐殖质又能团聚土粒,使根系形成稳定的团粒结构。就不同植被而言,草本植被对团聚体含量的影响最大,乔灌木则通过根系、枯枝落叶对土壤团聚体的形成起作用,但就表层(0～20cm)而言,影响程度较草本要小(高学田和郑粉莉,2004)。

总体而言,植被恢复与重建是恢复生态系统结构和功能的重要途径,如植被覆盖度增加、局部地区的水土流失得到一定程度的控制,特别是在我国生态环境重点治理区,生态环境建设与农业生产结构都发生了显著变化,取得了比较明显的水土保持、生态和经济效益,昔日的荒山荒坡也逐步改善(黄高宝和张恩和,2002)。然而,当前黄土高原地区进行的植被恢复,还缺乏科学的规划来指导实践,仍然存在很大的无序性和盲目性。在控制水土流失的同时,也产生了以土壤水分失衡、出现土壤干层为特点的新一种类型的土地退化。因此,评价多年退耕还林/草工程的实施,黄土高原生态环境状况究竟改善到什么程度及其所带来的生态效应,已经成为衡量该区当前生态环境状况的首选理论方法。

第二节　近百年黄土高原植被恢复概况

黄土高原植被恢复与建设已有近 70 年的历史,尤其是近年来退耕、禁牧、封山、人工种草种树力度很大。从长期来看,人工植被掠夺性地利用有限的土壤水资源,形成了明显的土壤干层,造成植物生长速率明显减慢、生长周期缩短、群落衰败以至大片死亡、自然更新困难及衰败后的林草地再造林难度加大、局部小气候生境趋于旱化、改变的生境不利于本地物种的生长和拓殖等问题,影响着生态系统的可持续发展。而自然植被群落更具适应性和稳定性,并以其重建代价低而越来越受到人们的重视,于是提出了水土保持生态修复,其核心是减少人为干扰,充分发挥植被的自然恢复能力,从而恢复生态系统的功能,实现生态环境改善的目标。不同立地条件下大面积坡耕地退耕撂荒,使其自然恢复,形成了不同年限的撂荒植被,对黄土高原地区生态环境的恢复与重建具有重要意义(唐克丽等,1998)。

自新中国成立以来,党和国家十分重视黄土高原治理,先后实施了坡面治理、沟坡联合治理、小流域综合治理和退耕还林/草工程。尤其是退耕还林/草工程实施以来,植被面积大幅度提高，植被覆盖度从1999年的32%提高到2013年的59%，到2013年末，黄土高原退耕还林/草面积达到402.9万hm²，有效遏制了黄土高原土壤侵蚀，黄土高原植被水土保持的固碳效应也得到显著的提高。在延安，植被覆盖度增加更为显著，2017年达到81%，森林覆盖度达到46%。在不到20年的时间，黄土高原植被覆盖度如此剧烈的增加，必将显著改变区域的物质和能量循环。然而，随着退耕还林/草工程的深入实施和区域经济社会的快速发展，黄土高原生态环境治理进入新的时期，新的问题随之而来，如水资源平衡问题、城市建设用地高度紧张问题、农村优质耕地不足问题、塬面侵蚀剧烈和破碎化问题、农村发展缓慢和贫困问题等。就水资源的可持续利用而言，黄土高原的水资源能够支撑的植被净初级生产力（net primary productivity，NPP）阈值为400g C/(m²·年)，而当前植被净初级生产力已经趋近这一阈值（Feng et al.，2016）。这些问题严重影响了黄土高原生态环境的可持续发展和人民生活水平的提高。

第三节　黄土高原退耕还林/草工程

在退耕还林/草工程实施和气候环境变化背景下，黄土高原植被群落呈多样态发展，在群落的形成过程中，植物物种或群落对生态环境都有一定的适应幅度，因此，植物物种和植物群落的分布都有自己的过渡范围。总的来说，黄土高原植被从东南向西北依次呈暖温性森林地带、森林草原地带、典型草原地带、荒漠草原地带、草原化荒漠带水平分布。例如，刘宪锋等（2013）利用2000～2009年夏季MODIS13Q1数据得出了黄土高原区植被覆盖度年际变化曲线与线性趋势、植被覆盖度数量变化与空间变化。但是黄土高原区域跨度大，东部与西部、南部与北部在气候、植被、土壤、地形等生态环境条件方面均存在较大差异性，因而其植被建设的策略和植被生长的水热条件不尽相同。何远梅（2015）为了探究黄土高原区植被覆盖度的空间分布特征、不同退耕坡度区域和不同气候带区域植被恢复程度，采用黄土高原区2000～2013年的MODIS/NDVI数据进行分析，研究结果表明：2000～2013年黄土高原区的归一化植被指数（NDVI）均值从东南向西北逐渐递减，呈3条带状：<0.2、≥0.2～0.4、≥0.4，大致分别对应于中国农业气候分区的干旱中温带、中温带、南温带这3个气候区。

在退耕还林/草工程实施前，黄土高原植被覆盖度以小幅波动为主，个别地区有所好转，但大部分区域无显著变化（Feng et al.，2016；Fu et al.，2017）。1999年以后，黄土高原植被覆盖度表现为：归一化植被指数年平均值增加显著，并以夏、秋两季增长贡献最大；植被覆盖度在空间上呈现出明显的区域性增加趋势，其中黄土高原丘陵沟壑区增加趋势最为典型，植被恢复成效显著（Chen et al.，2015；Feng et al.，2017）。近期，中国科学院地理科学与资源研究所学者收集了"退耕还林/草"生态工程实施前后的遥感影像数据（20世纪80年代、2001～2013年）和相关气象、土壤、地形等数据，基于CASA模型制作了2001～2013年黄土高原区净初级生产力数据，将整个黄土高原划分成适合林地恢复区、适合林草或灌木恢复区、适合草地恢复区、适合旱生灌丛恢复区和自然恢复区等不同区域，由此得出植被恢复也存在许多负面效应，主要是由于在植被恢复过程中选择了不合适的植物。也有研究表明：①黄土高原整体上的植被恢复应以退耕还草为主，尤其以种植禾本科和菊科植物为宜；②在少数河滨地带（如渭河）可以适当种植一些木本植物；③在黄土高原东南部可以适量种植榛、胡桃等经济植物，以兼顾水土保持和经济发展（Chen et al.，2017）。

一、自然恢复

自然恢复是一种简便又有效的植被恢复途径，其不仅符合保护天然栖息地的生态恢复原则，而且能够恢复系统的持久性和稳定性。尽管自然恢复是一个漫长的过程，但如果加以适当的人工辅助措施，这种进程能够加快。黄土高原在近 20 年的自然恢复过程中调查样方内累计出现高等植物 128 种，分属于 47 科 113 属，其中菊科 18 属 22 种，豆科 12 属 17 种，禾本科 13 属 13 种，蔷薇科 10 属 12 种，四大科合计 53 属 64 种，占全部种数的 50%；杠柳（*Periploca sepium*）与茶条槭（*Acer ginnala*）是植被恢复过程中出现最早而且持续时间最长的木本植物，具有较宽的生态位，建议作为该地区的人工造林树种考虑。植被恢复过程中累计出现的植物物种数（Y）随着恢复时间（f）的增加呈对数函数变化，而且有 60%左右的科、属、种在植被恢复的前期（0~30 年）出现。在植被恢复过程中，草本层与灌木层物种丰富度（Gleason 指数与 Margalef 指数）、多样性指数（Shannon-Wiener 指数）与 Pielou 均匀度均表现为抛物线函数变化规律，而且草本层、灌木层与乔木层多样性和均匀度的变化是不同步的，其中草本层多样性指数达到最大的时间为 70~80 年，灌木层为 90~100 年，而乔木层要在 100 年以上。在植被恢复过程中，植物多样性在空间结构上的变化表现为草本层＞灌木层＞乔木层，均匀度的变化与多样性基本一致。在顶极群落阶段植物的多样性与均匀度均比前期有所降低，表明群落的稳定性具有更为广泛的内涵，植物多样性仅仅是群落稳定的基础或必要条件。

王国梁等（2002a）以黄土丘陵区纸坊沟流域为研究单元，研究该区植被恢复重建后的物种多样性。研究得出了群落总体多样性指数和均匀度基本一致的结论：天然灌木林物种多样性最高，均匀度最大，人工乔木林和天然草本接近；人工灌木林的多样性和均匀度最小。各种多样性指数及均匀度的灵敏性具有一定的差别。从反映黄土丘陵区植物群落多样性及均匀度的指数来看，物种丰富度（S）、Simpson 指数（D）、Shannon-Wiener 指数（H）、种间相遇概率（PIE）、Pielou 均匀度（Jsw 和 Jgi）及 Alatalo 均匀度都能较客观、全面地反映这两个方面。焦菊英等（2005）根据黄土高原丘陵沟壑区安塞 33 个退耕地自然恢复植被样方的调查数据，采用对应分析和典范对应分析进行了植物群落多样性排序及植物群落与土壤环境因子的对应分析。结果表明，在 40 年的恢复过程中，退耕地植被大体上依次经历了以猪毛蒿为优势种的群落、以达乌里胡枝子和长芒草为优势种的群落、以铁杆蒿为优势种的群落和以白羊草为优势种的群落，4 个群落的物种组成依次表现出较强的延续性和递进性。马祥华和焦菊英（2005）以黄土高原丘陵沟壑区安塞为例，用系统聚类和逐步多元回归的分析方法，对退耕地自然恢复植被的恢复阶段进行划分，并定量分析群落恢复过程中的植被特征及其与土壤环境的关系。结果表明：黄土丘陵沟壑区退耕地自然恢复草地的恢复，依次经历猪毛蒿群落—赖草群落—长芒草群落、铁杆蒿群落、达乌里胡枝子群落—白羊草群落。随着退耕地植被恢复的不断进行，Gleason 指数、Margalef 指数等丰富度指数及群落 Pielou 指数，都呈现出先减小后增大的趋势，Simpson 指数在恢复初期及平衡阶段较大，群落生态优势度与物种丰富度的变化趋势相反。当水分条件变差时，植被会向着组成物种减少、结构简单、低矮、稀疏和生产力低的方向发展，生态系统功能退化。严重侵蚀地物理性质差，导致大多数植物无法生长，植被稀疏，随着土壤物理性质的改善，大量的植物侵入定居，植被覆盖度增加。因此，严重侵蚀区域在植被恢复过程中，应该因地制宜地采取工程措施以改善其土壤物理性质，以促进更多的植物生长定居。

二、人工恢复

植被恢复是以重建具有适宜的顶极植被的生态系统为目的的，不仅要恢复成一个在一定时间、一定空间尺度上能自我维护的生态系统，而且必须达到人们对它的价值期望值。恢复植被时，需要考虑所在地带的自然顶极植被类型才能形成最适宜的可持续生态系统。有研究认为，人工建造生态系统可能会带来一定的负效应（任海和彭少麟，2001）。人工建造植被的时候，往往很难模拟该地区自然植被结构，容易出现同龄化和单一性，这可能会导致人工植被功效的短暂性。人工植被在缺乏足够外界能源供给的情况下，通常会表现出系统的脆弱性。但若在外界条件良好的情况下，人工生态系统也会表现出很好的生态效益（李裕元和邵明安，2003；焦菊英等，2005）。也有不同观点认为，人工生态系统随建造年限的增加，系统的物种多样性也会增加，同时群落层次增加，生物量和生产力会明显提高，群落小环境变得湿润，温差减小，系统抵抗自然灾害的能力增强（王国梁等，2002b）。

李裕元和邵明安（2003）以空间序列代替时间序列的方法初步研究了黄土高原子午岭弃耕地植被恢复过程中植物多样性的变化。在该研究区域退耕地的自然恢复草地阶段，退耕刚开始为群落恢复的初期，大都为一年生的草本植物（猪毛蒿群落），随着植被恢复的进行，一年生植被（猪毛蒿群落）逐渐被根茎和多年生植被（赖草群落—长芒草、铁杆蒿、达乌里胡枝子群落）所代替，最后恢复到顶极群落（白羊草群落）。彭镇华等（2005）以晋西黄土高原地区为例，对黄土高原水土流失严重地区植被恢复的现状和前景进行了全面的分析，提出土石山次生林区应实行"封山育林为主，辅之以人工措施"植被恢复策略。在土层浅薄、坡度较陡的生态脆弱地段，需要进行长期的植被封育；在土层深厚而且坡度平缓地段，可适当辅以人工措施，包括人工抚育及补植或补造有经济价值的乡土树种等。黄土丘陵区应该实行封山禁牧或轮牧、围栏圈养及陡坡地退耕等措施，这是植被恢复的前提和基础。只有转变农村传统的以破坏生态环境为代价的粗放生产经营方式，长期坚持以植被封育和保护为主的策略，结合人工营造以乡土树种为主的森林群落，晋西黄土高原地区才有可能恢复原来的森林植被景观，真正实现该地区的植被重建和对水土流失的根治。张金屯（2004）认为现在的黄土高原植被稀少，土壤接近母质水平，只有局部地区条件较好。因此，要恢复植被，必须因地制宜，区别对待。结合农林牧的发展，进行生态区划，宜林者造林，宜草者种草，宜灌者植灌。

理论上，从裸地到形成森林要经过一系列恢复阶段，其演替序列为草本植物群落—灌木群落—乔木群落。而在黄土高原的不同地区，这一序列是不同的。在恢复过程中，可以分为数个亚阶段，而直接在干燥、接近母质的荒山秃岭上造林，违背了这一规律，导致有机碳部分流失（Liu et al.，2010）。因此，人工措施只能在条件较好的地区加速恢复的进程，但并不能改变植被恢复的方向。综上可知，黄土高原植被恢复方式从过去对植树造林种草的重视，转而强调植被的自我修复，倾向于采取封育措施。遵循植被恢复规律，以自然演化为主，进行人为引导，是加速黄土高原自然恢复过程、加快植被恢复的有效方式。

第四节 黄土高原自然植被恢复进程

一、森林植被恢复进程

黄土高原森林带的植被恢复一般经历"草—灌—乔"三大阶段，但不同区域的植被恢复有一定的差异（Fu et al.，2000；Jiao et al.，2013）。陕北黄土高原，森林植被群落发育阶段为"先锋群落阶段—旱中生多年生蒿类群落阶段—中生、旱中生多年生禾草群落阶段—半灌木群落阶段—灌木群落阶段—先锋乔木群落阶段—顶极乔木群落阶段"；植被恢复序列为猪毛蒿群落—铁杆蒿群落和猪毛蒿群落—黄背草群落、长芒草群落和白羊草群落—狼牙刺灌丛、黄蔷薇灌丛、沙棘灌丛和虎榛子灌丛—山杨林、白桦林—辽东栎林（气候顶极群落）（Jiao et al.，2013）。子午岭植被的恢复从弃耕地先锋群落开始，经草本群落、灌木群落时期到早期森林群落山杨林或白桦林、侧柏林等，进而到后期森林群落辽东栎林或油松林（Chen et al.，2010）。近50年来，油松林和侧柏林已经或正完成向辽东栎林方向的发展，山杨林、白桦林和侧柏林为该区恢复系列中的过渡时期，气候性的恢复顶极群落为辽东栎林，油松林为亚顶极群落（An et al.，2009）。晋西黄土丘陵沟壑区的植被群落恢复为白草群丛、黄刺玫群丛、白羊草群丛—沙棘群丛、虎榛子群丛—山杨+沙棘群丛、山杨+虎榛子群丛、辽东栎+虎榛子群丛—侧柏群丛、油松群丛（Jia et al.，2012）。

自然恢复初期和处于恢复平衡阶段的群落，其物种多样性指数和均匀度较高，但丰富度的峰值出现在恢复中间阶段；灌木群落的多样性要大于草本群落的多样性，超过一定年限的灌木群落，表现出一定的衰败，生物多样性下降。六盘山林区森林破坏后在不同的坡位，其恢复序列不尽相同。阳坡植被的恢复为草地（长芒草、铁杆蒿、白羊草等生长快，一般一年覆盖度达50%～80%）—灌丛（狼牙刺、绣线菊、杠柳等生长旺盛，易形成群落）—幼林（无明显的建群种，多以混交出现）；阴坡及半阴坡植被的恢复为草地（白颖薹草、长芒草、野棉花等生长快）—灌丛（箭竹、达乌里胡枝子等，混交丛生，1～2年即可郁闭）—幼林（多为伐根萌生山杨和少量的辽东栎，以实生苗形成幼林的多为辽东栎，受灌草丛的影响，常与灌丛处于同一层次，形成天然次生林）。

二、草原植被恢复进程

在黄土高原草原区，经过 20 年的自然封禁恢复，物种组成由封禁前 8~11 种/m² 增加到 25~31 种/m²，覆盖度由 20%~30% 提高到 75%~95%，物种数由封禁前的 69 种提高到目前的 186 种（Chen et al.，2013）。子午岭弃耕地植被自然恢复表明，草本层、灌木层与乔木层植物多样性指数达到最大的时间依次为 70~80 年、90~100 年与 100 年以上。陕北西阳湾地区（志丹县）的植被恢复经历了禾草草原群落—半灌木草原群落—灌丛草原群落—疏林草原群落 4 个阶段；在植被恢复过程中，森林草原植被经历了禾草草原群落—半灌木草原群落—半灌木群落—灌丛草原群落—疏林草原群落 5 个阶段，其种类、数量依次递减，群落生物量和各层物种多样性与群落均匀度逐渐升高，而生态优势度则略有下降。晋西黄土丘陵沟壑区的植被群落恢复为白羊草丛、黄刺玫群丛、白羊草群丛—沙棘群丛、虎榛子群丛—山杨+沙棘群丛、山杨+虎榛子群丛、辽东栎+虎榛子群丛—侧柏群丛、油松群丛（王晓宁等，2009）。陕北黄土高原区森林草原植被恢复为先锋群落（猪毛蒿群落、白羊草群落、狗尾草群落等）—多年生禾草群落（长芒草群落、大针茅群落、糙隐子草群落、冰草群落等）—多年生蒿类群落（铁杆蒿群落、茭蒿群落、茵陈蒿群落等）—疏林草原群落（山杏、大果榆、杜梨、侧柏、杜松等旱中生矮乔木侵入多年生蒿类群落，它们的覆盖度一般为 5%~10%）；全部过程为植物群落作用下土壤性内因动态恢复，最后终止恢复的主导因素为气候。

第五节　近 30 年黄土高原植被 NDVI 变化

自 20 世纪 80 年代以来，黄土高原实施了一系列控制水土流失的方案，包括优化土地利用结构和配置、封山育林、建造水库（Yang，2003；Miao et al.，2011；Fan et al.，2015a，2015b；Wang et al.，2015）。到 2006 年，在约有 49% 的侵蚀土地实施了这些类型的水土保持措施（包括农田优化 52 729km²，植树造林 94 613km² 和草种植 34 938km²）（Gao et al.，2011）。毫无疑问，这些人类活动在促进植被覆盖方面发挥了重要作用。然而，不可持续地利用水资源、区域城市化和工业化、过度放牧、伐木和过度开垦及采矿对黄土高原的植被生长造成了不利影响（Feng et al.，2016）。据报道，人类活动在黄土高原的土地利用变化中发挥了重要作用，但气候变化可能加速了植被生长的变化（Li et al.，2016）。因此，仍然需要对人类活动的影响进行全面评估。

归一化植被指数（NDVI），定义为近红外波段和红光波段的反射率之差与其总和的比值，是反映植被绿度和生产力的指标（Bannari et al.，1995）。NDVI 越高，绿色植被密度越大。NDVI 已广泛用于描述植被动态，因为它与植被生物物理和生物化学变量有关，如植被覆盖度、叶面积、叶绿素密度、绿色生物量和生长条件（Houborg et al.，2007；Huete et al.，2011）。该指数也被认为是评价自然季节变化、极端气候事件和人类活动对生态环境影响的有效指标（Pettorelli et al.，2005）。

一、黄土高原植被 NDVI 时间变化趋势

(一) NDVI 年际变化特征

对黄土高原 1982~2014 年植被的年度最大 NDVI 进行全区平均,并以全区平均年最大 NDVI 代表植被生长状况进行年际变化分析,结果如图 1-1 所示,1982 年和 2001 年的植被 NDVI 较低,分别为 0.412 和 0.437,主要原因可能是:实施退耕还林/草工程初期,植被对土地和气候的适应性较弱,成活率较低。黄土高原植被 NDVI 在 1982~2014 年大致可分为 4 个阶段:①1982~1990 年,植被 NDVI 年际变化波动幅度显著;②1990~1999 年,植被 NDVI 稳定,无明显波动;③1999~2006 年,植被 NDVI 呈先迅速下降,后又回升并趋于稳定;④2006~2014 年,植被 NDVI 呈较大幅度的上升趋势(张春森等,2016)。

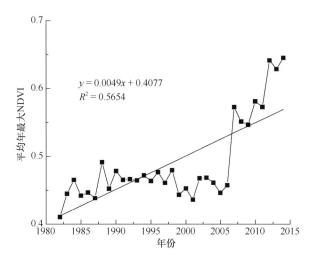

图 1-1 黄土高原 1982~2014 年植被 NDVI 变化情况

(二) NDVI 月份和季节变化特征

每月 NDVI 的大小及其随时间的变化是衡量不同月份植被活动对年植物总生长贡献的重要指标。图 1-2 显示了 1982~2013 年黄土高原平均 NDVI 的时间变化。NDVI 季节性波动,最高值出现在 7~8 月,最低值出现在 1~2 月。1982~2013 年,年均和季节 NDVI 都有很大提高,特别是在 2004~2013 年。在 32 年的研究期间,年均 NDVI 呈显著上升趋势。秋季显示出最明显的增加($Z=3.78$),NDVI 年增长率为 0.0013,其次是春季($Z=2.64$)和夏季($Z=2.06$)。然而,1982~2014 年显示夏季快速增长(图 1-2)。值得注意的是,每月 NDVI 变化趋势并不一致,如表 1-1 所示。对于 1~3 月,每月 NDVI 趋势为负,但在 Mann-Kendall 测试中具有不显著的 Z 值。这可能与植树造林的负面影响和 21 世纪初冬季降水减少(或全球变暖造成蒸发量增加)的耦合有关,特别是在皇甫川、无定河和延河流域(Sun et al.,2015;Fu et al.,2017)。4~10 月,NDVI 呈现显著的上升趋势,最高峰出现在 10 月,每年 NDVI 变化幅度为 0.002(Kong et al.,2016)。

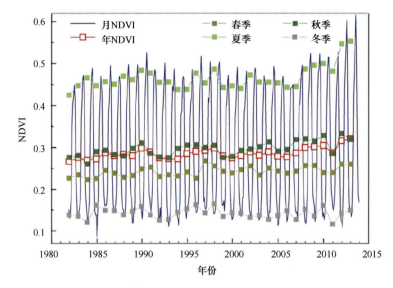

图 1-2　1982～2013 年黄土高原 NDVI 时间变化

表 1-1　Mann-Kendall 测试 NDVI、降水量和温度的结果

时间	NDVI		降水量		温度	
	Z	变化幅度	Z	变化幅度/mm	Z	变化幅度/℃
1 月	−0.83	−0.0002	0.47	0.0244	0.24	0.0055
2 月	−0.86	−0.0002	1.53	0.0767	2.51	0.1040
3 月	−0.44	−0.0001	−1.70	−0.2591	3.03	0.0966
4 月	2.55	0.0007	−0.47	−0.0842	2.40	0.0609
5 月	3.13	0.0009	−0.08	−0.0687	1.84	0.0344
6 月	2.32	0.0010	−0.83	−0.3322	4.10	0.0624
7 月	1.96	0.0009	0.83	0.3447	2.77	0.0427
8 月	2.68	0.0001	−0.76	−0.3404	2.77	0.0400
9 月	3.36	0.0001	1.86	0.9025	1.12	0.0247
10 月	4.01	0.0002	−0.76	−0.1829	1.25	0.0236
11 月	1.05	0.0000	0.37	0.0365	1.51	0.0402
12 月	0.18	0.0000	0.00	−0.0003	0.34	0.0092
春季	2.64	0.0001	−0.70	−0.3285	3.71	0.0669
夏季	2.03	0.0001	0.24	0.2704	3.49	0.0489
秋季	3.78	0.0001	1.63	0.7349	2.03	0.0287
冬季	−0.42	0.0000	0.73	0.0960	1.70	0.0468
年均	3.91	0.0007	0.37	0.4603	3.36	0.0440

二、黄土高原植被 NDVI 空间分布特征

（一）年均 NDVI 空间分布

将 1982～2014 年黄土高原 NDVI 平均值划分为 0.10～0.30、0.30～0.45、0.45～

0.55、0.55～0.70、0.70～0.90 共 5 个等级，结合研究区植被类型分布分析研究区植被覆盖情况，结果表明：黄土高原植被 NDVI 的空间分布差异显著，其中内蒙古东南部及宁夏为森林植被覆盖区，植被 NDVI 最低，为 0.10～0.30；甘肃兰州、固原，陕西榆林，内蒙古包头等地区地势较高，主要植被类型为落叶灌丛、矮林，部分为经济作物，植被 NDVI 为 0.30～0.45；植被 NDVI 为 0.45～0.55 的地区较分散，包括甘肃平凉、西峰，陕西延安和山西的部分地区；青海东部边界、陕西中部及山西的大部分地区，地面高程自西向东逐级降低，其植被类型多样化，主要为草原森林植被和经济作物，植被 NDVI 一般在 0.55～0.70；黄土高原南部边界和山西西部地区植被覆盖情况较好，主要植被类型有落叶灌丛、山地常绿针叶林和落叶阔叶林，植被 NDVI 为 0.70～0.90（张春森等，2016）。

（二）季节 NDVI 空间分布

1981～2010 年，黄土高原季节 NDVI 表现出与周期性植被生长条件相同的趋势。年均 NDVI 较高（0.6 以上）的地区具有明显的季节特征，这些地区的绿度在夏季最高，冬季最低。然而，年均 NDVI 较低（低于 0.3）的区域没有明显的季节变化（Sun et al.，2015）。

三、黄土高原植被 NDVI 空间变化趋势

（一）年均 NDVI 空间变化

1982～2013 年，黄土高原年均 NDVI 总体呈上升趋势，但是实际上表现出高度的空间异质性。NDVI 在大部分地区趋于增加，特别是在高原中部，但在高原西部的边缘地区急剧减少。高原的中心包含被称为丘陵区域和沟壑区域的高度侵蚀区域，这些区域在过去 10 年中一直是退耕还林/草工程中植被恢复工作的重点区域（Sun et al.，2015）。

（二）季节 NDVI 空间变化

1981～2010 年，黄土高原年际和季节性植被覆盖度大大提高。与 1981～1990 年相比，1991～2000 年 NDVI 年际动态变化最明显的区域分布在陕西省延安的子午岭和黄龙山森林、山西省的吕梁和太行山区，这些地区的 NDVI 以超过 0.01/年的速度发生变化。此外，2001～2010 年，位于黄土高原丘陵沟壑区的陕北玉林和延安的年际 NDVI 也发生了明显变化，这些地区是地形和主要植被分布比较分散的侵蚀地区。黄土高原西北部大部分地区（即鄂尔多斯、银川、中卫和兰州）的 NDVI 在 1981～1990 年有所下降，而在 1991～2000 年部分地区增加，2001～2010 年总体上有所提高。植被覆盖度的季节变化与过去 30 年 NDVI 的年际变化相似。与 1981～1990 年、1991～2000 年相比，2001～2010 年每个季节的植被覆盖度都有很大提高。对于黄土高原西北部大部分地区，即使在冬季，2001～2010 年的 NDVI 也稳步提高，年增长不到 0.005（Sun et al.，2015）。

第六节 小 结

NDVI 是评价植被建设生态环境效益的重要组成部分，本章首先回顾了黄土高原植被恢复进程，归纳和总结了近 30 年黄土高原 NDVI 变化特征，而涉及的模型为非机理性过程，尽管模拟结果能够在一定程度上说明植被对土地利用变化的响应和适应性，但是由于数据的不全面性，无法如实反映未来全球变化下的植被响应。探索 NDVI 与全球变化之间的量化关系是进一步研究的重点方向。随着 NDVI 计算模型的不断优化和改进，NDVI 的计算过程越来越便捷，NDVI 的应用范围将会越来越广。考虑到计算 NDVI 模型的易推广性和模型参数的可获取性，模型的部分过程变量采用经验性公式获取，如冠层截留量、叶面积指数等。在今后的研究中需要将流域生产力形成过程模型与气候和土地利用变化的模式相耦合，以更好地预测黄土高原植被对全球变化的响应，提高其应对全球变化的能力。

土地利用变化和 NDVI 变化是一个动态交互的过程，将其定量化至一个固定时间段和特定土地利用类型的净变化量，会导致部分土地利用变化数据的缺失，使得土地利用变化与 NDVI 之间的关联分析缺少全面系统性。随着 NDVI 调查手段的更新和模型精确度的提高，可运用高精度遥感监测数据和高精度模型预估黄土高原未来 NDVI 的变化。此外，在探讨黄土高原 NDVI 年际变化时，区域环境要素与人类活动对 NDVI 的影响也会随着人类改造自然能力的不断增强而变化，自然因素间的相互作用受人类干扰的程度也逐渐加大。在人类活动强度较大的区域，气候条件对植被变化的限制性被打破；但当人类活动或干扰较少时，二者仍然体现严格的自然生态规律。因此，从宏观角度分析黄土高原 NDVI 变化与气候变化的关系，必须权衡人为作用和气候变化对 NDVI 的双重影响，只有构建单纯气候条件影响下的大区域尺度、不同植被类型及组合 NDVI 特征，并长时间监测 NDVI 对气候变化和人类活动的响应机制，包括响应时间（敏感性）、生长态势、植物群落演替、物质循环等，才能真正揭示黄土高原 NDVI 的年际变化基本模式。

第二章 植被恢复与土壤的相互作用

土壤是人类赖以生存和发展的基础,在气候、生物、母质、地形、时间等自然因素与人为生产活动综合作用下所形成。土壤具有多种功能,可作为植物生长的媒介,为人类带来丰富的食物和纤维(Wagg et al., 2014;朱永官等, 2016);也可以调控植物生长的生理过程,维持生态系统稳定并促进其发展;还可以容纳、降解、净化各种污染物,对农业生产、生态环境可持续发展及社会经济的繁荣都起着不可替代的作用(Janssens et al., 2001)。然而,随着现代科技的迅速发展,人类对土地的不合理利用和管理,导致全球生物地球化学循环发生改变,并加快土壤质量退化的速度。据不完全统计,到目前为止,全球约有 20 亿 hm^2 的土壤发生了不同程度的退化(朱永官等, 2016)。根据世界人为因素诱导的土壤退化现状评估项目提供的资料,全球退化土壤中的一半属于中度退化,而强度与极度退化的土壤面积在 3 亿 hm^2 以上。到 21 世纪,人们开始认识到土壤质量在持续生产、人类健康及环境质量中占有愈来愈重要的地位,土壤质量问题已在世界范围内受到广泛关注(De Groot et al., 2002)。

在退化的生态系统,植被恢复是生态环境建设的主要措施,由于生态系统退化,土壤的水、气、热、养分等循环失调,土地生产力下降,对恢复良好的植被极为不利(傅伯杰等, 1999;傅伯杰, 2013)。随着植被恢复的进程,植被覆盖度增加,植物生长产生的枯枝落叶和根系腐解物在土壤中累积、矿化,一方面把大部分无机营养元素归还土壤,另一方面改善了土壤的物理性质、质地和通气状况。植物残体腐解过程中所产生的酸类物质还可促进土壤中难溶解物质向有效性方向转化,供植物吸收利用,植被恢复使土壤中有机质、氮、磷、钾的含量都有不同程度的增加,反过来又促进植物的生长(Liang et al., 2017;Lal et al., 2018)。另外,土壤作为植物环境的主要影响因子,其基本属性和特征必然影响植被群落恢复,某一恢复阶段的植被群落特征和土壤特征,是植被与土壤协同作用的结果;而土壤的发展,随着植被的恢复呈一个连续的过程,逐步趋向于与植被顶极群落相适应的平衡(Fu et al., 2011)。

第一节 植被恢复对土壤的影响

在植被恢复过程中,一方面,植物生长产生的大量凋落物和根系腐解物在土壤中积累、矿化,把大部分无机营养元素归还给土壤;另一方面,植物残体腐解过程中所产生的酸类物质又促进土壤中难溶性的物质向有效性方向转化,供给植物吸收利用(Wiesmeier et al., 2010;Xiao et al., 2014;Liang et al., 2017)。有研究表明,随着植被恢复的发展,土壤养分呈增长趋势,促进了土壤养分循环。具体来说,植被恢复通过有机碳的分解作用、根系的穿插、微生物的活动等改变着土壤的孔隙大小和分布,进而引起土壤结构的变化(An et al., 2010;Fu et al., 2010)。从目前的研究结果来看,对土壤结构的研究主要包括以下两个方面：一是土壤中的固相颗粒或土壤团聚体状况，二是土壤中的孔隙状况。土壤孔隙包括孔隙度（数量）和孔隙类型（大小组成及比例），是评价土壤结构的重要指标，前者决定土壤气、液两相的总量，后者决定了两相的比例（An et al., 2008）。良好的土壤孔隙状况，有利于土壤肥力的发挥和植物生长发育（彭新华等, 2003, 2004）。自然条件下，土壤容重和孔隙度是高度变异的指标，受成土母质、成土过程和气候、生物影响，对植被恢复及环境条件有敏感的响应。在土壤剖面中，根系对土壤的穿插、挤压、分割及其吸收水分引起的土粒胀缩等作用，死亡根系和地上凋落物及根际分泌物对土壤物理性状可产生积极的影响（赵世伟等, 2006；安韶山等, 2017）。

土壤有机质作为土壤环境的重要组成部分，储存了大量碳。植被恢复不仅改变土壤中源自植物部分的有机碳特征，也会加速土壤碳组分的快速分解，有机质分解加速，导致土壤中 C—O 增加（Mueller et al., 2016；Moinet et al., 2018）。植被演替、土壤动物及微生物等会影响输入土壤的植被残体性质，加速糖类、脂类及木质素分解，并改变有机碳结构（De Baets et al., 2016）；在植被恢复过程中，进入土壤的有机质，除了物理破碎和淋洗过程，在微生物和酶的选择作用下，碳水化合物和蛋白类物质（包括水提取的、酸解的糖类，如单糖、多糖和多肽、氨基酸等）最先分解，有机质的颗粒直径减小，碳氮比下降，然后是较难降解的化学结构复杂的物质（如具有芳香环结构的木质素和具有烷基结构的碳）分解（Mueller et al., 2016；Moinet et al., 2018）。在土壤有机质的固定过程中，有机质能够通过与铁铝矿物（铁铝氧化物、铁铝离子等）结合降低其生物有效性，从而提高其稳定性，最终融入土壤形成稳定的有机质（Banerjee et al., 2016）。土壤铁铝矿物、黏粒含量及其表面性质（比表面积和表面电荷）、黏土矿物组成会强烈影响土壤有机碳的固定，尤其是高价铁铝氧化物和黏土矿物通过配位体置换、高价离子键桥、范德瓦耳斯力及络合作用等会导致有机碳的生物有效性明显下降，即土壤有机碳固定能力增加（Xu et al., 2015）。

土壤无机氮主要为铵态氮和硝态氮，其在植被恢复过程中的变化与植被恢复程度和气候条件有关（姜培坤和周国模, 2003；赵琳等, 2004）。在自然生态系统中，无机氮水平是由有机质的矿化和雨水带入与矿物固定、氨挥发、微生物固定、植物吸收的差额决定的。在植物的生长过程中，有 1%～3% 的土壤无机氮被矿化而释放出来供植物利用（吴林坤等, 2014）。土壤微生物在土壤氮矿化和固定过程中起着重要的调节作用，土壤微生物和植物对无机氮的竞争，特别是对土壤铵态氮的竞争，决定了土壤无机氮在土壤中的剩余量。对于旱地生态系统，不管是施入的氮肥，还是有机氮矿化产物，除植物吸收、微生物固定、黏土矿物固定、挥发和反硝化损失外，有相当一部分最终以 NO_3^--N 形态存储于土壤中。培养试验表明，酰胺态或者铵态氮肥施入旱地石灰性土壤后，经过 7～8 天，绝大部分通过硝化作用转化为 NO_3^--N（Spaccini et al., 2000；Steinbach et al., 2005）。当自然植被（如草原或者森林）转变为农田后，对生态系统特别是对土壤氮素循环具有显著影响，土壤有机氮矿化速率显著增加，大于一般耕种时间久的农田土壤。随植被恢复时间的增加，黄绵土含碳量呈明显增加趋势，土壤氮随植被恢复年限增加有明显增加趋势，植被恢复较好的地区土壤氮随恢复时间增加显著，在水热条件差的地区土壤氮增加较为缓慢。

土壤微生物直接参与土壤养分循环及有机质分解等诸多生态过程，能分解动植物残体，促进有机质的分解与转化，并且土壤微生物的代谢产物及真菌的菌丝等可以黏结土体，促进土壤团粒结构的形成，从而改善土壤的结构，其中细菌和真菌占土壤微生物数量的 90% 以上，因此微生物对土壤有机碳的影响主要受真菌和细菌控制（Cheng et al., 2017; Liang et al., 2017）；而真菌与细菌相比更有利于促进有机碳积累和其稳定性提高（Martín et al., 2016）。在长期植被恢复过程中，土壤生物分解者进化出各种对策以利用难降解的有机碳，理论上它们可以降解所有种类的有机碳。因此，有机碳的稳定性不仅受到其本身难降解性的影响，而且受微生物降解能力的影响（Hopkins et al., 2014）。当面对难降解有机碳的时候，微生物生产酶数量增加，当酶的生产超过某一临界值，分解产物不能满足能量消耗时，微生物活性受到负反馈控制，有机碳的分解进程就会受阻。微生物固碳过程中，细菌倾向于利用富含碳水化合物的凋落物，真菌倾向于利用富含酚类的凋落物。与此同时，土壤有机碳矿化前需要胞外酶的水解（Marschner et al., 2012）。微生物通过分泌胞外聚合物使微生物细胞能固着在土壤表面而形成凝胶层或生物膜。生物膜以细菌胞外聚合物作为接触媒介，在矿物表面通过糖醛酸及其他残留物的络合作用，形成一个特殊的微环境，实现有机碳的溶解（Hopkins et al., 2014）。而胞外聚合物含有大量具吸附能力的羟基，对有机酸和一些无机离子有明显的吸附作用，其通过胞外多糖等大分子基团的吸附作用，直接破坏矿物晶格中的某些化学键，从而促进有机质的分解（Mueller et al., 2016; Moinet et al., 2018）。

在植被恢复和有机碳固定过程中，土壤有机碳矿化速率会下降，导致有机碳的积累，此时土壤微生物既可通过分解代谢向大气释放碳，也可通过合成代谢将碳转化成某种形式储存于土壤中（Hopkins et al., 2014）。土壤微生物同化过程导致微生物残留物的迭代持续积累，促进一系列包括微生物残留物在内的有机质的形成，最终导致此类化合物稳定存在于土壤中，即"土壤微生物碳泵"（Liang et al., 2017）。土壤微生物具有两种不同的碳代谢模式："体外修饰"（ex vivo modification）和"体内周转"（in vivo turnover），微生物通过"体外修饰"和"体内周转"调控土壤有机碳的化学组成；另外，微生物通过"激发效应"和"续埋效应"调控土壤稳定有机碳库动态，从而实现对土壤碳固存的贡献，基于该理论体系，进一步提出了嵌套"土壤微生物碳泵"的碳氮循环概念模型（Liang et al., 2017）。由此可知，土壤微生物同化合成的碳由土壤微生物碳泵进入土壤并稳定于土壤碳库中。但土壤微生物可以通过多条固碳途径进行碳同化，其中，卡尔文循环是光能自养生物和化能自养生物同化 CO_2 的主要途径，也是陆地生态系统初级产物合成的最主要途径，在调节大气 CO_2 浓度方面发挥了重要作用（Gong and Li, 2016）。

第二节　土壤对植被恢复的影响

植被群落的恢复可以改变土壤性质，而土壤性质的改变又可改变植被群落。植被恢复表现为群落结构复杂化，地上和地下空间得到最大利用，生产力达到最大和生产率增加，群落生境中生化和群落环境得到强烈改造。逆行恢复则恰好相反，表现为群落结构简单化，地上和地下空间未得到充分利用，生产力减小和生产率降低。随着植被恢复的进程，植被覆盖度增加，植物生长产生的枯枝落叶和根系腐解物在土壤中积累、矿化，一方面把大部分无机营养元素归还土壤，另一方面改善了土壤的物理性质、质地和通气状况。植物残体腐解过程中所产生的酸类物质还可促进土壤中难溶性物质向有效性方向转化，供植物吸收利用，植被恢复促进了土壤有机质含量的增加，土壤有机质含量的增加又促进了植物的生长（梁宗锁等，2003；樊军等，2004）。

植被恢复是生态环境建设的重要措施。植被对土壤的影响表现在植物根系对土壤的挤压、穿插和分割作用，死亡根系和枯枝落叶产生的有机质及根际分泌物对土壤性质的影响等方面。众多的研究表明，在植被群落恢复的前期阶段，以土壤性质的恢复为主，土壤性质影响着植被的变化，同时因植被的变化而发生改变（李小强等，2003；王力等，2004）。植物群落与土壤间的这种彼此影响、相互促进的作用，是植被恢复的动力。这种作用达到一定程度时，土壤与植物群落均受气候的限制，即顶极群落阶段，而顶极群落则为生态平衡的标志，因此，退化土地在植被恢复的前期阶段，很大程度上受土壤环境因素的制约。特殊的土壤不但在一定的时间内影响着群落的发生、发育和恢复速度，而且在同一相似的气候带里，决定着植物群落恢复的方向。我国南方红壤裸地植被恢复过程表明，有机质输入的增加促进了团聚体的形成，从而改变了土壤团聚体有机碳含量和分配比例。因此，在植被恢复过程中要充分了解不同植被类型对土壤理化性质的影响，遵循"因地制宜，适地适林"的原则，进行林、灌、草的合理配置。

此外，植被恢复的过程是植被与土壤环境相互适应的过程，植被恢复对土壤有机碳的提升程度主要与植物枯枝落叶腐化、植物根系生长及土壤微生物活动等因素有关（林波等，2004）。在植被恢复过程中，凋落物不断增加，从而使得土壤有机质逐渐增加。土壤有机质增加，反过来促进植物的生长和群落的发展；同时，土壤有机质的增加使土壤结构得到改善。由此可知，植被恢复与土壤发育是相互促进的，这种作用随着植被的恢复而不断增强。

第三节　小　　结

植被恢复作为一种人为土地利用和陆地管理活动，能增加陆地碳储量。植被恢复增加碳储量主要表现为增加了地上生物量，对土壤碳储量的影响要小得多。但土壤碳周转速率慢，受各种干扰影响小，因此对碳素的固定具有长远意义。然而，这一植被恢复工程的实施才10多年，与植物生长和群落恢复的长时间历程相比，毕竟还是短暂的，因而并不能评估退耕还林/草工程的长期固碳效应。因此，植被恢复对土壤碳库影响的评估仍然是需要长期论证的。

对于植被恢复，乔木林地与灌木林地虽均为碳汇，然而互相转换后会造成土壤有机碳降低，即不利于土壤碳的保持，因而就林地来说，更适合保持不变，转换树种后，由于对土壤产生扰动，反而造成了碳损失。由此可知，需将植被承载力与固碳能力有效结合，加强理解有机碳固定过程的物理、化学和生物学机制，同时消除地理格局与气候因素的影响，寻找植被恢复对土壤有机碳固定的驱动力，进而权衡植被恢复与土壤有机碳固定之间的相互关系。

从土壤微生物固碳作用来看,植被恢复与土壤有机碳固定的研究应整合 ^{14}C 同位素标记技术和微生物分子生态学技术［克隆文库、T-RFLP（末端限制性片段长度多态性）及定量 PCR］,聚焦于土壤微生物固碳过程,从光合碳的输入、转化及土壤微生物固碳功能（固碳基因）与生物学发生机制等方面开展工作,并融入物理、化学和生物学固碳原理。以植物残体、凋落物、根际沉积、根系分泌物及微生物同化碳等形式输入的外源有机碳是植被恢复过程中土壤有机碳的重要来源。未来研究中应着重关注土壤有机碳分子标志物的识别与生态意义判读、生物对土壤有机碳分子结构转换过程的调控作用及元素耦合机制,从宏观和微观的尺度理解植被恢复与土壤的相互作用。

第三章 植被恢复中土壤有机碳的变化

植被恢复是区域退化生态系统恢复重建的主要措施，其固碳效益是衡量植被恢复成效的关键。退耕还林/草工程作为我国实施范围最广、造林面积最大的工程（Deng and Shangguan，2011），影响着土壤碳循环和碳储量，从而改变着植被生产力和生态系统的结构与功能（Foster et al.，2003；She et al.，2009；Wei et al.，2010）。针对退耕还林/草工程对生态系统碳储量和分配格局的影响及潜力预估问题，我国学者已陆续开展了部分研究（彭文英等，2006；王春梅等，2007；白雪爽等，2008；张国斌等，2008；杨尚斌，2010）。已有研究发现，退化土地进行植被恢复可以提高退化土壤的理化性质（Jia et al.，2005，2012；Zhao et al.，2010）。当农田转化为自然植被后，由于自然植被条件下土壤有机碳的周转速率很慢，因此其在很长一段时间得到积累（Post and Kwon，2000；Degryze et al.，2004；Zhang et al.，2010）。通过控制水土流失、增加有机质输入、减少风蚀和降低微生物分解，可以增加土壤有机碳储量（Lal，2002，2005；Smith，2008）。Guo 和 Gifford（2002）的研究表明，当农田转化为天然次生林后，土壤有机碳储量增加 53%。但是，Vesterdal 等（2002）发现植被恢复的前 30 年，土壤有机碳含量并没有显著增加，但显著影响土壤有机碳的垂直分布特征；Lal 和 Bruce（1999）研究发现耕地转化为永久性草地，尤其是退化耕地的转化能显著增加土壤碳储量；Conant 等（2001）的研究表明耕地转化为草地后平均固碳速率为 $1.01 Mg/(hm^2 \cdot 年)$。因此，揭示退耕后土壤有机碳在植被恢复过程中的固碳特征，不仅可为生态管理实践提供理论依据，还可为国际上减少温室气体排放政策的制定提供支持。

第一节 不同尺度下土壤有机碳储量的变化

国外对土壤有机碳的研究开始较早，20 世纪 50 年代，关于全球尺度土壤碳平衡及其储量和分布的研究就已开始，但早期学者大都是根据少数土壤剖面资料进行研究的。Rubey（1951）根据不同研究者发表的美国 9 个土壤剖面有机碳含量，推算出全球土壤有机碳库储量为 $7.10 \times 10^{11}t$；1976 年 Bohn 利用世界土壤分布图及相关土组的有机碳含量，估计全球土壤有机碳库储量为 $2.95 \times 10^{12}t$；这两个估值成为当前全球有机碳储量的上、下限值。80 年代以后，为了研究全球碳循环与气候、植被及人类活动等因素之间的相互关系，统计方法开始应用于土壤碳库的估计，所用数据基本为全球土壤分布图、具有代表性的土壤剖面碳含量数据和其他属性数据。Bohn（1982）根据较为完整的联合国粮食及农业组织（FAO）土壤图和 187 个剖面土壤碳密度值，重新估算出的全球土壤有机碳库储量为 $2.2 \times 10^{12}t$。Sombroek（1993）使用 FAO 的数字化世界土壤图及 400 个剖面数据计算出全球土壤有机碳储量为 $1.22 \times 10^{12}t$。Eswaren（1993）采用 FAO-UNESCO 世界土壤图和 45 个国家共计 16 000 个土壤剖面数据，得到全球土壤有机碳储量估算结

果为 $1.58×10^{12}$t，可是这些统计数据仅有 1000 个来自中国以外的国家，且几乎没有包括热带地区。目前，普遍认可和引用的全球土壤有机碳储量为 $1.4×10^{12}$～$1.5×10^{12}$t。

这些研究方法尽管较为科学，但由于采用的制图方法不同、所使用剖面数据的数量及其分布位置具有不确定性，其结果往往存在很大变异性。全球尺度土壤有机碳储量估算可以下推到国家和区域尺度，但是估算结果比较概念化，缺乏国家和区域尺度的土壤有机碳库研究，就无法准确估算全球土壤有机碳储量。因此，研究国家和区域尺度的土壤有机碳储量及其变化，有助于更好地理解全球土壤碳循环，正确评价气候变化对陆地生态系统的影响，有助于决策者科学地制定土地利用和管理制度。历经两次土壤普查，随着 3S 技术的发展，我国学者关于土壤碳储量的研究也积累了大量成果。方精云等（1996）对中国土壤碳储量的计算结果为 $1.86×10^{11}$t；潘根兴（1999）依据《中国土种志》的基本数据，统计得到中国剖面 1m 的土壤有机碳储量为 $5.0×10^{10}$t；王绍强（2000）依据 1∶400 万土壤类型分布图和全国第二次土壤普查 2473 个土种剖面资料估算中国土壤碳储量为 $9.24×10^{10}$t；李克让等（2003）应用 0.5°网格分辨率的气候、土壤和植被数据估算中国陆地生态系统碳储量约为 $8.27×10^{10}$t；解宪丽（2004）依据 1∶400 万中国土壤图和全国第二次土壤普查数据估算得到中国剖面 1m 的土壤碳储量为 $8.44×10^{10}$t；于东升（2005）基于 1∶100 万土壤数据库的 7292 个土类剖面数据，通过 GIS 连接法、制图单元碳储量求和法及面积平均法估算中国土壤碳储量为 $8.91×10^{10}$t；这已是我国目前土壤碳储量估算最为准确和权威的结果。诸多学者在区域和流域尺度对土壤有机碳储量开展了广泛研究。刘国华（2003）依据全国第二次土壤普查资料，按不同土类加权平均估算了环渤海地区 1m 土壤有机碳储量，结果为 $2.1×10^{9}$t；刘全友等（1994）、黄银晓和林舜华（1995）对海河流域土壤碳的研究表明，海河流域土壤碳储量为 $1.77×10^{9}$t，以滹沱河流域土壤碳储量最高，大清河流域土壤碳储量最低；徐香兰等（2003）根据全国第二次土壤普查资料和土壤类型图，估算了黄土高原地区表层土壤有机碳密度和储量，结果表明黄土高原地区表层（0～20cm）土壤有机碳密度平均值为 2.49kg/m^2，储量为 $1.07×10^{5}$t。

一、区域尺度

黄土高原位于我国西北地区，是指太行山以西，日月山以东，阴山、贺兰山以南，秦岭以北的黄土集中区，地理坐标 33°41′～41°16′N、100°52′～114°33′E，包括山西省和宁夏回族自治区的全部，河南省的西部丘陵区，内蒙古自治区的鄂尔多斯高原和河套平原，陕西省的中部和北部，甘肃省的陇中和陇东地区，以及青海省的东北部，总面积 $6.4×10^{5}$km^2（程积民和万惠娥，2002）。该地区属典型的温带大陆性季风气候，由东南向西北依次为半湿润区、半干旱区和干旱区。年均气温 3.6～14.3℃，在东南部达到 13.6℃以上，北部和西部则降至 3.6℃以下，≥10℃年积温东南部最高，为 4500℃，西北部为 1500℃。年均降水量 185～750mm，从东南部的 600mm 逐步减至西北部的 200mm 以下（高阳等，2011）。大部地区海拔 500～1500m。主要地带性土壤类型包括褐土、黄绵土、黑垆土、栗钙土、灰钙土、灰褐土、草甸土等（徐香兰等，2003）。地带性植被从东南向西北依次为森林地带、森林草原地带、典型草原地带、荒漠草原和草原化荒漠地带（程积民和万惠娥，2002）。

（一）黄土高原土壤有机碳本底值

全国第二次土壤普查成果——《中国土种志》统计了黄土高原地区中 26.7 万 km^2 的土壤，共统计 6074 个土壤剖面，涉及 29 个土类中的 246 个土种。其中与黄土高原相关的土类剖面 29 个，有少量数据缺失，参考《陕西土种志》和《陕西土壤》等，计算得出黄土高原地区 0~20cm 土壤有机碳平均含量为 1.56%（徐香兰等，2003）。

黄土高原地区共有 29 种土壤类型，表 3-1 列出了主要土壤类型的统计面积和有机碳平均含量。研究表明，黄土高原表层有机碳的平均密度为 $2.49kg/m^2$，总碳储量为 $1.07×10^5$ t。虽然棕壤、灰褐土等土壤类型的有机碳密度较高，但分布面积很小。在黄土高原地区分布较广的土壤类型黄绵土、黑垆土和褐土中，除褐土外，其他类型土壤的有机碳密度都较低。黄绵土和褐土面积占黄土高原地区总面积的 58.1%，土壤有机碳储量占有机碳总量的 49.7%。其中，黄绵土等 8 种土壤类型的土壤有机碳储量占有机碳总量的 90.34%，面积占总面积的 89.6%，说明黄土高原地区的土壤有机碳主要分布在黄绵土、褐土、灰钙土等主要类型中，其他 11 种土壤类型的土壤有机碳含量较少。在其他土壤类型中，黑毡土、草毡土和山地草甸土的表层土壤有机碳密度超过 $10kg/m^2$，但土类面积之和仅占总面积的 0.78%，所以其土壤有机碳储量仅占总储量的 3.5%（徐香兰等，2003）。

表 3-1　黄土高原不同土壤类型的分布面积和有机碳含量

土壤类型	剖面数	统计面积/km^2	有机碳平均含量/%	土壤类型	剖面数	统计面积/km^2	有机碳平均含量/%
草甸盐土	14	339.3	0.77	黄棕壤	33	5 775.3	1.45
草毡土	12	44.7	8.33	灰钙土	362	20 666.0	1.18
潮土	429	3 598.7	1.00	灰褐土	32	7 758.0	3.06
粗骨土	32	4 418.7	1.85	灰漠土	1	2 069.3	1.01
风沙土	86	13 343.3	0.35	栗钙土	103	12 040.7	2.72
灌淤土	323	1 746.7	1.22	栗褐土	143	11 322.7	0.94
褐土	487	31 080.7	2.28	漠境盐土	2	129.3	0.92
塿土	326	7 197.3	1.10	山地草甸土	20	278.7	7.27
黑钙土	78	2 154.0	4.73	石灰土	6	247.3	2.22
黑垆土	860	11 643.3	1.37	石质土	33	1 724.7	1.88
黑土	135	1 418.0	5.18	水稻土	168	812.0	2.36
黑毡土	1	7.3	8.75	新积土	499	5 240.7	0.97
红黏土	293	5 327.3	1.42	沼泽土	41	500.0	2.83
黄褐土	1	832.7	1.25	棕壤	186	9 240.7	5.49
黄绵土	1 368	83 512	1.02	合计	6 047	266 066.7	1.56

(二) 黄土高原植被恢复土壤有机碳储量

黄土高原地区植被稀少,水土流失严重,造成土壤严重退化,而在退化土地上进行植被恢复或在环境脆弱区域进行生态恢复是控制水土流失的一个主要途径(Jia et al., 2012)。退耕还林/草工程是我国投资最大、涉及范围最广的生态服务工程。政府承诺在 2050 年以前将投入 400 亿美元用于该工程的建设,黄土高原地区作为我国退耕还林/草工程重点实施的区域,有望将 $2.03×10^6 hm^2$ 坡度大于 15°的坡耕地退耕转化为林地和草地,坡度大于 25°的坡耕地为乔、灌、草等植被所覆盖(Fu et al., 2010; Feng et al., 2013)。研究表明,植被恢复措施显著影响土壤质量、碳与氮循环、土地管理和区域经济发展(Eaton et al., 2008)。2000~2008 年退耕还林/草工程实施期间,黄土高原生态系统净固定了约 $9.61×10^7 t$ 的碳,植被固碳以每年 $9.4 g/m^2$ 的速率持续增加,植被固碳速率的最高值出现在年均降水量为 500mm 左右的地区(傅伯杰, 2013)。

由表 3-2 可以看出,黄土高原地区总有机碳储量为 1239.85Tg。不同土壤类型差异明显,碳储量最高的为灰褐土,达 399.43Tg;其次为黄绵土,储量为 181.54Tg;储量最低的为碱土,仅为 0.13Tg。有 13 种土壤类型的有机碳储量<20Tg,其中风沙土占该级别总面积的比例最大,为 58.65%,其余分别为红黏土、棕钙土、盐土、草甸土、灰漠土、冻漠土、紫色土、沼泽土、草地草甸土、水稻土、碱土及亚高山草原土;土壤有机碳储量在 20~40Tg 的有 11 种土壤类型,分别为粗骨土、灰钙土、栗钙土、新积土、黑垆土、潮土、灌淤土、石质土、黑钙土、山地草甸土;40~180Tg 分布着褐土、棕壤、黑毡土、草毡土 4 种土壤类型,其中以褐土所占比例最大,占 66.08%;180~380Tg 与>380Tg 两个范围分别只有 1 种土壤类型,分别为黄绵土及灰褐土(付东磊, 2014)。

表 3-2 黄土高原不同土壤类型的分布面积和有机碳密度、储量

土壤类型	统计面积/km²	碳密度/(kg/m²)	碳储量/Tg	土壤类型	统计面积/km²	碳密度/(kg/m²)	碳储量/Tg
草地草甸土	799.74	9.72	7.77	灰褐土	34 476.95	11.59	399.43
草甸土	3 604.27	1.02	3.68	灰漠土	2 376.30	0.57	1.36
草毡土	3 688.50	11.60	42.78	碱土	295.09	0.45	0.13
潮土	18 673.00	1.14	21.29	栗钙土	26 251.81	1.32	34.64
粗骨土	41 971.29	0.81	34.14	墣土	19 762.36	1.06	21.04
冻漠土	2 008.71	0.31	0.62	山地草甸土	3 658.26	6.59	24.10
风沙土	69 371.92	0.24	16.83	石质土	10 839.69	2.90	31.49
灌淤土	14 322.96	1.40	20.01	水稻土	256.38	2.35	1.87
褐土	31 713.30	1.82	57.84	新积土	10 407.76	0.95	24.34
黑钙土	7 289.31	4.81	35.05	亚高山草原土	25 676.86	8.24	2.11
黑垆土	21 514.76	1.01	21.82	盐土	256.38	0.92	9.52
黑毡土	5 560.53	13.10	72.87	沼泽土	1 000.66	3.65	3.65
红黏土	13 746.46	0.79	10.88	紫色土	1 237.52	1.73	2.14
黄绵土	196 700.32	0.92	181.54	棕钙土	12 387.74	0.85	10.49
灰钙土	32 623.86	1.14	37.03	棕壤	7 032.04	15.56	109.39

黄绵土和风沙土是黄土高原地区最主要的土壤类型，两者面积占研究区总面积的42.91%，但两者土壤碳密度明显低于全区平均值，碳储量之和仅占总量的16%，因此，今后黄土高原地区生态恢复工程的重点是提高这两个土壤类型的有机碳含量（付东磊，2014）。

黄土高原地区有机碳储量整体上呈现由西北向东南递增的趋势，有机碳储量＜20Tg区集中于黄土高原西北大部地区，占总面积的19.08%；除内蒙古西部外，有机碳储量为20～40Tg在整个研究区广泛分布，占总面积的35.90%；黄土高原西部、南部及东部的边缘地区有机碳储量在40～180Tg，其中以甘肃南部、山西南部、陕西关中地区最为集中，占总面积的7.74%；宁夏南部、甘肃南部与陕西北部所组成的"W"形区域有机碳储量在180～380Tg，占总面积的31.72%；有机碳储量＞380Tg的区域分布于山西中西部，占总面积的5.56%（付东磊，2014）。

黄土高原表层土壤有机碳密度总体上呈现中间低、四周高的特征。较低碳密度范围（＜4.8kg/m^2）分布有22种土壤类型（表3-2），面积占总面积的89.87%。其中，新积土、盐土、粗骨土等10种土壤类型的碳密度甚至不足1kg/m^2，这在一定程度上反映了研究区碳密度较低的现状。这些土壤分布的植被类型以草本植物居多，典型植被是内蒙古西部的油蒿、戈壁针茅、苦豆子及陕西北部的本氏针茅、狼牙刺等，这些植被回归土壤的枯枝落叶量较少，因而直接影响了碳密度。在该碳密度区间农用地土壤类型中，以黄绵土、风沙土分布最广，但是两者的碳密度仅分别为0.92kg/m^2、0.24kg/m^2。由于肥料投入少，农作物地上部大部分被收割，加之部分地区过度放牧，因此两者有机碳密度较低。含量较高（＞4.8kg/m^2）的区域仅约占总面积的10%，包括棕壤、黑毡土、草毡土等土壤类型，集中分布于山西东太行山山脉、陕西秦岭山脉以北沿线、宁夏的六盘山等区域。这些区域植被覆盖度较高，乔、灌植被数量较多，年回归土壤的植物生物量较大，使这些土壤类型的有机碳密度较高（付东磊，2014）。

（三）黄土高原植被恢复土壤的固碳潜力

我国退耕还林/草工程的初始目的是控制黄土高原地区的水土流失，但植被恢复的同时土壤碳储量的增加也产生了显著的影响（Zhang et al.，2010；Chang et al.，2011；Feng et al.，2013）。为了增加土壤固碳量、减少碳排放，通过可持续的科学管理来增加人工林的数量、提高人工林的质量是十分必要的，而且不同恢复模式的建立应该基于平均固碳速率的大小、固碳能力的持续性来考虑。在降水量较低的黄土高原北部（降水量＜450mm），农田退耕后适合还草，在黄土高原中部地区（降水量为450～550mm）更适宜种植草本与乔木，黄土高原南部（降水量＞550mm）虽然灌木林的固碳量低于乔木林，但其平均固碳速率与乔木林接近，且比草地具有更持久的固碳能力，所以乔木和灌木适合在该区种植。

土壤平均固碳速率随着恢复时间的增加而降低。因此，当固碳能力达到一定水平后，需要对土地利用进行适当管理或调整。但是，黄土高原北部地区（降水量＜450mm）退耕30年以后，土壤固碳速率仍然保持较高的水平。因此，为了提高生态系统的固碳效益，需要优先考虑对该区植被采取长期封育的措施。

关于黄土高原退耕还林/草工程，国家林业局（现称国家林业和草原局）规定坡度大于 15°的坡耕地可以退耕为林地或草地。对 $2.03×10^6 hm^2$ 坡度大于 15°的坡耕地实施退耕还林/草，利用退耕地的平均固碳速率对黄土高原固碳潜力进行评估。结果表明，黄土高原地区整个植被恢复后的固碳潜力为 0.59Tg/年（表 3-3）（邓蕾，2014）。

表 3-3　黄土高原退耕还林/草工程实施后 0～20cm 土壤固碳速率和潜力

固碳速率/[Mg/(hm²·年)]	土地利用变化	平均恢复年限	面积/hm²	固碳潜力/(Tg/年)
0.29	乔—灌—草	23	$2.03×10^6$	0.59

二、生态系统尺度

（一）草地生态系统

草地生态系统碳储量研究是陆地碳循环相关研究的重要基础和区域尺度碳储量研究的关键环节（Scurlock and Hall，1998）。20 世纪 50 年代以来，国内外学者开始围绕草地生态系统碳密度和碳储量开展大量研究工作。然而，由于采用的资料来源和研究方法不尽相同，不同研究对草地生物量碳密度和碳储量的估算结果存在很大差异（朴世龙等，2004；Fan et al.，2008）。同时，人们对草地碳储量的研究多集中在土壤碳储量上，往往忽略了草本植物碳储量（Fidelis et al.，2013）。研究表明，相当数量的碳元素贮存在草地的地上和地下生物量中，准确估算植物生物量碳储量成为草地碳储量研究中不可或缺的部分（Propastin et al.，2012）。

草地是黄土高原地区分布最为广泛的生态系统类型，其面积约占黄土高原地区总面积的 1/3（程积民，1993）。各类草地中，天然草地的面积所占比例为 91.2%，是该区草地资源最重要的组成部分（张雷明等，2001）。天然草地不仅为人类提供了重要的生活和生产资料，还发挥着巨大的生态服务功能（House and Hall，2001）。黄土高原地区面积大，生境条件复杂多样，进而导致天然草地的植被-土壤系统固碳能力存在空间的变异性，样地尺度的观测往往难以反映整个黄土高原地区天然草地固碳现状。本节将大范围的实测数据与 ArcGIS 技术相结合，目的在于估算黄土高原地区不同类型天然草地生态系统碳密度及其分布格局，通过分析天然草地的碳储量，探寻影响该区天然草地固碳能力的因素，以期为促进天然草地的恢复和管理提供理论指导。

研究设立 67 个调查样点（表 3-4），其中，山西 21 个、河南 4 个、陕西 18 个、内蒙古 4 个、甘肃 10 个、宁夏 6 个、青海 4 个，涵盖了高寒草原（AG）、荒漠草原（DG）、草甸草原（MG）和典型草原（TG）4 种草地类型。

不同类型天然草地样点土壤碳密度均值在 130.93～347.65Mg/hm²（表 3-5），其大小顺序为高寒草原＞草甸草原＞典型草原＞荒漠草原。各层土壤碳密度均以高寒草原最高，荒漠草原最低。而草甸草原和典型草原各层土壤碳密度均处于中间水平，仅在 40～

60cm、80～100cm 层存在显著差异。0～20cm、20～40cm、40～60cm、60～80cm 和 80～100cm 层土壤碳密度均值分别为 37.86Mg/hm^2、36.83Mg/hm^2、35.68Mg/hm^2、33.68Mg/hm^2 和 33.82Mg/hm^2，整体变化规律为随土层加深不断降低。这一规律在高寒高原表现尤为突出，该类型天然草地 80～100cm 土壤碳密度较 0～20cm 层降低了 50.20Mg/hm^2，降幅高达 53.63%。

表 3-4 67 个天然草地样点信息

省（自治区）	地点	草地类型	地点	草地类型	地点	草地类型
山西	河曲	典型草原	阳城	草甸草原	左权	草甸草原
	五台	草甸草原	介休	草甸草原	襄汾	草甸草原
	汾阳	典型草原	石楼	草甸草原	壶关	草甸草原
	晋城	草甸草原	孝义	草甸草原	新绛	典型草原
	洪洞	草甸草原	交口	典型草原	应县	典型草原
	霍州	典型草原	阳泉	草甸草原	昔阳	草甸草原
	侯马	草甸草原	武乡	草甸草原	原平	典型草原
河南	灵宝	草甸草原	洛阳	草甸草原	三门峡	草甸草原
	巩义	草甸草原				
陕西	长武	草甸草原	清涧	典型草原	横山	荒漠草原
	澄城	草甸草原	神木	典型草原	吴堡	典型草原
	定边	荒漠草原	绥德	典型草原	吴起	典型草原
	府谷	典型草原	富县	草甸草原	延安	典型草原
	靖边	典型草原	韩城	典型草原	延川	典型草原
	洛川	典型草原	合阳	典型草原	蓝田	典型草原
内蒙古	鄂尔多斯	荒漠草原	准格尔旗	荒漠草原	鄂托克前旗	荒漠草原
	杭锦旗	荒漠草原				
甘肃	正宁	典型草原	会宁	典型草原	华池	草甸草原
	庆城	草甸草原	平凉	草甸草原	永登	荒漠草原
	宁县	草甸草原	靖远	典型草原	景泰	荒漠草原
	定西	典型草原				
宁夏	海原	典型草原	同心	荒漠草原	中卫	荒漠草原
	彭阳	典型草原	西吉	典型草原	盐池	荒漠草原
青海	湟中	高寒草原	民和	典型草原	湟源	高寒草原
	乐都	典型草原				

表 3-5 不同类型天然草地土壤碳密度

草地类型	土壤碳密度/(Mg/hm^2)					
	0～20cm	20～40cm	40～60cm	60～80cm	80～100cm	合计
高寒草原	108.52±1.53a	78.12±8.29a	60.19±16.41a	50.51±5.34a	50.32±12.26a	347.65±40.78a
荒漠草原	29.61±3.24c	29.03±2.90c	26.80±2.37d	24.11±2.70c	21.37±3.63d	130.93±10.66d
草甸草原	37.86±3.14b	36.83±5.59b	35.68±3.18b	33.68±3.84b	33.82±2.94b	177.87±13.20b
典型草原	34.89±2.64b	32.83±2.16bc	31.32±2.31c	30.17±4.17b	29.68±3.25c	158.90±11.99c

注：表中数据为平均值±标准差，同列不同小写字母表示样点间差异显著（$P<0.05$）

黄土高原地区天然草地土壤碳密度以西部高寒草原地带最高，变化范围为 188～

376Mg/hm², 并在该地带范围内由西向东递减。土壤碳密度的另一高值区出现在东南部的河南和山西东部地带, 大小为 188~210Mg/hm²。天然草地土壤碳密度在中南部地区出现镶嵌式的分布特征, 具体变化范围为 159~188Mg/hm²。黄土高原地区天然草地土壤碳密度总体分布趋势为由西南部和东南部向西北部递减。通过 Kriging/CoKriging 插值方法得到黄土高原地区天然草地土壤碳储量为 3.50t(高阳, 2014)。受多种因素的共同作用, 黄土高原地区天然草地生物量碳密度呈由东南向西北递减的趋势, 且在不同类型间差异显著。在各影响因素中, 海拔与生物量碳密度呈显著线性关系, 生物量碳密度随海拔的升高而不断下降。这是由于海拔的升高改变了草地植被的生长环境, 尤其会引起温度的变化(Yimer et al., 2006)。研究证实, 海拔每升高 100m, 气温随之下降 0.5℃ (Hitz et al., 2001), 较低的气温会导致草地植物的生长季缩短, 从而减少生物量的积累, 降低草地的生物量碳密度。

气温的增加可以提高草地植物叶片的光合速率, 进而促进草地植物有机物质的合成和积累(Kellomaki and Wang, 1996)。相反, 温度降低会抑制草地植物各营养器官, 尤其是根系的生长, 从而降低植物对土壤养分和水分的利用率, 减少生物量的积累(Chapin et al., 1993)。在干旱半干旱地区, 降水的数量和分配是影响草地植物生长最为重要的因素(Peri and Lasagno, 2010)。除直接作用于生物量的积累速率外, 降水条件变化会导致草地植物群落的物种组成发生一定改变, 生产力高但抗旱性差的湿生物种随降水量的减少而逐渐消失, 中生植物和旱生植物逐渐占据优势地位(Craine et al., 2013), 其他适应性广的物种则表现出小型化特征以应对干旱环境(Sanaullah et al., 2012)。草地土壤碳密度随年均降水量的增加呈乘幂形式增长。降水量对土壤碳密度的影响主要表现在对土壤碳输入和碳释放过程的调控(Vinton and Burke, 1995)。草地植物生物量随降水量的减少而降低, 植物凋落物对土壤输入的碳也会随之减少(Brandt et al., 2007)。水分条件的差异往往会造成草地植物群落物种组成的改变, 进而改变土壤碳输入的数量和质量, 最终导致土壤碳储量的不同(Dalgleish et al., 2011)。另外, 不同水分条件下土壤碳的矿化速率不同, 长期的干旱条件会引起土壤 CO_2 释放量的增加, 加速了土壤碳储量的损失(Meier and Leuschner, 2010)。其作用机制包含以下几个方面: 首先, 降水量可以影响草地土壤的含水量和氮素动态, 进而改变植被生长的水分和养分条件(Patrick et al., 2009)。其次, 降水量会影响植物叶片的 CO_2 交互过程和光合作用速率, 从而影响有机物质的合成和生物量的积累(Mitchell and Csillag, 2001)。同时, 随海拔的升高天然草地土壤碳密度呈三次方形式增长(高阳, 2014), 这是由于海拔升高, 温度逐渐下降, 土壤碳的分解过程减缓, 促使土壤碳元素不断积累(Albaladejo et al., 2013)。另外, 人类在高海拔地区活动相对较少, 从而避免了开发利用对草地土壤碳库的干扰, 减少了土壤碳储量损失(王长庭等, 2006)。

（二）森林生态系统

森林生态系统是陆地上最大的碳库, 其单位面积的碳密度可达到 198Mg/hm², 约 80%的地上碳和 40%的地下碳贮存其中, 在稳定碳收支平衡中起着关键作用(Dixon et al., 1994; Cao and Woodward, 1998), 其年均固碳量约占陆地生态系统的 2/3(Oren et al., 2001)。明确区域范围内森林生态系统的固碳现状, 对林地的合理经营和管理、提高森林乃至整个陆地生态系统的固碳能力具有重要意义。目前，国内外学者对大范围空间尺度森林生态系统的碳储量进行了大量研究（Kolchugina and Vinson，1998；周玉荣等，2000；Yang et al.，2005；Zhang et al.，2007；王鹏程等，2009；Ren et al.，2013）。这些研究涵盖的气候条件及森林类型复杂多样，采用的方法也不尽相同，导致森林碳密度和碳储量的估算结果存在很大的不确定性。另外，受技术条件的限制，针对乔木层碳密度和碳储量的研究较丰富，而针对森林生态系统其他组分，包括林下灌木层、草本层、凋落物层、细根和土壤碳库的研究相对贫乏（黄从德等，2009；Fonseca et al.，2012），因此估算结果往往不能客观反映整个森林生态系统的碳汇特征。

1. 天然林

黄土高原地区的天然林以次生林为主，分布极不均匀，主要生长在人烟稀少的石质高山地带和南部的低山丘陵区，具体分布在秦岭、六盘山、太行山、贺兰山、子午岭、吕梁山等山地。此外，在黄土高原东南部及森林草原的沟谷、山地阴坡和半阴坡也可见小片的纯林生长（程积民和万惠娥，2002）。宁夏地区仅有贺兰山、罗山及六盘山3个比较大的天然林区，以及一些零星的天然幼林及灌木林。上述三大林区森林总面积74 082hm^2，占黄土高原森林总面积的12.5%，蓄积量609.68万 m^3，占总蓄积量的54.9%（宁夏回族自治区林业调查规划院和国家林业局西北林业调查规划设计院，2009）。宁夏地区的天然林分布稀少，但其在涵养水源、保育土壤、净化空气、固碳制氧、改善小气候和保护生物资源多样性等方面发挥着巨大的生态服务功能（Halpern and Spies，1995；Ruiz-Jaen and Potvin，2011）。天然林是自然植被长期进化的结果，对区域环境较强的适应性和稳定生长的特性决定了天然林生态系统的固碳能力高于其他植被类型（Yang et al.，2004；Han et al.，2010），处于演替顶极阶段的天然林仍具有可观的固碳能力（Luyssaert et al.，2008）。本试验选取宁夏地区三大林区典型天然林生态系统作为研究对象，分析不同库层的碳密度，以期探索不同天然林的固碳现状，为天然林的保护和利用提供参考（表3-6）。

表3-6 天然林样点基本信息

样点编号	优势种	植被类型	地点	北纬/(°)	东经/(°)
D1	白桦 Betula platyphylla	落叶阔叶林	固原市泾源县梁殿峡林场	35.3910	106.2744
D2	辽东栎 Quercus wutaishanica	落叶阔叶林	固原市泾源县西峡林场	35.4893	106.2664
D3	山杨 Populus davidiana	落叶阔叶林	固原市原州区店河村	35.9650	106.3559
TC1	油松 Pinus tabuliformis	温性针叶林	银川市贺兰山国家级自然保护区	38.7370	105.9145
CC1	青海云杉 Picea crassifolia	寒温性针叶林	银川市贺兰山国家级自然保护区	38.7350	105.9140
CC2	青海云杉 Picea crassifolia	寒温性针叶林	吴忠市罗山国家级自然保护区	37.3017	106.2820
CC3	青海云杉 Picea crassifolia	寒温性针叶林	吴忠市罗山国家级自然保护区	37.2853	106.2793
TCB1	华山松 Pinus armandii+少脉椴 Tilia paucicostata	温性针阔叶混交林	固原市泾源县东山坡林场	35.6133	106.2597
TCB2	油松 Pinus tabuliformis+山杨 Populus davidiana	温性针阔叶混交林	吴忠市罗山国家级自然保护区	37.2761	106.2853

注：D1为六盘山白桦林，D2为六盘山辽东栎林，D3为固原山杨林，TC1为贺兰山油松林，CC1为贺兰山青海云杉林，CC2为罗山青海云杉成熟林，CC3为罗山青海云杉中龄林，TCB1为六盘山华山松+少脉椴林，TCB2为罗山油松+山杨林。下同

各样点土壤碳密度均值在 170.16～354.29Mg/hm²（表 3-7），其大小顺序为罗山油松+山杨林（TCB2）＞固原山杨林（D3）＞罗山青海云杉中龄林（CC3）＞六盘山辽东栎林（D2）＞贺兰山油松林（TC1）＞罗山青海云杉成熟林（CC2）＞六盘山华山松+少脉椴林（TCB1）＞六盘山白桦林（D1）＞贺兰山青海云杉林（CC1）。在土壤碳密度的垂直分布方面，50～100cm 层碳密度最高，对整个剖面的平均贡献率为 41.65%。其中，罗山油松+山杨林（TCB2）50～100cm 土层平均碳密度高达 165.85Mg/hm²，显著高于其他样点。然而，该层具有较高的土壤碳密度主要是由于土层较厚，其单位体积的碳储量则低于其他各层。0～10cm、10～20cm 和 30～50cm 层的土壤碳密度最高值均出现在六盘山辽东栎林（D2），具体数值分别为 73.08Mg/hm²、61.26Mg/hm² 和 90.14Mg/hm²，然而由于该林分土层厚度仅为 50cm，其土壤碳密度总量低于罗山油松+山杨林（TCB2）等 3 个样点。贺兰山青海云杉林（CC1）、罗山青海云杉成熟林（CC2）和六盘山华山松+少脉椴林（TCB1）同样因土层较薄而土壤碳密度偏低，而六盘山白桦林（D1）土壤碳密度较低的原因在于其各层土壤碳密度均较低（高阳，2014）。

表 3-7 天然林样点土壤碳密度

样点编号	土壤碳密度/(Mg/hm²)					
	0～10cm	10～20cm	20～30cm	30～50cm	50～100cm	合计
D1	40.88±2.16cd	32.65±2.18e	24.30±1.69de	27.38±2.50e	47.37±4.24e	172.59±15.47d
D2	73.08±6.65a	61.26±2.69a	55.27±4.47a	90.14±8.79a		279.75±15.25b
D3	40.18±1.97cd	32.48±1.92e	28.38±0.53cd	55.27±1.67c	133.24±1.98b	289.55±5.04b
TC1	38.85±6.59cd	25.29±3.45f	22.93±0.20e	40.31±6.76d	80.97±4.72b	208.35±16.55c
CC1	58.38±2.96b	41.67±1.93cd	31.94±1.48c	38.17±3.24d		170.16±5.42d
CC2	45.50±3.19c	43.88±3.87cd	32.19±4.87c	58.66±4.69c		180.23±9.78d
CC3	32.77±2.72d	38.37±4.55de	31.76±2.56c	61.06±5.61bc	115.92±9.38c	280.28±5.57b
TCB1	63.64±6.53b	55.36±4.67b	56.67±3.73a			175.68±17.48d
TCB2	33.09±5.67d	47.19±4.80c	38.46±2.12b	69.69±6.04b	165.85±9.59a	354.29±8.28a

注：表中数据为平均值±标准差，同列不同小写字母表示样点间差异显著（$P<0.05$）

2. 人工林

受气候条件、土壤状况等的限制，黄土高原地区森林植被的面积及覆盖度较小，并且地理分布极不均衡，大部分天然林资源已严重退化（程积民，2012）。随着"三北防护林"工程和"退耕还林/草"工程的推进，黄土高原地区人工林面积迅速扩大，其固碳能力逐步引起人们的重视。全国第七次森林资源清查结果显示，全国保存人工林面积达 6168 万 hm²，约占全球人工林面积的 1/3，居各国首位，并以每年 300 万 hm² 的造林速度增加。人工林已成为森林生态系统的重要组成部分，在林木产品供应、国土安全防护和生态环境建设等方面发挥着极为关键的作用（高阳等，2013）。大量研究表明，人工林的建设是全球森林固碳量增长的最主要原因之一（Houghton et al.，1999；冯瑞芳等，2006；马炜，2013）。Fang 等（2001）报道指出，自 20 世纪 70 年代以来，我国人工林的碳储量以年均 $0.021×10^9$t 的速度增长，人工林已成为我国森林碳储量持续增加的主力军。

人工林碳密度在不同树种间和不同林龄间的差异已成为生态工程建设与管理中必须考虑的问题。我国学者初步尝试定量地评估重大区域或国家尺度林业政策和林业工程产生的生态效益（胡会峰和刘国华，2006；Chen et al.，2009；Zhang et al.，2010），特别是当前全球比较紧迫的人为管理带来的碳收益问题，但研究中还有许多不足之处。对于退耕还林/草工程中加强林木的抚育管理、防治病虫害、防止火灾带来的固碳效益，由于缺乏数据和合理的估算方法，没有考虑，而这些管理措施带来的固碳潜力不可低估（Nabuurs et al.，2000）。与影响天然林土壤碳平衡的水热条件相比，人工林是处于人为调控下的生态系统类型，经营管理是影响人工林碳平衡更重要的因素（Waterworth and Richards，2008）。Jandl 等（2007）认为，森林管理可以通过改变采伐、间伐和干扰发生的程度控制碳输入与碳输出，最优化的森林经营管理既可以维持较高的生产力，也能达到增加森林土壤碳汇的目标。Deng 和 Shangguan（2013）的研究表明，自陕西实施退耕还林/草工程和天然林保护工程后，2009 年与 1999 年相比，森林植被碳储量和碳密度分别增加了 52.6%和 32.4%，平均固碳速率为 0.83Mg/($hm^2 \cdot$年)。森林病虫害属常态型生物自然灾害，对森林的危害十分严重。据统计，2010 年中国有 1152 万 hm^2 森林受到各种各样的森林病虫害危害。其中，严重发生面积 87 300hm^2（国家林业局，2011）。森林病害和虫害通过影响森林的生产力间接影响森林土壤碳累积。森林病虫害的发生将会显著降低森林的生产力，从而显著减少森林土壤碳累积。以 2000 年为基准年，中国毁林碳排放从 2000 年的 35.8Tg/年，降低到 2010 年的 32.5Tg/年和 2050 年的 12.6Tg/年。通过保护森林减少的由毁林引起的减排量由 2010 年的 3.3Tg/年增加到 2050 年的 23.2Tg/年（张小全和武曙红，2010）。森林退化也是导致森林生态系统碳排放的主要过程。因此，如果进一步加强对该工程实施管理措施，那么随着时间的推移，将很大程度地提高该工程的固碳能力，这对抵消化石燃料燃烧所释放的 CO_2 量将起到举足轻重的作用。

以黄土高原地区典型人工林生态系统（表 3-8）为研究对象，分析其不同组分的碳密度，以期探索不同人工林的固碳现状，为人工林的后续经营管理提供参考。可持续森林管理可提高林分水平和景观水平森林碳储量。目前提高林分水平碳储量的管理措施包括延长轮伐期、改造低效林、管理木制林产品、避免皆伐、保护林分死有机质（包括采伐剩余物）、减少水土流失、避免炼山和其他高排放活动。采伐和自然干扰后，采取人工更新措施可加速森林生长并减小土壤碳流失（高阳，2014）。

表 3-8 人工林样点基本信息

样点编号	优势种	植被类型	地点	北纬/(°)	东经/(°)
D4	小叶杨 Populus simonii	落叶阔叶林	固原市西吉县偏城林业站	35.9599	106.9971
D5	小叶杨 Populus simonii	落叶阔叶林	吴忠市盐池县潘定圈村	37.7028	107.3706
D6	榆树 Ulmus pumila	落叶阔叶林	吴忠市盐池县麻黄梁村	38.0957	106.7394
D7	刺槐 Robinia pseudoacacia	落叶阔叶林	平凉市泾川县官山林场	35.3424	107.5190
TC2	油松 Pinus tabulaeformis	温性针叶林	固原市泾源县王华南林场	35.3819	106.3387
CC4	华北落叶松 Larix principis-rupprechtii	寒温性针叶林	固原市泾源县东山坡林场	35.6150	106.2295
CC5	青海云杉 Picea crassifolia	寒温性针叶林	固原市泾源县和尚铺林场	35.6714	106.2012

注：D4 为固原小叶杨中龄林，D5 为吴忠小叶杨成熟林，D6 为吴忠榆树林，D7 为平凉刺槐林，TC2 为六盘山油松林，CC4 为六盘山华北落叶松林，CC5 为六盘山青海云杉林。下同

各样点土壤碳密度均值的变化范围为 89.31～419.54Mg/hm² （表 3-9），其大小顺序为六盘山青海云杉林（CC5）＞六盘山华北落叶松林（CC4）＞固原小叶杨中龄林（D4）＞平凉刺槐林（D7）＞吴忠榆树林（D6）＞六盘山油松林（TC2）＞吴忠小叶杨成熟林（D5）。除固原小叶杨中龄林（D4）和平凉刺槐林（D7）之间无显著差异外，其他样点间的差异均达到显著水平。0～10cm 土层的土壤碳密度以六盘山青海云杉林（CC5）和六盘山华北落叶松林（CC4）较高，分别为 51.26Mg/hm² 和 48.51Mg/hm²；其次为固原小叶杨中龄林（D4）和六盘山油松林（TC2），其土壤碳密度分别为 35.40Mg/hm² 和 34.95Mg/hm²；吴忠小叶杨成熟林（D5）土壤碳密度最低，仅为 9.45Mg/hm²。10～20cm、20～30cm、30～50cm 和 50～100cm 土层土壤碳密度在样点间的变化趋势与整个剖面的碳密度变化相一致。各人工林样点均以 50～100cm 土层碳积累最多，占整个剖面土壤碳密度的 29.20%～58.12%（高阳，2014）。

表 3-9　人工林样点土壤碳密度

样点编号	土壤碳密度/(Mg/hm²)					
	0～10cm	10～20cm	20～30cm	30～50cm	50～100cm	合计
D4	35.40±1.28b	29.76±0.97c	29.05±1.02b	57.12±2.78b	131.99±0.94b	283.33±0.72c
D5	9.45±0.52d	8.98±0.15e	8.73±1.04d	16.50±2.06e	45.65±5.17d	89.31±6.02f
D6	13.19±0.89d	14.96±2.60d	19.90±1.02c	39.81±1.17c	110.83±2.93c	198.69±2.06d
D7	25.41±3.49c	28.04±1.77c	28.92±0.10b	59.24±0.38b	133.67±2.91b	275.28±2.25c
TC2	34.95±1.91b	26.01±4.35c	20.81±6.85c	29.41±6.95d	56.30±2.85d	167.49±13.65d
CC4	48.51±1.93a	36.01±3.64b	31.99±5.11b	62.72±9.67b	147.41±21.28b	326.64±13.55b
CC5	51.26±5.04a	50.88±2.20a	48.40±4.90a	80.05±2.29a	188.96±5.10a	419.54±11.98a

注：表中数据为平均值±标准差，同列不同小写字母表示样点间差异显著（$P<0.05$）

（三）农田生态系统

针对黄土高原农田土壤有机碳本底值空白的现状，应用环境因子拓展法估算黄土高原区域尺度农田土壤有机碳储量。结合不同的耕作制度、地形地貌、土壤类型、气候条件，将黄土高原划分为关中平原区、陇东渭北高塬区、陇中宁南陕北丘陵区、青东浅山丘陵区、河套平原区、内蒙古风沙区、汾河谷地及晋西豫北山区，在不同地貌类型区选取武功县（34°16′N，108°22′E）、宁县（35°10′N，107°56′E）、庄浪县（35°12′N，106°3′E）、乐都县（36°28′N，102°24′E）、平罗县（33°54′N，106°32′E）、准格尔旗（39°34′N，111°21′E）、离石区（37°31′N，111°7′E）作为典型区域，汾河谷地以网格布点法进行土壤采集。

黄土高原典型区域有机碳描述性统计特征如表 3-10 所示，汾河沿线农田土壤有机碳密度最高（3.38kg/m²），其余按照降序排列依次为乐都县、武功县、平罗县、庄浪县、宁县、离石区，最低的为准格尔旗（1.51kg/m²）。按照环境因子拓展法，将采样点信息以斑块为基础进行尺度上推，从而得出样点所在地貌类型区整体农田土壤有机碳密度。黄土高原不同地貌类型区农田土壤有机碳密度存在差异。农田土壤有机碳密度最高的地貌类型区为汾河谷地（3.41kg/m²），其余地貌类型区按照降序排列分别为青东浅山丘陵区、关中平原区、河套平原区、陇中宁南陕北丘陵区、晋西豫北山区、陇东渭北高塬区、最低的为内蒙古风沙区（1.66kg/m²）（张圣民，2018）。

表 3-10 黄土高原农田土壤典型区域有机碳密度描述性统计

典型区域	样本量	平均值/(kg/m²)	标准差/(kg/m²)	最小值/(kg/m²)	最大值/(kg/m²)	变异系数/%
武功县	70	2.87	0.40	1.98	4.20	13.94
平罗县	70	2.31	0.59	0.70	3.92	25.54
宁县	72	1.81	0.37	0.81	2.50	20.44
离石区	40	1.58	0.65	1.45	1.68	41.14
庄浪县	74	2.15	0.80	0.93	7.30	37.21
准格尔旗	70	1.51	0.68	0.77	2.29	45.03
乐都县	70	2.88	1.33	1.17	9.57	46.18
汾河沿线	13	3.38	0.93	2.24	4.91	27.51

以地貌类型区耕地面积作为权重进行加权平均，根据环境因子拓展法将采样点农田土壤碳密度上推至斑块，通过 ArcGIS 作图得出黄土高原不同地貌类型区农田土壤有机碳密度分布状况，黄土高原农田土壤碳密度为 2.27kg/m²，有机碳储量为 445.47t，与国家农田土壤平均有机碳密度（3.23kg/m²）相比仍处于较低水平（张圣民，2018）。有机碳密度集中分布在 0~1kg/m²、1~2kg/m²，占黄土高原农田土壤面积的 43.91% 和 38.32%，大于 2kg/m² 的农田土壤总体占黄土高原农田土壤面积的 17.78%。描述性的统计分析表明，黄土高原耕层（0~20cm）农田土壤有机碳密度为 2.27kg/m²，整体水平低于国家平均农田土壤有机碳密度（3.23kg/m²），远低于欧盟农田土壤有机碳密度 4.68kg/m²（梁二等，2010）。黄土高原不同地貌类型区农田土壤有机碳密度有着显著的差异，表明不同气候条件、地貌景观、耕作制度等对农田土壤有机碳密度的影响显著，这与多数学者的结果保持一致（杜沐东，2013；王舒等，2016；杨帆等，2016）。方差分析结果表明，黄土高原农田土壤有机碳受自然和人为管理的综合影响，其中秸秆还田和海拔对土壤有机碳密度的变异解释程度更高，农田土壤有机碳密度与黄土高原秸秆还田程度有关，秸秆还田能显著提高土壤地力（李贵桐等，2002），而黄土高原部分地区还未采取秸秆还田措施，有机碳密度存在差异，同时黄土高原海拔跨度大，海拔的变化会引起一系列气候上的差异，也是黄土高原全区农田土壤有机碳密度发生变化的原因。

通过对黄土高原不同地貌类型区 31 年农田土壤固碳效率的计算，可以看出不同地貌类型区中土壤有机碳固碳效率的差异性，结合各个典型区域中差异性的结构性影响因子得出以下结论。黄土高原关中平原区农田土壤固碳速率为 190.62kg/(hm²·年)。武功县农田土壤固碳速率在不同土壤类型中存在显著差异，总体呈现出盐土固碳速率最高，达到 318.20kg/(hm²·年)，其次为黄绵土和褐土，最低的是潮土，为 138.09kg/(hm²·年)。黄土高原陇东渭北高塬区固碳速率为 86.47kg/(hm²·年)，失碳耕地所占面积比例为 7.87%，固碳比例为 92.13%。宁县农田土壤固碳速率在不同坡度上存在显著差异，坡度是引起宁县农田土壤固碳速率存在差异的主要因素，总体呈现出的规律：平坡地 [1.54kg/(hm²·年)] 显著低于缓坡地和平地，中坡地固碳速率为 115.21kg/(hm²·年)，与其他坡度无显著差异。黄土丘陵区固碳速率为 113.33kg/(hm²·年)，失碳耕地所占面积比例为 26.97%，固碳比例为 73.03%。土壤有机碳固碳速率在不同坡度和坡向间具有显著差异,坡度和坡向是引起庄浪县固碳速率存在差异的主要因素,其中坡度贡献率为76.52%(张圣民,2018)。

以武功县为典型区域的关中平原区农田土壤固碳速率最大,经过斑块面积加权得到农田土壤固碳速率为 190.62kg/(hm²·年),这与关中平原区采取秸秆还田措施有关,而以庄浪县为典型区域的陇中宁南陕北丘陵区和以宁县为典型区域的陇东渭北高塬区未进行秸秆还田。以庄浪县为典型区域的陇中宁南陕北丘陵区土壤固碳速率显著大于陇东渭北高塬区,这可能与以庄浪县为典型区域的青东浅山丘陵区广泛施加土粪等有机肥有关,与张晓伟(2013)研究黄土高原半干旱区农田土壤固碳速率结果一致。相关文献表明,全国农田耕层土壤有机碳固碳速率为 85~281kg/(hm²·年)(赵永存等,2018),黄土高原平原区农田土壤固碳速率整体属于中等水平,而高塬区和丘陵区处于低水平;在当前黄土高原农田土壤有机碳密度及固碳速率处于较低的水平,农田土壤仍具有较大的固碳潜力,采取合理的耕作管理措施对增强农田土壤有机碳库固碳功能具有明显的促进作用。

三、流域尺度

(一)上黄小流域

土壤有机碳含量的空间分布格局插值图显示了不同土层土壤有机碳含量的空间分布情况。上黄小流域各层土壤有机碳含量呈现东部>中部>西部。0~10cm 土层土壤有机碳含量分布不集中,小块高值区域集中在研究区东南角,有机碳含量大于8.68g/kg 的区域约占上黄试验区总面积的50%,高值差值区间在8.68~24.55g/kg。10~30cm 和 30~60cm 土层的土壤有机碳含量高值区域规则条状分布于区域东部,10~30cm 土层土壤有机碳含量高于 9.69g/kg 的区域约占试验区总面积的 40%,高值差值区间为 9.69~20.02g/kg,30~60cm 土层有机碳含量高于 5.68g/kg 的区域只占区域总面积的30%,高值差值区间在 5.68~10.66g/kg。结果表明,随土层深度的增加,土壤有机碳含量逐层递减,30~60cm 最低,有机碳含量高值差值范围差异明显,三层土壤有机碳含量大于 5.68g/kg 的区域面积逐层减小。

由表 3-11 可以看出,综合治理小流域上黄试验区土地利用类型以灌丛林地和天然草地为主,两种土地利用类型的面积占试验区总面积的68.76%。上黄试验区自1982 年建

表3-11 上黄小流域不同土地利用类型的土壤有机碳储量

土地利用类型	面积/m²	所占比例/%	碳储量/t	所占比例/%
灌丛林地	3 489 369.30	45.59	22 052.81	47.40
天然草地	1 772 888.39	23.17	14 573.14	31.32
人工草地	145 410.70	1.90	545.29	1.17
撂荒地	409 727.09	5.35	1 970.79	4.24
果园	461 402.60	6.03	3 294.41	7.08
耕地	1 289 130.50	16.84	3 699.80	7.95
河滩、河台地	85 157.13	1.11	390.87	0.84
总计	7 653 085.71	100.00	46 527.11	100.00

立生态恢复试验区以来，对农、林、牧业生态经济系统优化配置 30 多年，将 25°以上坡耕地全部退耕还林/草，综合规划，致使生态恢复下的上黄试验区在实现植被和生态系统的恢复与重建的同时，试验区的水土状况也得到了改善，减缓了水土流失。综合治理小流域碳储量比例较高的土地利用类型以灌丛林地（22 052.81t）和天然草地（14 573.14t）为主，占试验区总储量的 78.72%（薛志婧，2012）。

（二）纸坊沟小流域

运用 ArcGIS 对各土地利用类型图斑面积进行统计，由公式计算得出纸坊沟小流域 0～60cm 土壤有机碳总储量约为 4.73 万 t。从表 3-12 来看，研究区 0～60cm 土层的土壤有机碳密度以天然草地最高，其次是川坝地、灌木林地和乔木林地，梯田和坡耕地居中，果园和撂荒地最低。这反映了土地利用类型对流域土壤有机碳的影响。天然草地和乔木林地的土壤有机碳储量较高，其面积分别占流域总面积的 27.36% 和 49.05%，土壤有机碳储量分别占总储量的 36.81% 和 44.89%。其次为灌木林地和梯田，其面积比例分别为 5.65% 和 6.77%，土壤有机碳储量比例为 5.39% 和 5.10%。坡耕地、川坝地、果园、撂荒地的面积之和占流域总面积的 11.18%，土壤有机碳储量比例为 7.81%（侯晓瑞，2012）。

表 3-12 纸坊沟小流域不同土地利用类型的土壤有机碳密度和储量

土地利用类型	面积/m²	所占比例/%	碳密度/(kg/m²)	碳储量/t	所占比例/%
天然草地	2 265 212.73	27.36	7.69±1.07	17 419.49	36.81
灌木林地	468 010.49	5.65	5.45±0.66	2 550.66	5.39
乔木林地	4 061 620.73	49.05	5.23±0.66	21 242.28	44.89
梯田	560 223.79	6.77	4.31±0.53	2 414.56	5.10
坡耕地	22 791.22	0.28	4.83±0.73	110.08	0.23
川坝地	56 371.58	0.68	6.54±0.90	368.67	0.78
果园	375 280.76	4.53	3.78±0.56	1 418.56	3.00
撂荒地	470 858.16	5.69	3.82±0.49	1 798.68	3.80
合计	8 280 369.46	100.00		47 322.98	100.00

（三）寺底沟小流域

根据 Fang 等（2012）的研究，灌丛林地与天然草地所在位置土壤有机碳含量较高，人工草地、川台地和农田的土壤有机碳相对较低。随着土层深度的增加，土壤有机碳含量不断降低，且差异显著。其中，0～10cm 土层土壤有机碳含量最高，主要分布在小流域中西部的灌丛林地（沙棘）；小流域东南部灌丛林地（柠条锦鸡儿，简称柠条）的土壤有机碳含量也表现出较高水平，但其多出现在 10～30cm 和 30～60cm 土层。农地范围的土壤有机碳含量在空间上变化较大，这与不同的农作物和施肥方式有关。

从表 3-13 来看，不同土地利用类型的土壤有机碳密度大小顺序为人工草地＞果园＞灌木林Ⅰ（柠条）＞川台地＞撂荒地＞灌木林Ⅱ（沙棘）＞农地＞天然草地。研究样地寺底沟的土壤有机碳储量为 18 775.49t，平均有机碳密度水平（4.64kg/m²，0～60cm）

低于黄土高原平均水平，这与寺底沟以人工草地为主要土地利用类型是分不开的。土地利用类型是小流域尺度土壤有机碳密度分布的重要影响因素，土地利用格局的合理变化对有机碳储量增加有重要意义。在研究区，灌木林地和天然草地是增加碳汇与控制土壤侵蚀的最有效的土地利用类型，其次是弃耕地。而对于人工草地，应该在满足畜牧饲料的前提下控制收割次数以达到土壤有机碳积累的效果。以退耕还林/草为主的生态恢复工程对土壤碳储量的增加起着重要作用，通过退耕还林/草的进一步实施与天然草地的禁牧限牧保护工程，寺底沟的土壤碳储量有进一步增加的潜力和空间。

表 3-13 寺底沟小流域不同土地利用类型的土壤碳密度和储量

土地利用类型	面积/m²	所占比例/%	碳密度/(kg/m²)	碳储量/t	所占比例/%
农田	2 918 850	59.17	4.11	11 996.47	63.89
川台地	17 725	0.36	5.69	82.24	0.44
撂荒地	83 375	1.69	4.65	474.40	2.53
果园	142 175	2.88	6.32	661.11	3.52
天然草地	881 350	17.87	4.05	557.13	2.97
人工草地	713 950	14.47	6.74	2 891.50	15.40
灌丛Ⅰ（柠条）	159 725	3.24	6.25	1 076.55	5.73
灌丛Ⅱ（沙棘）	15 775	0.32	4.64	1 036.09	5.52
合计	4 932 925	100.00		18 775.49	100.00

（四）延河流域

由表 3-14 可以看出，在几种土地利用类型中，乔木林地 0～10cm 土层土壤有机碳的含量最高，均值为 10.02g/kg，其次为灌木林地和天然草地，人工草地和乔灌混交林地较低。总体来看，林地（乔木林地、灌木林地）＞草地（天然草地、人工草地、退耕草地）＞果园＞农地。10～30cm 和 30～60cm 土层，乔木林地和灌木林地的土壤有机碳含量较高，天然草地、人工草地、果园次之，乔灌混交林地最低，变化趋势总体上和 0～10cm 土层相似，林地（乔木林地、灌木林地）＞草地（天然草地、人工草地、

表 3-14 延河流域不同土地利用类型的土壤有机碳含量

土地利用类型	样本数	土壤有机碳含量/(g/kg)		
		0～10cm	10～30cm	30～60cm
灌丛林地	13	8.43	5.17	3.63
乔木林地	65	10.02	5.69	4.24
乔灌混交林地	7	4.22	2.99	2.00
人工草地	6	4.46	3.33	2.09
天然草地	32	7.20	4.56	3.26
退耕草地	19	5.75	4.29	3.13
果园	10	6.52	4.23	3.23
农地	37	5.41	3.99	3.34

退耕草地）＞果园＞农地。乔灌混交林地在各层土壤中均表现最低，这是因为在研究区域内，所选的乔灌混交林地以人工种植的乔灌木林地为主，多为幼林，多是3～4年的沙棘、山杏和5年的刺槐，处于植被恢复初期，植被演替经历的时间还不长久，乔灌混交林所需土壤条件并不具备（焦菊英等，2005）。植被还需经历很长时间才能逐步恢复至稳定状态以改善土壤性状，显示出相对较好的恢复效果。同一土地利用类型不同土层的土壤有机碳含量均为0～10cm明显高于10～30cm和30～60cm，这是因为地表的枯枝落叶层是表层土壤有机碳的重要来源，植被地下90%生物量集中于0～10cm的土壤表层，因此表层土壤有机碳含量相对较高。不同土地利用类型土壤有机碳含量随土层深度增加而减少的程度不同。研究区土壤有机碳含量的变异以乔木林地的最大，乔灌混交林地的最小。林地种类较多，又有天然恢复和人工种植之别，其恢复时间各异，这些因素均可导致土壤有机碳分析数据的较大波动（侯晓瑞，2012）。

采用监督分类方法解译获取、ArcGIS栅格统计模块分别统计出延河流域农地、林地、草地的分布面积，再将各样点土壤有机碳、全氮密度分类计算出平均值，从而计算出延河流域不同土地利用类型的土壤有机碳储量（表3-15）。研究区总面积约为7687km^2，土地利用类型以农地和草地为主，分别占总面积的49%和33%，林地约占15%，其他类型不足3%。结果显示，延河流域土壤有机碳储量约为2.24万t。农地的土壤有机碳储量最高，占总有机碳储量的51.4%，主要是由于其分布面积较大；其次是草地，有机碳储量为7256.17t；较少的是林地，占总有机碳储量的16.3%（侯晓瑞，2012）。

表3-15 延河流域不同土地利用类型的土壤有机碳储量（0～60cm）

土地利用类型	剖面数	面积/km^2	土壤有机碳储量/t
农地	37	3 746.09	11 537.98
草地	57	2 546.02	7 256.17
林地	85	1 151.70	3 650.89
合计	179	7 443.81	22 445.04

第二节 植被恢复中的土壤有机碳含量

一、植被区

陕北黄土高原位于延安略偏北，由南向北依次是夏绿落叶林、森林草原和干草原地带，气温和降水随之降低（朱至诚，1983）。水热条件是决定黄土高原植被区划分的关键因素（张鹏云和赵松岭，1983）。李斌和张金屯（2003）研究发现，水分梯度和热量梯度分别是决定黄土高原植被纬向性分布和经向性分布的主要气候因子。而一般研究者认为，黄土高原地区热量相对充足，水分特别是土壤水分是影响植物地带性分布的主要因子。根据杨文治（1981）的研究，黄土高原森林区、森林草原区和草原区分别属于土壤水分年循环基本均衡区、补偿亏缺区和补偿失调区。根据采样时的实地观察，森林区以乔木和灌木为主要建群种，而森林草原区和草原区的建群种主要为草本植物。已有研究表明，森林草原区和草原区植被类型相似，森林草原区的建群种主要为草原植物（温忠明等，2005），而乔木覆盖度很低，一般<20%，甚至<5%，往往不足以对群落内环境产生显著影响（王晗生，2009）。气候环境会对植被的恢复产生影响，而植被恢复同样会对局部的气候条件产生一定的影响。Uhl 和 Kauffman（1990）认为，植被覆盖度增加使得地表的反射率降低，从而导致局地湿度增加，温度降低。吕世华和陈玉春（1999）发现，植被会对降水量及季风的强度产生一定的影响。由此可见，气候环境和植被恢复之间有着密切的关系。

地球表面水热状况存在差异导致植被呈大幅度带状分布，以典型的地带性植被为优势组成，在地理分布上表现出明显的三维空间规律性，称为植被三向地带性。植被垂直分布规律一般为从高纬度到低纬度，从沿海至内陆，带谱结构趋于复杂。植被区的形成取决于所处环境条件的带状区域性分异。黄土高原延河流域不同植被区的土地利用类型及主要植被见表 3-16。

表 3-16 延河流域不同植被区的土地利用类型及主要植被

植被区	主要分布海拔/m	土地利用类型	主要植被
草原区	1200~1500	乔木幼林地、撂荒地、灌木幼林地、天然草地	小叶杨、山杏、芦苇、沙棘、阿尔泰狗娃花、长芒草、赖草、阳芋、铁杆蒿、白羊草、猪毛蒿
森林草原区	1100~1200	农地、乔木林地、撂荒地、灌木林地	马铃薯、玉米、黄豆树、刺槐、侧柏、山杏、白羊草、铁杆蒿、胡枝子、赖草、柠条、沙棘
森林区	700~1100	农地（梯田）、乔木林地	玉米、辽东栎、侧柏、刺槐

从表 3-16 可以看出，森林区主要分布在海拔 700~1100m，这一地区以梁状丘陵沟壑区为主，气候属暖温带半湿润偏干旱季风气候区，分布的主要植被有辽东栎、侧柏、刺槐等，为黄土高原主要自然恢复优势物种和人工造林主要树种，每年有大量的枯枝落叶回归土壤，补充了土壤中的有机质，同时乔木林地有效防止了土壤水分及养分的流失。森林草原区主要分布在海拔 1100~1200m，为典型的梁峁状沟壑区，土地利用类型以农地、撂荒地和灌乔木林地为主，农地主要种植有马铃薯、黄豆、玉米等，撂荒地以白羊草、铁杆蒿、赖草为主，灌乔木林地则主要为幼龄刺槐、侧柏、山杏等，且以人工种植为主，即人类活动较频繁，人为影响较大。草原区主要分布在海拔 1200~1500m，为梁状丘陵沟壑区，间有少数残丘低峁，土地利用类型则以天然草地、撂荒地、灌乔木林地为主，天然草地主要分布有铁杆蒿、白羊草、阿尔泰狗娃花、大针茅、赖草、茭蒿等，灌乔木林地则主要为人工种植的沙棘和柠条。从不同植被区的土地利用类型和分布植被可以看出，在该研究区域中，分布在海拔 1100~1200m 的森林草原区，虽然植被类型较草原植被区丰富，但以人工恢复为主，受人类活动的影响较大，土壤中的有机碳含量较低，森林区则多以成年灌乔木林地为主，加之海拔较低，较草原区和森林草原区有较好的雨水补充，因此从森林区到森林草原区，再到草原区的过渡过程中，土壤有机碳含量表现出明显的递减趋势。另外，从植被区在不同海拔的分布情况可以看出，在该研究区域中，随着海拔的增高，植被的分布从灌乔木趋于向草本植物演变，即随着海拔的升高，植被区逐渐由森林植被区演变为草原植被区。

在黄土高原干旱气候背景下，土壤水环境是影响过渡带植被组成和分布格局最为主要的生态因子,同时植被区在一定区域内的变化可以反映该区域自然条件的变化情况。延河流域不同植被区的土壤有机碳含量呈现森林区>森林草原区>草原区的变化特征(表 3-17)。

表 3-17 延河流域不同植被区的土壤有机碳含量

植被区	样本数	土壤有机碳含量/(g/kg)		
		0~10cm	10~30cm	30~60cm
草原区	36	5.96	4.21	3.08
森林草原区	111	6.24	4.03	3.02
森林区	42	12.20	7.04	5.31

选择代表森林区、森林草原区和草原区的 3 个典型流域——洞子沟流域、张家河流域和高家沟流域作为研究对象(表 3-18),对植被恢复过程中不同植被区的土壤有机碳进行研究(张宏,2013)。

表 3-18 延河流域不同植被区典型小流域基本信息

流域名称	植被区	经纬度	流域面积/km²	海拔/m	主要土地利用类型
洞子沟	森林区	36°31′13″~36°35′26″N,109°7′34″~109°10′34″E	20.61	1166~1490	林地
张家河	森林草原区	36°59′33″~37°2′40″N,109°11′58″~109°14′39″E	10.77	1118~1505	草地、耕地
高家沟	草原区	37°12′31″~37°16′36″N,108°58′5″~109°2′52″E	27.31	1245~1634	草地、耕地

样品采集于 2011 年 7 月,在洞子沟、张家河和高家沟流域分别选择有代表性的 3 个梁峁,在每个梁峁按照从阴坡到阳坡的路线选择 5 个样点,分别为梁峁顶、阳梁峁坡、阴梁峁坡、阳沟坡、阴沟坡(图 3-1)。在每个样点用土钻按"S"形取 6~8 个点的土壤混合,作为该点的代表性样品,采样深度包括 0~10cm 和 10~20cm 两个土层,每个样点重复 3 次。

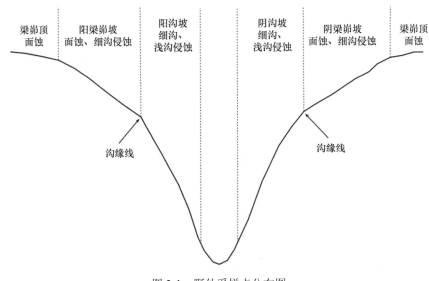

图 3-1 野外采样点分布图

三个植被区的土壤总有机碳含量如表 3-19 所示。在所有的采样区域，土壤总有机碳都表现为 10～20cm 土层高于 0～10cm 土层。在森林区，0～10cm 和 10～20cm 土层含量的变化规律相似，总有机碳变化范围在 7.77～71.53g/kg，大小规律均表现为阳沟坡＞阴梁峁坡＞阴沟坡＞阳梁峁坡＞梁峁顶。在 0～10cm 土层总有机碳的大小差异极为显著，阳沟坡的总有机碳含量是梁峁顶的 5.9 倍。在 10～20cm 土层，阴沟坡的总有机碳含量是梁峁顶的 3.17 倍。在森林草原区，土壤总有机碳的含量在 6.53～36.34g/kg，5 种侵蚀环境下差异均不显著。除了在 0～10cm 土层梁峁顶和阳梁峁坡的有机碳含量无明显差异，10～20cm 土层阴梁峁坡明显大于阳沟坡，整体都表现为沟坡＞梁峁坡＞梁峁顶。草原区总有机碳含量情况较为不同，0～10cm 土层，梁峁顶和阳梁峁坡含量最高，阳沟坡和阴沟坡居中，阴梁峁坡含量最低，梁峁顶是阴梁峁坡的 1.54 倍，而 10～20cm 差异均不显著。三个植被区间进行比较，森林区土壤总有机碳含量显著高于森林草原区和草原区，而后两者差异不显著。

表 3-19　不同侵蚀环境下土壤总有机碳含量　　　（单位：g/kg）

植被区	土层深度	侵蚀环境				
		梁峁顶	阳梁峁坡	阴梁峁坡	阳沟坡	阴沟坡
森林区	0～10cm	12.09±4.31Ac	21.50±10.33Ac	54.45±4.96Aab	71.53±5.82Aa	38.29±23.45Ab
	10～20cm	9.01±2.32Ba	7.77±2.85Ba	9.66±3.64Ba	10.75±2.18Ba	8.86±2.28Ba
森林草原区	0～10cm	10.02±0.96ABa	10.03±4.50Ba	8.19±4.45Bab	9.51±3.06Bab	6.53±2.45Bb
	10～20cm	10.35±2.04Ac	12.98±6.86Abc	30.77±5.43Aa	36.34±6.32Aa	17.53±9.38Ab
草原区	0～10cm	6.06±1.92Ca	6.56±3.19Ba	7.80±3.78Ba	8.15±2.95Ba	8.19±3.04Ba
	10～20cm	8.07±1.64Ba	7.68±3.99Ba	5.98±2.99Ba	8.01±2.32Ba	6.20±1.27Ba

注：数值为平均值±标准误差；不同大写字母表示不同植被区之间差异显著（$P<0.05$），不同小写字母表示不同侵蚀环境之间差异显著（$P<0.05$）

二、恢复年限

（一）弃耕地

在纸坊沟流域内选择了不同弃耕年限的草地演替序列，分别为弃耕 1 年、7 年、13 年、20 年和 30 年，各草地的弃耕时间通过向当地村民采访确定（邓蕾，2014）。在草地群落生物量达到最大的时期，每个弃耕年限的草地选择 5 块，每块草地间距 0.5～1.5km。在每块草地内，设置一个 20m×20m 的样地，在每个样地的四角和中间，分别设置 1 个 1m×1m 的样方，每个样地共设置 5 个。每个弃耕地里再打 5 个样方。在每个样方内调查群落的覆盖度、高度、地上/地下生物量、凋落物生物量和 0～100cm 土壤样品。各弃耕年限草地群落形态学特征见表 3-20。所有样地均位于黄土梁上，各样地立地条件（土地使用历史、海拔、坡向、坡度、土壤类型）基本一致。另外，本节以 5 块玉米地作为对照（CK），因为在弃耕之前该流域主要种植玉米。每年 4 月，农田施基肥 225～300kg/hm² 羊粪，在 6 月，施追肥 300～450kg/hm² 尿素。

表 3-20　不同恢复年限植物群落特征

恢复年限	地上生物量/(g/m²)	地下生物量/(g/m²)	凋落物生物量/(g/m²)	覆盖度/%	高度/cm	优势种
1	169.34±49.67a	78.92±13.57c	28.90±4.26c	8.8±0.58c	66±6.96ab	茵陈蒿
7	73.73±7.96a	138.73±6.72c	118.51±14.93bc	19.4±2.86bc	41.6±7.88b	二色胡枝子+狗尾草
13	100.26±19.01a	218.71±36.29c	130.78±33.00bc	24.4±5.61abc	68.2±6.01a	冰草+阿尔泰狗娃花
20	210.42±56.73a	575.21±129.16b	209.79±35.99ab	41±10.77ab	69±5.79a	铁杆蒿+白羊草
30	159.08±12.03a	1 080.34±111.18a	281.86±25.77a	48±6.04a	52±2.07ab	白羊草+长芒草

注：数值为平均值±标准误差，不同小写字母表示不同恢复年限间差异显著（$P<0.05$）

表层 0～5cm 土壤有机碳含量（SOC）随着弃耕年限的增加而增加（表 3-20，图 3-2），在弃耕的前 20 年，0～5cm 土壤有机碳含量变化不显著，但 20 年以后变化显著；5～20cm 土壤有机碳增加不显著；20～70cm 土壤有机碳含量呈先减少（<20 年）后增加（30 年）的趋势，当弃耕 30 年后，20～70cm 土壤有机碳含量增加到弃耕前水平（玉米地）；70～100cm 土壤有机碳含量随着弃耕年限的增加趋势不显著，基本保持不变，但也表现为先减少（<20 年）后增加（30 年）。

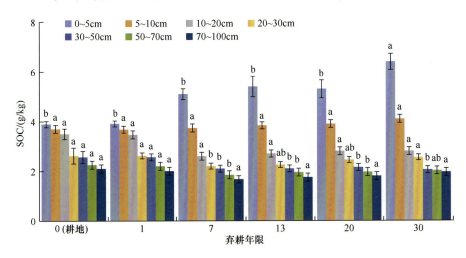

图 3-2　不同恢复年限各土层土壤有机碳含量的变化动态

上层土壤有机碳含量随着弃耕年限的增加而显著增加，尤其是表层 0～5cm 土壤，表明植被恢复能增加土壤的碳氮含量（Singh et al.，2012a，2012b），这与 Wang 等（2011）在纸坊沟流域的研究结果一致，可能是易分解植物残体中小颗粒难溶物不断增加的结果。在农田中，耕作破坏了土壤团聚体结构，降低了土壤孔隙度，由于暴露的有机质更易于受到微生物侵蚀，从而促进了有机质的矿化（Shepherd et al.，2001），导致了轻组土壤有机碳（LFOC）和其他有机碳的减少（Liu et al.，2010）。另外，农民收获后及时清除农作物残体，造成有机质残体进入土壤的量减少，是农田碳氮含量较低的另一个原因。这种推测得到 Wu 等（2004）研究结果的支持，其结果表明在黄土高原地区自然草地转为农地后，上层土壤中植物残体的输入显著减少，从而导致土壤有机碳和轻组有机碳组分的减少；相反，农地转换为自然草地后显著增加了有机碳及其组分（Zeng et al.，2007），增加了土壤孔隙度，从而导致土壤容重减少。

地上植被在调控生态系统生物化学循环方面起着非常重要的作用。植被通过固碳及吸收养分，阻止了植被减少、酸雨和气候变化等干扰因素造成的养分流失（Bormann and Sidle，1990）。草地恢复对土壤碳氮储量具有重大的影响，随着植被恢复，0～10cm 土壤碳氮储量显著增加，表明弃耕 30 年的过程中，土壤碳的积累主要发生在表层 0～10cm 土壤中。植被恢复后碳氮主要在表层土壤积累，主要有以下机制：首先，地上生物量和凋落物的累积，因为土壤碳主要来源于枯落物残体的分解，初级生产力是土壤碳固定的主要驱动因子（De Deyn et al.，2008），是上层土壤碳增加的主要贡献力；其次，地下生物量（死根、菌根、根系分泌物）的输入是土壤碳固定的另一主要来源（Langley and Hungate，2003），地下根系生物量随着植被恢复年限的增加而增加；最后，植被组成变化和优势植物功能群影响土壤碳氮固定。植物功能群显著影响枯落物的理化性质，进而影响枯落物的可分解性能、土壤呼吸和植物残体的碳固定（De Deyn et al.，2008）。在草甸草原上，C3 植物的增加促进土壤碳氮的积累。植被恢复直接影响群落的优势种组成、群落覆盖度、高度和地上/地下生物量（Wu et al.，2010）。

弃耕后，植被恢复能够显著改善土壤的理化性质。弃耕后植被恢复的 30 年中，土壤有机碳储量显著增加，尤其是 0～10cm 土层。弃耕 30 年后，深层土壤有机碳储量恢复到弃耕前水平。该研究表明：长期来看（>30 年），深层土壤具有较大的固定碳氮的潜力，植被恢复时间越久，深层土壤碳氮的固定潜力越大。因此，在干旱半干旱的黄土高原地区，植被恢复是一个缓慢的过程，需要相对较长的时间才能提高退化土地的土壤条件，要以长远的眼光来制定有效的植被恢复管理措施。为了更好地了解干旱半干旱区深层土壤的碳氮固定机制，需要进一步开展关于土壤理化性质、酶活性、土壤微生物、土壤动物、植物结构和功能与土壤碳固定之间关系的研究。

（二）人工灌木林——柠条林地

选择上黄不同植被恢复过程及年限的 4 个土壤样点，分别为农地（Cr.）、天然草地（Na.G）、15 年柠条林地（C.K.15）和 25 年柠条林地（C.K.25）。

土地管理与利用类型可直接影响土壤有机质的输入和输出，而且植被特点对土壤有机质的影响显著（陈中赫和刘敬娟，2003）。从图 3-3 看出，土壤有机碳含量在天然草

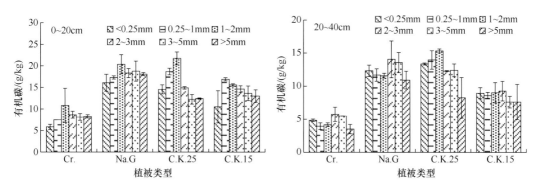

图 3-3 不同恢复年限及土地利用类型不同土壤粒径颗粒的有机碳含量

地和 25 年柠条林地中最高，15 年柠条林地次之，农地最低。0~20cm 比 20~40cm 土层有机碳含量高。不同粒径土壤颗粒中，农地和天然草地的 0~20cm 土层、25 年柠条林地两个土层都表现出相同的变化趋势，即土壤有机碳含量按土壤颗粒粒径<0.25mm、0.25~1mm、1~2mm 依次增大，并在 1~2mm 处有一个最大值，之后都随土壤颗粒粒径的增大而减小。15 年柠条林地 0~20cm 土层的土壤有机碳<0.25mm 处最小，0.25~1mm 处最大，之后也随土壤颗粒粒径的增大依次减小。农地和天然草地 20~40cm 土层的土壤有机碳含量按<0.25mm、0.25~1mm、1~2mm 依次递减，在 2~3mm 处突然增大，而后又依次递减。15 年柠条林地 20~40cm 土层的<0.25、0.25~1mm、1~2mm 和 2~3mm 处土壤有机碳含量相当，3~5mm 和>5mm 处最低（成毅，2011）。

植物与土壤的关系是植物生态学研究的重要内容，也是植被恢复重建的重要理论基础（Carolyn and Daniel，1983；Barbara et al.，1999；Agustin and Adrian，2000）。土壤系统和植被是一个有机整体，二者相辅相成、互相影响。在研究区域中，农地土壤的有机碳比天然草地、15 年和 25 年柠条林地要低，这主要是因为农地每年都有人为的耕作、种植等活动，而且地上部分的生物量每年都被割走，所以回归到土壤中的枯枝落叶极为有限，从而降低了土壤的部分养分含量。有机碳、全氮、速效磷和铵态氮在各土地利用方式的不同粒径土壤颗粒中基本表现出 1~2mm、2~3mm 和 3~5mm 土壤颗粒中要略高于<0.25、0.25~1mm 和>5mm 土壤颗粒。在柠条林地的不同恢复年限土壤中，有机碳随着恢复年限的增大表现出了明显的增加（成毅，2011）。

（三）人工草地——紫花苜蓿地

人工草地在加速植被恢复和提高生态稳定性方面具有较大的优势（Tang and Zhang，2003）。苜蓿由于具有丰富的营养、高的生产力和产草量、较高的耐旱性而成为最重要的牧草品种，另外，苜蓿对气候变化和土壤条件的适应能力强（Jiang et al.，2007）。因此，黄土高原地区有较大面积的人工种植苜蓿（Li and Huang，2008）。已有研究表明，退耕还草或者把豆科牧草引入草地中能提高土壤质量（Jiang et al.，2006；Zhang et al.，2009）；苜蓿的生产力随着种植年限的增加而减少。Zhang 和 Cheng（1997）的研究表明，在干旱半干旱的黄土高原地区（年均降水量在 450mm 左右），苜蓿种植第 7 年时，生产力最大，随后其生产力减少。现在，黄土高原地区的苜蓿种植年限大部分超过了 10 年，甚至有一些苜蓿地超过了 20 年，导致苜蓿地严重退化，生产力显著降低（Jiang et al.，2007）。因此，研究苜蓿地生态系统碳储量随着种植年限增加的动态变化特征，尤其是土壤有机碳储量的动态变化十分重要。许多研究研究了苜蓿地植物生产力和土壤有机碳的短期动态特征（Jiang et al.，2006；Zhang et al.，2009）。但是，关于苜蓿地植物和土壤长期固碳特征的研究较少，本节研究对了解苜蓿地种植过程中的生态系统结构和功能（碳循环）具有重要的指导意义。

在 30 年的紫花苜蓿种植过程中，随着种植年限的增加，紫花苜蓿地总生物量、地下部分生物量和凋落物生物量碳储量表现出相同的变化趋势（图 3-4），在种植前 13 年，碳储量不断增加，随后逐渐减少，种植第 23 年时，碳储量降到最低值，随后又逐渐增加；总生物量和地下部分生物量碳储量在不同种植年限间差异显著，但凋落物生物量碳储量差异不显著。地上部分生物量碳储量随着种植年限的增加先减少后增加,而且在不同种植年限间差异显著。地下部分生物量碳储量高于地上部分和凋落物生物量碳储量。随着种植年限的增加,6 个种植年限苜蓿地总生物量碳储量分别为 1.0Mg/hm²、1.1Mg/hm²、5.0Mg/hm²、4.0Mg/hm²、1.3Mg/hm² 和 2.9Mg/hm²。

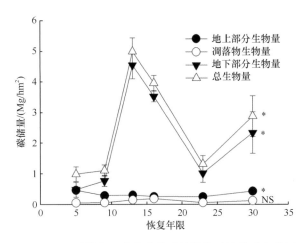

图 3-4　不同种植年限紫花苜蓿地的植物碳储量动态特征

NS 表示 6 个种植年限间差异不明显($P>0.05$),*表示 6 个种植年限间差异显著($P<0.05$)

随着种植年限的增加,土壤各层有机碳储量表现出不同的特征(表 3-21)。在 30 年的种植过程中,表层土壤(0～5cm)有机碳储量显著增加,坡耕地的土壤有机碳储量为(4.16 ± 0.28)Mg/hm²,种植 30 年苜蓿的有机碳储量为(9.58 ± 0.39)Mg/hm²;5～10cm 土壤有机碳储量先减少后增加,种植 9 年时有机碳储量最低。在种植的前 16 年,10～30cm 土壤有机碳储量先减少后增加,种植 9 年时有机碳储量最低;30～50cm 土壤有机碳储量先减少后增加,种植 5 年时有机碳储量最低;50～100cm 土壤有机碳储量逐渐增加。在种植的第 16～30 年,10～70cm 土壤有机碳储量在第 16～23 年减少,然后在第 23～30 年增加;70～100cm 有机碳储量逐渐减少(邓蕾,2014)。

表 3-21　坡耕地及 6 个种植年限紫花苜蓿地各土层的土壤有机碳储量

种植年限	土壤有机碳储量/(Mg/hm²)						
	0～5cm	5～10cm	10～20cm	20～30cm	30～50cm	50～70cm	70～100cm
坡耕地(对照)	4.16±0.28c	4.82±0.31abc	9.07±0.61bc	9.16±0.48a	15.86±0.80ab	11.21±0.41b	15.68±0.92a
紫花苜蓿地 5	4.44±0.09bc	3.98±0.08c	8.49±0.13c	7.29±0.12a	12.41±0.17b	11.55±0.45b	17.30±0.61a
9	4.55±0.08bc	3.27±0.02c	7.56±0.23c	6.82±0.21a	13.36±0.28ab	12.33±0.82ab	19.11±0.39a
13	5.18±0.13bc	4.30±0.48bc	9.26±0.14bc	8.06±0.13a	15.26±0.34ab	13.51±0.45ab	19.51±0.41a
16	5.84±0.24bc	5.43±0.13ab	11.12±0.15a	9.34±0.18a	17.13±0.60a	14.65±0.10c	19.85±0.59a
23	6.07±0.45b	5.45±0.27ab	8.01±0.37c	7.11±0.38a	11.91±0.60b	12.00±0.52ab	16.47±0.76a
30	9.58±0.39a	6.46±0.18a	10.45±0.37ab	10.25±2.63a	14.96±1.62ab	12.19±1.10ab	12.93±1.50a

注:数值为平均值±标准误差,不同小写字母表示不同恢复年限间差异显著($P<0.05$)

随着种植年限的增加,不同深度土壤的累积有机碳储量也表现出不同的特征

（表3-22）。在30年的种植过程中，与坡耕地相比，苜蓿地0～5cm、0～10cm、0～20cm 和0～30cm 土壤累积有机碳储量显著增加。但是，0～50cm、0～70cm 和0～100cm 土壤累积有机碳储量增加不显著。在坡耕地，0～100cm 土壤累积有机碳储量为（69.96±2.36）Mg/hm^2，种植16年苜蓿的土壤累积有机碳储量最大，其值为（83.38±0.88）Mg/hm^2；种植30年苜蓿后，0～100cm 土壤累积有机碳储量为（76.82±5.84）Mg/hm^2。在种植苜蓿30年的过程中，0～5cm 土壤累积有机碳储量逐渐增加；0～10cm 土壤累积有机碳储量先减少后增加，种植9年时土壤累积有机碳储量最低。在种植的前16年，0～20cm、0～30cm、0～50cm 和0～70cm 土壤累积有机碳储量先减少后增加，种植9年时土壤累积有机碳储量最低；0～100cm 土壤累积有机碳储量先减少后增加，种植5年时土壤累积有机碳储量最低。在种植的第16～30年，0～20cm、0～30cm、0～50cm、0～70cm 和0～100cm 土壤累积有机碳储量在第16～23年减少，然后在第23～30年增加（邓蕾，2014）。

表3-22　坡耕地及6个种植年限紫花苜蓿地各土层的土壤累积有机碳储量

种植年限		土壤累积有机碳储量/(Mg/hm^2)					
		0～5cm	0～10cm	0～20cm	0～30cm	0～50cm	0～70cm	0～100cm
坡耕地(对照)		4.16±0.28c	8.98±0.58bcd	18.05±1.17cd	27.21±1.52bc	43.07±2.12ab	54.28±2.42ab	69.96±2.36ab
紫花苜蓿地	5	4.43±0.09bc	8.42±0.11cd	16.91±0.21cd	24.21±0.25c	36.61±0.38b	48.17±0.71b	65.48±1.23b
	9	4.54±0.08bc	7.82±0.89d	15.37±0.98d	22.19±1.09c	35.54±1.20b	47.88±1.65b	67.00±1.93ab
	13	5.18±0.13bc	9.47±0.60bcd	18.74±0.64bcd	26.80±0.70bc	42.06±0.78ab	55.57±0.967ab	75.08±1.03ab
	16	5.84±0.24bc	11.27±0.35bc	22.39±0.43ab	31.73±0.48ab	48.86±0.92a	63.52±0.94a	83.38±0.88a
	23	6.07±0.45b	11.52±0.38b	19.52±0.36bc	26.63±0.52bc	38.55±0.89b	50.55±1.37b	67.02±2.12ab
	30	9.58±0.39a	16.04±0.50a	26.49±0.74a	36.74±2.32a	51.70±3.77a	63.89±4.57a	76.82±5.84ab

注：数值为平均值±标准误差，不同小写字母表示不同恢复年限间差异显著（$P<0.05$）

与土壤累积有机碳储量类似，在种植的前16年，苜蓿地整个生态系统（植物和0～100cm 土壤）总碳储量先减少后增加（图3-5a），与坡耕地的总碳储量（69.96Mg/hm^2±2.36Mg/hm^2）相比，种植5年后，总碳储量略有减少（66.46Mg/hm^2±1.28Mg/hm^2），但是不显著。随后，总碳储量显著增加（87.34Mg/hm^2±2.32Mg/hm^2）。在种植的第16～30年，生态系统有机碳储量先减少后增加；到23年时，有机碳储量减少为（68.33±2.08）Mg/hm^2；随后到30年增加（79.70Mg/hm^2±5.26Mg/hm^2）。从图3-5b可以看出，种植16年时，整个苜蓿地生态系统的固碳量最大。

随着种植年限的增加，植物碳储量与植物生物量变化趋势一致，尤其与地下生物量和凋落物生物量趋势一致。植物碳储量与地下生物量、根茎比和凋落物生物量显著正相关（$P<0.01$），表明植物碳储量与生物量紧密相关（Mitra et al.，2011）。苜蓿地地上生物量在种植早期（5年）最大，随后降低，与以往的研究结果一致（Jiang et al.，2007）。地上、地下生物量碳储量变化趋势不一致，主要与它们的生物量变化不一致有关，可能与各恢复阶段植被地上、地下生物量的分配策略不同有关，同时可能与地上生物量的收割有关。由于地上、地下尺度补偿效应，物种组成对碳分配策略有显著的影响。然而，研究中发现植物碳储量与物种丰富度、群落高度和覆盖度、苜蓿密度没有显著的正相关关系，表

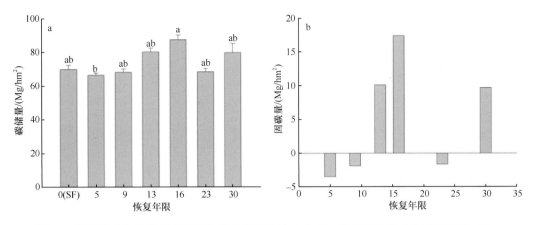

图 3-5 不同种植年限紫花苜蓿地的总有机碳储量（a）及自种植苜蓿以来总的固碳量（b）
不同小写字母表示不同恢复年限间差异显著（$P<0.05$）

明群落结构和组成不是决定苜蓿地植物碳储量的主要因子。农田转化为草地后，由于资源比较丰富，种间竞争较弱，植物会迅速入侵，资源的多少是植物群落组成、植物多样性和群落演替的决定因子（Mclendon and Teclente，1991）。随着植物演替的进行，植物所获得的资源变得有限，通过竞争，群落会达到相对稳定的状态。因此，资源的多少是决定群落生物量的关键因子。

植物群落的演替和动态能够影响土壤的理化过程（Woods，2000）。土壤有机碳储量动态与地下生物量动态一致，因为土壤的改变与地下生物量的输入有关（Potthoff，2005）；土壤有机碳储量与地下生物量显著正相关，表明种植苜蓿以后，生物量的累积主要贡献于地下而不是地上，导致较多的碳输入到土壤中。土壤随种植年限的固碳动态与生物量的固碳动态基本同步。土壤的碳固定主要发生在苜蓿种植后的第 13 年、16 年和 30 年，此时苜蓿地也具有较高的生物量碳储量，尤其是对土壤有机碳贡献较大的地下生物量和凋落物生物量碳储量。因此，可以推断生态系统的净初级生产力可能是决定生态系统碳固定的最重要因子，这与已有的研究结果一致（Potthoff et al.，2005；Wang et al.，2011）。同时，土壤有机碳储量与凋落物生物量呈显著正相关（$P<0.05$），土壤碳主要来源于凋落物的分解（Wang et al.，2011）。另外，苜蓿地土壤有机碳含量和有机碳储量在苜蓿种植的早期比种植前稍有下降，此时苜蓿的地上生物量较高但地下生物量较低，这可能是因为在苜蓿种植早期地下生物量对土壤输入有机质较少，而且较高的地上生产力消耗了大量的土壤养分。

许多研究表明，退耕还草能显著增加土壤固碳量（Mensah et al.，2003；Nelson et al.，2008；Chang et al.，2011）。一般来说，土壤有机碳含量随着植被演替的进行而增加（Brye and Kucharik，2003；Chang et al.，2011），但也有关于土壤有机碳变化不明显的报道（Bonet，2004）。不同土层土壤有机碳储量在种植 30 年苜蓿后增加，尤其是表层 0～5cm 土壤增加最显著，与其他地区的研究结果一致。Mensah 等（2003）在加拿大中东部地区萨斯喀彻温省的研究表明，退耕还草 5～12 年后，表层 0～5cm 土壤有机碳储量增加 52.7%。Malhi 等（2002）研究发现种植苜蓿 30 年后，与种植苜蓿前的农田相比，表层 0～5cm 土壤有机碳储量增加了 114%。Su（2007）的研究表明，种植苜蓿后能提高土壤的有机碳储量。Nelson 等（2008）研究发现，地上/地下生物量碳输入的增加及植被的恢复减轻了土壤侵蚀可能是土壤固碳量增加的主要原因。另外，种植 16 年苜蓿的土壤中，上层 5～50cm 的土壤有机碳先降低后增加。Jiang 等（2006）也发现了类似的研究结果：不管在未施肥的还是在刈割的苜蓿地，土壤有机碳的减少一直持续 13 年，随后逐渐增加。这可能是由于长期的有机和无机肥的施用使农田土壤有机碳较高，弃耕后，土壤仍具有较高水平的有机碳。另外，在苜蓿种植早期植被覆盖度较低，土壤侵蚀较严重也是前期有机碳减少的一个原因（Chang et al.，2011）。另外，由于农作物收获后植物残体的及时移除，深层土壤无较多根系的输入，因此深层土壤有机碳储量在种植苜蓿以后逐渐增加。当苜蓿种植 13 年后，土壤的退化导致生物量的减少（Jiang et al.，2006），同时杂草的入侵和大量植物须根因水分不足而死亡，进一步引起土壤有机碳增加，一直持续到种植的第 16 年，随后地下生物量减少，使土壤有机碳降低。所以，在苜蓿种植的第 16～23 年，土壤有机碳储量减少。各土层土壤有机碳储量动态与有机碳含量变化一致，表明土壤有机碳储量与有机碳含量显著正相关。

在干旱的生态系统中，植物的生长、繁殖和生存依赖于根系对水分的吸收能力（Fan et al.，2011）。在黄土高原地区，苜蓿的多年种植能造成深层土壤干燥化，因为为了生长，苜蓿需要吸收大量的地下水分，这种现象已被许多研究所证实（Jiang et al.，2006；Shangguan，2007；Li and Huang，2008；Fan et al.，2011）。同时，Li 和 Huang（2008）在长期的定位研究中发现土壤含水量随着苜蓿种植年限的增加而不断减少，而且由于土壤含水量的减少，苜蓿产量对年降水的响应突出，尤其在苜蓿生长后期对降水的响应更加明显。土壤含水量随着苜蓿种植年限的增加而减少，虽然土壤有机碳储量与土壤含水量正相关，但相关关系不显著，这表明在黄土高原地区，土壤水分并不是苜蓿地生态系统碳固定的限制因子。

生态系统碳库包括植物和土壤两个碳库。植物和土壤的动态变化影响生态系统的结构与功能（Phoenix et al.，2012）。在种植的前 16 年，苜蓿地生态系统有机碳储量随着种植年限的增加而增加，随后碳储量减少。这种变化表明种植 16 年后，人工苜蓿群落逐渐退化，伴随着土壤有机碳、全氮、全磷和含水量的减少。因此，当苜蓿种植年限超过 16 年时，应该考虑复耕，这对该区农业可持续发展很重要。Jiang 等（2007）在甘肃榆中县的研究表明，黄土高原地区人工种植苜蓿 9 年后需要复耕，此时土壤的水分和肥力条件对随后的作物种植比较有利，而且土壤质量可以通过集水技术、增施有机肥和无机肥（N、P 肥等）提高，该研究结果对苜蓿地可持续管理具有重要的指导意义。另外，苜蓿地有机碳储量随着种植年限的增加发生波动变化，可以用来判断草地在植被恢复过程中的碳源汇功能（Jia et al.，2012）。

三、演替阶段

云雾山自然保护区面积为 7000hm^2（华娟等，2009），除村庄道路和农田外，可保护草原面积为 3400hm^2（包括 133hm^2 灌丛）（邹厚远等，1997），保护区划分为核心区、缓冲区和试验区三部分。核心区面积为 1000hm^2，位于保护区中偏北部，缓冲区 1200hm^2，在保护区南端，试验区 1800hm², 从保护区南端起沿南、东、北三面位于核心区和缓冲区之外。此外，在保护区外还有 500hm² 的外围保护地带（邹厚远等，1997）。该区自 1982 年开始封育，主要的草本植物有长芒草（Stipa bungeana）、百里香（Thymus mongolicus）、铁杆蒿（Artemisia sacrorum）、星毛委陵菜（Potentilla acaulis）、大针茅（Stipa grandis）、直立点地梅（Androsace erecta）、阿尔泰狗娃花（Heteropappus altaicus）、茵陈蒿（Artemisia capillaries）、冷蒿（Artemisia frigida）等。其中，丛生禾本科植物长芒草在该区分布范围最广。封育区外围为放牧草地，在长期放牧草地中，茵陈蒿和冷蒿为主要优势种。

该区是黄土高原地区保存下来的唯一天然草地。根据 1983 年的资料，退牧地恢复到长芒草顶极群落，大约需要 50 年的时间，当时建立保护区的时候，建立了几个不同植被演替阶段的定点观测样方（An et al.，2009），分别是百里香群落、铁杆蒿群落、长芒草群落和大针茅群落。退耕封育初期，赖草（Leymus secalinus）为优势种，随着时间的推移，多数伴生种如猪毛蒿（A. scoparia）、长芒草等开始出现，随着长芒草的竞争力不断提高，竞争能力较差的铁杆蒿和百里香等由优势种降为伴生种，形成了坡耕地（0年）、百里香群落（23年）、铁杆蒿群落（35年）、长芒草群落（58年）和大针茅群落（78年）的草地植被演替序列。各演替序列的草地生物量和土壤特征见表 3-23。

表 3-23　不同恢复阶段的草地生物量和土壤特征

恢复阶段	生物量				0～100cm 土壤属性	
	地上/(g/m²)	地下/(g/m²)	总生物量/(g/m²)	根茎比	有机碳/(g/m²)	容重/(g/m²)
禁牧草地	201.35±17.21 (n=10)	892.88±147.24 (n=10)	1094.23±149.01 (n=10)	4.60±0.71 (n=10)	9.15	1.21
坡耕地					6.30	1.22
百里香群落	187.11±16.33 (n=15)	925.40±75.24 (n=15)	1112.51±90.34 (n=15)	4.99±0.14 (n=15)	11.92	1.18
铁杆蒿群落	399.90±82.35 (n=8)	936.65±207.67 (n=8)	1336.55±280.84 (n=8)	2.39±0.21 (n=8)	13.74	1.14
长芒草群落	150.17±10.34 (n=23)	1511.48±100.89 (n=23)	1661.66±109.10 (n=23)	10.06±0.30 (n=23)	16.94	1.09
大针茅群落	736.48±17.82 (n=6)	1368.76±101.42 (n=6)	2105.24±110.66 (n=6)	1.86±0.12 (n=6)	17.55	1.08

注：农田退耕后恢复到百里香、铁杆蒿、长芒草、大针茅群落的时间分别为 23 年、35 年、58 年、78 年；实地调查样本数量为 5，其他样本均来自文献资料

（一）碳含量

选择宁夏固原云雾山自然保护区内大针茅群落（St. G.）、长芒草群落（St. B.）、铁杆蒿群落（At. S.）、百里香群落（Th. M.）、香茅草群落（Cy. C）和对照禁牧草地（Ab. G）6 个自然演替群落作为研究对象。

有机质含量是反映土壤肥力高低的重要指标之一，土壤有机质直接影响土壤的耐肥性、保墒性、缓冲性、耕性、通气状况和土壤温度等。从图 3-6 可以看出，不同植物群落土壤中有机碳的含量各不相同，尤其是禁牧草地土壤中有机碳的含量较其他植物群落低很多，仅相当于大针茅群落的 1/3。大针茅群落土壤有机碳含量最高，其他依

次为百里香群落、长茅草群落、香茅草群落。从不同粒径土壤颗粒来看，0~20cm 土层中，铁杆蒿群落和大针茅群落表现出相似的变化趋势，都是随着土壤颗粒粒径的增大，土壤有机碳的含量也随之增大，在 3~5mm 处达到最大，随后又出现减小的趋势。长茅草和香茅草群落也有类似的变化趋势，只是其最大值出现在 2~3mm 粒径，之后土壤有机碳含量又随土壤颗粒粒径的增大而减小。百里香群落和禁牧草地则先是随着粒径的增大而增大，在 0.25~1mm 和 2~3mm 粒径各出现一个最大值，之后先减小再增大，在>5mm 粒径达到最大。20~40cm 土层中，铁杆蒿、禁牧草地和大针茅群落有相似的变化趋势，从<0.25 到 0.25~1mm 土壤有一个增加的趋势，之后又呈减小的趋势。百里香和香茅草群落有相似的变化趋势，从<0.25 到 0.25~1mm 土壤的有机碳含量有一个微弱的增势，随后在 2~3mm 粒径减小，之后又随土壤颗粒粒径的增大而增加。长茅草群落土壤有机碳含量则按土壤颗粒<0.25mm、0.25~1mm、1~2mm、2~3mm 逐渐增大，并在 2~3mm 粒径有一个最大值，之后又出现随着土壤颗粒粒径增大而减小的趋势（成毅，2011）。

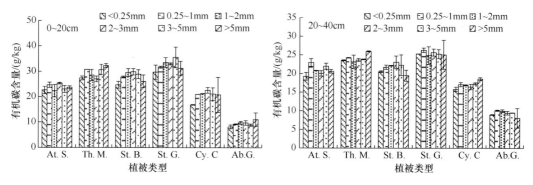

图 3-6　自然演替群落土壤有机碳含量

（二）有机碳储量

1. 植物

随着植被的恢复，地上部分生物量和地下部分生物量碳储量表现规律不一致，但植被总生物量碳储量不断增加（图 3-7）。植被恢复到长芒草群落阶段，地上部分生物量碳储量减小，小于铁杆蒿和百里香群落，但是恢复到大针茅阶段时，地上部分生物量碳储量又增加。植被恢复各阶段地上部分生物量碳储量的大小顺序：大针茅（331.41g/m²）>铁杆蒿（179.96g/m²）>放牧草地（90.61g/m²）>百里香（84.20g/m²）>长芒草（67.58g/m²）。植被恢复过程中，各阶段的总生物量碳储量的大小顺序为大针茅（947.36g/m²）>长芒草（747.74g/m²）>铁杆蒿（601.45g/m²）>百里香（500.63g/m²）>放牧草地（492.40g/m²）。植被恢复以后，生物量碳储量均大于放牧草地。

生物量的大小与植物碳储量关系紧密（Mitra et al.，2011），生物量决定植物碳储量。在 78 年的植被恢复过程中，植物碳储量显著增加，尤其在恢复的初期（<23 年）增加趋势明显。由于植被恢复促进了植物生物量的恢复（Potthoff et al.，2005；

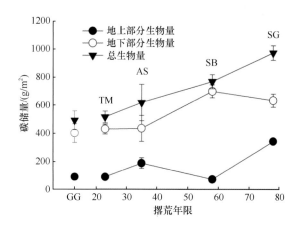

图 3-7 不同恢复阶段草地植被的生物量碳储量
GG 代表放牧草地；TM 代表百里香群落；AS 代表铁杆蒿群落；SB 代表长芒草群落；SG 代表大针茅群落

Li et al., 2009)，生物量随着植被恢复时间的增加而增加。同时，植被地上部分生物量、地下部分生物量碳储量动态与地上部分生物量、地下部分生物量变化趋势一致，但地上部分生物量碳储量在大针茅群落阶段最大，而地下部分生物量碳储量在长芒草群落阶段最大，这种变化规律是由草地生物量随植被恢复存在动态差异引起的，该结果与 Mitra 等（2011）的研究结果一致。虽然总生物量碳储量一直增加，但地上部分、地下部分生物量碳储量变化规律不一致，这可能与不同群落地上部分、地下部分生物量的分配策略不同有关（Gao et al., 2011）。Gao 等（2011）的研究表明，由于地上部分、地下部分的生态位补偿效应，物种组成对碳的分配策略有很大影响。长芒草群落分配更多生物量用于地下部分生物量的生长，由于大针茅群落较高，其分配较多的生物量用于地上部分生物量的生长，即不同植物群落地上、地下生物量的分配有差异。另外，植物固碳速率随着植被恢复过程呈波动变化，并且在植被恢复早期（0～23 年）的固碳速率较大。农田弃耕后，为了竞争无限的资源，植物迅速入侵，资源的有限性决定群落组成、物种多样性和演替动态（Mclendon and Teclente, 1991）。随着植物演替的进行，植物所获得资源受到限制，而且通过种间竞争，植物之间处于一个相对的平衡状态，因此，植物可获得资源的多少是决定群落生物量多少的一个关键因子。放牧草地植物碳储量低于封育草地，与已有的很多研究结果一致（Guo, 2004; Tanentzap et al., 2009），而且减少草地的放牧强度能够恢复植物群落的结构和组成。

2. 土壤

如图 3-8a 所示，坡耕地退耕以后，植被恢复过程中各土层的土壤有机碳储量不断增加。0～20cm 各阶段土壤有机碳储量分别为 $3.97kg/m^2$、$4.28kg/m^2$、$4.43kg/m^2$、$4.52kg/m^2$ 和 $4.65kg/m^2$；植被恢复到长芒草群落以前，20～40cm 土壤有机碳储量也是不断增加的，但是恢复到大针茅群落时，土壤有机碳储量基本不变，各阶段有机碳储量分别为 $3.26kg/m^2$、$4.57kg/m^2$、$3.88kg/m^2$、$4.22kg/m^2$ 和 $4.22kg/m^2$；40～100cm 土壤有机碳储量逐渐增加，各阶段有机碳储量分别为 $0.46kg/m^2$、$6.22kg/m^2$、$7.33kg/m^2$、$9.72kg/m^2$ 和

10.14kg/m²；1m 内土壤有机碳储量逐渐增加，各阶段有机碳储量分别为 7.69kg/m²、14.08kg/m²、15.65kg/m²、18.47kg/m² 和 19.01kg/m²。放牧草地 0～20cm 土壤有机碳储量为 4.38kg/m²，大于百里香群落土壤有机碳储量，但小于自然封育下的铁杆蒿群落、长芒草群落和大针茅群落土壤有机碳储量；但是 20cm 以下土壤有机碳储量和 1m 内土壤有机碳储量均小于各恢复阶段封育草地。

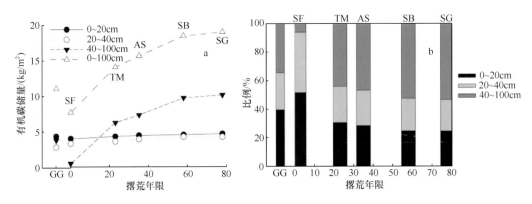

图 3-8　不同恢复阶段草地土壤有机碳储量的分配情况
SF 代表坡耕地；GG 代表放牧草地；TM 代表百里香群落；AS 代表铁杆蒿群落；SB 代表长芒草群落；SG 代表大针茅群落

如图 3-8b 所示，坡耕地退耕以后，植被恢复过程中，0～20cm 和 20～40cm 土壤有机碳储量占 1m 内有机碳储量的比例不断降低，而 40～100cm 土壤有机碳储量占 1m 内有机碳储量的比例不断增加，各阶段其比例分别为 5.78%、44.18%、46.85%、52.64% 和 53.35%，表明坡耕地土壤有机碳主要分布在 0～40cm 土层，占 1m 内有机碳储量的 93.96%；放牧草地 0～20cm、20～40cm、40～100cm 土壤有机碳储量占 1m 内有机碳储量的比例分别为 39.62%、25.73%、34.65%，其土壤有机碳储量主要分布在 0～40cm 土层。

植被的演替动态影响土壤的理化过程（Woods，2000）。虽然一些研究表明植物演替限制土壤有机碳变化（Bonet，2004），但大多研究证实土壤有机碳含量随着植被演替的进行而增加（Brye and Kucharik，2003）。随着植被恢复各土层土壤有机碳储量均增加，这与植物碳储量的动态变化特征一致，因为土壤理化性质的变化与地下生物量的输入有关（Potthoff et al.，2005）。农田弃耕以后，随着植被恢复植物群落生物量的累积主要来源于地下生物量的贡献而不是地上生物量，较高的地下生物量导致较高的土壤碳输入。放牧草地的土壤有机碳储量低于封育草地的土壤有机碳储量，可能是因为过度放牧导致植被生产力的退化，群落覆盖度降低，增加了土壤侵蚀，加速了土壤不稳定碳的分解，降低了生物质碳输入，从而降低了土壤有机碳含量（Wiesmeier et al.，2012）。由植物调控的生物过程、土壤微生物，以及由大气和生物化学过程驱动的非生物过程，导致了土壤表面养分和土壤有机质的积累（Hooper et al.，2000）。在较小的空间尺度上，除了气候因子的影响，土壤理化性质的变化主要受植被的生态学特征调控。Li 等（2007）研究发现，植被的恢复与重建为植物的再生和繁殖提供了良好的土壤环境条件。

(三) 固碳速率

1. 植物

坡耕地退耕以后,植被恢复过程中,各阶段植物碳库的固碳速率存在差异(图 3-9)。在植被恢复初期百里香群落阶段(0~23 年),植物碳库的固碳速率最大,为 21.77g/(m^2·年)。随着植被进一步恢复,固碳速率降低,铁杆蒿群落阶段(23~35 年)、长芒草群落阶段(35~58 年)、大针茅群落阶段(58~78 年)的固碳速率分别为 8.40g/(m^2·年)、6.36g/(m^2·年)和 9.9g/(m^2·年)。

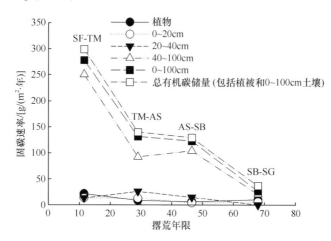

图 3-9 不同恢复阶段草地群落的总固碳速率及有机碳储量(包括植被和 0~100cm 土壤)

SF-TM 代表坡耕地至百里香群落阶段;TM-AS 代表百里香群落至铁杆蒿群落阶段;
AS-SB 代表铁杆蒿群落至长芒草群落阶段;SB-SG 代表长芒草群落至大针茅群落阶段

在黄土高原荒漠化地区的研究发现在 50 年的植被恢复过程中,植被恢复初期的土壤理化性质(包括土壤养分、结构和质地)和植被群落特征改变较为迅速,而植被恢复的晚期改变较慢(An et al., 2009),表明土壤沙化地区的植被恢复是缓慢的过程(Li et al., 2007)。生态系统的固碳速率在植被恢复初期(0~23 年)最大,随后逐渐降低,与 Izaurralde 等(1998)的研究结果一致。An 等(2009)在云雾山自然保护区的研究发现在植被恢复的前 23 年,土壤养分和微生物种类迅速增加,随后变化不显著,逐渐趋于稳定。土壤微生物含量和种类的增加是由植被恢复后土壤中有机质不断输入引起的(An et al., 2009; Jangid et al., 2011)。土壤微生物数量的增加也会提高土壤养分和有机质含量,这也可能是植物和土壤固碳速率发生变化的原因。

2. 土壤

坡耕地退耕以后,植被恢复过程中,各土层相对于坡耕地时的土壤固碳量不断增加(图 3-10),而且 40~100cm 土壤固碳量均大于 0~40cm 土壤固碳量。百里香群落 0~20cm、20~40cm、40~100cm 土层退耕以后的固碳量分别为 0.31kg/m^2、0.31kg/m^2 和 5.76kg/m^2;铁杆蒿群落各土层退耕以后的固碳量分别为 0.46kg/m^2、0.62kg/m^2 和 6.87kg/m^2;长芒草群落各土层退耕以后的固碳量分别为 0.56kg/m^2、0.96kg/m^2 和

9.24kg/m²；大针茅群落各土层退耕以后的固碳量分别为 0.67kg/m²、0.96kg/m² 和 9.67kg/m²。百里香、铁杆蒿、长芒草和大针茅群落恢复阶段在 1m 内的固碳量分别为 6.38kg/m²、7.95kg/m²、10.76kg/m² 和 11.30kg/m²。

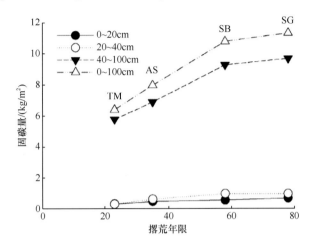

图 3-10　退耕后不同恢复阶段草地群落各土层的土壤固碳量（包括植被和 0~100cm 土壤）
TM 代表百里香群落；AS 代表铁杆蒿群落；SB 代表长芒草群落；SG 代表大针茅群落

坡耕地退耕以后，植被恢复过程中，各阶段土壤固碳量存在差异（图 3-11）。在植被恢复初期百里香群落阶段（0~23 年），土壤的固碳量最大，为 6.38kg/m²。随着植被进一步恢复，固碳量降低，铁杆蒿群落阶段（23~35 年）、长芒草群落阶段（35~58 年）、大针茅群落阶段（58~78 年）的固碳量分别为 1.57kg/m²、2.82kg/m² 和 0.54kg/m²。各恢复阶段各土层的固碳量也存在差异。

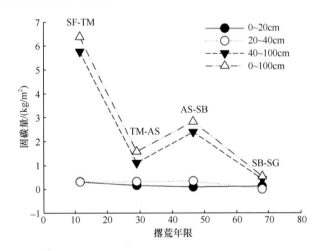

图 3-11　退耕后草地群落恢复期间各土层的土壤固碳量
SF-TM 代表坡耕地至百里香群落阶段；TM-AS 代表百里香群落至铁杆蒿群落阶段；
AS-SB 代表铁杆蒿群落至长芒草群落阶段；SB-SG 代表长芒草群落至大针茅群落阶段

坡耕地退耕以后，植被恢复过程中，各阶段草地土壤的固碳速率存在差异。植被恢复过程中，土壤的固碳速率逐渐减小，但各土层土壤的固碳速率不同（图 3-12）。在植被恢复初期百里香群落阶段（0～23 年），土壤的固碳速率最大，为 277.7g/(m²·年)，随着植被进一步恢复，固碳速率降低，铁杆蒿群落阶段（23～35 年）、长芒草群落阶段（35～58 年）、大针茅群落阶段（58～78 年）的固碳速率分别为 131.2g/(m²·年)、122.7g/(m²·年)、26.8g/(m²·年)。0～40cm 土壤固碳速率前期（＜35 年）大于后期（＞35 年），而 40～100cm 土壤固碳速率在长芒草群落阶段以后逐渐减小，之前表现出较大的固碳速率。各恢复阶段各土层的固碳速率也存在差异，总体上，40～100cm 土壤固碳速率大于 0～20 和 20～40cm 土壤固碳速率。

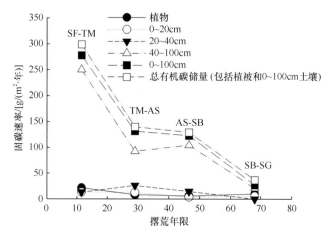

图 3-12　不同恢复阶段草地群落的固碳速率
SF-TM 代表坡耕地至百里香群落阶段；TM-AS 代表百里香群落至铁杆蒿群落阶段；
AS-SB 代表铁杆蒿群落至长芒草群落阶段；SB-SG 代表长芒草群落至大针茅群落阶段

许多研究表明农田弃耕后，植被恢复能显著增加土壤的固碳量（Mensah et al.，2003；Nelson et al.，2008）。弃耕后土壤有机碳储量呈 Logarithmic（对数模型）趋势增加，与 De Baets 等（2013）的研究结果一致。随着植被恢复，土壤固碳速率显著下降（图 3-12），这与 Zhou 等（2011）的研究结果基本一致，他们发现在半干旱草地生态系统中，降低放牧强度后，植被恢复 20 年，土壤有机碳储量保持不变，固碳速率减小。弃耕后植被恢复早期土壤固碳速率较高的原因可能是恢复早期矿物质土壤的有机碳储量还未达到饱和的状态，地上、地下生物质碳的不断输入，以及植被恢复后多年生草本的增加，降低了土壤侵蚀，从而增加了土壤有机碳含量（Nelson et al.，2008）。弃耕后，随着植被恢复，下层土壤（40～100cm）的固碳速率高于上层土壤（0～40cm）。一般来说，在传统的种植方式下，由于农田中有机肥料的输入，较多的碳储存在上层土壤中（耕作层），而且由于季节性或者一年生作物的移除，下层土壤通常没有较多根系的输入。但弃耕后，随着植被恢复，下层土壤中输入了较多的有机质（根系、根系分泌物等）。因此，弃耕后，在植被恢复过程中，深层土壤具有较高的固定有机碳的潜力。

3. 生态系统

坡耕地退耕以后，植被恢复过程中，各阶段草地生态系统的固碳速率存在差异。在植被恢复初期百里香群落阶段（0~23 年），生态系统的固碳速率最大，为 299.1g/(m²·年)。随着植被进一步恢复，固碳速率降低，铁杆蒿群落阶段（23~35 年）、长芒草群落阶段（35~58 年）、大针茅群落阶段（58~78 年）的固碳速率分别为 139.6g/(m²·年)、129.0g/(m²·年)和 36.8g/(m²·年)。

生态系统的碳库由两部分组成，分别为植物碳库和土壤碳库。植物和土壤的动态特征影响生态系统的结构与功能（Phoenix et al., 2012）。在草地生态系统中，随着植被恢复，植物和土壤有机碳储量不断增加，因此生态系统总有机碳储量也不断增加。弃耕后，在植被恢复过程中，总有机碳储量呈 Logarithmic 增长趋势，而且生态系统的固碳速率随着植被恢复不断降低。为了更好地解释生态系统有机碳储量的变异规律，需要加强植物结构和功能、土壤 pH、土壤水分、土壤团聚体、土壤微生物等与生态系统固碳特征之间的关系研究。

随着植被的恢复，植物的固碳潜力减小（表 3-24）。放牧草地植物的固碳潜力最大。各阶段植物的固碳潜力大小：放牧草地（454.95kg/m²）＞百里香群落（446.73kg/m²）＞铁杆蒿群落（345.91kg/m²）＞长芒草群落（199.62kg/m²）。随着植被的恢复，土壤的固碳潜力减小。放牧草地土壤碳库的固碳潜力最大。各阶段土壤的固碳潜力大小：放牧草地（7.94kg/m²）＞百里香（4.93kg/m²）＞铁杆蒿群落（3.36kg/m²）＞长芒草群落（0.54kg/m²）。各土层土壤的固碳潜力不同。40~100cm 土壤的固碳潜力大于 0~40cm 土壤的固碳潜力。随着植被的恢复，草地生态系统的固碳潜力减小，放牧草地生态系统的固碳潜力最大。各阶段生态系统的固碳潜力大小：放牧草地（8.39kg/m²）＞百里香群落（5.38kg/m²）＞铁杆蒿群落（3.70kg/m²）＞长芒草群落（0.73kg/m²）。

表 3-24 放牧草地和封育草地与草地的固碳潜力

恢复阶段	植物固碳潜力/(kg/m²)	土层固碳潜力/(kg/m²)				生态系统固碳潜力/(kg/m²)
		0~20cm	20~40cm	40~100cm	0~100cm	
放牧草地	454.95	0.26	1.37	6.30	7.94	8.39
坡耕地	947.36	0.68	0.96	9.67	11.31	12.26
百里香群落	446.73	0.37	0.65	3.92	4.93	5.38
铁杆蒿群落	345.91	0.21	0.34	2.81	3.36	3.70
长芒草群落	199.62	0.12	0.00	0.42	0.54	0.73

植被演替过程也是植物对土壤环境不断适应和改造的过程，而土壤养分是植被演替的重要驱动力之一（张劲峰等，2008）。在云雾山研究区域中，铁杆蒿群落、百里香群落、大针茅群落、香茅草群落和长茅草群落的有机碳、全氮与硝态氮含量均比禁牧草地高，这是由于云雾山草地生长状况良好，草种多，均属一年生植物，每年枯落物全部回归土壤，根系数量多，且广泛分布于地表下，因而有机质含量高。而禁牧草地由于之前的放牧，草本植物在短期内还没有得到恢复，草本植物比较稀少，且草种单一，没有过多的枯枝落叶回归土壤，因此其有机碳含量较其他植物群落低。

第三节 植被恢复中的土壤有机碳形态

植被恢复作为黄土高原区重要的生态恢复措施，它能够逐渐改变区域植被类型和植被覆盖度，这极大地影响了土壤微生物群落结构和年归还土壤的有机质数量与质量（Templer，2005），进而影响土壤有机质的固定与分解（Kalbitz et al.，2000），也造成土壤不同形态有机碳含量及稳定性发生变化。目前，有机碳形态大致有2种分类，一种是根据有机碳对外界因素的敏感性和周转速度，把有机碳分为惰性有机碳和活性有机碳（Dalal，2001；Rey，2008）；另一种是在有机碳分组和反应方程研究的基础上，综合植被–土壤生态系统模型——CENTURY 模型，将土壤有机碳分为活性碳、缓效性碳及惰性碳（Parton，1993）。不同形态的土壤有机碳因其周转时间不同，组成结构不同，稳定性也存在差异。

一、土壤活性有机碳

土壤活性有机碳是简单的糖类、脂肪酸等可以很快被矿化的有机质，其周转时间为几个月到几十年，在一定的时空条件下受植物、微生物影响剧烈，具有一定溶解性、不稳定性，易氧化分解且对环境的微小变化响应较快（沈宏等，1999），可在土壤全碳变化之前反映土壤碳的微小变化，是土壤有机碳动态变化的早期指示和土壤质量的评价指标。活性有机碳直接参与土壤生物化学转化过程，同时是养分循环的驱动力，是综合评价土壤质量和肥力状况的重要指标，对土壤碳库平衡和土壤化学、生物化学肥力的保持具有重要意义（钟春棋，2010），是指示土壤有机碳状态、反映土壤碳库动态的敏感性指标（周莉，2005）。因此，目前有关土壤有机碳形态的研究主要集中在土壤活性有机碳。

土壤活性有机碳通常可用可溶性有机碳、可矿化有机碳、微生物生物量碳、轻组有机碳、易氧化有机碳等来进行表征（王晶，2003；刘梦云，2011）。鉴于植被与土壤的相互作用，植被恢复过程中，随着植被覆盖度和丰富度的增加，土壤的物理、化学性质可能会随之发生改变。而土壤活性有机碳作为反映土壤有机碳动态变化的敏感性指标，也会相应地对植被恢复作出响应。

（一）土壤可溶性有机碳

土壤可溶性有机碳（DOC）作为土壤最敏感的碳组分，能够先于土壤有机碳对外部环境的变化作出响应。因此，随着植被的不断恢复，土壤可溶性有机碳也可能会发生变化。不同地形因光照分布不同进而影响土壤水热条件，其中阴坡和阳坡的土壤水热条件差异导致其他性质存在不同最为典型。

1. 坡向

森林植被区 0～10cm 与 10～30cm 土层土壤可溶性有机碳含量在阴坡为 400mg/kg 和 200mg/kg；在阳坡为 210mg/kg 和 180mg/kg。草原植被区 0～10cm 与 10～30cm 土层

土壤可溶性有机碳含量在阴坡为 85mg/kg 和 78mg/kg；在阳坡为 70mg/kg 和 60mg/kg（图 3-13）。森林植被区的表层和下层土壤可溶性有机碳含量均高于草原植被区，且在 2 个植被区，阴坡的上层和下层土壤可溶性有机碳含量均大于阳坡。森林植被区辽东栎植被覆盖度大，地表枯落物层较厚，因此 0~10cm 土层土壤有机碳非常丰富，高达 24.78g/kg，也使 0~10cm 土层含水量、温度保持相对较高水平，相对于 10~30cm 土层更有利于微生物生长，而草原植被区由于灌木、草本矮小并且疏散，上层有机碳含量仅 5.26g/kg，一定程度上造成了土壤上层水分相对于森林植被区蒸发剧烈，0~10cm 土层含水量低于 10~30cm（赵彤等，2013a）。

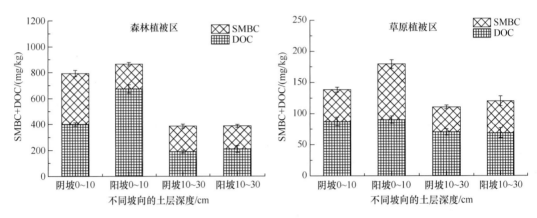

图 3-13 不同坡向的微生物生物量碳（SMBC）和可溶性有机碳（DOC）含量

2. 植被群落（森林区）

从草本到灌木再到乔木，0~10cm 和 10~20cm 土层土壤可溶性有机碳含量变化范围分别为 46.38~483.28mg/kg、38.05~173.82mg/kg，具有表聚性，且乔灌草群落＞灌草群落＞草本群落。而可溶性有机碳占总有机碳的比例为 0.53%~1.16%，但在不同植被类型下呈波动变化，保持在一个比较稳定的水平，且群落中优势植物对土壤可溶性有机碳的影响仅小于对土壤微生物生物量碳的影响。

3. 植被区

可溶性有机碳含量表现为森林区＞森林草原区＞草原区，且均为 0~10cm 土层含量高于 10~20cm 土层，表现为随着土层深度的增加而减小的趋势，其含量各植被区分别减少了 28.13%、40.43% 和 32.29%，森林草原区和草原区可溶性有机碳含量随土层的变化较森林区大（图 3-14）。因为可溶性有机碳主要来源于近期的植物枯枝落叶和土壤腐殖质，包括一系列有机物，从简单的有机酸到复杂的大分子物质如胡敏酸、富里酸（Wander et al.，1994），所以上层含量较下层高。可溶性有机碳含量在不同植被区和不同土层均差异显著（$P<0.05$）。不同植被区可溶性有机碳与轻组有机碳呈现极显著正相关，与微生物生物量碳、易氧化有机碳呈显著正相关。土壤可溶性有机碳主要包括溶解在土壤溶液中不同种类的低分子量有机质和以胶体状悬浮于土壤溶液中的大分子量有机质。可溶性有机碳主要存在于土壤腐殖质酸性部分，其 35%~47% 存在于胡敏酸中（柳敏等，

2006）。从森林区到草原区，随着植物枯枝落叶和土壤中腐殖质含量依次减少而出现差异（曾全超等，2015b）。

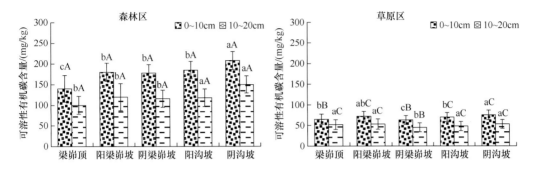

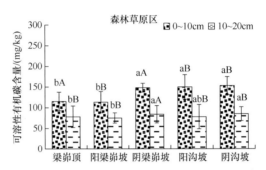

图 3-14　不同植被区的可溶性有机碳含量

不同小写字母表示不同坡位间差异显著（$P<0.05$），不同大写字母表示不同植被区间差异显著（$P<0.05$）

（二）土壤可矿化有机碳

土壤有机碳组分中易变成 CO_2 的部分被认为是土壤微生物的有效碳或易被生物活化的部分，同时是土壤微生物的有效能源。土壤碳矿化释放的 CO_2 是微生物代谢过程中被作为能源基质的有机碳被利用后转化成的产物。许多文献把土壤有机碳中能够被转化为 CO_2 的部分称为土壤潜在可矿化碳（potentially mineralizable carbon，PMC），把土壤中有机碳经分解能释放出 CO_2 的部分称为可矿化碳（mineralized carbon）（张剑，2012）。可矿化碳是采用微生物学方法测定的一种土壤活性有机碳，又称生物降解碳，用微生物分解有机物质过程中每单位微生物量产生的 CO_2 量来表示，可作为微生物分解土壤有机物质能力的衡量指标。有机碳矿化释放 CO_2 的数量与强度可以用来评价环境因素或土地利用变化对土壤有机碳分解的影响，同时可以用来广泛地评估土壤微生物活性（胡海清，2012）。

受矿化速率的影响，有机碳累积矿化量前期增加很快，之后逐渐减慢。仅培养开始的前 11 天，各处理有机碳累积矿化量占到总矿化量的 30.43%以上，最大的冰草达 50.51%，占到总累积矿化量的 50%左右（图 3-15）。培养结束时，各处理有机碳累积矿化量的大小顺序：冰草（2551.34mg/kg±31.57mg/kg）>长芒草（2453.50mg/kg±51.67mg/kg）>铁杆蒿（1640.09mg/kg±15.76mg/kg）>茭蒿（1490.82mg/kg±13.12mg/kg）>百里香（1336.65mg/kg±18.34mg/kg）>对照（354.73mg/kg±29.24mg/kg）。添加枯落物处理与对照处理相比,有机碳累积矿化量在任何阶段与其差异均达极显著水平($P<0.01$),培养结束时,添加枯落物处理的有机碳累积矿化量为对照处理的3.8~7.2倍;且添加枯落物的各处理间有机碳累积矿化量差异极显著($P<0.01$),说明枯落物类型对土壤有机碳累积矿化量具有显著影响。

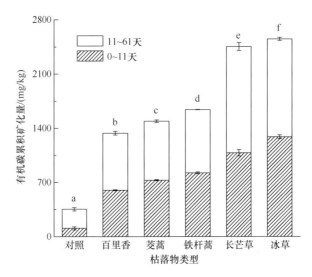

图3-15 不同阶段土壤有机碳累积矿化量
不同小写字母表示不同植物群落间差异显著($P<0.05$)

(三)土壤微生物生物量碳

土壤微生物生物量是指土壤中体积小于$5\times10^5\mu m^3$的活的微生物总量,是土壤有机质中最活跃和最易变化的部分,主要包括土壤微生物生物量氮(soil microbial biomass nitrogen,SMBN)和土壤微生物生物量碳(soil microbial biomass carbon,SMBC)。虽然其含量只占土壤有机碳总量的1%~4%,而耕地表层土壤其含量占有机碳总量的3%左右,但其养分有效性高,与土壤中的碳、氮、磷、硫等养分的循环密切相关,又可以作为土壤中植物有效养分的储备库,因此,在土壤有机质和植物营养中具有重要作用(王岩等,1996;Zech et al.,1997)。

1. 植被区

森林区、森林草原区及草原区,土壤微生物生物量碳含量均表现为0~10cm土层大于10~20cm土层,即随着土层加深而含量递减。在不同植被区,0~10cm和10~20cm土层的土壤微生物生物量碳含量对侵蚀环境的响应各不相同。在森林区,0~10cm土层微生物生物量碳含量在129.18~620.30mg/kg,差异性分析结果表明5种侵蚀环境下微生物生物量碳含量差异极显著,表现为梁峁顶<阴梁峁坡<阳梁峁坡<阳沟坡<阴沟坡。10~20cm土层微生物生物量碳含量在76.25~310.39mg/kg,也表现为梁峁顶<阴梁峁坡<阳梁峁坡<阳沟坡<阴沟坡,差异性分析结果表明梁峁顶和梁峁坡之间差异不显著,而沟坡显著大于梁峁顶或梁峁坡。微生物生物量碳含量在0~10cm土层最大值是最小值的4.8倍,极差为491.12mg/kg,而在10~20cm土层最大值是最小值的4.07倍,极

差为 234.14mg/kg。而阴、阳坡上的差异没有表现出明显规律。

在森林草原区，0～10cm 土层微生物生物量碳含量在 157.50～344.41mg/kg，差异性分析结果表明阴沟坡的含量显著大于其他侵蚀环境。在相同的侵蚀环境下，阴坡的微生物生物量碳含量显著高于阳坡。10～20cm 土层微生物生物量碳含量在 78.29～102.03mg/kg，在相同的侵蚀环境下，也表现为阴坡的微生物生物量碳含量要略高于阳坡的含量。总体上，微生物生物量碳含量在 0～10cm 土层最大值是最小值的 2.2 倍，极差为 186.90mg/kg，而在 10～20cm 土层最大值是最小值的 1.3 倍，极差为 23.74mg/kg。

在草原区，0～10cm 土层微生物生物量碳含量在 109.70～213.24mg/kg，在不同侵蚀环境下，土壤微生物生物量与森林区和森林草原区有很大不同，微生物生物量碳含量的大小表现为阳沟坡＜阴梁峁坡＜阴沟坡＜梁峁顶＜阳梁峁坡。在 10～20cm 土层微生物生物量碳含量在 60.17～85.24mg/kg，侵蚀环境不同，微生物生物量碳的含量差异不显著。总体上可以看出，上、下两层微生物生物量碳含量在阴、阳坡差异极为显著，但没有表现出一定规律。微生物生物量碳含量在 0～10cm 土层最大值是最小值的 1.94 倍，极差为 103.54mg/kg，而在 10～20cm 土层最大值是最小值的 1.4 倍，极差为 25.07mg/kg。可以看出，草原区土壤的 10～20cm 土层对侵蚀环境的变化不敏感。

2. 坡向

森林植被区 0～10cm 土层阳坡、阴坡微生物生物量碳含量分别为 532.1～792.5mg/kg、333.6～469.8mg/kg，10～20cm 分别为 107.3～396.1mg/kg、132.0～188.8mg/kg，两个土层阳坡微生物生物量碳含量分别是阴坡的 174.0%和 132.3%。草原植被区 0～10cm 土层阳坡、阴坡微生物生物量碳含量分别为 68.90～75.34mg/kg、65.29～128.7mg/kg，10～20cm 分别为 24.18～38.47mg/kg、25.76～63.82mg/kg，两个土层阴坡微生物生物量碳含量分别是阳坡的 127.6%和 151.3%。森林植被区不同坡向 0～10cm 土层微生物生物量碳含量差异达极显著水平（$P<0.01$），10～20cm 土层差异不显著（$P>0.05$）。草原植被区不同坡向 0～10cm 土层微生物生物量碳含量差异达显著水平（$P<0.05$），10～20cm 土层差异极显著（$P<0.01$）。植被区不同土层不同坡向微生物生物量碳含量在两个土层深度上均表现为 0～10cm 土层明显高于 10～20cm，森林植被区阳坡两个土层微生物生物量碳含量差异达显著水平（$P<0.05$），其余坡向两个土层微生物生物量碳含量差异均达极显著水平（$P<0.01$）。

不同坡向的坡面由于水热条件存在差异，因此植被旺盛程度有差异（刘效东等，2011）。Lundquist 等（1999）认为土壤含水量的增加提高了土壤微生物生物量周转速率及其数量。草原植被区微生物生物量碳含量在阴坡明显高于阳坡，原因是草原植被区植被稀疏、枯落物少，阳坡相对日照充足，使得阳坡土壤温度昼夜波动大、含水量低，相对于阴坡不利于微生物生长。这与许多阴坡地上生物量高于阳坡的研究结果相类似（Gong et al.，2008；刘效东等，2011；张春梅等，2011）。而森林植被区微生物生物量碳含量却表现为阳坡明显高于阴坡，原因是阳坡相对密集的辽东栎植被使较高的土壤温度更趋于稳定，同时地表丰富的枯落物覆盖也保持了较高的土壤含水量，这些条件更有利于微生物生长繁殖，与许多研究结果相一致（王淼等，2003；陈珊等，1995；李世清等，2004）。Sidari 等（2008）发现，不同坡向土壤微生物生物量碳不同很可能是由于该条件下的微气候不同。因此，土壤温度、水分可对黄土高原相同恢复植被下不同坡向的土壤微生物生物量大小产生重要影响。

3. 植被群落

不同植被群落下，土壤微生物生物量碳含量表现为乔灌草群落＞灌草群落＞草本群落，且土壤微生物生物量碳含量均随土层深度的增加呈减少趋势，除铁杆蒿群落外，均表现为上层显著高于下层（$P<0.05$）。在 0～10cm 土层，土壤微生物生物量碳含量为 68.79～659.43g/kg。在 10～20cm 土层，土壤微生物生物量碳含量为 77.78～305.65g/kg。不同植被群落下，土壤微生物生物量碳占总有机碳比例随土层和群落变化均无明显差异。

黄土高原的特定土质、植被类型和气候条件影响了微生物群体的群落类型与数量，从而影响微生物生物量碳的利用效率。因此研究区土壤微生物生物量碳含量与其他地区有一定差异，如浙江湖州不同森林的微生物生物量碳含量为 282～338mg/kg（王晶等，2003）。相比可溶性有机碳、易氧化有机碳及轻组有机碳等活性有机碳组分，土壤微生物生物量碳对优势植被的指示作用最大。不同植被群落下，土壤微生物生物量碳占总有机碳的比例不随植被类型和土层深度的变化而变化，而是保持在一个比较稳定的水平。

（四）土壤轻组有机碳

土壤轻组有机碳是指密度较小的有机质，主要由部分分解的植物残体组成，与重组有机碳相对，即在微生物作用下吸附在团聚体表面或形成有机无机复合体。一般认为，轻组有机碳是指土壤经过一定程度的分散或完全的分散之后在一定密度（常用的为 112～210g/cm^3）液体中用浮选法分离得到的有机物质。轻组有机碳主要是游离态有机质，对管理方式较为敏感，且能快速转化，是易变碳的一个重要来源，对植被恢复的变化更为敏感，具有较高的生物活性，因此它也可以作为土壤质量的灵敏指示剂。

1. 植被区

不同植被区，轻组有机碳含量上、下土层均表现为森林区＞草原区＞森林草原区；森林区、草原区 0～10cm 土层均高于 10～20cm 土层；森林区与森林草原区、草原区差异显著（$P<0.05$），森林草原区与草原区不同土层间差异显著（$P<0.05$），而森林草原区差异不显著。根系分泌物和衰亡的根是微生物丰富的能源物质，轻组有机碳含量受植被根系分布、根系分泌物和微生物的影响，因此森林区含量较高（陈晓琳等，2011）。轻组有机碳与微生物生物量碳呈极显著正相关。轻组有机碳与易氧化有机碳、可溶性有机碳也呈极显著正相关，相关系数分别为 0.697、0.502。

2. 植被群落（森林区）

0～10cm 土层轻组有机碳含量为 0.19～9.29g/kg，10～20cm 土层其含量为 0.20～

12.99g/kg。轻组有机碳分配比例在土壤的上、下两层存在明显的差异，在乔灌草群落中的差异最显著，并且从铁杆蒿群落到辽东栎群落，其含量呈现逐渐增加的趋势。不同植被群落下，总有机碳含量与轻组有机碳含量之间的相关性达到极显著水平（$P<0.05$）。轻组有机碳含量与易氧化有机碳含量、微生物生物量碳含量、可溶性有机碳含量之间也均存在着极显著相关关系（$P<0.05$）。

轻组有机碳占总有机碳的比例略低于其他研究，落叶松人工林为 29.3%～32.8%（徐秋芳等，2005），裸地、荒地及草地为 7.07%～46.65%（徐侠等，2008）。这可能与黄土高原的独特气候、立地条件、植被类型等有关。不同群落中土壤轻组有机碳在不同土壤层次的差异显著。这是因为从来源来看，它是由新近凋落、部分分解、与土壤矿质结合较差的植物残体组成，而在土壤表面的有机碳中，这部分植物残体所占的比例很高（杨刚等，2008）。总体来看，轻组有机碳在不同群落间的差异比较显著，但是在不同土壤层次上表现出不同的趋势。在乔灌草群落和灌草群落中，上、下两层占总有机碳比例差异明显。原因是在黄土高原的特殊生态环境中，轻组有机碳最直接、最有效的来源是地上凋落物，而动物残体部分占的比例很小，这就意味着轻组有机碳的含量很大程度上取决于植被的密度、覆盖度和特定气候条件下植被的生长情况，这与其他的研究结果一致（徐秋芳等，2005；徐侠等，2008）。

（五）土壤易氧化有机碳

易氧化有机碳（EOC）是指土壤有机质中易氧化、分解的部分，常被选择作为土壤活性有机碳的指示因子，可用于反映土壤有机质的早期变化。易氧化有机碳较之土壤总碳对土壤利用和管理更为敏感，因此易氧化有机碳被认为是土壤活性有机碳的指示因子，也是土地利用方式改变和植被恢复过程中土壤质量变化的指示剂。

1. 植被类型

不同植被类型 0～10cm、10～20cm 土层土壤易氧化有机碳含量变化范围分别为 1.49～10.74g/kg、1.07～4.60g/kg。辽东栎、侧柏、三角槭、丁香和人工刺槐林 0～10cm 土层易氧化有机碳含量比 10～20cm 土层分别高 6.14g/kg、3.45g/kg、4.22g/kg、1.99g/kg、0.42g/kg，分别是 10～20cm 土层的 2.34 倍、1.80 倍、2.46 倍、2.21 倍、1.39 倍。土壤易氧化有机碳含量表现为辽东栎和侧柏＞三角槭＞丁香，人工刺槐最小，且辽东栎和侧柏显著高于其余植被。丁香与三角槭、三角槭与人工刺槐间易氧化有机碳含量差异显著。5 种植被类型上、下土层间土壤易氧化有机碳含量均差异显著。

表层土壤侵蚀的淋溶和淋失作用是易氧化有机碳含量存在差异的决定性因素，土壤侵蚀强度对易氧化有机碳的含量有重要影响（徐侠等，2008）。由于辽东栎、侧柏、三角槭相对于人工刺槐有茂盛的枝叶、林冠和深厚的枯枝落叶层，对雨水有较好的消能作用和对径流有拦挡作用，因此其表层土壤侵蚀较弱，所以丁香与人工刺槐林土壤易氧化有机碳含量较低。徐侠等（2008）发现易氧化有机碳含量主要受土壤湿度的控制，而土壤湿度主要受降水、林冠截流、地表径流、地面蒸发量、树木蒸腾等的影响。孙彩丽等（2012）的研究表明，易氧化有机碳的含量受凋落物数量和微生物多样性的影响。

2. 植被区

不同植被区土壤易氧化有机碳含量表现为森林区最高，草原区次之，森林草原区最低。不同植被区易氧化有机碳含量存在显著差异（$P<0.05$）。森林区上下层易氧化有机碳总量是森林草原区的 2.79 倍，是草原区的 1.49 倍。

3. 植被群落

从草本到灌木再到乔木，在 0~10cm 土层，土壤易氧化有机碳含量变化范围为 0.12~10.63g/kg。丁香群落的易氧化有机碳含量显著高于其他灌草群落及草本群落（$P<0.05$），而刺槐群落和茭蒿群落、狼牙刺群落和铁杆蒿群落的易氧化有机碳含量差异不显著（$P>0.05$）。在 10~20cm 土层，土壤易氧化有机碳的含量为 0.18~5.11g/kg，且不同群落之间的差异小于 0~10cm 土层（张宏等，2014）。不同植被群落下，土壤总有机碳含量与 EOC 含量之间的相关性均达到极显著水平（$P<0.05$），且易氧化有机碳含量与微生物生物量碳含量、轻组有机碳含量和可溶性有机碳含量两两之间也均存在着极显著相关关系（$P<0.05$）。

土壤中易氧化碳被认为是稳定性相对较差的部分（张远东等，2004），易氧化有机碳占总有机碳的比例越低，说明养分循环得越慢，则利于土壤有机质的积累（吴彦等，2001）。黄土高原森林区不同植被群落下，土壤中易氧化有机碳占总有机碳的比例的变化范围为 2.4%~25.7%，低于其他地区。有研究表明，黄土高原的植被恢复主要是增加了有机碳的非活性部分（苏静等，2005），从而呈现出易氧化有机碳占总有机碳的比例较其他地区低。易氧化有机碳占总有机碳比例在不同植被群落有明显差异，但在土壤上、下两层差异不明显，甚至出现了下层高于上层的情况，说明虽然土壤易氧化有机碳占总有机碳比例在不同植被群落中有差异，但是随着土层深度的增加而逐渐趋于稳定（Viera et al.，2007）。

二、土壤缓效性有机碳

（一）自然恢复模式

自然恢复模式下，与撂荒地相比中华隐子草土壤缓效性有机碳（Cs）占总有机碳比例在 0~20cm 和 20~40cm 土层均表现为最高，铁杆蒿最小。总体上，下层土壤缓效性有机碳含量高于上层，且上层与下层的比例范围分别为 19%~55%、16%~65%。0~10cm 土层，薹草的土壤缓效性有机碳含量最高，铁杆蒿最小；20~40cm 土层，不同植被类型的土壤缓效性有机碳含量均低于撂荒地（表 3-25）。

（二）人工恢复模式

人工恢复模式下，0~20cm 和 20~40cm 土层，土壤缓效性有机碳含量范围为 2.92~5.29g/kg、0.79~4.01g/kg，占土壤总有机碳比例分别为 16%~35%、11%~28%。上层土壤缓效性有机碳含量均高于撂荒地,是撂荒地含量的 1.9～3.5 倍;下层土壤除油松外,山杏和刺槐土壤缓效性有机碳含量均高于撂荒地,最高为撂荒地的 3.2 倍(表 3-26)。

表 3-25　自然恢复下土壤缓效性有机碳含量及其所占比例变化特征

植被类型	土层深度/cm	Cs/(g/kg)	SOC/(g/kg)	所占比例/%
铁杆蒿	0～20	1.94±0.74	10.38±0.97	19±0.04
长芒草	0～20	2.57±1.18	11.55±1.18	22±0.07
薹草	0～20	3.87±1.01	14.62±0.94	26±0.02
中华隐子草	0～20	3.15±0.70	5.68±1.09	55±0.08
撂荒地	0～20	3.84±1.30	9.38±0.82	41±0.06
铁杆蒿	20～40	1.55±0.85	7.12±1.17	16±0.07
长芒草	20～40	1.04±0.74	7.18±1.02	15±0.04
薹草	20～40	2.03±1.10	7.19±0.91	28±0.06
中华隐子草	20～40	2.00±0.31	3.08±1.03	65±0.03
撂荒地	20～40	3.24±1.47	6.97±0.58	46±0.08

表 3-26　人工恢复下土壤缓效性有机碳含量及其所占比例变化特征

植被类型	土层深度/cm	Cs/(g/kg)	SOC/(g/kg)	所占比例/%
山杏	0～20	3.59±1.15	10.68±0.66	34±0.06
油松	0～20	2.92±1.15	11.38±0.76	26±0.02
刺槐	0～20	5.29±0.43	11.88±0.27	45±0.08
撂荒地	0～20	1.53±0.56	7.52±0.59	20±0.05
山杏	20～40	1.94±1.24	7.81±0.33	25±0.03
油松	20～40	0.79±1.20	7.37±1.06	11±0.04
刺槐	20～40	4.01±1.77	9.32±0.97	43±0.06
撂荒地	20～40	1.27±0.96	6.44±0.74	20±0.09

从占土壤总有机碳的比例来看,自然恢复模式下,缓效性有机碳含量在 0～20cm 和 20～40cm 层均高于人工恢复模式下各植被措施,而缓效性有机碳含量较高,表明自然植被恢复下,土壤有机碳周转较慢,可能有利于碳固存。

三、土壤惰性有机碳

(一)自然恢复模式

由表 3-27 可知,自然恢复下土壤惰性有机碳(POC)含量在 0～20cm 和 20～40cm 土层的范围为 1.88～8.33g/kg、0.89～5.58g/kg;除中华隐子草外,其余各植被类型土壤惰性有机碳含量在上层和下层均高于撂荒地。上层和下层惰性有机碳含量占土壤有机碳含量比例范围为 32%～76%、29%～79%。0～20cm 土层,长芒草土壤惰性有机碳含量最高,薹草次之,中华隐子草最低,且长芒草约为中华隐子草的 4.4 倍;20～40cm 土层,土壤惰性有机碳含量表现为铁杆蒿最高,长芒草次之,中华隐子草最低,且铁杆蒿约为中华隐子草的 6.3 倍。上层和下层,铁杆蒿土壤惰性有机碳含量占总有机碳比例均达到最高,而中华隐子草最低。

表 3-27　自然恢复下土壤 POC 含量及其所占比例变化特征

植被类型	土层深度/cm	POC/(g/kg)	SOC/(g/kg)	所占比例/%
铁杆蒿	0~20	7.92±0.87	10.38±0.97	76±0.02
长芒草	0~20	8.33±0.67	11.55±1.18	72±0.02
薹草	0~20	8.16±0.69	14.62±0.94	56±0.05
中华隐子草	0~20	1.88±0.70	5.68±1.09	32±0.07
撂荒地	0~20	5.27±0.66	9.38±0.82	56±0.05
铁杆蒿	20~40	5.58±0.30	7.12±1.17	79±0.10
长芒草	20~40	5.47±0.85	7.18±1.02	76±0.09
薹草	20~40	4.70±1.11	7.19±0.91	65±0.08
中华隐子草	20~40	0.89±0.32	3.08±1.03	29±0.03
撂荒地	20~40	3.28±0.35	6.97±0.58	48±0.09

(二) 人工恢复模式

人工恢复下,0~20cm 和 20~40cm 土层,油松土壤惰性有机碳含量最高,分别为 9.13g/kg 和 6.14g/kg。3 种植被恢复措施的土壤惰性有机碳含量均高于撂荒地,且上层和下层的惰性碳含量范围为 6.92~9.13g/kg、5.61~6.14g/kg。惰性有机碳占总有机碳比例表现为下层高于上层,上、下层所占比例范围分别为 58%~80%、67%~83%,其中油松所占比例在表层和下层均最高,刺槐为最低。人工植被恢复下,无论是含量范围还是所占比例范围均高于自然恢复模式,由此可知,人工恢复下土壤有机碳周转较慢,有利于土壤中老碳的储存,但不利于其周转 (表 3-28)。

表 3-28　人工恢复下土壤 POC 含量及其所占比例变化特征

植被类型	土层深度/cm	POC/(g/kg)	SOC/(g/kg)	所占比例/%
山杏	0~20	7.56±0.66	10.68±0.66	71±0.10
油松	0~20	9.13±0.34	11.38±0.76	80±0.05
刺槐	0~20	6.92±0.39	11.88±0.27	58±0.03
撂荒地	0~20	5.18±0.47	7.52±0.59	69±0.08
山杏	20~40	5.61±0.65	7.81±0.33	72±0.09
油松	20~40	6.14±0.98	7.37±1.06	83±0.00
刺槐	20~40	6.14±0.27	9.32±0.97	67±0.10
撂荒地	20~40	5.05±0.92	6.44±0.74	79±0.15

四、不同形态土壤有机碳的稳定性研究

植被恢复中植物与土壤的不断相互作用,可能导致不同形态土壤有机碳的周转时间有所变化。对于活性有机碳,在相对较短的时间内就会作出响应,而对于缓效性有机碳和惰性有机碳则需要较长的时间。

在两种恢复方式下,不同植被类型的 0~20cm 土层,无论是活性有机碳还是缓效性有机碳,其周转时间均低于撂荒地,这可能与地上植被不同密切相关(表 3-29)。自然恢复方式下,活性有机碳周转时间(MRTa)为 5.2~9.4 天,缓效性有机碳周转时间(MRTs)为 7~18 年;人工恢复下,活性有机碳周转时间为 8.4~9.6 天,缓效性有机碳周转时间为 8~24 年。整体而言,人工恢复下,其活性有机碳和缓效性有机碳的周转时间基本高于自然恢复,因此,就土壤有机碳的稳定性而言,人工恢复有助于提高土壤有机碳稳定性;就养分的有效利用而言,自然恢复因有机碳的周转时间较短,有利于促进土壤养分的不断循环。

表 3-29　0~20cm 土层 2 种植被恢复模式下土壤有机碳周转时间

恢复模式	植被类型	MRTa/天	MRTs/年	MRTp/年
自然恢复	铁杆蒿	9.4	18	333
	长芒草	6.9	10	333
	薹草	7.8	7	333
	中华隐子草	5.2	13	333
	撂荒地	14.1	20	333
人工恢复	山杏	8.7	8	333
	油松	8.4	24	333
	刺槐	9.6	18	333
	撂荒地	10.8	28	333

注:MRTp 表示惰性碳周转时间

如表 3-30 所示,20~40cm 土层,自然恢复下,活性有机碳的周转时间为 8.8~14.3 天,缓效性有机碳的周转时间为 10~19 年;人工恢复下,活性有机碳的周转时间为 9.3~10.5 天,缓效性有机碳的周转时间为 17~25 年。由此可知,下层土壤活性有机碳和缓效性有机碳的周转时间均高于上层,这可能与随土层的变化微生物活动发生变化相关。人工恢复方式的各植被类型,土壤活性有机碳和缓效性有机碳的周转时间基本高于自然恢复模式。

表 3-30　20~40cm 土层 2 种植被恢复模式下土壤有机碳库周转时间

恢复模式	植被类型	MRTa/天	MRTs/年	MRTp/年
自然恢复	铁杆蒿	14.3	10	333
	长芒草	10.7	14	333
	薹草	8.8	16	333
	中华隐子草	9.6	19	333
	撂荒地	16.5	22	333
人工恢复	山杏	10.4	17	333
	油松	10.5	23	333
	刺槐	9.3	25	333
	撂荒地	14.1	31	333

第四节 小 结

　　土壤碳库被视为陆地生态系统中最为重要的资源,随着黄土高原地区植被的恢复,土壤碳库也相应地发生了巨大的变化。本章从不同尺度(区域尺度、生态系统尺度、流域尺度),植被恢复区(森林区、森林草原区和草原区),恢复年限和演替阶段等方面,结合土地利用方式对土壤有机碳的变化进行了多视角的研究。结果表明,退耕还林/草工程具有较大的碳汇能力和固碳潜力,土地利用方式和恢复年限是影响土壤有机碳储量的主要因子,增加土壤碳库稳定性是植被恢复管理的新阶段。

第四章　枯落物分解对土壤有机碳的贡献

土壤有机碳的含量主要由土壤有机质的输入与输出间的净平衡决定（黄靖宇等，2008）。土壤碳循环是陆地生态系统碳循环的重要环节，主要包括植物凋落物、根系分泌物和死根的碳输入，土壤微生物分解凋落物和根呼吸释放二氧化碳，以及不易分解和难分解凋落物在土壤中的转化和迁移这 3 个主要过程。其中，枯落物的输入是决定土壤有机质质量和数量的重要因素。植物的根系和凋落物分解是土壤有机碳周转的重要驱动力，是土壤有机碳形成的主要物质来源，联结着土壤和植物系统的碳循环，通过枯落物量的变化、枯落物组成和枯落物分解速率的快慢等可影响土壤有机碳动态。

据估计，每年通过枯落物分解归还土壤的有机碳含量约为 $5.0×10^{10}$ t，占地上部分净生产量的 90%以上（Loranger et al.，2002；Palviainen et al.，2004）。多项研究表明，土壤有机碳含量与枯落物量呈正相关（李意德等，1998；方晰等，2002；刘建军等，2003；Lal，2004；黄从德等，2007；Sauer et al.，2007）。本章阐述黄土高原植被恢复中不同封育条件、不同林分、不同环境条件等对枯落物蓄积特征的影响，分析研究黄土高原典型草地枯落物和森林枯落物分解中自身碳变化特征及其对土壤有机碳、碳形态的影响。

第一节　枯落物分解研究概述

一、枯落物的定义

土壤是陆地生态系统中最大的有机碳库，其较小的变幅即能导致大气 CO_2 浓度较大的波动，土壤有机碳的来源主要为根系沉积及枯落物分解。枯落物是指在生态系统内，由地上植物组分产生并归还到地面，作为分解者的物质和能量来源，用以维持生态系统功能的所有有机质的总称（王凤友，1989）。其中草地生态系统的植被以一年生或多年生草本植物为主，间或伴生部分灌木和稀疏乔木（程曼，2015）。草地植被枯死后，大部分以立枯体形式存在，经过一段时间后才能倒伏到地面（李学斌等，2012；侯红，2013；吴艳芹，2013）。在草地生态系统中，草地凋落物被广泛称为枯落物，是指单位面积内植被枯死体的总量，既包括地上立枯体，也包括地面凋落物（郭继勋和祝廷成，1988）。草地枯落物包括草地植被的落枝、落叶、落皮、枯落的繁殖器官及枯死的根等，是草地生态系统中分解者和消费者物质与能量的主要来源。森林枯落物的研究历史较长，国外许多学者大量报道了世界范围内森林枯落物的分解及养分释放等方面的研究（Berg，2000；Bothwell et al.，2014；Butenschoen et al.，2014）。而我国直到 20 世纪 80 年代后才有类似研究报道（田大伦，1989）。森林枯落物是指森林生态系统内由植物组分产生并归还到林地表面，作为分解者的物质和能量来源，用以维持生态系统功能的所有有机质的总称（Bray and Gorham，1964）。

在植物–枯落物–土壤系统的养分循环过程中，植物从土壤中吸收养分、从空气中吸收 CO_2 进行光合作用形成有机体，然后随着有机体的死亡，其残体落到地表，从而进入土壤并参与养分循环过程，因此，枯落物既是联系植物与土壤的纽带，而其分解又是地球生物化学循环的驱动力，同时对气候变化具有重要的影响（赵艳云等，2007；白晋华等，2009）。

二、枯落物分解过程

枯落物分解不仅影响陆地生态系统中植物的养分利用、物质循环过程，还关系到全球气候变化。枯落物分解是陆地生态系统中有机质残体分解转化的基本过程，是系统养分循环的关键环节，是土壤有机质的主要物质源库和维持土壤肥力的基础，对调节土壤养分可利用性和维持陆地生态系统生产力具有非常重要的作用（Perry et al.，2008）。同时，枯落物分解在净碳储量、土壤有机质形成、群落演替等方面具有不可替代的作用和地位。因此，针对陆地生态系统中枯落物分解的研究，是充分认识生态系统结构和功能及促进陆地生态系统物质正常循环和维持养分平衡的基础。

枯落物分解是经淋溶、降解、自然粉碎、土壤动物和微生物取食、分解等物理、生物与化学过程的共同作用，有机质残体分解转化为简单的化学物质，并伴随着生物量的损失和能量的释放，最终产生 CO_2 和 H_2O 的过程（Mougin et al.，1995；陈佐忠和汪诗平，2000；Brandt et al.，2010）。其中，淋溶和光裂解作用是枯落物在降水与光照的作用下发生的相应变化过程；自然粉碎作用是枯落物经土壤动物的啃食或气候等非生物因素的作用由大块有机物质破碎为小块有机质的碎解过程；代谢作用是细菌、真菌等腐生微生物对枯落物进行分解的过程；这几个作用是同时发生、共同作用于枯落物的分解过程（Austin et al.，2006；Gallo et al.，2009；卢小亮，2011；Bradford et al.，2016）。枯落物的分解一般分为两个阶段（邱尔发等，2005）：第一阶段以非生物作用过程为主，如淋溶作用，该阶段内枯落物质量损失较快，失重率在 80% 左右（Berg and Mcclaugherty，2008；曹富强等，2010）；第二阶段主要是生物作用过程，即微生物分解过程，由于木质素、纤维素等难分解物质浓度的逐渐增大，该阶段内枯落物的分解速率明显减慢（Aerts and Caluwe，1997；Kalbitz et al.，2006；曾全超，2018）。由于枯落物的类型、所含养分元素的含量与种类及所处地域、气候存在差异，枯落物养分释放模式表现不一，基本上有淋溶–释放、淋溶–富集–释放、富集–释放、直接释放等模式（牛小云，2015）。在淋溶–富集–释放模式中，枯落物的养分含量表现为下降—上升—下降的变化特征；在富集–释放模式中，枯落物的养分含量表现为上升—下降的变化趋势；在淋溶–释放模式中，枯落物的养分含量表现为初期快速淋溶、后期缓慢释放的变化趋势。

枯落物自身质量的损失是分解过程中最宏观的分解特征，质量通常是下降的且主要发生在分解前期，主要表现为淋溶/自溶—可利用物质分解—难利用物质分解的规律（Chimney and Pietro，2006）。研究发现，分解初期枯落物质量损失量可高达 60%，不同枯落物类型其分解速率不一致（Castro and Freitas，2000）。主要是在分解初期，淋溶及微生物作用导致可溶性物质大量溶出，发生质量损失。随着分解的进行，后期难分解物质开始降解，其分解速率缓慢，质量损失较小（Kalbitz et al.，2006）。研究发现，分解前期主要是一些易溶性物质（多糖及纤维素等）的分解，后期主要是难溶性物质（木质素）的降解（图 4-1）（Cotrufo et al.，2015）。

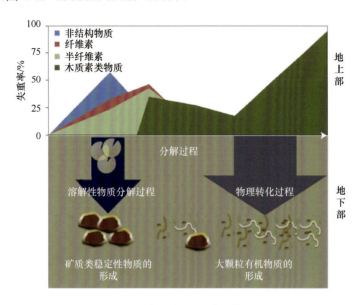

图 4-1 枯落物分解过程模型

三、枯落物分解的研究方法

研究陆地生态系统枯落物主要采用尼龙网袋法、室内分解培养法及现量估算法。室内分解培养法虽然能较好地控制试验条件（温度、水分等），但其与自然状态差别较远，很难与实际结果相比较，其一般用作室外模拟尼龙网袋法的补充部分；现量估算法所用的年枯落物量是调查当年的瞬间值，而枯落物的积累量为多年的结果，所以估算的结果与实际情况往往会存在较大的误差，一般只具有相对的意义（Olson，1963；Nie，1991；刘增文和赵先贵，2001）；尼龙网袋法应用较广泛，其是在不可降解和柔软材料的网袋中（袋的大小为 15～600cm³，孔径为 2～10mm）装入一定的枯枝落叶（如枯落物中的叶、茎等），然后将枯落物分解袋挪于土壤表面或埋于深 5～10cm 的土壤里，该方法由于最大程度地模拟了自然分解状态，且操作简单，结果真实可信，被大多数学者所采用（图 4-2）（刘增文，2002）。Anderson 和 Swift（1983）综述了运用最广泛的陆地生态系统枯落物分解的 3 种测定方法，即土壤呼吸法、周转系数 K 值法、枯落物失重法。随着研究的不断深入，研究手段得到了进一步发展（表 4-1）。

枯落物分解是枯落物在基质质量、土壤条件、气候和生物等环境因子综合作用下的降解、碎化与溶解过程，所以很难得出一个确定的反映枯落物分解速率的指标，而所谓的枯落物分解率只是某一具体时空条件下对枯落物分解状况的反映。于是，关于枯落物分解的研究方法也根据研究目的、尺度范围和要求精度的不同而异。

图 4-2　尼龙网袋法研究枯落物分解

表 4-1　常用的研究枯落物分解的方法及其优缺点

方法	内容	优点	缺点
土壤呼吸法	测定土壤呼吸释放的 CO_2 量,用扣除了植物活根系呼吸量的土壤呼吸量反映土壤碳流通量	操作简单方便	操作时受天气影响大,不能真实反映分解速率
尼龙网袋法	将枯落物放在一定孔径的尼龙网袋中,一定时间后取出,测量枯落物损失的质量	应用最广泛的方法,操作简单,成本低	袋中的环境条件与周围有所不同,如水分,不利于不同样地间比较
周转系数 K 值法	即枯落物产量/枯落物现存量,用枯落物收集器定期收集枯落物,计算枯落物年产量,与测得的地面枯落物积累量比较,计算出枯落物周转速率	操作相对简单快速,成本较低	粗略估计分解速率,误差比较大
小容器法	小的聚乙烯盒,内装有机物	条件可控,重复性好,时间短	不能真实反映分解速率;在极端天气下,自然分解状态改变
^{15}N 和 ^{13}C 法	枯落物可以暴露在土壤生物下且避免了容器法的约束	室内进行,不受季节的约束	成本高,需要专业的设备和特别训练的操作人员
近红外光谱法	用近红外光谱预测枯落物的化学成分,建立枯落物初始光谱特征与其可分解性的相关性,可以用近红外光谱测定分解过程中枯落物质量变化	方便快捷,是枯落物研究方法的重要变革	仍需完善,成本高
微地形改造法	通过添加微生物菌剂和 C/N 调节剂对林内微地形进行改造,为枯落物的分解创造适宜的小环境,从而达到枯落物快速分解的目的	在自然条件下分解,相对真实反映分解速率,成本低	人为干扰因素较多

注:参考裴蓓和高国荣(2018),有修改

第二节　植被恢复中枯落物生物量的变化特征

植被是陆地生态系统的重要组成部分,是生态系统中物质循环与能量流动的中枢,在植被与周围环境的物质循环和能量流动过程中,植被对环境因子诸如水、土、气等会产生重要影响。因此,植被恢复是黄土高原水土流失治理与生态环境建设的根本性措施(陈霁巍和穆兴民,2000;陈云明等,2002)。新中国成立以来,大力开展了植被建设,经过十几年的努力,尤其从 1999 年实施退耕还林/草工程以来,植被建设成效显著。枯落物研究作为物质循环还有能量流动研究的基础,能够反映整个植物群落生长状况的好坏,同时成为测度植物群落结构与功能的重要指标之一,因而成为当代生态学研究中一个非常重要的领域。

一、不同封育条件下草地枯落物蓄积特征

(一)荒漠草原典型植物群落枯落物蓄积特征

随着"封育禁牧"等生态工程的实施,荒漠草原得到不同程度的休养,草原枯落物的蓄积和分解成为草地生态系统最为关键的生态过程之一。李学斌等(2012)在宁夏盐池县高沙窝乡国家级草地资源观测站(37°57′01.34″N、107°00′44.99″E)选取 4 种典型植物群落(沙芦草群落、甘草群落、赖草群落和沙蒿群落)为研究对象,对荒漠草原枯落物蓄积特征进行研究。草地封育时间为 2005 年,研究发现封育条件下 4 种典型植物年枯落物量均显著高于未封育条件下年枯落物量。封育条件下沙芦草群落、甘草群落、赖草群落、沙蒿群落年枯落物量分别为 116.8g/m²、101.6g/m²、97.8g/m²、88.1g/m²,分别是未封育条件下年枯落物量的 5.0 倍、4.8 倍、5.3 倍、1.6 倍。草地生态系统中植物枯死后并不立即完全倒伏在地面,当年枯死组织只有少部分凋落在地表,大部分以立枯体的形式存在(郭继勋,1994)。从表 4-2 可以看出,封育条件下沙芦草群落、甘草群落、赖草群落和沙蒿群落立枯体约占当年枯落物总量的 75.8%、78.3%、63.9% 和 83.4%;而未封育条件下 4 种群落立枯体占当年枯落物总量的 95.3%、96.1%、96.6% 和 88.1%。未封育条件下立枯体所占百分比显著高于封育条件,这是由于未封育时叶等植物组织大量被羊啃食,只有一些纤维和木质素含量较高的枝茎保留下来。

表 4-2　荒漠草原 4 种典型植物群落年枯落物量(修改自李学斌,2012)

植物群落		封育		未封育	
		年枯落物量/(g/m²)	立枯体所占百分比/%	年枯落物量/(g/m²)	立枯体所占百分比/%
A	沙芦草群落	116.8	75.8	23.3	95.3
B	甘草群落	101.6	78.3	21.0	96.1
C	赖草群落	97.8	63.9	18.3	96.6
D	沙蒿群落	88.1	83.4	56.8	88.1

荒漠草原枯落物分布特征主要取决于植物种类的生物学特性和环境因子。荒漠草原 4 种典型植物群落枯落物的量及其季节动态如图 4-3 所示。可以看出,荒漠草原不同季

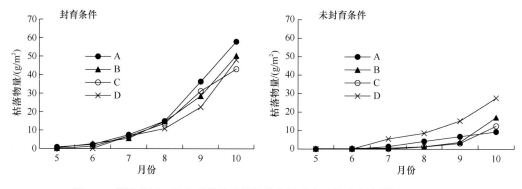

图 4-3　荒漠草原 4 种典型植物群落枯落物量动态(修改自李学斌,2012)

节枯落物的量很不均衡,枯落物从 6 月开始出现,10 月达到最大值,随季节发生明显变化。封育对 4 种植物群落枯落物量的影响显著。封育条件下,在 5~7 月,受生长节律调节,植物枯死组织很少,沙芦草、甘草、赖草、沙蒿 4 种群落枯落物量仅占全年枯落物量的 7.9%、7.7%、9.7% 和 7.9%;8 月,受干旱等外界不利因素影响,植物的一部分老叶在生理性调节作用下开始脱落,枯落物量逐渐增多,分别占 13.0%、14.5%、13.9% 和 12.2%;9 月,植物进入生长末期,群落中伴生的短命植物或一年生植物完成生命周期,开始衰退,枯落物量显著增加,分别占 30.6%、28.6%、32.1% 和 25.8%;10 月,对于荒漠草原植被,完成了生命周期,植被整体衰败,枯落物量达到峰值,分别占全年枯落物量的 48.7%、49.2%、44.7% 和 54.1%。未封育条件下,受放牧影响,枯落物很少,即使到了 10 月,植株完成生命周期,除沙蒿群落外,沙芦草群落、甘草群落和赖草群落围封外的枯落物量仅是围封内枯落物量的 17.8%、32.6%、29.3%,地皮基本裸露,说明放牧强度很大。与其他 3 种植物群落相比,封育对沙蒿群落枯落物量影响较小,未封育条件下的枯落物量是封育后枯落物量的 78.1%,这是由于沙蒿适口性差,羊等牲畜啃食较轻,其采食较多伴生的一年生及多年生禾本科牧草和豆科牧草。

封育和未封育第 3 年与第 4 年,荒漠草原枯落物蓄积量随季节及蓄积年限发生明显变化,不同植物群落每年枯落物蓄积量随时间均呈"W"形动态变化(图 4-4)。1~8 月,枯落物蓄积量随时间逐渐减少,8 月达到最低,之后(9~10 月)枯落物蓄积量急剧增加,11~12 月又有所回落;未封育条件下植物群落枯落物蓄积很少,1~8 月,

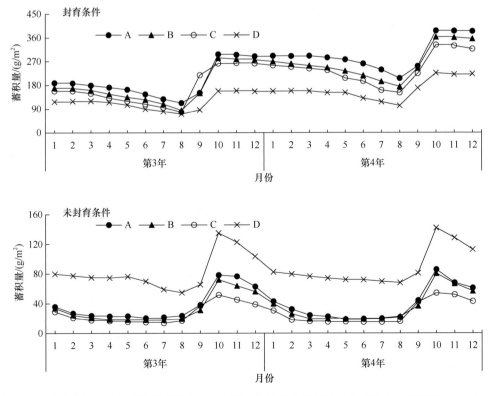

图 4-4　荒漠草原 4 种典型植物群落第 3 年和第 4 年枯落物蓄积量动态(修改自李学斌,2012)

由于家畜等草食性动物的啃食，只有少量枯落物，即使到了 9~10 月，枯落物也很少，11 月至翌年 3 月，由于过冬受到家畜的啃食，当年的枯落物几乎没有蓄积。封育条件下 4 种植物群落枯落物蓄积量存在显著差异，依次为沙芦草群落＞甘草群落＞赖草群落＞沙蒿群落，与其地上鲜生物量变化趋势相一致。未封育条件下沙蒿群落枯落物蓄积量最大，另外 3 种植物群落枯落物蓄积量差异不显著。封育条件下枯落物蓄积量显著高于未封育条件。未封育条件下沙蒿群落枯落物蓄积量高于其他 3 种群落，和封育时正好相反，这是由于未封育条件下禾本科、豆科等营养价值高、适口性好的牧草被大量啃食，而沙蒿的营养价值较豆科、禾本科牧草的营养价值低，食口性差，在夏季羊基本不啃食，只在极度干旱、其他牧草较为缺乏的情况下，羊才少量啃食。

（二）不同封育年限草地枯落物蓄积特征

草地枯落物是草地生态系统中地上植物组分枯死后所有有机物质的总称，它是草地生态系统各种营养物质循环、能量流动的关键环节，是除植物冠层外，大气层与土壤层和根系层进行物质与能量交换的另一中间介质，在生态系统中起着不可替代的作用（陈佐忠和汪诗平，2002）。吴艳芹（2013）选取云雾山封育 0 年、5 年、10 年、15 年、20 年、25 年、30 年的本氏针茅生物群落样地，对不同封育年限草地地表枯落物和立枯物的蓄积量开展调查，分析比较不同封育年限下枯落物蓄积量的差异。结果显示（图 4-5），随云雾山草地封育年限增加，草地枯落物蓄积量呈上升的趋势，枯落物蓄积量大小顺序是 $F(0)<F(5)<F(15)<F(10)<F(20)<F(30)<F(25)$。封育前期枯落物快速积累，枯落物蓄积量从封育前的 $0.53t/hm^2$ 增加到封育 10 年的 $5.35t/hm^2$，增长了 9.1 倍，说明封育后禁止放牧等措施减少了草地第一生产力被牛、羊等家畜啃食，生长季节结束后枯死的植物体逐渐转变成了草地枯落物，所以封育措施提高了草地的生物量（陈芙蓉等，2011），从而提高了覆盖在草地地表的枯落物蓄积量（程积民等，2006；郭胜利等，2009；李学斌等，2012）。封育 10 年后，云雾山典型草地进入一个相对稳定的演替阶段，草地枯落物蓄积量在 $5.30~6.13t/hm^2$ 浮动，变化幅度较小。

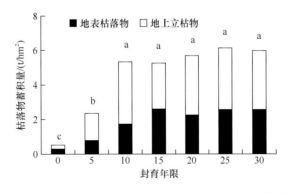

图 4-5　云雾山不同封育年限下草地枯落物蓄积量（修改自吴艳芹，2013）

不同小写字母表示不同处理间差异显著（$P<0.05$）

未封育时期，草地地表枯落物蓄积量占枯落物蓄积量的 55.4%；封育以后，地上立枯物占枯落物蓄积量的比例均大于地表枯落物，平均为 59.81%。未封育和封育 5 年草地枯落物蓄积量与封育 10 年、15 年、20 年、25 年、30 年之间差异显著（$P<0.05$），封育 10 年、15 年、20 年、25 年、30 年之间无显著差异（$P>0.05$）。用对数方程 $y=3.0132\ln(x)+0.8148$ 可以很好地拟合枯落物蓄积量随封育年限增加而增加的过程（$R^2=0.9141$），但不能反映更长时期云雾山草地枯落物的变化过程，特定草地群落的枯落物不会无限度增加。根据枯落物总的变化趋势，可以预测进入平衡、稳定发展状态的云雾山草地其枯落物蓄积量将在 5.696t/hm² 水平波动，这比荒漠草原植物群落枯落物蓄积量（50.8～396.2g/m²）的最大值高出 43.8%（李学斌等，2011）。

云雾山草地地表枯落物蓄积量的大小顺序（图 4-6a）为 $F(0)<F(5)<F(10)<F(20)<F(25)<F(30)<F(15)$，地上立枯物蓄积量大小顺序（图 4-6b）为 $F(0)<F(5)<F(15)<F(30)<F(20)<F(25)<F(10)$。地表枯落物和地上立枯物蓄积量在封育前期 0～10 年呈直线性快速增加，在封育 10～30 年处于稳定的小幅度变化阶段。用对数方程 $y=1.3173\ln(x)+0.2392$ 和 $y=1.6959\ln(x)+0.5756$ 分别可以很好地拟合云雾山草地封育 30 年以来地表枯落物蓄积量（$R^2=0.910$）和地上立枯物蓄积量（$R^2=0.816$）随封育年限增加而增加的过程，但同样不能反映更长期云雾山草地地表枯落物和地上立枯物的变化过程。

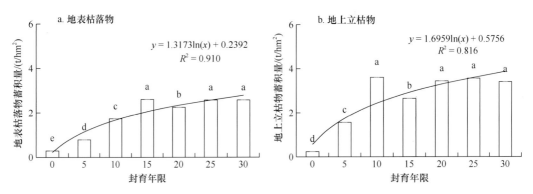

图 4-6 不同封育年限下草地地表枯落物蓄积量和地上立枯物蓄积量（修改自吴艳芹，2013）

不同小写字母表示不同处理间差异显著（$P<0.05$）

二、不同林分枯落物蓄积特征

（一）不同林分密度的枯落物蓄积特征

枯落物具有涵养水源、保持水土、改善土壤结构的功能，是森林生态系统重要的组成部分。人工林地枯落物蓄积量主要取决于林分类型和枯落物的输入量、厚度与性质、分解速度、累积年限及人类活动等因素（张振明，2005），而森林的树种组成与结构不同，林分所处环境的水热条件不同都对枯落物蓄积量有较大的影响（高人和周广柱，2002）。高艳鹏（2010）以山西省方山县峪口镇土桥沟流域内的人工林为研究对象，研究发现流域内不同林分类型枯落物总厚度在 10～37mm，蓄积量范围为 2.36～8.08t/hm²，枯落物蓄积量与厚度呈简单的正相关关系，即随厚度的增加，枯落物蓄积量有明显的增大趋势（表 4-3）。

表 4-3　不同林分密度枯落物现存量（修改自高艳鹏，2010）

树种	密度/(株/hm²)	枯落物厚度/mm			枯落物蓄积量				
		总厚度	未分解层厚度	半分解层厚度	总蓄积量/(t/hm²)	未分解层		分解层	
						蓄积量/(t/hm²)	比例/%	蓄积量/(t/hm²)	比例/%
刺槐	475	12	4	8	2.71	1.17	43.2	1.54	56.8
	925	14	9	5	2.45	1.15	46.9	1.30	53.1
	1450	27	11	16	5.58	1.76	31.5	3.82	68.5
	1600	32	12	20	8.08	2.29	28.3	5.79	71.7
	1850	20	10	10	3.32	1.15	34.6	2.17	65.4
	2000	15	10	5	2.36	0.84	35.6	1.52	64.4
白榆	925	18	9	9	3.82	1.08	28.3	2.74	71.7
	1150	15	8	7	3.92	1.42	36.2	2.50	63.8
	1850	14	8	6	3.38	1.00	29.6	2.38	70.4
油松	1600	37	24	13	7.27	3.88	53.4	3.39	46.6
	1850	18	11	7	3.31	1.92	58.0	1.39	42.0
	2025	26	13	13	3.58	1.80	50.3	1.78	49.7
侧柏	1300	15	6	9	2.70	0.89	33.0	1.81	67.0
	1600	18	8	10	3.39	0.86	25.4	2.53	74.6
	1850	10	6	4	3.00	0.84	28.0	2.16	72.0
油松–刺槐	550	23	13	10	4.53	2.44	53.9	2.09	46.1
	875	24	13	11	4.70	2.34	49.8	2.36	50.2
	1850	19	10	9	3.50	1.96	56.0	1.54	44.0

不同林分密度的刺槐林地，其枯落物总蓄积量明显不同，表现为 1600 株/hm² > 1450 株/hm² > 1850 株/hm² > 475 株/hm² > 925 株/hm² > 2000 株/hm²，1600 株/hm² 林分的总蓄积量最大，为 8.08t/hm²，是 2000 株/hm² 林分的 3.4 倍，主要是因为 1600 株/hm² 林分的生物量大，地表枯落物的量也大。不同林分密度的白榆林地，枯落物总蓄积量分布在 3.33~3.92t/hm²，1150 株/hm² > 925 株/hm² > 1850 株/hm²；不同林分密度的油松林地，1600 株/hm² 林分的枯落物总蓄积量明显大于 1850 株/hm² 和 2025 株/hm² 林分，达到 7.27t/hm²，这可能与其林下植被的生物量较大和坡向有很大关系，造成枯落物分解速率较慢；在侧柏林地中，1600 株/hm² > 1850 株/hm² > 1300 株/hm²，相对于其他树种，现存量较少，平均为 3t/hm²，这是因为侧柏林地坡度较大，为确保成活率，在树木种植时采用径流林业造林技术，并且侧柏林都栽植在阳坡，阳光充足，环境条件适合大量微生物生存，因而枯落物分解速率较快；油松–刺槐混交林枯落物总蓄积量，875 株/hm² > 550 株/hm² > 1850 株/hm²，林分密度最大的群落，总蓄积量最小。密度差不多，但树种组成不同的林分枯落物总蓄积量表现也不同，油松–刺槐混交林 > 白榆林 > 刺槐林 > 油松林 > 侧柏林，很明显针阔混交林枯落物蓄积量大于阔叶林，而阔叶林又高于针叶林。

凋落物的分解与其组成、性质和林地地表的环境因子如温度、湿度，以及微生物的种类与活动密切相关。由表 4-3 可以看出，不同林分枯落物未分解层和半分解层的厚度、蓄积量及其所占比例各不相同。对未分解层占枯落物总蓄积量比例的平均值分析可知，油松林（53.9%）＞油松–刺槐混交林（53%）＞刺槐林（34.8%）＞白榆林（31.4%）＞侧柏林（28.8%），油松–刺槐混交林和油松林未分解层占到一半以上，可能是由于造林密度和郁闭度较大，林冠下层大量枝条因光照不足而枯死，枯落物中枝条占有较大的比例，不易分解，而且针叶林含有单宁、油脂等物质较阔叶林落叶难分解。落叶阔叶林的凋落周期短，凋落时间分布集中，凋落量大，且凋落物容易分解，所以未分解层蓄积量较少。侧柏林处在阳坡，微生物活动频繁，再加上总生物量比其他林分类型少，未分解层凋落物的积累最慢，厚度最小。因此，在森林经营和林分改造上，应多栽植针阔混交林，合理调整种植密度，充分保护林下枯落物，防止人为破坏，同时要加大生物多样性的保护，以便增加林下生物量。

（二）子午岭区辽东栎次生林枯落物蓄积特征

辽东栎林在维持区域森林碳密度、保持水土、涵养水源，以及维护森林环境、保持生态平衡等方面均有重要意义。王娟（2013）针对黄土高原陕西省子午岭天然辽东栎次生林，分别选取幼龄林（≤40 年）、中龄林（40~60 年）、近熟林（61~80 年）、成熟林（80~120 年）、过熟林（＞120 年）研究枯落物蓄积量，发现由幼龄林至过熟林的各龄段蓄积量依次为 10.64t/hm^2、8.18t/hm^2、11.13t/hm^2、5.45t/hm^2 和 1.19t/hm^2（图 4-7）。辽东栎幼龄林至近熟林阶段，枯落物蓄积量较多，成熟林和过熟林阶段枯落物蓄积量较少，其原因主要是成熟林和过熟林阶段，林木长势较差，出现明显的退化现象，进行了人为间伐，林分密度下降。

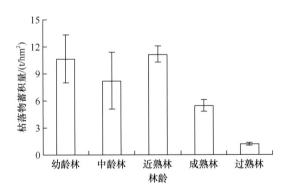

图 4-7　天然辽东栎林枯落物蓄积量（修改自王娟，2013）

幼龄林 n=27，中龄林 n=18，近熟林 n=9，成熟林 n=9，过熟林 n=18

三、不同环境条件下枯落物蓄积特征

（一）地形因子对枯落物蓄积的影响

黄土丘陵沟壑区地貌破碎，地形复杂，土壤水分、养分亏缺，水土流失严重，土壤水分和植被覆盖度差异较大，这些因素共同造成枯落物分布存在异质性，而分布不均必

然影响其作用的发挥。刘中奇（2010）选取位于半干旱黄土丘陵沟壑区的典型封育流域，通过对不同立地条件枯落物蓄积量的测定，分析枯落物蓄积量与坡向、坡度、坡位、土壤水分、地表植被鲜活生物量等因子的关系。受不同立地条件下光照条件、土壤含水量、植物等因素的共同影响，枯落物蓄积量平均值存在差异。流域横断面的枯落物蓄积量表现为沟底＞阴向沟坡＞阳向沟坡＞阴向梁坡＞梁顶＞阳向梁坡（图4-8）。不同立地条件的枯落物蓄积量明显不同，说明在不同立地条件下，光照、水分及植被生长状况不同，影响枯落物的产生和积累。

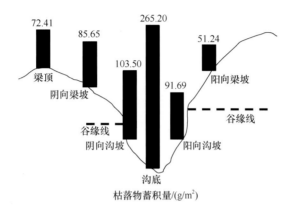

图4-8 黄土丘陵沟壑区枯落物的立地分布（修改自刘中奇，2010）

在15°~25°、25°~35°及35°~45°坡度阴向沟坡的枯落物蓄积量大于阴向梁坡的枯落物蓄积量（图4-9）。整体而言，沟坡的枯落物蓄积量大于梁坡，阴坡的枯落物蓄积量大于阳坡。在相同的坡向与坡位情况下，对于阳向梁坡、阴向梁坡与阴向沟坡，枯枝落叶蓄积量随着坡度的变化一般呈先变小后增大的规律，而阳向沟坡呈先变小后变大又变小的规律，25°~35°坡度的枯落物蓄积量最小。

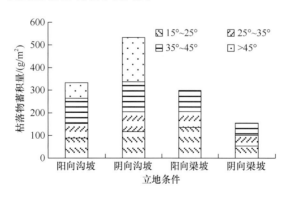

图4-9 不同立地条件下枯落物蓄积量（修改自刘中奇，2010）

统计结果显示，黄土丘陵沟壑区坡面坡度大多集中在10°~50°，但各个坡度段坡面所占比例是不同的，所以样方的分配是随不同坡度坡面所占比例不同而变化的（图4-10）。枯落物蓄积量与坡度之间二次回归方程式为 $y=138.046-5.142x_1+0.101x_1^2$，式中，$y$为枯落物蓄积量（g/m²），$x_1$为坡度（°）（$P<0.05$，$R^2=0.084$）。可见，

坡度对枯落物蓄积量有显著影响，而且当坡度为 25.5°时枯落物蓄积量出现最小值，这与实际测定结果一致。坡度不同，不仅其土壤水分和坡面上的植被存在差异，而且径流特征不同，降水形成的径流对枯落物产生直接的冲推作用，影响枯落物的积存。

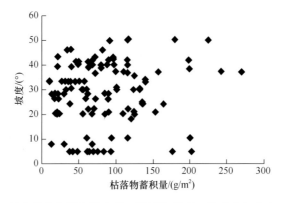

图 4-10　枯落物蓄积量和坡度的二次回归关系（修改自刘中奇，2010）

坡向和坡位分别代表水平方向和垂直方向的立地区别，不同坡向和坡位上的调查结果反映的是枯落物在水平方向和垂直方向的分布规律。以坡向为自变量、枯落物蓄积量为因变量所做的回归分析显示，坡向因子对枯落物分布有极显著影响（$R^2=0.074\,785$，$P<0.01$）。阴坡地光照时间比阳坡地光照时间短、蒸发量小，导致土壤含水量高（王月玲等，2005），二者植物的生长状况与植被组成存在区别，进而导致枯落物蓄积量不同。以坡位为自变量、枯落物蓄积量为因变量所做的回归分析显示，坡位对枯落分布的影响也是极显著的（$R^2=0.101\,935$，$P<0.01$）。坡位和海拔对枯落物蓄积量的影响原理与坡向基本一致，土壤剖面的水分分布随坡位不同而不同，在同一个坡面上，土壤剖面含水量呈现出由坡顶向坡底逐渐增高的趋势（何福红等，2002），进而影响枯落物的积存（Alarcón-Gutiérrez et al.，2009；Spielvogel et al.，2009）。沟坡处在梁坡的下部，土壤含水量较高，另外，在降水过程中，梁坡流失的有机物质会有一部分积聚在沟坡，所以其植被生长状况有时也会比梁坡好。由于坡向和坡位并不是数量变量，无法用数学模型进行表述。

（二）土壤含水量对枯落物蓄积量的影响

以阳坡为例，根据所测得阳坡的土壤含水量数据，分析土壤含水量对枯落物蓄积量的影响。以土壤含水量为自变量、枯落物蓄积量为因变量，通过回归分析，建立一元线性方程：$y=-27.53+26.82x_2$，式中，y 为枯落物蓄积量（g/m²），x_2 为土壤含水量（%）（$P<0.05$，$R^2=0.451$），可以看出，枯落物蓄积量与土壤含水量之间存在一定的正相关关系（图 4-11）。阳坡土壤水分亏缺严重，植被生长对水分变化梯度的响应一定很敏感，土壤水分通过对植被生长产生影响而间接地与枯落物蓄积量产生一次性线性关系。阳坡土壤水分对枯落物蓄积量的影响主要来自土壤水分对植被生长状况的影响。

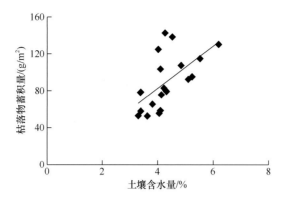

图 4-11　枯落物蓄积量和土壤含水量之间的相关关系（修改自刘中奇，2010）

（三）地表鲜活生物量对枯落物蓄积量的影响

地表鲜活生物量和枯落物现存量间呈线性关系（图 4-12），其方程式为 $y=60.17+0.887x_3$，式中，y 为枯落物蓄积量（g/m²）；x_3 为地表鲜活生物量（g/m²）（$P<0.05$，$R^2=0.371$）。这说明枯落物蓄积量随着地表鲜活生物量的增大而增大（图 4-12）。这种关系和阳坡土壤水分与枯落物之间的关系相似，而且显著性更高，说明地表鲜活生物量对枯落物蓄积量的影响更明显、更直接。

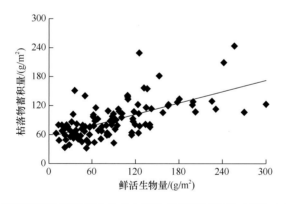

图 4-12　枯落物蓄积量和地表鲜活生物量之间的线性回归关系（修改自刘中奇，2010）

第三节　草地枯落物分解对有机碳的贡献

在土壤系统中，一系列的生物化学过程均以碳循环为中心，土壤有机碳是土壤固相中较为活跃的部分，是各种植物及土壤微生物生命活动的能量来源，处于不断分解、合成的动态平衡中，能直接影响和改变土壤的物理、化学与生物学特性。土壤有机碳主要存在于土壤有机质中，是表征土壤肥力大小、土壤质量优劣的首要指标，在土壤营养元素的循环和可持续发展中起重要作用，主要来源于土壤动物、植物、微生物残体和根系分泌物（杨景成等，2003）。草地枯落物包括草地植被的落枝、落叶、落皮、枯落的繁殖器官及枯死的根等，是草地生态系统中分解者和消费者物质与能量的主要来源。枯落物分解是草地生态系统物质循环的重要环节，枯落物中有机物质的分解转化对土壤的养分循环、肥力维持等起着重要的作用，进而间接影响草地生态系统的结构和功能（Odum，1960；Berg and Mcclaugherty，1989；Polyakova and Billor，2007；李强等，2014；Keiluweit et al.，2015）。枯落物作为土壤有机碳的一个主要来源，是联结土壤-植物复合系统的碳库，枯落物覆盖能够有效减少水土流失，其数量、结构等的改变都可能引起土壤碳循环的巨大变化（Boone et al.，1998）。

一、典型草地枯落物分解对土壤有机碳的影响

针对宁南黄土丘陵区 3 种典型植物群落枯落叶、植物根和该区顶极植物群落——长芒草群落枯落叶，采用野外模拟枯落物分解进程（样地枯落物处理设置如表 4-4 所示），分析枯落物分解过程中枯落物全碳变化特征，研究枯落物分解进程对土壤有机碳的影响，为阐明草地生态系统生物地球碳循环过程和丰富枯落物分解特征提供理论依据，为我国黄土高原草地的生态管理提供科学依据。

表 4-4　不同枯落物处理设置

序号	处理	枯落物设置
1	混合枯落叶 1	长芒草叶（55%）+百里香叶（45%）
2	混合枯落叶 2	长芒草叶（55%）+铁杆蒿叶（45%）
3	混合枯落叶 3	长芒草叶（75%）+百里香叶（25%）
4	混合枯落叶 4	长芒草叶（75%）+铁杆蒿叶（25%）
5	长芒草叶	长芒草叶（100%）
6	铁杆蒿叶	铁杆蒿叶（100%）
7	百里香叶	百里香叶（100%）
8	长芒草根	长芒草根（100%）
9	铁杆蒿根	铁杆蒿根（100%）
10	百里香根	百里香根（100%）
11	CK	无枯落物

（一）不同枯落物全碳含量变化特征

如图 4-13 所示，长芒草叶、铁杆蒿叶和百里香叶全碳含量随着分解时间的推移基本都呈现降低的变化特征，除在分解 300～345 天和 345～390 天两个时间段快速降低和快速升高以外，分解 0～135 天、390～525 天和 690～870 天，即在 5～10 月降水充沛和温度适宜的月份，3 种枯落叶全碳含量均呈现波动降低的趋势，全碳含量最低值均出现在分解 890 天时；分解后期枯落叶全碳含量基本表现为百里香叶＞铁杆蒿叶＞长芒草叶；分解末期（1035 天）长芒草叶、铁杆蒿叶和百里香叶全碳含量相比开始分别减少了 251g/kg、294g/kg 和 212g/kg。单一枯落叶全碳绝对量随着分解时间的推移整体呈现降低的规律，但在分解 300～345 天和 345～390 天时分别出现一个快速释放和快速富集的过程；整个分解过程中单一枯落叶全碳累积指数均表现为百里香叶＞长芒草叶＞铁杆蒿叶；分解前期（40～300 天），铁杆蒿叶全碳分解速率显著高于长芒草叶和百里香叶，而

分解后期（735～1035 天），随着长芒草叶全碳分解速率的加快，长芒草叶和铁杆蒿叶全碳分解速率显著高于百里香叶，而长芒草叶和铁杆蒿叶间无显著差异；分解末期（1035 天），长芒草叶、铁杆蒿叶和百里香叶全碳与初始相比分别减少了 78.9%、80.1% 和 67.1%。

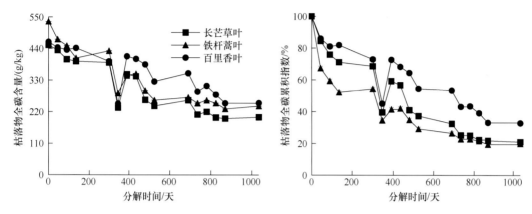

图 4-13 枯落叶全碳含量和全碳累积指数变化特征

4 种混合枯落叶分解过程中枯落物全碳含量在不同分解时间之间差异明显（图 4-14），分解前期（0～435 天）4 种混合枯落叶全碳含量无明显差异，分解后期（435～1035 天）混合枯落叶 2 全碳含量显著低于其他 3 种混合枯落叶。整个分解过程中，不同混合枯落叶全碳含量呈现波动起伏的动态变化规律，随着分解时间的推移混合枯落叶全碳含量整体呈现降低的趋势，到分解末期（1035 天），混合枯落叶 1、混合枯落叶 2、混合枯落叶 3 和混合枯落叶 4 全碳含量与初始相比分别减少了 252g/kg、234g/kg 和 257g/kg。4 种混合枯落叶全碳累积指数随着分解时间的推移整体上呈现明显降低的趋势，混合枯落叶全碳表现为持续释放的规律，其中分解前期（0～345 天）为快速释放，后期（345～1035 天）为波动释放；整个分解周期（0～1035 天），混合枯落叶 1、混合枯落叶 2、混合枯落叶 3 和混合枯落叶 4 全碳绝对量与初始相比分别减少了 78.4%、85.1%、79.8% 和 82.5%。分解 1035 天后，4 种混合枯落叶间及混合枯落叶与长芒草叶、铁杆蒿叶间全碳分解速率均无显著差异，但 4 种混合枯落叶均显著高于百里香叶。

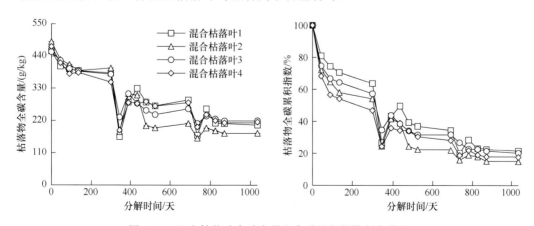

图 4-14 混合枯落叶全碳含量和全碳累积指数变化特征

长芒草根、铁杆蒿根和百里香根全碳含量分别分布在 201～446g/kg、258～468g/kg 和 276～500g/kg（图 4-15）。不同植物根全碳含量在不同分解时期差异明显，分解 45～345 天铁杆蒿根和百里香根全碳含量明显高于长芒草根，分解 525～1035 天，百里香根全碳含量明显高于铁杆蒿根和长芒草根。整个分解过程中，不同植物根全碳含量呈现波动降低的变化趋势，在分解 300～345 天和 345～390 天时分别出现一个快速降低和快速升高的变化特征。整个分解周期长芒草根、铁杆蒿根和百里香根全碳含量相比开始分别减少了 245g/kg、163g/kg 和 192g/kg。不同植物根全碳累积指数随着分解时间的推移整体上呈现明显降低的趋势，3 种植物根全碳绝对量表现为持续减少的规律，在分解 345 天时出现一个明显的波谷。分解 1035 天后，长芒草根、铁杆蒿根和百里香根全碳累积指数分别为 21.0%、49.2% 和 35.7%，整个分解周期 3 种植物根全碳绝对量与初始相比分别减少了 79.0%、74.2% 和 64.3%。

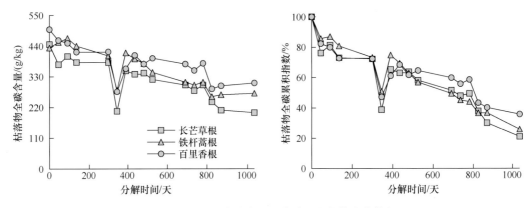

图 4-15　植物根全碳含量和全碳累积指数变化特征

综上所述，植物单一枯落叶、混合枯落叶及植物根的全碳含量表现出不同的变化特征，这是由枯落物分解进程、元素自身特性所决定的，植物单一枯落叶、混合枯落叶及植物根全碳含量均呈现波动释放的变化特征。枯落物分解过程是以碳为主导的物质循环模式，可溶性物质的淋失、易分解碳水化合物的分解、木质素的累积残留等都会引起枯落物的分解过程。

（二）草地枯落物分解对土壤有机碳的影响

枯落叶和植物根的分解对土壤有机碳产生了显著的影响。单一枯落叶、混合枯落叶和植物根分解中土壤有机碳含量随时间均呈现波动下降、快速上升交替进行的波动变化特征（图 4-16）。无枯落叶处理土壤有机碳含量分布在 3.36～7.57g/kg，单一枯落叶处理、混合枯落叶处理和植物根处理土壤有机碳含量变化范围分别为 3.36～7.91g/kg、4.59～8.29g/kg 和 3.61～8.10g/kg。除分解 45 天时，其他分解阶段枯落物处理土壤有机碳含量均高于空白处理。和空白处理相比，在分解 135 天、300 天、525 天、690 天和 870 天时 3 种单一枯落叶处理土壤有机碳含量分别高出 0.72～0.93g/kg、0.65～1.02g/kg、0～0.48g/kg、0.59～1.98g/kg 和 0.55～1.05g/kg；混合枯落叶处理土壤有机碳含量分别高出 0.60～1.05g/kg、0.88～1.70g/kg、1.23～1.92g/kg、1.16～1.73g/kg 和 0.69～1.59g/kg；3

种植物根处理土壤有机碳含量分别高出 0.31~1.01g/kg、0.26~0.68g/kg、0.25~0.63g/kg、1.03~2.45g/kg 和 0.45~0.72g/kg。通过 1035 天的野外分解，单一枯落叶、混合枯落叶和植物根处理土壤有机碳含量均高于空白处理土壤，说明枯落物的分解可显著提高土壤有机碳含量（Crow et al.，2009；崔静等，2012）。值得注意的是，在植物根分解过程中，土壤有机碳含量的提高仅出现在分解后期，植物根在后期分解和全碳累积指数在后期降低可以解释这一现象。而混合枯落叶分解对土壤有机碳含量的提升作用高于单一枯落叶，可能与枯落物分解时间及其化学性质有关。

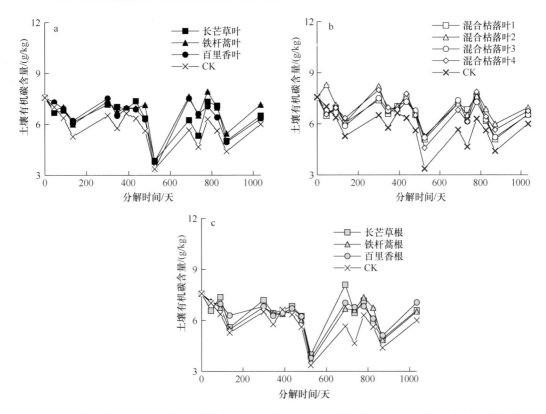

图 4-16　单一枯落叶（a）、混合枯落叶（b）和植物根（c）分解过程中土壤有机碳含量变化特征

枯落物往往是两种或者两种以上的枯落物混合在一起，涉及多种植物，不同枯落物拥有不同化学组分，可改变物理和化学分解环境，进而影响下层土壤中碳循环（Hector et al.，2000）。长芒草、铁杆蒿和百里香枯落叶具有不同的基质质量，混合枯落叶在整个分解过程中对土壤有机碳表现为非加和效应，且在不同分解时间有机碳含量差异较大，混合枯落叶对土壤有机碳的非加和效应主要在分解 45 天、135 天、345 天、390 天和 825 天表现为负的（即拮抗作用，antagonistic effect），在其他分解时期为正的（即协同作用，synergistic effect），说明草地生态系统中植物多样性显著影响土壤碳循环。

二、不同混合条件下枯落物分解对土壤有机碳的影响

枯落物的分解是一个复杂而连续的过程，既有物理过程，又有生物化学过程，一般

由淋溶作用、自然粉碎作用和代谢作用等共同完成。在自然环境中，这3个过程是同步进行的，很难将其区分开来。另外，枯落物在自然界中的存在不仅仅是覆盖在土壤表层，其可能会通过自然淋溶到达土壤中，和土壤紧密结合，在土壤中分解，进而影响土壤生态系统；草地生态系统中根的分解对土壤的影响也不容忽视；更有研究者提出，在林地管理中对枯落叶进行客置可改善土壤生态环境。程曼（2015）在室内控制的条件下，设置枯落物在土壤中的不同添加方式，简单模拟野外自然条件下枯落物的不同分解过程，分析不同枯落物添加方式下分解过程对土壤有机碳的影响，进而探讨不同枯落物分解阶段中土壤有机碳变化特征。室内分解试验意在排除野外各种温度和水分的影响，并进一步探究不同枯落物分解过程中土壤有机碳转化特征。

（一）表面覆盖条件下土壤有机碳变化特征

室内培养过程中将枯落物覆盖于土壤之上，土壤中有机碳含量的变化趋势如图4-17所示。表面覆盖不同枯落物土壤及空白土壤有机碳含量均呈现不同程度的降低，分解112天后，覆盖长芒草、铁杆蒿、百里香土壤和空白土壤有机碳含量与初始相比分别降低了0.97g/kg、1.06g/kg、2.56g/kg、1.57g/kg。室内分解表面覆盖方式与野外试验中的覆盖条件不一致，差异表现在野外模拟过程中枯落物受到自然条件的影响较大，枯落物在分解过程中，受到淋溶、重力等作用，其分解产物能够到达土壤中，而室内分解覆盖枯落叶条件下，仅存在补充水分过程中的少量淋溶和重力作用，枯落物的溶解产物很少，且很难到达土壤中，因此表面覆盖枯落叶土壤和空白土壤的有机碳含量均为少量降低。枯落叶覆盖于土壤表面，其分解转化对下层土壤有机碳产生影响，需要通过自然淋溶等外力才能实现。

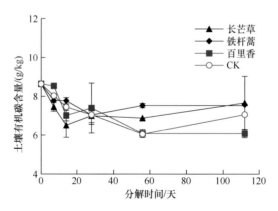

图4-17　表面覆盖枯落叶条件下土壤有机碳含量变化特征

（二）原状混合条件下土壤有机碳变化特征

在室内培养中混合枯落叶土壤有机碳含量均高于空白土壤（图4-18），其中在分解7天、28天、56天和112天时土壤有机碳含量均表现为铁杆蒿＞百里香＞长芒草＞CK，分解14天时则为铁杆蒿＞长芒草＞百里香＞CK，说明原状混合3种枯落叶均可以显著增加土壤有机碳含量。原状混合条件下不同植物枯落叶处理土壤有机碳表现出不同的变化特征：铁杆蒿和百里香枯落叶处理土壤有机碳呈现先增加后减小又增加的变化特征，长芒草处理土壤有机碳呈现先增加后减小的变化趋势。由此可知，枯落叶的添加改变了土壤中有机碳变化特征，培养初期呈小幅增加，这归功于枯落叶可溶性物质的释放，将枯落叶添加到土壤中后，其易溶解的有机碳含量较高，分解迅速，可以向枯落叶周围释放营养物质，因此土壤有机碳呈现小幅增加。培养7~14天时土壤有机碳出现短暂的降低，可能是由于土壤中微生物的生长，加速了有机物质的矿化。分解14天后，植物枯落叶在微生物的作用下进一步分解，向土壤中释放更多的物质，造成土壤有机碳的二次增加。

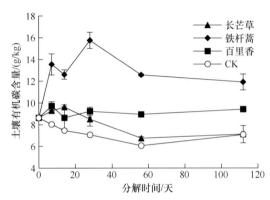

图4-18 原状混合条件下土壤有机碳含量变化特征

（三）粉碎混合条件下土壤有机碳变化特征

将枯落叶粉碎后添加到土壤中进行培养可以加速枯落物的分解，在一定程度上可以模拟枯落叶分解后期对土壤有机碳的影响。如图4-19所示，将枯落叶粉碎后混合于土壤中进行培养，土壤有机碳含量得到了很大程度的提高，土壤有机碳增加了9.0%~50.1%，3种枯落叶处理比较为铁杆蒿＞百里香＞长芒草，分解112天后，添加粉碎长芒草、铁杆蒿、百里香枯落叶的土壤有机碳含量分别高于空白土壤3.42g/kg、5.48g/kg和3.74g/kg。粉碎枯落叶的可溶性有机质含量均高于原状植物枯落叶（王春阳等，2011），经过粉碎的枯落叶在土壤中进行分解，提高了土壤中的可溶性有机碳含量，作为可利用

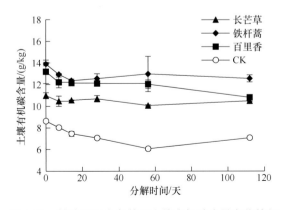

图4-19 粉碎后混合条件下土壤有机碳含量变化特征

的碳源促进了土壤中微生物的生长,随着培养的进行,在微生物的作用下植物中的碳和能量转化为土壤中的轻组有机碳,进而继续分解、转化,完成枯落叶对土壤的碳素归还。

三、草地枯落物分解对土壤有机碳形态的影响

土壤活性有机碳是土壤中移动快、不稳定、易矿化,且可被植物和土壤微生物高度利用的那部分有机碳(沈宏等,1999)。活性有机碳直接参与土壤生物化学转化过程,同时是养分循环的驱动力,是综合评价土壤质量和肥力状况的重要指标,对土壤碳库平衡和土壤化学、生物化学肥力的保持具有重要意义(钟春棋等,2010)。土壤活性碳组分通常可用可溶性有机碳、可矿化有机碳、微生物生物量碳、轻组有机碳、易氧化有机碳等来进行表征(王晶,2003)。有学者认为,可溶性有机碳是土壤微生物的主要养分来源,枯落物输入可造成土壤可溶性有机碳显著增加,提高土壤微生物的活性,使土壤基础呼吸和微生物生物量碳均增加,枯落物的输入能够在短期内增加土壤的活性组分,影响土壤可溶性有机碳、呼吸和微生物生物量碳的动态变化(黄靖宇等,2008)。其他一些研究也证明,枯落物输入对提高土壤可溶性有机碳、微生物生物量碳、易氧化有机碳均有一定的促进作用(Dalias et al.,2001;涂玉等,2012)。张向茹(2014)针对宁夏固原典型植物百里香、长芒草、冰草、柠条、茭蒿、铁杆蒿,分别采集植物叶和根部分,采用野外分解袋法和室内分解培养法相结合的方法模拟枯落物的分解过程,分析了枯落物在分解过程中对土壤有机碳形态转化的影响。

(一)草地枯落物分解过程中土壤有机碳矿化特征

有机碳矿化是土壤中重要的生物化学过程,直接关系到土壤中养分元素的释放与供应,以及土壤质量的保持(李忠佩等,2004)。添加枯落物后各处理有机碳矿化速率的动态趋势曲线(图 4-20)呈乘幂曲线模型($Y=aX^b$),能够很好地描述其变化趋势,R^2 值均在 0.95 以上。添加枯落物后的土壤有机碳矿化速率变化分两个阶段:分解前期(培养第 0~11 天),枯落物中易分解组分(糖类、淀粉、脂肪等)快速分解,释放的大量养分提高了微生物的活性,土壤有机碳矿化速率较大并迅速减小;分解后期(培养第 11 天后),

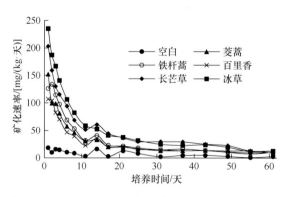

图 4-20　各处理有机碳矿化速率曲线

枯落物中易分解组分被利用完，微生物开始分解较难分解的组分（木质素、多酚等），土壤有机碳矿化速率较小且保持平稳。添加枯落物处理的有机碳矿化速率在初期和培养结束时，均高于对照处理，且差异极显著（$P<0.01$），说明添加枯落物有助于提高土壤有机碳矿化速率。培养开始时，施加不同枯落物处理间矿化速率差异显著（$P<0.05$），说明枯落物类型对有机碳矿化速率具有显著影响。随着矿化过程的进行，各处理间差异逐渐减小。

将培养期间各枯落物的 CO_2-C 释放量用一级动力学方程进行模拟，得到枯落物的分解率及矿化速率常数 k，如表 4-5 所示。不同枯落物的分解率及分解速率常数（k）大小均为冰草＞长芒草＞铁杆蒿＞茭蒿＞百里香，且枯落物之间差异显著。对枯落物的分解率分析，培养的 61 天中，枯落物释放了 19.64～43.93mg CO_2-C，分解率达 22.71%～52.89%。其中冰草和长芒草的分解率较高，达 50%左右。冰草和长芒草的分解程度较高，可能是由于禾本科植物叶呈针状且茎叶柔软，在土壤中易被微生物利用，而铁杆蒿等叶片表面较粗糙，不易腐烂（程积民等，2006），百里香最不容易分解。

表 4-5　不同枯落物的矿化特性

枯落物类型	枯落物含碳量/mg	枯落物的 CO_2-C 释放量/mg	分解率/%	分解速率常数/($\times10^{-2}$/天)	R^2
百里香	86.49	19.64	22.71a	0.537±0.044a	0.9411
茭蒿	92.23	22.72	24.64b	0.597±0.053b	0.9289
铁杆蒿	90.08	25.71	28.54c	0.726±0.065c	0.8960
长芒草	85.63	41.98	49.02d	1.422±0.094d	0.8187
冰草	83.07	43.93	52.89e	1.687±0.141e	0.8954

注：不同小写字母表示不同处理间差异显著（$P<0.05$）

（二）草地枯落物分解过程中土壤可溶性有机碳的变化

土壤可溶性有机碳含量呈现从培养的第 7 天开始逐渐增加，达到一定峰值后逐渐降低的趋势（图 4-21）。土壤可溶性有机碳是微生物的主要养分来源，可作为碳源促进微生物的生长，因此添加枯落物后土壤可溶性有机碳先有所增加，后随着微生物的消耗利用而逐渐减小。其中添加柠条、长芒草和冰草的土壤可溶性有机碳在第 14 天达到最大

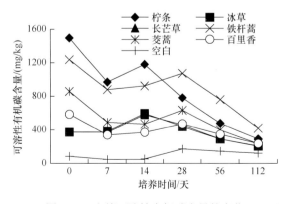

图 4-21　土壤可溶性有机碳含量的变化

值，添加铁杆蒿、茭蒿、百里香及空白土壤可溶性有机碳在第 28 天时达到最大值，这可能是由于铁杆蒿、茭蒿和百里香较其他植物分解慢。添加枯落物的土壤可溶性有机碳明显高于空白土壤，说明随着枯落物的分解，增加了土壤中可溶性有机碳的含量。

（三）草地枯落物分解过程中土壤微生物生物量碳的变化

土壤微生物生物量碳含量的变化趋势如图 4-22 所示。空白土壤微生物生物量碳在前期有所增加，之后逐渐减小，后期基本保持不变；添加枯落物的土壤微生物生物量碳在培养开始的 14 天内迅速减小，之后趋于稳定，说明微生物在前期活动较强，随着分解的进行而逐渐减弱。其中，添加柠条的土壤微生物生物量碳在培养的第 14～28 天有所增加，之后逐渐减小，可能是由于柠条含有的某种营养物质在培养的后期仍起到了增加微生物生物量碳的作用。添加枯落物的土壤微生物生物量碳含量显著高于空白土壤，说明添加枯落物有助于增加土壤微生物生物量碳。

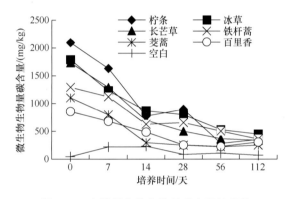

图 4-22 土壤微生物生物量碳含量的变化

（四）草地枯落物分解过程中土壤轻组有机碳的变化

土壤轻组有机碳含量的变化趋势如图 4-23 所示。空白土壤轻组有机碳在整个过程内变化较小，稳定在 0.41～0.90g/kg；添加枯落物的土壤轻组有机碳与微生物生物量碳变化趋势相似，在培养前期明显减小，之后则较为稳定，这说明轻组有机碳是土壤微生

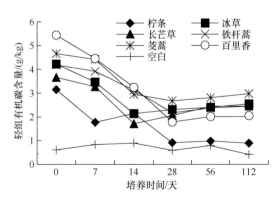

图 4-23 土壤轻组有机碳含量的变化

物重要的碳和能量来源。其中添加长芒草、冰草的土壤轻组有机碳在培养的第 14 天即达到稳定,而铁杆蒿和荩蒿、百里香则在第 28 天达到稳定,添加长芒草和冰草的土壤轻组有机碳与铁杆蒿、荩蒿、百里香相比更早被分解完全,说明长芒草和冰草作为禾本科植物,所含成分较易分解,而铁杆蒿、荩蒿、百里香与之相比较不容易分解。柠条枯落物土壤轻组有机碳变化较为特殊,在培养的第 7~28 天呈先增加后减小的趋势。

枯落物是土壤碳形成的主要物质来源,添加枯落物后土壤总有机碳、可溶性有机碳、微生物生物量碳和轻组有机碳含量都明显高于空白土壤。枯落物输入土壤后,随着培养过程中有机碳的矿化损失,土壤总有机碳呈逐渐减小的趋势。土壤可溶性有机碳是微生物的主要养分来源,可作为碳源促进微生物的生长,因此添加枯落物后土壤可溶性有机碳先有所增加,后随着微生物的消耗利用而逐渐减小。添加枯落物的各处理土壤微生物生物量碳与土壤轻组有机碳的变化具有一致性,说明轻组有机碳是土壤微生物重要的碳和能量来源,随着培养的进行,土壤轻组有机碳随着枯落物的分解而逐渐减少,之后趋于稳定,并影响土壤微生物生物量碳含量。

第四节 森林枯落物分解对土壤有机碳的影响

一、森林枯落物分解对土壤总有机碳的影响

枯落物的积累和分解是土壤有机碳的主要来源(Berg,2000)。土壤恢复主要依赖植被恢复引起的枯落物的大量输入,枯落物在分解过程中将其含有的营养物质释放到土壤中,间接提高了土壤有机碳的含量。胡宁等(2016)在研究石漠化脆弱生态区植被恢复时,发现枯落物分解对土壤有机碳的提高有促进作用。张晓鹏等(2011)发现枯落物的质量及其分解过程中的养分释放对土壤有机碳的积累起到促进、抑制作用或者无显著影响。

随着退耕还林/草工程的实施,1975~2010 年,黄土高原地区植被覆盖度大大增加。植被覆盖度的增加直接导致地上枯落物的累积,枯落物具有保持水土、涵养水源及增加土壤有机碳及养分的作用。关于枯落物分解对土壤有机碳影响的已有研究结果主要有两种:枯落物分解会引起土壤有机碳增加(Tóth,2007;Busse et al.,2009;Crow,2009)或没有影响(Bokhorst et al.,2007;Riikka and Rinnan,2009)。李茂金(2012)通过增加和去除枯落物输入发现增加枯落物覆盖,可以显著提高土壤有机碳含量。彭琳(2012)发现去除枯落物的量越大,土壤有机碳含量减少的越多。针对不同有机碳组分研究发现,添加叶枯落物的土壤活性有机碳显著高于没有添加叶枯落物的土壤(王清奎等,2007)。

对辽东栎枯落叶进行分解的研究发现,分解过程中 SOC 呈现缓慢增加的趋势,与第一次采样相比,最后一次采样土壤有机碳含量提高了 24.5%,且在 2 月达到了最大值(41.93g/kg)。SOC 含量在冬季(2 月)较高(图 4-24)。图 4-25 显示,除了在分解的第 62~125 天和第 154~342 天,枯落叶有机碳含量一直处于明显的减少阶段。同时,除了这两个阶段,土壤有机碳处于明显的增加阶段,进一步确定了枯落叶分解对土壤有机碳的贡献。

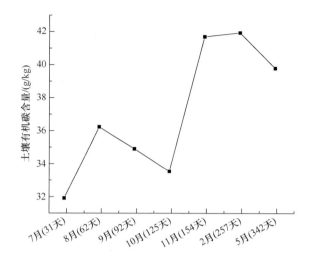

图 4-24　土壤有机碳含量随辽东栎枯落叶分解的变化特征
辽东栎枯落叶分解试验开始于 2015 年 6 月，最后一次采样为 2016 年 5 月

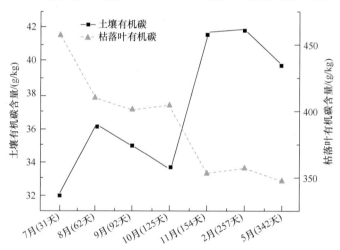

图 4-25　辽东栎枯落叶分解过程中土壤有机碳与枯落叶有机碳含量变化
辽东栎枯落叶分解试验开始于 2015 年 6 月，最后一次采样为 2016 年 5 月

李茜（2013）通过室内分解 120 天研究不同树种枯落叶混合分解对土壤的影响发现，与对照相比，13 种枯落叶单独分解后土壤有机碳含量提高 29.1%～54.9%，且差异均达到显著水平（$P<0.05$）（图 4-26a），而将油松与不同树种枯落叶混合分解后发现，不同枯落叶分解对土壤有机质的影响是一种非加和效应（表现为不同枯落叶分解对土壤性质的影响存在相互促进或抑制作用）（图 4-26b）。产生促进作用的原因是枯落叶混合后为土壤微生物的生长繁殖提供了更为有利的环境，枯落叶在微生物作用下快速分解提高了土壤有机碳含量；同时，高质量（高氮低木质素，多为阔叶树种）的枯落叶经微生物将有效养分通过被动扩散和菌丝桥转移给了低质量（高木质素低氮，多为针叶树种）的枯落叶，从而加快了整体的分解速度（Hättenschwiler et al., 2005）。而产生抑制作用是因为不同枯落叶在混合分解过程中可能释放一些次级化合物（单宁酸、多酚类）抑制枯落物的分解，影响养分的输入（Marco et al., 2011）。一般认为，相对于纯林，通过树种混

栽能改变林地枯落物的数量、组成、性质及其分解过程，加快枯落物的分解、养分释放，促进土壤对养分的吸收，从而提高林地养分水平，改善养分有效性，促进养分进行互补和转移。Gartner 和 Cardon（2004）通过对 30 项枯落叶混合分解研究的调查发现，仅仅有 30%的枯落叶混合分解研究符合加和模型，而其他大多数展示了非加和效应。

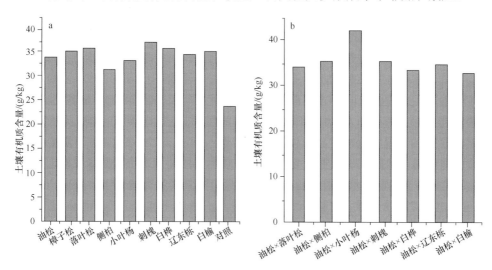

图 4-26　分解过程中土壤有机质含量变化（修改自李茜，2013）

二、森林枯落物分解对土壤活性有机碳的影响

对辽东栎枯落叶进行分解试验发现，在分解前 5 个月，土壤微生物生物量碳（microbial biomass carbon，MBC）与土壤有机碳（soil organic carbon，SOC）（图 4-24）变化规律相似，最后两次采样土壤 MBC 含量显著高于其他时期土壤 MBC 含量，与第一次采样土壤 MBC 含量相比，2 月和 5 月土壤 MBC 含量分别提高了 68.3%和 72.2%（图 4-27）。

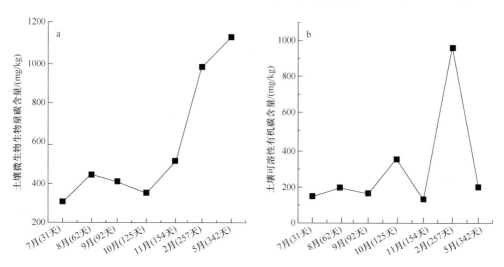

图 4-27　辽东栎枯落叶分解过程中土壤活性有机碳含量变化特征（修改自李茜，2013）

辽东栎枯落叶分解试验开始于 2015 年 6 月，最后一次采样为 2016 年 5 月

2月采集的土样可溶性有机碳（dissolved organic carbon, DOC）含量为956.71mg/kg，比其他时期采集的土样DOC含量高63.2%~85.8%。在整个分解期间，土壤SOC、MBC及DOC含量均在冬季（2月）较高，主要是由于在冬季微生物活性减弱，通过微生物作用消耗的有机碳变少，而土壤微生物体内积累的碳越来越多。

可溶性有机碳是土壤微生物的主要养分来源，输入枯落物后随着枯落物的分解，土壤可溶性有机碳显著增加，为微生物生长繁殖提供了能源，使土壤基础呼吸和微生物生物量碳都增加，枯落物的输入能够在短期内增加土壤的活性组分（王清奎等，2007）。其他一些研究也证明，枯落物输入对提高土壤可溶性有机碳、微生物生物量碳、易氧化有机碳均有一定的促进作用（崔凤娟等，2012；涂玉等，2012）。

土壤有机碳储量是枯落物分解及植物根系分泌物的输入与土壤呼吸输出间的动态平衡（Raich and Schlesinger, 1992）。土壤呼吸定义为：在未受扰动土壤中发生的所有产生CO_2的代谢活动，包括活根系呼吸、土壤微生物呼吸和土壤动物呼吸3个生物学过程（Kucera and Kirkham, 1971; Wessells et al., 1997）。由于除活根呼吸之外的土壤微生物呼吸和土壤动物呼吸主要与土壤异养生物（微生物、动物）有关，因此土壤呼吸可被划分为自养呼吸和异养呼吸（Hanson et al., 2000; Bond-Lamberty et al., 2004）。

枯落物是土壤微生物异氧呼吸重要的底质来源，为土壤呼吸提供主要的碳源（Ngao et al., 2005）。Ngao等（2005）通过对法国东部榉木林的研究发现，森林枯落物层对土壤CO_2排放的贡献达10%。研究发现，在森林生态系统，添加或去除枯落物能显著增加或降低土壤呼吸速率（Nadelhoffer et al., 2004; Sulzman et al., 2005），且加倍枯落物所引起的土壤呼吸的增加程度远大于去除枯落物所引起的土壤呼吸的降低程度（Nadelhoffer et al., 2004; Sulzman et al., 2005; Wang et al., 2013），说明额外的枯落物输入刺激了现存有机质的分解（Nadelhoffer et al., 2004）。王清奎（2011）通过室内模拟的方法发现，添加枯落叶显著地提高了土壤呼吸强度。张伟东等（2010）关于杉木林土壤微生物性质对树种和枯落物响应的研究表明，枯落物的覆盖使土壤呼吸强度在0~10cm土层上升了16.8%，且增加的部分源于微生物生物量碳的增加。高强等（2010）对木荷林的相关研究发现，去除枯落物使土壤呼吸速率显著降低25.32%。向土壤中添加简单或复杂的有机基质引起的土壤中原有有机物发生变化的这种现象称为"激发效应"（Kuzyakov, 2000）。枯落物作为土壤动物和微生物重要的食物来源，其蓄积量决定了土壤动物和微生物的数量，可引起土壤呼吸速率的改变（刘尚华等，2008）。添加枯落物还增加了枯落物层的真菌和细菌总生物量，去除枯落物减少了真菌总生物量，从而影响土壤呼吸（Nadelhoffer et al., 2004）。

另外，枯落物输入途径和量的变化可以通过改变枯落物层及土壤微生物群落来影响土壤有机碳储量与碳循环。去除和加倍枯落物可以通过改变枯落物向土壤中释放养分调控植物根系生长发育，从而对土壤呼吸产生影响。根系是植物重要的吸收和代谢器官，其生长发育直接影响根呼吸。研究发现，土壤氮含量可以通过影响细根代谢强度来调控根呼吸。Pregitzer等（1998）研究发现，细根的氮含量与根呼吸强度呈现线性正相关。有效性氮含量高的细根代谢强度大，分配给细根的碳水化合物多，因此根呼吸速率提高（Burton et al., 2000）。Xu等（2013a）通过整合相关研究发现，去除枯落物使得土壤氮含量平均降低了 14%，但添加枯落物对土壤氮含量并没有显著影响。土壤氮含量对去除和添加枯落物处理的不同响应，可能会导致这些处理对细根氮吸收量产生影响，从而导致不同枯落物处理的根呼吸速率不同。

总体来说，枯落物分解增加了土壤有机碳及活性有机碳（主要是微生物生物量碳及可溶性有机碳）含量，森林树种及枯落物混合方式影响土壤有机碳增加量。枯落物分解既可以增加土壤碳，又对土壤呼吸碳输出产生重要影响，关于枯落物分解对土壤呼吸的影响在黄土高原研究较少，今后应着重分析枯落物分解对土壤碳输入–输出平衡的作用。同时，应着重探究枯落物分解对土壤有机碳的作用机制及分解过程中微生物的作用，从机制上研究枯落物–土壤系统的相互作用。

第五节 小　　结

随着"退耕还林/草""禁牧封育"等生态工程的推进，黄土高原植被覆盖度得到了很大的提升，围封、树种、林分密度、环境条件对枯落物的蓄积和分布都有显著的影响。黄土高原草地枯落物和森林枯落物的分解均表现出以碳为主导的分解过程，枯落物分解对土壤有机碳的提高作用得到了肯定，对其对土壤活性有机碳的增加作用也进行了一定的探索。

第五章 植被恢复中土壤氮素转化特征

土壤是植物营养物质的主要来源，而植物又通过根系分泌物和枯落物等残体归还一部分营养物质到土壤中。在植物和土壤相互影响的过程中，氮素的转化是核心。土壤有机氮的矿化过程是受到土壤有机氮组成、土壤环境因素、时间和土壤微生物等因素综合影响的物理-化学-微生物过程（陈怀满，2011），土壤有机氮矿化量可表征土壤的供氮潜力。

土壤中有机态氮的矿化和矿质态氮的生物固定是土壤中氮素转化最重要的两个过程。近年来用 ^{15}N 示踪技术证明，土壤中这两个过程是相伴进行的，总称为氮素转化作用。土壤氮素矿化作用是指土壤中有机氮分解成 NH_4^+ 的氨化作用和 NH_4^+ 进一步转变成 NO_3^- 的硝化作用的统称。土壤中矿质氮（包括 NH_4^+-N、NO_2^--N 及 NO_3^--N）被微生物同化而转变成有机氮的作用称为生物固定作用。在没有过量能源物质时，土壤中矿化速率大于生物固定速率，此时矿质氮得以累积，称为净矿化。而当能源物质过量存在时，则生物固定速率大于矿化速率，土壤中矿质氮逐渐减少而转化为有机氮，称为净固定。随着能源物质的不断消耗，生物固定速率逐渐降低而接近于矿化速率，当这两个相反过程的速率相等时，称为转折点，此时矿质氮的固定量称为最大固定量，在转折点后，土壤即进入净矿化阶段，矿质氮又得以累积（朱兆良，1963）。

在水土流失严重的黄土高原，由于频繁的水土流失与过度开垦，土壤的水、气、热、养分等循环失调。研究表明，植被恢复工程是防治土壤侵蚀的关键方法，能减弱径流，减少养分流失等（胡婵娟，2008），黄土高原防护林体系也可改善土壤理化性质并提高土壤肥力（刘举等，2004）。明确黄土高原植被恢复过程中土壤氮素分布与转化特征，对于植被恢复的科学评价与实施有着重要的现实意义。

第一节 区域土壤氮素的分布特征

黄土高原土壤氮素的储量占其生态系统氮素的主要部分，远大于植物和枯落物（杨佳佳，2014）。土壤氮循环研究是陆地生态系统氮循环研究的重要前提，区域氮素的分布与储量是土壤氮循环研究的核心内容，准确估算土壤氮储量及其收支平衡，对正确评价土壤陆地生态系统的氮循环及全球环境变化有重要意义。

一、土壤氮素储量

区域土壤氮储量因土地利用方式不同而变化。侯晓瑞（2012）以 2006 年的遥感影像为基础，由 ArcGIS 栅格统计模块分别统计出延河流域农地、林地、草地的分布面积，再以各样点土壤全氮密度分类计算出黄土高原延河流域不同土地利用方式的土壤全氮储量,如表 5-1 所示。流域 0~60cm 土壤总有机氮储量约为 6.03×10^6t,农地因为分布面积较大,土壤的氮储量最高,占总有机氮储量的 53.6%;其次是草地,有机氮储量为 1.74×10^6t;较少的是林地,占总有机氮储量的 17.6%。

表 5-1　延河流域不同土地利用类型土壤全氮密度及储量(0~60cm)(修改自侯晓瑞,2012)

土地利用类型	剖面数	面积/m²	土壤全氮密度/(kg/m²)	土壤全氮储量/(×10³t)
农地	37	3746.09	0.28	3230.63
草地	57	2546.02	0.24	1741.48
林地	85	1151.70	0.29	1058.76
合计	179	7443.81		6030.87

宁夏固原综合治理和未治理对比研究的两个典型小流域各种土地利用方式的土壤氮储量占总储量的比例如表 5-2 所示。综合治理的上黄试验区以灌丛林地和天然草地为主,占试验区总面积的 70.43%。而未治理的寺底沟小流域以耕地、人工草地和天然草地为主,其他土地利用方式仅占流域面积的 8.73%。退耕还林/草 30 年后,综合治理小流域的氮密度高于未治理小流域,单位面积的土壤氮储量上黄试验区比寺底沟小流域高16.3%。综合治理小流域中灌丛林地(6525.12t)和天然草地(3634.42t)的氮储量占试验区总储量的 75.84%。未治理小流域耕地的面积占总流域面积的 52.85%,耕地氮储量(4048.48t)是流域总储量的 53.03%。可见,实施植被恢复工程后,土壤氮储量主要集中于林草地,且单位面积氮储量升高。

表 5-2　两个研究区域不同土地利用方式的面积和土壤氮储量(修改自薛志婧,2012)

土地利用类型	综合治理小流域——上黄				未治理小流域——寺底沟			
	面积/m²	所占比例/%	氮储量/t	所占比例/%	面积/m²	所占比例/%	氮储量/t	所占比例/%
灌丛林地	3 489 369.30	48.79	6 525.12	48.71	295 856.73	5.83	591.71	7.75
天然草地	1 772 888.39	21.64	3 634.42	27.13	936 337.73	18.46	1 582.41	20.72
人工草地	145 410.70	1.78	173.04	1.29	1 012 889.07	19.96	1 185.08	15.52
撂荒地	409 727.09	5.00	692.439	5.17	3 879.93	0.08	4.46	0.06
果园	461 402.60	5.63	765.93	5.72	143 289.70	2.82	223.53	2.93
耕地	1 289 130.50	15.74	146.96	10.97	2 681 112.62	52.85	4 048.48	53.03
河滩、河台地	85 157.13	1.01	134.55	1.00				
总计	7 653 085.71	100.00	13 395.10	100.00	5 073 365.78	100.00	7 635.68	100.00

二、土壤全氮含量

延河流域植被类型从南向北分为 3 个植被区:南部崂山以辽东栎、刺槐、油松等为主的针阔叶混交林森林区,中部延安到安塞之间为以柠条、白羊草为主的森林草原区,安塞以北为以百里香、长芒草为主的草原区。森林区地貌以梁状丘陵沟壑为主,气候属暖温带半湿润偏干旱季风气候,分布的主要植被有辽东栎、侧柏、刺槐等,分别为黄土高原主要自然恢复优势物种和人工造林的主要树种,每年有大量的枯枝落叶回归土壤,可补充土壤中有机物质,同时乔木林地可有效防止土壤水分及养分的流失。森林草原区地貌为典型的梁峁状沟壑,以人工种植为主,人为影响较大。草原区地貌主要为梁状丘陵沟壑,间有少数残丘低峁,植被以天然草地、撂荒地、灌乔木林地为主。

表 5-3 是不同植被区 0～60cm 土层全氮含量的汇总,可以看出,各层土壤全氮平均含量在森林区(0.35～0.9g/kg)最高,森林草原区(0.27～0.53g/kg)次之,草原区(0.28～0.49g/kg)最低,呈现出由森林区到草原区逐渐下降的趋势。另外,植被类型与海拔密切相关,随着海拔的增高,植被区逐渐由森林植被区演变为草原植被区,因此,从空间分布来看,土壤全氮含量随着海拔的增高逐渐降低。

表 5-3 延河流域不同植被区的土地利用类型、主要植被及 0～60cm 土壤全氮含量
(修改自侯晓瑞,2012)

植被区	主要分布海拔/m	土地利用类型	主要植被	样本数	土层/cm	全氮 变幅/(g/kg)	全氮 平均值/(g/kg)	全氮 变异系数
草原区	1200～1500	乔木幼林地、撂荒地、灌木幼林地、天然草地	小叶杨、山杏、芦苇、沙棘、阿尔泰狗娃花、长芒草、赖草、马铃薯、铁杆蒿、白羊草、猪毛蒿	36	0～10	0.20～1.14	0.49	0.40
					10～30	0.17～1.00	0.36	0.46
					30～60	0.11～0.75	0.28	0.57
森林草原区	1100～1200	农地、乔木林地、撂荒地、灌木林地	马铃薯、玉米、黄豆、刺槐、侧柏、山杏、白羊草、铁杆蒿、达乌里胡枝子、赖草、柠条、沙棘	111	0～10	0.18～1.23	0.53	0.42
					10～30	0.11～1.23	0.37	0.49
					30～60	0.10～0.76	0.27	0.45
森林区	700～1100	农地(梯田)、乔木林地	玉米、辽东栎、侧柏、刺槐	42	0～10	0.26～3.36	0.90	0.76
					10～30	0.23～1.16	0.46	0.40
					30～60	0.16～1.87	0.35	0.75

薛志婧(2012)根据黄土高原宽谷丘陵区综合治理小流域——宁夏固原上黄试验区土壤全氮变异系数大小的区间分级,利用 GS+地统计学软件拟合出的最优理论模型及依据 Kriging 空间插值得出的土壤全氮空间分布格局表明,流域内各层土壤全氮含量呈现出从西部到东部递增的趋势,即西部地区的土壤全氮含量低,越往东部全氮含量越高,且 10～30cm 土层的分布趋势最为明显。0～10cm 土层,土壤全氮含量的分布没有明显规律,只有小块高值区域(1.13～2.40g/kg)集中在试验区的东南角和北部,约占上黄试验区总面积的 20%。10～30cm 土层全氮含量呈条状分布,由东向西依次递减趋势最为明显,全氮含量高值区域(1.01～1.60g/kg)约占试验区总面积的 35%。30～60cm 土层全氮含量高值区域(0.98～1.30g/kg)只占总面积的 6%。随土层深度的增加,土壤全氮的高值及区间都在递减,且差异明显,土壤全氮含量高值的变化区间随着土层深度的增加而逐渐趋于稳定。

三、土壤氮素组分含量

延河流域不同植被区土壤氮素组分在 0～20cm 两个土层的含量分布如图 5-1 所示,

土壤有机氮、硝态氮、铵态氮和可矿化氮含量在两个土层均表现为森林区显著高于森林草原区、草原区,而森林草原区和草原区之间差异不显著。在 3 个植被区的 0~10cm 和 10~20cm 土层,有机氮的平均值分别为 0.55~1.58g/kg 和 0.42~0.94g/kg,在森林区分别约为其余两个区的 2.8 倍和 2.3 倍;硝态氮的平均值分别为 7.21~21.39mg/kg 和 2.16~8.16mg/kg,在森林区分别约为其余两个区的 2.5 倍和 3.8 倍;铵态氮的平均值分别为 1.94~2.53mg/kg 和 1.56~2.07mg/kg,在森林区分别约为其余两个区的 1.1 倍和 1.2 倍;可矿化氮的平均值分别为 10.2~45.5mg/kg 和 5.01~29.8mg/kg,在森林区分别是森林草原区的 2.6 倍和 3.7 倍、是草原区的 4.5 倍和 6.0 倍。

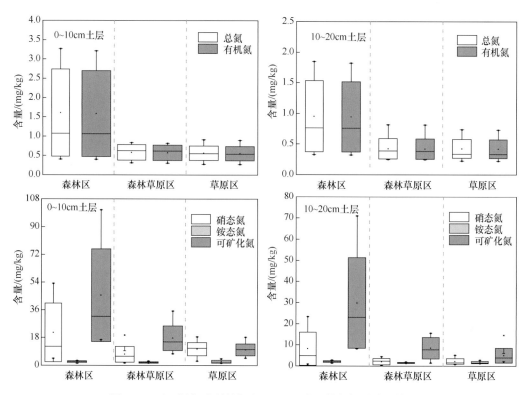

图 5-1 延河流域不同植被区 0~20cm 土层的氮组分含量特征

第二节 不同植被恢复方式下土壤氮素的分布特征

撂荒或自然休闲是恢复地力的传统方式,也是目前我国西部生态环境脆弱区进行生态环境建设采用的主要手段之一。人工恢复可通过次生演替在恢复土壤特性和维持土壤肥力方面发挥重要作用(Lamb,1998)。这些措施无疑会影响土壤肥力状况及微生物的数量、活性,使得不同恢复模式下土壤的氮素变化有一定的差异。

一、自然恢复

延安市安塞区纸坊沟小流域经自然恢复后,土壤不同层次的氮含量随撂荒年限的变化如图 5-2 所示。由图 5-2a 和 b 可以看出,土壤硝态氮和铵态氮平均含量总体上为撂荒 8 年>2 年>1 年,尤其是土壤表层撂荒 8 年显著($P<0.05$)大于 2 年和 1 年,但撂荒 2 年与 1 年之间的差异不显著;撂荒 1 年的硝态氮含量在土壤中层、下层显著低于 2 年和 8 年;铵态氮含量在土壤中、下层表现为撂荒 2 年显著($P<0.05$)高于 1 年、8 年。另外,除撂荒 1 年外,撂荒地的硝态氮含量均随土层加深而显著($P<0.05$)减小,铵态氮含量随土层的变化无明显规律。

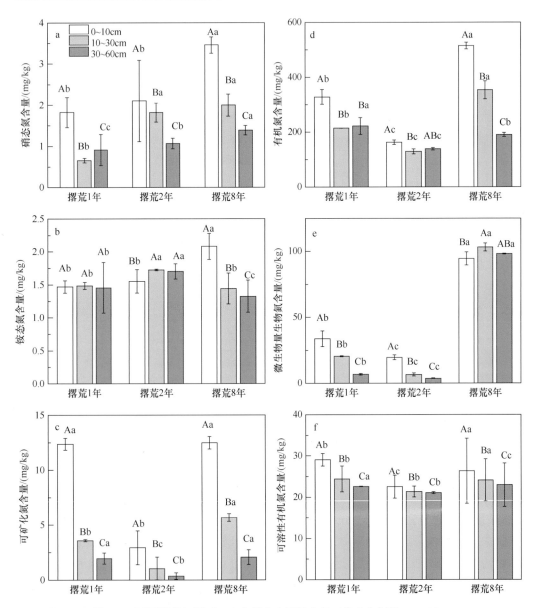

图 5-2　不同撂荒年限下 3 个土层中土壤氮含量(修改自刘栋,2012)
不同大写字母表示 3 个不同土层间差异显著($P<0.05$),不同小写字母表示同一土层不同撂荒年限间差异显著($P<0.05$)

由图 5-2c 可以看出,除中层外,土壤表层和下层的可矿化氮含量在撂荒 1 年和 8

年之间无显著差异，撂荒 2 年土壤 3 个层次的可矿化氮含量均显著（$P<0.05$）低于 1 年和 8 年。3 个不同撂荒年限土壤的可矿化氮含量随土层深入而显著降低。

图 5-2d～f 中 3 种有机氮的整体变化规律一致，为撂荒 8 年＞1 年＞2 年。除了撂荒 1 年和 2 年中层可溶性有机氮，土壤 3 个不同层次的有机氮、微生物生物量氮和可溶性有机氮含量在不同年限间差异显著（$P<0.05$）。尤其是微生物生物量氮，撂荒 8 年土壤表、中、下层的含量分别为撂荒 2 年的 5.2 倍、12.3 倍、14.1 倍。另外，除个别处理（撂荒 1 年和 2 年的中、下层有机氮及撂荒 8 年的微生物生物量氮）外，土壤的有机氮、可溶性有机氮、微生物生物量氮均随土层加深而显著降低。

总体上各种氮素形态对撂荒年限的响应不同。除了撂荒 1 年和 8 年土壤的可矿化氮含量相差不大，其余 5 种氮素均为撂荒 8 年显著（$P<0.05$）高于 1 年和 2 年。铵态氮和硝态氮的含量整体随撂荒年限的增加而增大，表现为撂荒 8 年＞2 年＞1 年；而有机氮、可溶性有机氮、微生物生物量氮表现为撂荒 8 年＞1 年＞2 年。除个别处理外，6 种氮素含量均随土层加深而显著减小。

二、人工恢复

（一）植被类型

延安市安塞区纸坊沟小流域不同人工林种植模式下，土壤 3 个层次的氮含量变化如图 5-3 所示。0～60cm 土层的硝态氮含量 4 种林型中刺槐+山杏+山桃最小，且铵态氮、有机氮含量也最小；刺槐林 0～60cm 的铵态氮和硝态氮均最大，显示出良好的无机氮累积效应（图 5-3a 和 b）。0～60cm 土层的可矿化氮含量为刺槐林＞柠条林＞油松+紫穗槐林＞刺槐+山杏+山桃林，即生长年限较长的刺槐林、柠条林具有较强的综合供氮能力（图 5-3c）。刺槐+山杏+山桃林各土层有机氮含量均低于其他林地；不同林型土壤下层的有机氮含量无显著差异，刺槐林土壤的中、上层有机氮含量均为最大；生长 20 年的油松+紫穗槐林有机氮含量较高（图 5-3d）。各林型土壤的微生物生物量氮含量具有较大的分异：在土壤 3 个不同层次均表现为刺槐林＞柠条林＞混 2（油松+紫穗槐）林＞混 3（刺槐+山杏+山桃）林；刺槐林、柠条林、混 2（油松+紫穗槐）林各层的微生物生物量氮含量为混 3（刺槐+山杏+山桃）林的 5～10 倍（图 5-3e）。刺槐林土壤可溶性有机氮的含量在 10～60cm 最低，且随土层的深入降低的幅度最大；混 3（刺槐+山杏+山桃）林可溶性有机氮在土壤 3 个层次的含量都显著高于其他林地（图 5-3f）。

土壤的 6 种氮素含量均表现出明显的上高下低的分布规律，但各种氮素含量随土层降低的变化趋势不同：微生物生物量氮（除刺槐林外）和可溶性有机氮含量随土层降低的降幅小于其他 4 种氮素。整体上，混 3（刺槐+山杏+山桃）林除可溶性有机氮含量显著高于其他林地外，其他 5 种氮素含量均最小。生长 20 年的混 2（油松+紫穗槐林）林积累氮素效应良好，其铵态氮和有机氮含量与恢复了 30 年的柠条林相当。人工林恢复过程中，铵态氮、硝态氮、有机氮、微生物生物量氮、可矿化氮含量整体都表现为刺槐林＞柠条林＞混 2（油松+紫穗槐）林＞混 3（刺槐+山杏+山桃）林。可见，树种与土壤氮含量和供氮潜力的改善程度关系密切，刺槐对土壤氮素的影响最为明显。

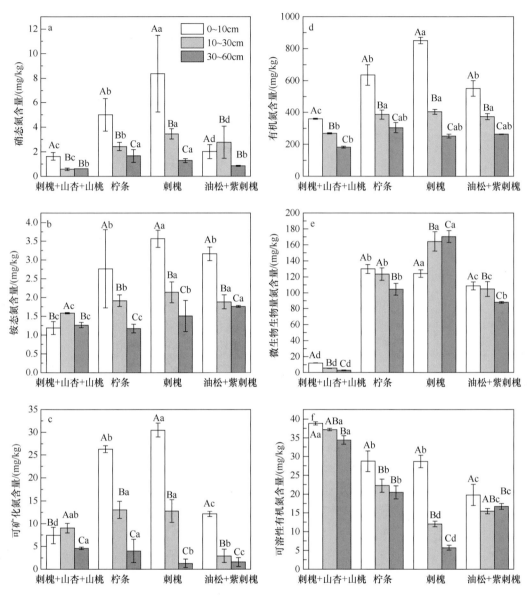

图 5-3 不同人工林恢复模式下 3 个土层中的氮含量（修改自刘栋，2012）

不同大写字母表示不同土层间差异显著（$P<0.05$），不同小写字母表示同一土层不同林型间差异显著（$P<0.05$）

（二）恢复年限

延安市安塞区纸坊沟小流域不同种植年限刺槐林的土壤氮含量变化见图 5-4。土壤表层硝态氮（图 5-4a）含量在刺槐生长 10~30 年增加显著，从 1.81mg/kg 增加至 8.35mg/kg，38 年时降至 7.03mg/kg；中层、下层在 15~38 年均缓慢增加，中层含量从 0.53mg/kg 增至 4.14mg/kg，下层含量从 0.69mg/kg 增至 3.07mg/kg。由图 5-4b 可知，铵态氮在土壤表层（0~10cm）和中层（10~30cm）均呈先增加后降低的趋势：10~30 年，表层从 1.46mg/kg 增加至 3.56mg/kg，中层从 0.81mg/kg 增加至 2.13mg/kg；在 30~38

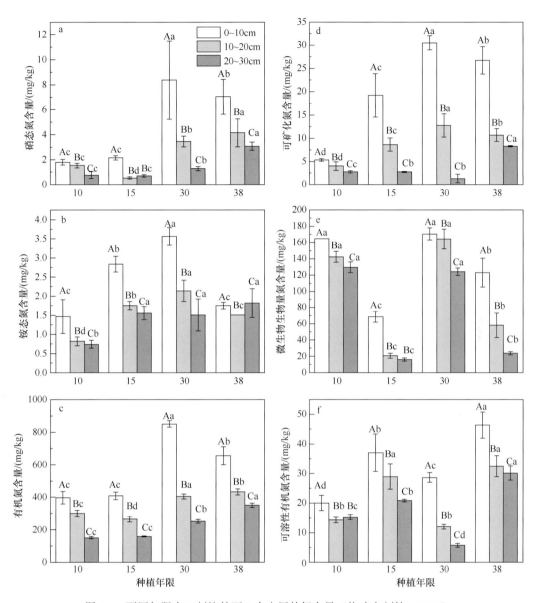

图 5-4　不同年限人工刺槐林下 3 个土层的氮含量（修改自刘栋，2012）

不同大写字母表示不同土层间差异显著（$P<0.05$），不同小写字母表示同一土层不同种植年限间差异显著（$P<0.05$）

年呈现不同程度的降低。土壤有机氮含量在 3 个土层均随着刺槐生长年限的增加（38年表层、15年中层除外）呈现增加的趋势（图 5-4c）。有机氮含量在表层为 0.40~0.86g/kg，中层为 0.26~0.43g/kg，下层为 0.15~0.35g/kg。有机氮的增长速率在 10~15 年相对较低，15年后增长较快，30 年时表层、中层和下层较 15 年的增幅分别为 209%、205%和 156%，尤以表层增加显著（$P<0.05$）；38 年时 3 个土层（从上到下）分别是 10 年的 167%、163%和 240%。如图 5-4d 所示，可矿化氮含量随刺槐年限的增加明显呈现先增加后降低的趋势，各样地土壤表、中层的可矿化氮含量不同年限间差异显著（$P<0.05$）：30 年＞38 年＞15 年＞10 年，下层可矿化氮含量有随树龄增加而增大的趋势，但差异不显著，

38年刺槐林下层的可矿化氮含量显著高于其他年限的样地。如图 5-4e 所示,微生物生物量氮含量变化整体上表现为:10年和30年均显著大于15年、38年($P<0.05$),10年、30年各土层均无显著差异,38年各土层均显著高于15年($P<0.05$),15年各层均为最小。土壤表层可溶性有机氮含量在不同树龄间差异显著($P<0.05$):38年>15年>30年>10年;土壤中层38年与15年、30年与10年均差异不显著;土壤下层差异显著($P<0.05$),38年>15年>10年>30年。除30年外,可溶性有机氮含量随刺槐生长年限增加而显著增大并在38年达到最大值。

在土壤的剖面分布上,不同年限刺槐林土壤的铵态氮、硝态氮、有机氮、可矿化氮、微生物生物量氮、可溶性有机氮均表现出明显的上高下低的分布趋势。

总体上,刺槐的生长对土壤各种氮素含量都有明显的增加效果,但是生长年限不同,增加的速率不同,大部分在前30年增加较快。另外,不同形态的增幅在不同土层有差异,而各种有机氮组分在下层随种植年限增加而增加的效果明显。

第三节 枯落物分解过程中土壤氮素的变化特征

枯落物作为林草生态系统养分的基本载体,是连接林草地植物和土壤的枢纽,也是物质和能量从植物配送到土壤的运转器,在维持林草地土壤肥力和生态系统养分动态平衡方面有着重要的作用。了解植被恢复区内枯落物分解对土壤氮素的影响,对于深入理解植被恢复过程中土壤氮素转化的原因和科学指导植被恢复管理有重要意义。

一、林地

在陕西富县子午岭进行野外模拟植物叶片分解试验,得到的分解过程中土壤和叶片全氮含量变化如表 5-4 所示。在模拟分解的 342 天中,叶片生物量损失率在 92 天、154 天和 257 天显著增加,土壤全氮含量总体上也在上述相应的时间增加,尤其在分解的前 154 天,土壤全氮呈增加的趋势,总体上变化范围在 2.35~2.73g/kg,然后出现降低趋势。另外,枯落物经过近一年的分解后,与对照相比,土壤总氮含量变化不显著,但是土壤微生物生物量氮含量增加显著,硝态氮含量在枯落物量较高时增加显著,铵态氮含量无显著变化,而可溶性有机氮含量则显著减少(曾全超,2018)。

表 5-4 土壤及叶片在枯落物分解过程中的氮含量变化(修改自 Bai et al., 2019)

采样日期	叶片生物量损失率/%	土壤氮/(g/kg)	叶片氮/(g/kg)
7月(31天)	11.7±0.02d	2.35±0.23c	7.51±0.35d
8月(62天)	12.1±0.03d	2.60±0.38ab	7.97±0.46bc
9月(92天)	13.9±0.04c	2.59±0.26ab	7.52±0.37d
10月(125天)	15.0±0.04c	2.45±0.18bc	8.17±0.74bc
11月(154天)	22.2±0.05b	2.73±0.42a	8.37±0.45b
2月(257天)	23.8±0.08a	2.60±0.12ab	8.88±0.57a
5月(342天)	23.9±0.06a	2.44±0.30bc	7.91±0.80cd

注:不同小写字母表示不同时间间差异达到5%的显著水平

二、草地

（一）草地根系原位分解对土壤氮素的影响

1. 全氮的变化

在宁夏固原进行的原位模拟植物根系分解过程研究的土壤全氮变化结果如图 5-5 所示。在模拟分解的 470 天中，0～5cm 土层空白处理土壤全氮含量变化范围在 0.66～0.75g/kg，覆盖根系处理的土壤全氮含量变化范围在 0.63～0.80g/kg。根系分解 1 年后，0～5cm 土层全氮含量是分解初期的 1.03～1.06 倍。5～20cm 土层空白处理土壤全氮含量变化范围在 0.56～0.74g/kg，覆盖根系处理的土壤全氮含量变化范围在 0.57～0.76g/kg。根系分解 1 年后，5～20cm 土层土壤全氮含量是分解初期的 1.02～1.05 倍。长芒草、铁杆蒿、百里香根系覆盖的表层土壤全氮含量比空白处理的土壤全氮含量高出 0.032g/kg、0.035g/kg 和 0.019g/kg。根系分解对土壤全氮有一定的提高作用，但效果不明显，不同种类根系对土壤全氮的影响差异也较小。同一时期不同种类根系分解下的土壤全氮含量大多表现为长芒草、百里香较高，铁杆蒿、空白较低，因此对于干旱及半干旱地区，根系分解输入对土壤全氮含量的影响是有限的。

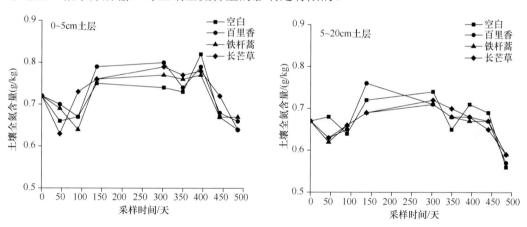

图 5-5　土壤全氮含量的变化特征（修改自李娅芸，2016）

2. 速效氮的变化

土壤有效氮含量变化趋势如图 5-6 所示。根系分解过程中，土壤铵态氮受水热条件的影响较大。0～5cm 土层土壤铵态氮含量变化范围在 2.08～16.91mg/kg，5～20cm 土层土壤铵态氮含量范围在 2.31～9.37mg/kg。分解前期：0～5cm 土层土壤铵态氮含量呈现明显的上下波动，5～20cm 土层土壤铵态氮含量变化则不明显。分解后期：2 个土层的土壤铵态氮含量变化趋势相同，且覆盖根系处理与空白处理土壤铵态氮无明显差异。所有处理 0～5cm 土层土壤硝态氮含量范围在 1.29～11.90mg/kg，5～20cm 土层土壤硝态氮含量范围在 1.37～9.34mg/kg。分解过程中 2 个土层的土壤硝态氮变化趋势相同。在分解的第 45 天，土壤硝态氮含量达到最大值，覆盖根系处理的土壤硝态氮含量比空白处理高出 0.34~1.09mg/kg，表明根系分解可以提高土壤硝态氮含量，随后土壤硝态氮含量迅速下降，之后处于稳定状态。

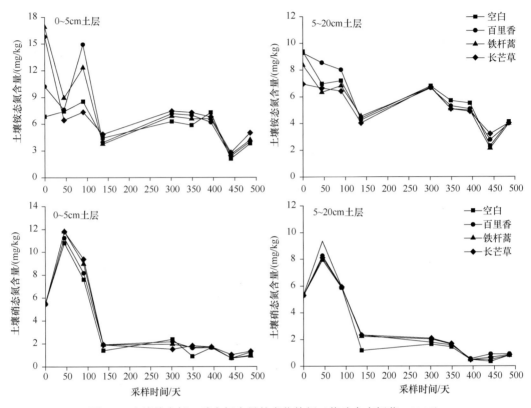

图 5-6　土壤铵态氮、硝态氮含量的变化特征（修改自李娅芸，2016）

3. 微生物生物量氮的动态变化

野外模拟根系分解中土壤微生物生物量氮含量的变化趋势如图 5-7 所示。土壤微生物生物量氮含量在空白处理 0~5cm 土层的变化范围为 22.19~79.27mg/kg，5~20cm 土层变化范围在 8.52~37.76mg/kg。根系覆盖处理土壤微生物生物量氮在 0~5cm 土层变化范围为 17.48~87.27mg/kg，5~20cm 土层变化范围在 6.68~49.81mg/kg。根系分解对土壤微生物生物量氮的提高作用在 0~5cm 土层主要集中在分解前期（第一年的 5~8 月），而在 5~20cm 土层则持续于分解的全过程，说明根系分解有助于增加土壤微生物生物量氮含量。

（二）草地植物茎叶分解对土壤氮素的影响

1. 全氮（TN）的变化

在宁夏固原进行的草地植物茎叶原位分解试验的土壤全氮含量变化如图 5-8 所示，随着植物茎叶的分解，各处理土壤全氮含量均发生波动变化，到分解末期，除百里香处理外，其他处理均有所增加。植物茎叶分解前期各处理土壤全氮含量的变化不明显，分解 90 天后，全氮含量大幅增加，各组合处理土壤全氮含量在 135 天达到最高，单一植物茎叶处理在390天达到最高。分解周期内各组合处理土壤全氮最大值为0.87g/kg（秋季），最小值为0.63g/kg（春季），平均为0.74g/kg；各单一植物茎叶处理土壤全氮最大值为0.86g/kg（夏季），最小值为0.64g/kg（秋季），平均为0.74g/kg。整个分解过程中，土壤全氮的变化趋势添加植物处理基本上与空白处理基本相同。

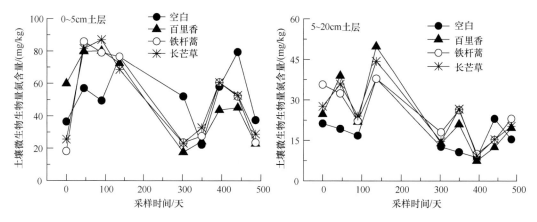

图 5-7　土壤微生物生物量氮含量的变化特征（修改自李娅芸，2016）

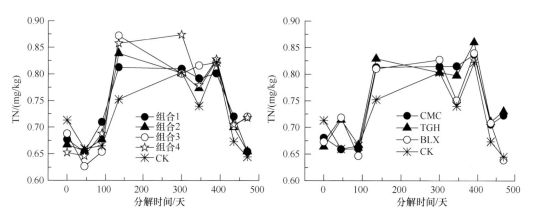

图 5-8　植物茎叶分解过程中土壤全氮的变化（修改自李鑫，2016）
组合1：长芒草（CMC）+百里香（BLX）；组合2：长芒草+铁杆蒿（TGH）；
组合3：长芒草+百里香；组合4：长芒草+铁杆蒿。下同

2. 铵态氮（NH_4^+-N）的变化

植物茎叶分解过程中土壤铵态氮含量的变化特征如图5-9所示，随着分解的进行，各处理均呈现波动下降的趋势。

3. 硝态氮（NO_3^--N）的变化

如图5-10所示，各处理土壤硝态氮含量随分解时间波动下降，且添加茎叶处理的变化均大于空白处理，分解前45天，各处理土壤硝态氮含量均达到最大值，其中，组合4（33.15mg/kg）＞组合1（20.26mg/kg）＞组合3（19.58mg/kg）＞组合2（16.06mg/kg），CMC（长芒草）（17.95mg/kg）＞TGH（铁杆蒿）（13.87mg/kg）＞BLX（百里香）

（13.22mg/kg），分解 45 天后各处理土壤硝态氮含量大幅度降低，300 天时第二次增加，435 天后趋于稳定。

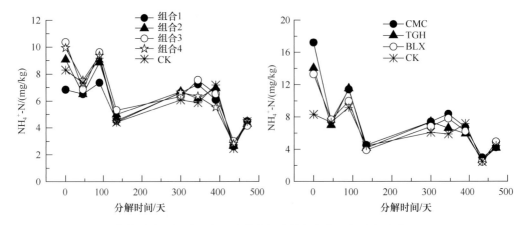

图 5-9　植物茎叶分解过程中土壤铵态氮含量的变化（修改自李鑫，2016）

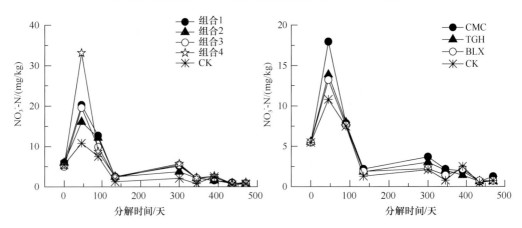

图 5-10　植物茎叶分解过程中土壤硝态氮含量的变化（修改自李鑫，2016）

4. 微生物生物量氮（MBN）的变化

图 5-11 为植物茎叶分解过程中土壤微生物生物量氮（microbial biomass nitrogen，MBN）含量的动态变化特征，随分解时间波动升高。土壤 MBN 含量变化趋势大致为：在 0~90 天持续升高，在 90 天达到最高，在 90~300 天持续下降，300 天后又缓慢升高。分解前 135 天，土壤 MBN 各添加茎叶处理均大于空白处理，之后明显小于空白处理。分解试验结束，土壤 MBN 含量在各组合处理（除组合 4 外）均有不同程度的提高，其中组合 3 增幅最大（34.47mg/kg）；单一植物处理除 TGH（铁杆蒿）外均有不同程度的提高，其中 CMC（长芒草）增幅最大（17.52mg/kg）。

植物茎叶分解过程中土壤全氮含量整体上有所增加，但呈现出在分解前 90 天显著增加，分解 390 天后显著下降的趋势。这一方面是因为外界环境的变化使得土壤中微生物的种类和数量改变，植物茎叶的分解速度有所改变，氮素的输入发生变化；

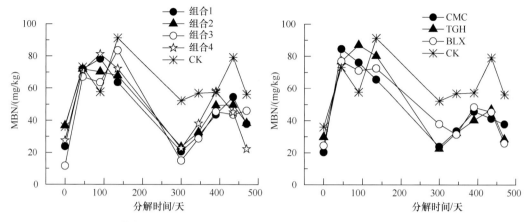

图 5-11　植物茎叶分解过程中土壤 MBN 含量的变化（修改自李鑫，2016）

另一方面，微生物的生长和发育也会消耗土壤中氮素，当土壤中可利用的无机氮无法满足微生物的生长繁殖需要时其便开始将植物茎叶分解释放到土壤中的氮素转化和利用，最终导致土壤全氮呈现先上升后下降的趋势（Taylor et al.，1989；刘增文等，2006）。因为微生物的活动会消耗大量的无机氮，当土壤中无机氮无法满足微生物生长时，微生物会将有机氮转化为无机氮（Fog et al.，1988）。土壤硝铵态氮随分解时间呈明显的波动下降趋势。植物茎叶分解初期土壤铵态氮含量有所减少，硝态氮含量有所增加，整个分解过程中土壤铵态氮含量总体下降，植物茎叶的分解对土壤速效氮的影响主要表现为对硝态氮的影响。微生物生物量氮在分解过程中整体上呈现增加的趋势。

第四节　土壤氮素转化作用及其机制

土壤氮素矿化与生物固定包括以下 5 个过程：①植物残体在微生物的作用下分解成颗粒有机氮（PON），继而转化为可溶性有机氮（DON）；②DON 通过氨化作用变为铵态氮（NH_4^+-N）；③NH_4^+/NH_3 通过硝化作用变为硝态氮（NO_2^--N 及 NO_3^--N）；④硝态氮通过硝酸盐异化还原成铵（DNRA）作用转化成铵态氮；⑤矿质态氮（包括 NH_4^+-N、NO_2^--N 及 NO_3^--N）通过生物固定作用转变为有机氮（方华军等，2015）。土壤有机氮的矿化作用（包括上述①~③过程）是自然生态系统产生无机氮的最初过程，对土壤氮素迁移转化乃至整个生态系统的氮循环均十分重要（Zhang et al.，2013）。土壤氮素矿化是微生物驱动的生物化学过程，受到诸多因素的影响，包括土壤理化性质、温度、温度与湿度交互作用、外来物质等。植被恢复过程中，植被的变化必然会导致向土壤输入物质的变化，了解黄土丘陵区不同植被下土壤中有机氮的矿化过程、途径和特征与矿质态氮的微生物固定过程、途径和特征，以及土壤有机氮矿化和矿质态氮微生物固定之间的平衡关系与二者的转化速率，对丰富植被恢复中氮素转化作用的理论和科学选择植被恢复措施具有重要的理论与实践意义。

一、原位矿化过程中土壤氮素的转化作用

为了探讨不同植被恢复措施下土壤氮素的转化作用,在宁南山区选择典型植被恢复方式下的 3 种草地:天然草地(长芒草)、人工草地(苜蓿)、自然恢复草地(长芒草+冰草),3 种人工林地:柠条林、山桃林和山杏林,以及山杏与苜蓿的林草间作 7 种植被类型样地的土壤为研究对象,采用野外顶盖埋管法,测定原位矿化过程中土壤氮素的矿化和生物固定作用,分析土壤原位矿化中氮素的动态转化过程,了解真实环境中氮素的变化,更好地为植被恢复的科学评价和管理提供理论依据。

(一) 土壤有机氮的变化

7 种样地在 1 年的培养过程中土壤有机氮含量的变化如图 5-12 所示,林草间作在 180 天(10 月)时最高,120 天(8 月)时最低;同一时段天然草地>自然恢复草地>人工草地,且差异显著;草地的各个时期没有显著差异,天然草地显著高于自然恢复草地(高出 15.3%~24.3%),自然恢复草地整体比人工草地平均高出 114.4%;林地均在培养 120 天时最低,整体上柠条>山杏>山桃。

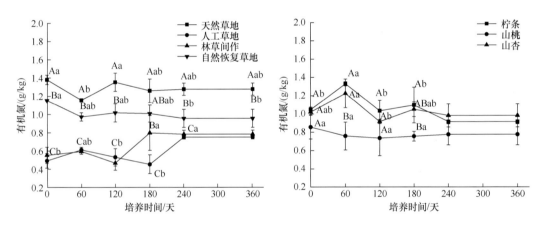

图 5-12　宁南山区不同植被样地在矿化中土壤有机氮含量的变化(修改自蒋跃利,2014)
不同大写字母表示相同培养时间不同植被间差异显著($P<0.05$),不同小写字母表示同一植被不同培养时间差异显著($P<0.05$)。图 5-14、图 5-22、图 5-23 同此

(二) 土壤酸解有机氮的变化

1. 酸解全氮和非酸解全氮

土壤酸解全氮是在加热回流条件下能够被 6mol/L HCl 水解的那部分有机氮,剩余的则是非酸解全氮。土壤中酸解全氮的含量如图 5-13b 和 d 所示,林草间作和人工草地均在培养 240 天时最高,且林草间作>人工草地;在培养过程中,酸解全氮的含量为天然草地>自然恢复草地>人工草地。草地的非酸解全氮含量在整个培养过程中均呈波动变化趋势,但林地则呈现下降趋势(除 360 天山杏外)(图 5-13a 和 c)。总体上非酸解全氮的含量大于酸解全氮。

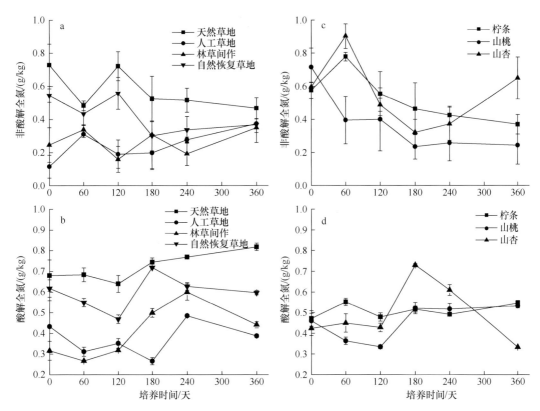

图 5-13 宁南山区不同植被样地在矿化中土壤酸解和非酸解全氮含量的变化
（修改自蒋跃利，2014）

2. 酸解氨基酸态氮和氨态氮

氨基酸态氮是土壤有机质酸解产物中可鉴别的主要含氮化合物，主要存在于土壤有机质的蛋白质和多肽中。7 种样地土壤中氨基酸态氮含量表现趋势不一（图 5-14a 和 c），草地的氨基酸态氮大体上表现为天然草地（0.28g/kg）＞自然恢复草地（0.19g/kg）＞人工草地（0.13g/kg），天然草地在培养 180 天（10 月）时氨基酸态氮最低（0.21g/kg），60 天（6 月）时最高（0.41g/kg），比 0 天高出 78.26%，且变化趋势明显；人工草地和林草间作在培养前期变化趋势基本相同，而在 240 天（12 月）后人工草地出现先下降再大幅上升的趋势，而林草间作的变化趋势则较为平稳；山桃和山杏随培养时间的推移，氨基酸态氮含量的变化趋势相同，柠条、山杏和山桃在 360 天分别比初始高出了 78.07%、−81.11%和 1.25%。

土壤有机氮中氨态氮的来源比较复杂，可以来自无机氮（包括土壤中吸附性铵和固定态铵），也可以由酸解过程中某些氨基酸和氨基糖脱氮产生，还可来自酰胺类化合物。氨态氮的含量如图 5-14b 和 d 所示，在各处理中的变化稍有不同，整体上天然草地和人工草地的变化趋势较为一致，表现为降低—升高—降低—升高—降低，且整个培养时期氨态氮的平均值表现出天然草地（0.21g/kg）＞自然恢复草地（0.19g/kg）＞林草间作（0.13g/kg）＞人工草地（0.11g/kg）。3 种林地间除 120 天和 360 天外同一培养时间差异不显著，山杏 360 天最低，比培养 0 天低 45.22%，除 360 天外整体上柠条（0.19g/kg）＞山杏（0.17g/kg）＞山桃（0.16g/kg）；培养初期到 120 天均是天然草地最高，自然恢复草地次之，人工草地最低，120～360 天则是自然恢复草地高于天然草地。

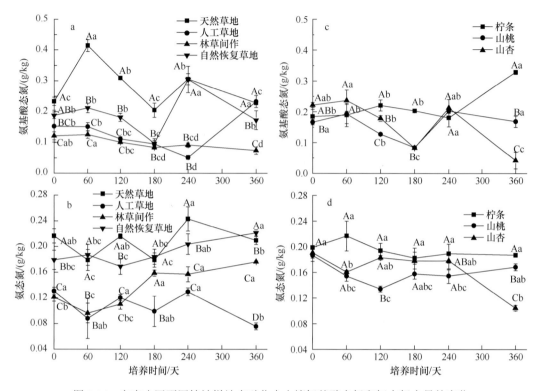

图 5-14　宁南山区不同植被样地在矿化中土壤氨基酸态氮和氨态氮含量的变化
（修改自蒋跃利，2014）

3. 氨基糖态氮和酸解未知态氮

土壤氨基糖态氮主要存在于真菌的几丁质结构中，主要来源于微生物细胞壁物质，与微生物量的关系非常密切。氨基糖态氮含量在培养过程中天然草地与人工草地表现为降低—升高—降低—升高的变化（图 5-15a 和 c），而林草间作与自然恢复草地则表现出相反的趋势。培养 360 天（4月）后，天然草地、自然恢复草地、林草间作、人工草地分别比初始降低了-39.72%、0.11%、31.73%和-31.83%；3 种林地的含量均比较低，在培养 360 天（4月）后山杏（0.10g/kg）＞山桃（0.06g/kg）＞柠条（0.01g/kg）。

未知态氮是酸解过程中还未能鉴别的含氮化合物，Kelley 和 Stevenson（1995）研究认为未知态氮主要为非 α-氨基酸氮、N-苯氧基氨基酸态氮和嘧啶、嘌呤等杂环氮；此外，还包括部分酸解时不能释放的固定态铵。土壤中酸解未知态氮的含量变化如图 5-15b 和 d 所示，7 种植被类型土壤中酸解未知态氮的含量均比较低，在整个培养时期的变化较不明显。4 种草地在 0～60 天（4～6 月）均表现出降低的趋势。3 种林地除培养 60 天外整体上山桃（0.29g/kg）＞山杏（0.13g/kg）＞柠条（0.07g/kg）；山桃和山杏在培养 180 天（10 月）时酸解未知态氮的含量最高，分别为 0.69g/kg 和 0.40g/kg。

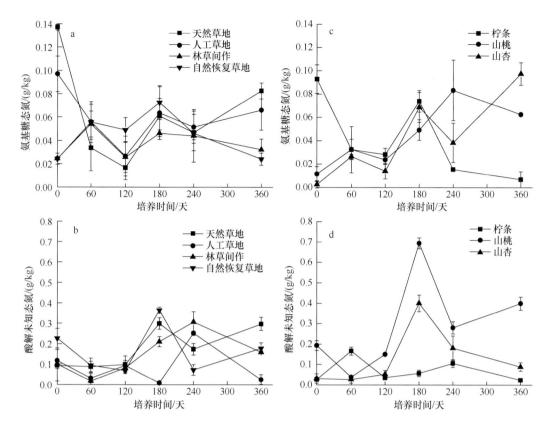

图 5-15 宁南山区不同样地在矿化培养中土壤氨基糖态氮和酸解未知态氮含量的变化
（修改自蒋跃利，2014）

（三）土壤无机氮的变化

1. 铵态氮、硝态氮和亚硝态氮

原位矿化中土壤无机氮含量的变化如图 5-16 所示，土壤铵态氮含量总体上在 0~60 天（4~6 月）变化不大，60~120 天（6~8 月）大幅下降，120~360 天（8 月到翌年 4 月）上升（图 5-16a 和 d）。天然草地、人工草地、林草间作和自然恢复草地在培养 360 天分别比 0 天（4 月）降低了 50.83%、42.54%、47.21% 和 62.96%；柠条、山桃和山杏在 360 天分别比 180 天升高了 117.92%、244.93% 和 141.25%，3 种林地间差异不显著。

硝态氮含量的变化趋势与铵态氮基本相同（图 5-16b 和 e），大体上呈现出天然草地＞自然恢复草地＞林草间作＞人工草地；0~60 天和 360 天时 4 种草地差异不大；7 种植被类型除天然草地外均于培养 120 天后硝态氮含量降至最低，柠条、山桃和山杏分别降低了 25.51%、97.43% 和 87.08%；人工草地、林草间作、自然恢复草地培养 120 后天分别降低了 90.22%、88.43% 和 47.62%。

如图 5-16c 和 f 所示，草地土壤亚硝态氮含量随培养时间的变化大体上呈现出先减小再增加的趋势，而林地则呈现出先增加再减小后增加的趋势；除了天然草地和柠条最小值出现在180天，其余5种植被类型最小值均出现在120天；天然草地、人工草地、林草间作和自然恢复草地在360天分别比最小值高出3.77倍、1.72倍、6.00倍和7.49倍；在培养的0～180天，天然草地和柠条分别降低了84.48%和58.22%，人工草地、林草间作、自然恢复草地、山桃和山杏在0～120天分别降低了67.78%、74.51%、76.38%、43.20%和73.78%。

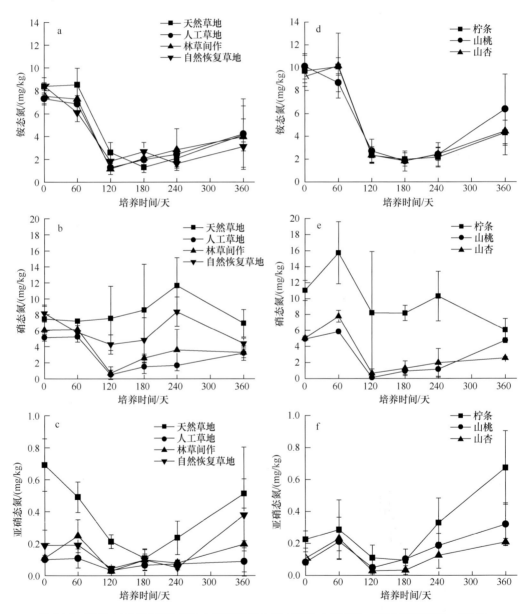

图5-16　宁南山区不同植被样地土壤无机氮含量在矿化中的变化（修改自蒋跃利，2014）

2. 净矿化、净硝化和净氨化速率

如图5-17所示，土壤氮素净矿化速率最小值均出现在60～120天（6～8月），且均

为负值；天然草地、自然恢复草地的最大值出现在180～240天，分别为0.11mg/(kg·天)和0.04mg/(kg·天)；人工草地、林草间作最大值均出现在120～180天（8～10月），分别为0.03mg/(kg·天)和0.05mg/(kg·天)；3种林地则没有明显的变化规律。

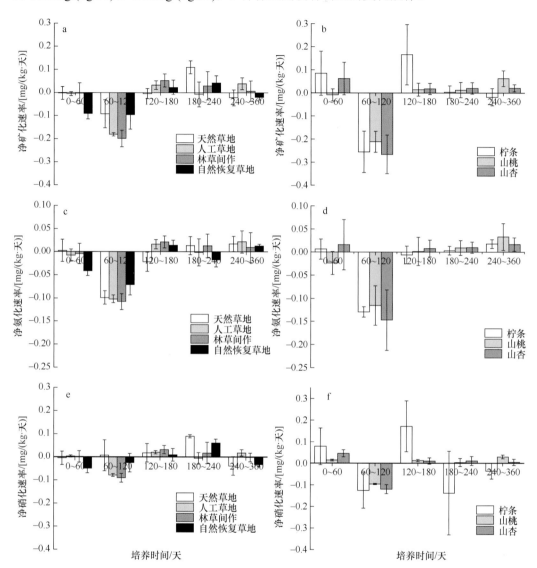

图5-17 宁南山区不同植被样地土壤净矿化、净氨化和净硝化速率的动态（修改自蒋跃利，2014）

土壤净硝化速率的变化规律与净矿化速率相似，林草间作在120～180天（8～10月）最大，为0.02mg/(kg·天)；天然草地和人工草地最大值出现在240～360天（10月至翌年4月），均为0.02mg/(kg·天)（由于小数位数，四舍五入后均为0.02）；3种林地在60～360天（6月至翌年4月）净硝化速率均呈现增加的趋势，在120～240天（6～8月）柠条＞山桃＞山杏。

土壤净氨化速率也与净矿化速率变化一致，60～120天（6～8月）最低，整体上柠条＞山桃＞山杏。3种林地和4种草地间均相差不大。

（四）土壤微生物生物量氮和可溶性有机氮的变化

土壤微生物生物量氮含量的变化如图 5-18a 和 c 所示，除林草间作外均在培养 120 天（8 月）时最低，除人工草地外 180 天（10 月）时最高；3 种林地在 120 天（8 月）时最低，平均仅为 9.36mg/kg，柠条、山桃、山杏均在培养 180 天（12 月）时出现明显增长，在 180 天时分别比最小值高了 10.45 倍、7.34 倍和 7.47 倍。

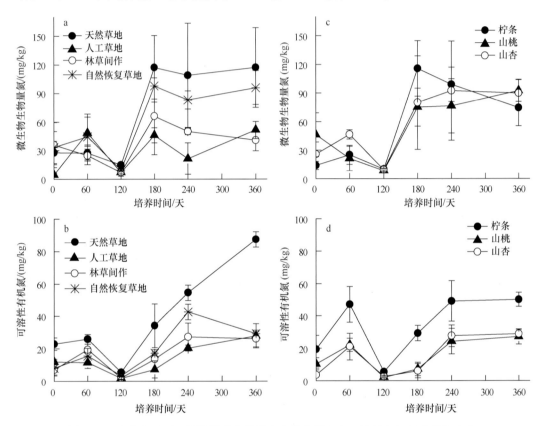

图 5-18 宁南山区不同植被样地土壤微生物生物量氮和可溶性有机氮含量的变化
（修改自蒋跃利，2014）

可溶性有机氮含量的变化如图 5-18b 和 d，草地大体上表现为天然草地＞自然恢复草地＞林草间作＞人工草地，且呈现出先升高后降低再升高的趋势，在 120 天（8 月）时最低；人工草地和天然草地在 0~120 天（4~8 月）基本保持不变，120 天（8 月）后上升，在培养 360 天（翌年 4 月）时最高，为 28.01mg/kg 和 87.45mg/kg；天然草地、人工草地、林草间作和自然恢复草地 120 天与 0 天相比降幅分别为 75.43%、83.20%、71.32%和 56.93%，培养 360 天（翌年 4 月）时分别比 0 天（4 月）高了 2.81 倍、1.33 倍、2.70 倍和 2.59 倍；柠条整体上高于山杏和山桃，平均高出 40.11%。

二、室内模拟矿化过程中氮素的转化作用

以宁南山区农地（玉米）为对照，选择该区典型植被恢复方式下的天然草地（长芒草）、人工草地（苜蓿）、柠条和山桃林地的土壤为研究对象，进行室内模拟矿化试验，对土壤中有机氮（颗粒有机氮、轻组有机氮、可溶性有机氮和微生物生物量氮）含量及氮素转化速率（净矿化速率、净氨化速率、净硝化速率和微生物固氮速率）在室内56天的动态变化特征进行研究，进一步探讨土壤氮素的转化作用。

（一）土壤活性有机氮的变化

土壤活性有机氮作为土壤氮素中最活跃的组分，在土壤氮循环中具有重要作用。颗粒有机氮（particulate organic matter nitrogen，PON）、可溶性有机氮（dissolved organic nitrogen，DON）、轻组有机氮（light fraction organic matter nitrogen，LFOMN）及微生物生物量氮（microbial biomass nitrogen，MBN）被认为是土壤活性氮库的重要组成成分（Yan，2007）。

1. 颗粒有机氮和轻组有机氮

颗粒有机氮（PON）被认为是土壤有机氮中的非稳定性部分，对氮素矿化和周转有显著的贡献，是反映土壤供氮能力的重要指标（李鉴霖等，2013）。

如图5-19所示，培养56天后所有土壤中颗粒有机氮的变化范围为0.12～0.30g/kg，柠条、山桃、苜蓿和玉米相比培养0天分别增加了13.1%、4.5%、1.4%和3.4%，而天然草地则降低了1.2%；土壤颗粒有机氮平均含量在山桃和长芒草地中最高（0.28g/kg），其次是柠条（0.18g/kg），然后是玉米（0.13g/kg），最后是苜蓿（0.12g/kg），山桃和长芒草地显著高于其他样地。

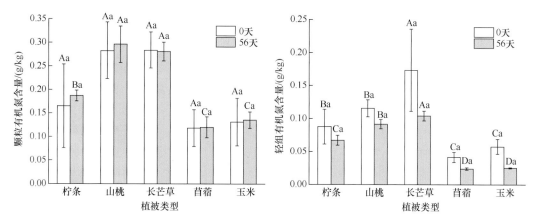

图5-19 不同植被土壤颗粒有机氮和轻组有机氮含量矿化前后的变化（修改自牛丹，2016）

不同大写字母表示同一培养时间不同植被间差异显著（$P<0.05$），

不同小写字母表示同一植被不同培养时间间差异显著（$P<0.05$）。下同

土壤轻组有机氮（LFOMN）主要来源于动植物残体和微生物，反映了土壤中动植

物残体输入、固持和分解的平衡程度与水平,其大小与植被凋落物和枯死根系的归还量及土壤管理方式有关,在氮循环中起显著作用,具有很强的生物学活性,是土壤养分的重要来源。土壤中轻组有机氮含量的变化如图 5-19 所示,其变化范围为 0.02~0.17g/kg;培养 56 天后,柠条、山桃、长芒草、苜蓿和玉米土壤分别比培养初始降低了 23.3%、20.8%、40.0%、42.3%和 56.4%,变化显著;平均含量表现为长芒草(0.14g/kg)>山桃林地(0.10g/kg)>柠条林地(0.08g/kg)>玉米农地(0.04g/kg)>苜蓿(0.03g/kg),56 天时天然草地(长芒草)显著大于其他样地。

2. 微生物生物量氮和可溶性有机氮

土壤氮素的矿化和生物固定是同时发生在土壤氮循环中的两个重要过程,而微生物既是这两个过程的"执行者",又是植物营养元素的"活性库"。微生物生物量氮在数量上低于或接近于作物的吸氮量,但由于微生物生物量氮周转率比土壤有机氮快,大部分的矿质态氮来自微生物生物量氮。土壤可溶性有机氮(DON)是指土壤中能够被水或盐溶液浸提出的有机氮。David 等(2004)研究认为,DON 在氮素矿化过程中具有更重要的地位,不溶性有机氮向小分子 DON 的转化是土壤供氮的主要限制因子之一。土壤中微生物生物量氮的变化如图 5-20 所示,其变化范围为 12.80~48.42mg/kg;玉米显著高于柠条和苜蓿;山桃和长芒草间无显著差异;培养 56 天后柠条、山桃、长芒草和苜蓿的含量相对初始分别增加了 114.9%、35.6%、11.3%和 25.9%,而玉米则降低了 51.4%,柠条、山桃和苜蓿均在结束时达到最大值;平均值表现为在玉米最高(30.27mg/kg),其次是山桃(28.46mg/kg)、柠条(27.68mg/kg)和苜蓿(27.84mg/kg),最后是长芒草(22.98mg/kg),但差异不显著。如图 5-20 所示,可溶性有机氮的变化范围为 9.30~26.05mg/kg;柠条在培养 56 天后增加了 140.5%,而山桃、长芒草、苜蓿和玉米则在 56 天后分别降低了 17.3%、16.3%、9.4%和 22.7%;柠条、山桃、苜蓿和玉米在培养 14 天达到最大值 24.82mg/kg、23.98mg/kg、21.33mg/kg 和 21.31mg/kg,长芒草在培养 7 天达到最大值 26.05mg/kg;平均值为长芒草(22.78mg/kg)>山桃(21.23mg/kg)>柠条(20.30mg/kg)>玉米(19.90mg/kg)>苜蓿(19.76mg/kg),但差异不显著。

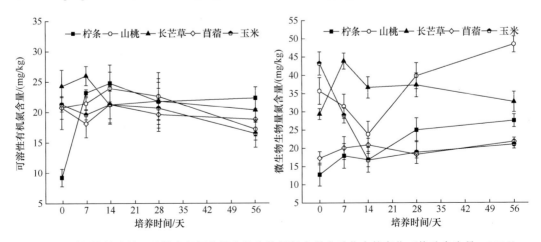

图 5-20　不同植被土壤可溶性有机氮和微生物生物量氮含量在矿化中的变化(修改自牛丹,2016)

3. 活性有机氮在有机氮中的比例

活性有机氮各组分占有机氮的比例如表 5-5 所示，其中颗粒有机氮占有机氮的比例最大，为 12.32%～42.52%，山桃林地和长芒草地高于其他样地，但差异不显著；轻组有机氮占有机氮的比例仅次于颗粒有机氮，为 5.03%～17.16%，长芒草地显著高于山桃林地，苜蓿地和玉米农地显著低于山桃林地与长芒草地；微生物生物量氮占有机氮的比例为 1.36%～4.18%，玉米农地最高，但 5 种植被类型土壤中差异不显著；可溶性有机氮占有机氮的比例最低，为 1.01%～2.54%，苜蓿地最高，但 5 种植被类型土壤间差异不显著。

表 5-5　室内培养活性有机氮组分的分配比（修改自牛丹，2016）

样地	POMN/全氮/%	LOMN/全氮/%	DON/全氮/%	MBN/全氮/%
柠条	18.45±1.17A	9.41±1.23BC	1.01±0.27A	1.36±0.17A
山桃	42.52±2.76A	13.28±2.65AB	2.41±0.26A	4.01±0.50A
长芒草	29.36±2.80A	17.16±1.59A	2.48±0.15A	3.07±0.18A
苜蓿	14.88±3.22A	5.03±2.67C	2.54±0.53A	2.66±0.09A
玉米	12.32±2.14A	5.24±1.01C	1.87±0.29A	4.18±0.45A

注：同列不同大写字母表示不同植被间在 0.05 水平上差异显著

（二）土壤速效氮的变化

土壤速效氮含量在培养过程中的变化如图 5-21 所示，铵态氮含量随培养时间呈下降—上升—下降的趋势，培养结束后略降低，柠条、山桃和长芒草较玉米高；硝态氮含量则在培养过程中显著增加，且山桃和柠条含量较高。

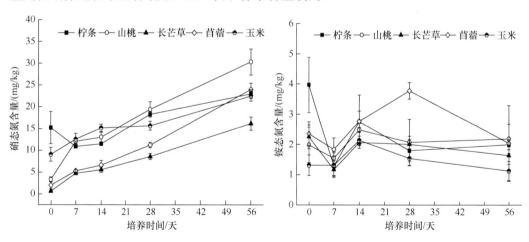

图 5-21　不同植被土壤硝态氮和铵态氮含量在矿化中的变化（修改自牛丹，2016）

（三）土壤氮素转化速率的变化

1. 净矿化速率和净氨化速率

如图 5-22 所示，土壤净矿化速率在培养 0～7 天最大（柠条林地除外），在 0.43～

1.17mg/(g·天)变动,而最小值出现时间则不一致:山桃林地和长芒草地出现在8~14天,分别为0.36mg/(g·天)和0.28mg/(g·天);苜蓿地和玉米农地则出现在15~28天,分别为0.21mg/(g·天)和-0.01mg/(g·天);柠条林地的最小值则出现在0~7天,最大值出现在15~28天。除了柠条林地0~7天及玉米农地15~28天为负值,各处理的各时段都为正值。土壤平均净矿化速率表现为长芒草地[0.569mg/(g·天)]>山桃林地[0.396mg/(g·天)]>玉米农地[0.359mg/(g·天)]>苜蓿地[0.293mg/(g·天)]>柠条林地[0.033mg/(g·天)],柠条林地显著低于其他4种植被类型土壤。

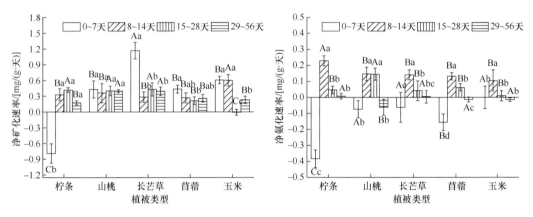

图 5-22 不同植被类型土壤净矿化速率和净氨化速率的变化(修改自牛丹,2016)

如图5-22所示,5种植被类型土壤净氨化速率变化趋势一致,最小值均出现在0~7天,且为负值,范围为-0.38~-0.06mg/(g·天),最大值出现在8~14天,均为正值,范围为0.11~0.23mg/(g·天);土壤平均净氨化速率表现为山桃林地[0.039mg/(g·天)]>长芒草地[0.031mg/(g·天)]>玉米农地[0.025mg/(g·天)]>苜蓿地[0.007mg/(g·天)]>柠条林地[-0.025mg/(g·天)],苜蓿地和柠条林地显著低于山桃林地、长芒草地与玉米农地。

2. 净硝化速率和土壤微生物固氮速率

如图5-23所示,土壤净硝化速率除了柠条林地,均在0~7天最大,为0.50~1.23mg/(g·天),随后,玉米农地随着培养时间增加逐渐降低,而其他3个样地最小值出现在8~14天,为0.13~0.21mg/(g·天);柠条林地则是在培养0~7天最低,为负值,在15~28天最大。土壤平均净硝化速率表现为长芒草地[0.573mg/(g·天)]>玉米农地[0.409mg/(g·天)]>山桃林地[0.402mg/(g·天)]>苜蓿地[0.320mg/(g·天)]>柠条林地[0.099mg/(g·天)],柠条林地显著低于其他4种植被类型土壤。

如图5-23所示,土壤微生物固氮速率随培养时间和植被不同变化较大:柠条林地和长芒草地在培养0~7天和15~28天为正值,且在0~7天达到最高,为0.40~2.07mg/(g·天);山桃林地和玉米农地在培养0~14天为负值,14~56天为正值,分别在8~14天、0~7天有最小值,分别为-2.03 mg/(g·天)和-1.10mg/(g·天);土壤平均微生物固氮速率表现为柠条林地[0.312mg/(g·天)]>长芒草地[0.230mg/(g·天)]>苜蓿地[0.113mg/(g·天)]>山桃林地[-0.063mg/(g·天)]>玉米农地[-0.890mg/(g·天)],柠条林地、长芒草地和苜蓿地显著高于山桃林地与玉米农地。

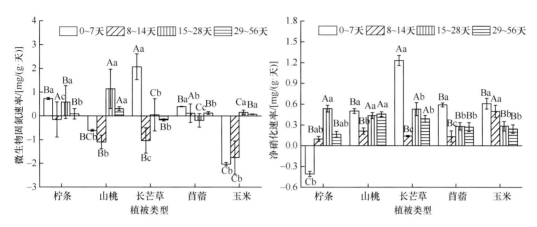

图5-23 不同植被类型土壤氮素微生物固持速率和净硝化速率的变化（修改自牛丹，2016）

（四）土壤氮素转化速率与基本理化性质及有机氮组分的关系

如表5-6所示，土壤基本理化性质影响土壤中氮素的净矿化速率、净氨化速率、净硝化速率和微生物固氮速率。净矿化速率和净氨化速率与pH之间呈极显著正相关，净硝化速率与pH呈显著正相关关系。有机氮及其组分也影响土壤氮素的转化速率，可溶性有机氮与土壤氮素净矿化速率和净硝化速率呈极显著正相关，与净氨化速率呈显著正相关，微生物生物量氮与微生物固氮速率呈极显著正相关。

表5-6 土壤氮素转化速率与土壤基本理化性质及有机氮组分的相关关系（修改自牛丹，2016）

土壤基本理化性质	净矿化速率	净氨化速率	净硝化速率	微生物固氮速率
pH	0.267**	0.300**	0.223*	-0.063
容重	-0.049	0.044	-0.067	0.063
含水量	0.153	-0.049	0.162	-0.094
温度	0.134	-0.088	0.120	-0.005
有机质	-0.102	-0.038	-0.103	-0.010
C/N	0.152	0.149	0.121	-0.060
全氮	-0.117	0.013	-0.121	-0.003
有机氮	0.075	-0.013	0.080	-0.043
颗粒有机氮	-0.075	0.051	-0.091	0.026
轻组有机氮	-0.072	-0.066	-0.062	0.032
可溶性有机氮	0.444**	0.213*	0.440**	0.102
微生物生物量氮	0.046	0.160	-0.130	0.299**

*表示在0.05水平相关性显著，**表示在0.01水平相关性显著

三、^{15}N标记外源有机氮在土壤中矿化的途径与机制

目前有关氮循环的转化过程已经比较清楚，但是量化各个过程中氮素的转化需借助

^{15}N 同位素示踪技术来实现（Holst et al.，2007）。本节通过添加外源同位素标记甘氨酸，使其在林地、草地和农地土壤中培养一周，分析微生物生物量氮和矿质态氮之间的转化特征。

（一）外源有机氮的转化特征

如图 5-24 所示，土壤中有 0.1%～13.3%的铵态氮是由甘氨酸转化而来的；甘氨酸添加进土壤后 0～12h 快速转化为铵态氮，12h 后甘氨酸转化为铵态氮的速率减缓，在培养 12h 时苜蓿地中的转化比例显著大于其他样地。甘氨酸转化为硝态氮的比例范围是 1.7%～16.1%；在培养 12h 时，转化比例达到最大，转化为硝态氮的比例苜蓿地显著大于其他样地。土壤中添加的同位素标记甘氨酸有 0.6%～7.7%转化为微生物生物量氮，甘氨酸在添加进土壤后 0.5h 内立即转化为微生物体内的氮，在 24h 内甘氨酸转化为微生物生物量氮的比例较高，之后至培养一周转化比例逐渐下降，培养 0～12h 转化为微生物生物量氮的比例苜蓿地显著大于其他样地。

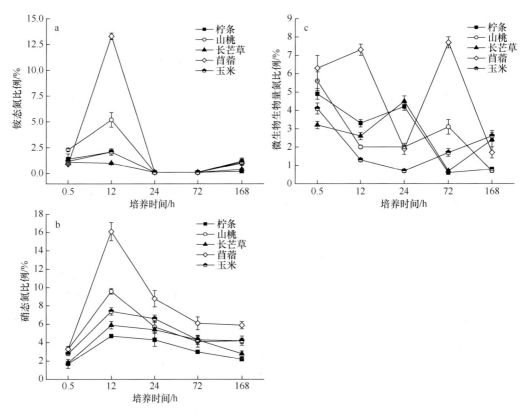

图 5-24　同位素标记甘氨酸转化为不同形态氮素的比例（修改自牛丹，2016）

（二）铵态氮和铵态氮-^{15}N 含量的变化特征

图 5-25a 为室内培养一周同位素标记甘氨酸转化为铵态氮含量的变化，其范围为 0.001～0.371mg/kg，柠条林地、山桃林地和玉米农地在培养 0.5h 时转化的 NH_4^+-^{15}N 最多，分别为 0.14mg/kg、0.19mg/kg 和 0.11mg/kg，长芒草地和苜蓿地在培养 12h 时转化

NH_4^+-^{15}N 最多，分别为 0.37mg/kg 和 0.20mg/kg，甘氨酸在草地中的矿化作用要强于林地和农地，土壤中 NH_4^+-^{15}N 含量均在培养 24h 时达到最低，培养结束时柠条林地、山桃林地、长芒草地、苜蓿地和玉米农地中 NH_4^+-^{15}N 含量比培养 0.5h 时分别下降了 92.4%、85.4%、89.2%、71.8% 和 78.1%；土壤中 NH_4^+-^{15}N 平均含量为长芒草地（0.10mg/kg）＞苜蓿地（0.06mg/kg）＞柠条林地、山桃林地（0.05mg/kg）＞玉米农地（0.04mg/kg），各样地之间差异不显著。

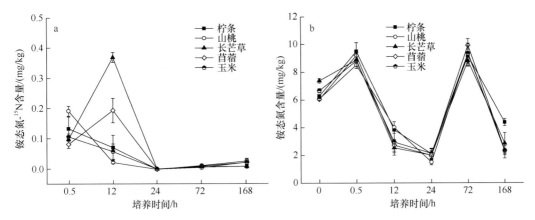

图 5-25 不同植被土壤中铵态氮-^{15}N 和铵态氮含量的变化特征（修改自牛丹，2016）

如图 5-25b 所示，室内培养一周土壤中铵态氮含量范围为 1.51～9.92mg/kg，在最初的 0.5h 内，有机氮快速转化为铵态氮，但是在培养 12h 后铵态氮含量急速下降，到培养 24h 时含量最低，这与土壤中 NH_4^+-^{15}N 含量的变化趋势一致；培养 72h 时与 0.5h 时铵态氮的含量较高，之后则降低；培养 12h、24h 和 168h 时的铵态氮含量显著低于培养 0h、0.5h 和 72h 时的含量，一周后柠条林地、山桃林地、长芒草地、苜蓿地和玉米农地中的铵态氮含量比培养初始分别减少了 30.6%、61.6%、61.3%、61.3% 和 65.5%；土壤中铵态氮平均含量表现为柠条林地（5.88mg/kg）＞长芒草地（5.41mg/kg）＞苜蓿地（5.37mg/kg）＞玉米农地（5.36mg/kg）＞山桃林地（5.30mg/kg），各样地之间差异不显著。

（三）硝态氮和硝态氮-^{15}N 含量的变化特征

图 5-26a 为室内培养一周同位素标记甘氨酸转化为硝态氮含量的变化，其范围为 0.20～1.39mg/kg，培养 0.5h 时土壤中含有较少的 NO_3^--^{15}N，各个植被类型土壤均在培养 12h 时含有最多的 NO_3^--^{15}N，且玉米农地中的含量最高，为 1.39mg/kg；柠条林地和山桃林地中 NO_3^--^{15}N 含量随着培养时间逐渐下降，而玉米农地、苜蓿地和长芒草地在培养 72h 时含量上升，培养一周结束时柠条林地、山桃林地、长芒草地、苜蓿地和玉米农地土壤中 NO_3^--^{15}N 的含量相比 0.5h 时分别增加了 128.9%、72.9%、126.1%、208.8% 和 115.8%；土壤中 NO_3^--^{15}N 平均含量为玉米农地（0.83mg/kg）＞柠条林地（0.69mg/kg）＞长芒草地（0.68mg/kg）＞苜蓿地（0.65mg/kg）＞山桃林地（0.61mg/kg），各样地之间差异不显著。

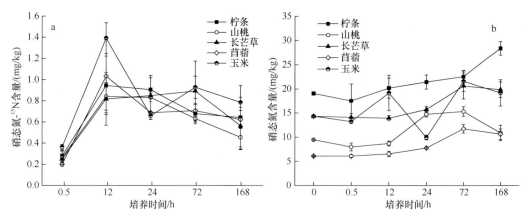

图 5-26 不同植被类型土壤中硝态氮-^{15}N 和硝态氮含量的变化特征（修改自牛丹，2016）

如图 5-26b 所示，室内培养一周土壤中硝态氮含量各植被类型差异显著，其范围为 6.11~28.38mg/kg，土壤中硝态氮平均含量为柠条林地（21.52mg/kg）＞长芒草地（16.43mg/kg）＞玉米农地（16.25mg/kg）＞山桃林地（11.20mg/kg）＞苜蓿地（8.16mg/kg），山桃林地和苜蓿地的含量显著低于柠条林地、长芒草地与玉米农地；培养一周后柠条林地、山桃林地、长芒草地、苜蓿地和玉米农地土壤的硝态氮含量都有所增加，比 0.5h 时分别增加了 48.9%、15.0%、38.6%、74.4%和 33.8%。

（四）微生物生物量氮和微生物生物量氮-^{15}N 含量的变化特征

室内培养一周同位素标记甘氨酸转化为微生物生物量氮-^{15}N 含量的变化如图 5-27a 所示，变化范围为 0.17~1.85mg/kg，培养 0.5h 内同位素标记甘氨酸迅速转化为微生物生物量氮，培养至 12h 持续有甘氨酸转化为微生物生物量氮，长芒草地、苜蓿地和玉米农地均在此时达到最大值，分别为 1.85mg/kg、1.69mg/kg 和 1.10mg/kg，培养一周结束时柠条林地、山桃林地、长芒草地、苜蓿地和玉米农地中 MBN-^{15}N 含量比培养 0.5h 时下降了 62.1%、81.0%、85.6%、39.3%和 12.4%；土壤中 MBN-^{15}N 平均含量表现为山桃林

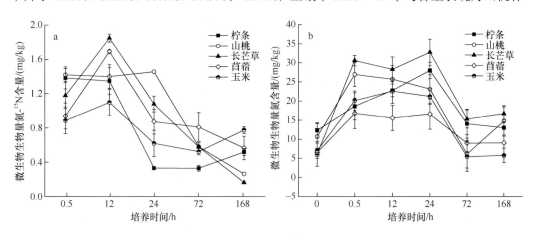

图 5-27 不同植被类型土壤中微生物生物量氮-^{15}N 和微生物生物量氮含量的变化特征
（修改自牛丹，2016）

地（1.03mg/kg）＞苜蓿地（0.98mg/kg）＞长芒草地（0.97mg/kg）＞柠条林地、玉米农地（0.79mg/kg），各样地之间差异不显著。

室内培养一周各植被类型土壤中微生物生物量氮的含量如图 5-27b 所示，范围为 5.41～32.75mg/kg，土壤中微生物生物量氮平均含量表现为长芒草地（21.63mg/kg）＞柠条林地（18.13mg/kg）＞山桃林地（17.89mg/kg）＞玉米农地（13.67mg/kg）＞苜蓿地（12.25mg/kg），玉米农地和苜蓿地的含量显著低于长芒草地、柠条林地与山桃林地。各个植被类型土壤培养 0.5h 内微生物生物量氮含量显著增加，随着培养时间增加土壤中都含有较高水平的微生物生物量氮，直至培养 72h 各个植被类型土壤中微生物生物量氮含量急速下降；培养结束时，柠条林地、山桃林地、长芒草地和苜蓿地土壤中的微生物生物量氮含量比 0.5h 时分别增加 5.6%、38.0%、169.9% 和 38.1%，而玉米农地相反减少了 17.7%。

综上所述，土壤中添加的外源甘氨酸在培养 0.5h 时平均有 1.4% 转化为铵态氮、2.6% 转化为硝态氮和 4.8% 转化为微生物生物量氮；培养 12h 铵态氮-^{15}N 占铵态氮的比例为 4.7%、硝态氮-^{15}N 占硝态氮的比例为 8.7%，均显著高于其他时期；室内培养一周后，甘氨酸转化比例依次为硝态氮（5.2%）＞微生物生物量氮（3.0%）＞铵态氮（1.4%），可见，研究区土壤中的硝化作用大于氨化作用和微生物固氮作用，无机氮的累积以硝态氮为主。

第五节 土壤氮素转化相关生物学指标的变化

土壤的氮素转化过程是一系列由微生物驱动的生物过程。贺纪正等（2013）研究了土壤硝化过程及反硝化过程中的关键微生物过程及机制，提出氨氧化细菌（AOB）和氨氧化古菌（AOA）对土壤硝化作用有贡献。左竹等（2011）提出氮素矿化作用的调控过程主要有两个：一是由酶调控的生化过程，即将大分子进行降解；另一个是由微生物直接调控的生物过程。Huang 等（2013）认为，土壤氮素矿化速率与土壤微生物群落组成有关。因此，明确土壤氮素转化中关键的调控微生物及其活性非常必要。

一、土壤氮素转化微生物生理群的变化

土壤氮素微生物生理群数量采用最大或然数法测定，虽然该方法只能反映极少数微生物的信息，但在分离具有一定功能的特殊目标物种时非常有用（闫韫，2008）。该方法利用待测微生物特殊生理功能的选择性来摆脱其他微生物类群的干扰，并通过该生理功能的表现来判断该类微生物是否存在，特别适用于测定土壤中的氮素微生物生理群落（杨绒等，2005）。

（一）宁南山区不同植被恢复模式下土壤氨化细菌数量的变化

由图 5-28 可见，土壤中氨化细菌数量总体上在 $3.5×10^2$～$1.6×10^5$CFU/g，平均值为

$4.5×10^4$ CFU/g，并且均随培养时间增加有所下降，最小值均出现在第 360 天。天然草地、苜蓿地、苜蓿山杏地和撂荒地土壤中氨化细菌数量的最大值分别出现在第 180 天、第 240 天、第 60 天和第 60 天，并且撂荒地（$1.6×10^5$ CFU/g）高于苜蓿山杏地（$9.5×10^4$ CFU/g）、天然草地（$1.4×10^4$ CFU/g）和苜蓿地（$1.4×10^4$ CFU/g）。山桃地、山杏地在第 60 天时明显上升，均达 $3.0×10^5$ CFU/g，之后培养期内基本保持在 11.5～$1.7×10^4$ CFU/g 的较低水平，只有山桃地在第 240 天时上升至 $2.0×10^5$ CFU/g；柠条地氨化细菌在第 60 天时迅速下降为 $1.3×10^4$ CFU/g，在第 120 天时反弹至 $1.3×10^5$ CFU/g，之后维持在 $4.5×10^2$～$1.7×10^3$ CFU/g。氨化细菌数量较高值主要分布在春季和秋季，不同样地在原位培养期间氨化细菌数量差别较大。

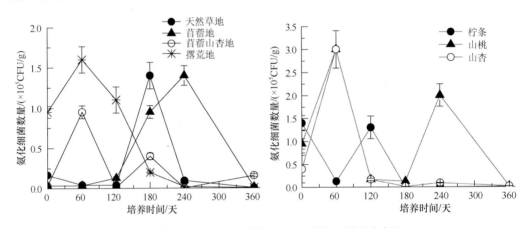

图 5-28　原位矿化过程中氨化细菌数量的动态变化（修改自赵彤，2014）

（二）宁南山区不同植被恢复模式下土壤硝化和亚硝化细菌数量的变化

由图 5-29 可见，各类型土壤中亚硝化细菌数量均较低，总体上在 0～$1.2×10^3$ CFU/g，平均值为 $1.7×10^2$ CFU/g。在整个培养期间内，土壤中亚硝化细菌数量均随培养时间增加而略有降低，最小值出现在第 180 天；苜蓿地、苜蓿山杏地最大值出现在第 120 天，而天然草地与撂荒地的最大值均出现在第 240 天。各类型土壤中亚硝化细菌数量整体表现为苜蓿地（$2.5×10^2$ CFU/g）＞撂荒地（$1.7×10^2$ CFU/g）＞苜蓿山杏地（$1.28×10^2$ CFU/g）＞天然草地（95CFU/g），但四者之间差异不显著（$P>0.05$）。苜蓿对土壤物理性状的改善作用较强，其侧根和毛细根多使土壤具有较高的孔隙度（Bardgett et al.，1997），使得好气性的亚硝化细菌数量增加。3 个人工林地也在培养第 120 天和第 240 天时相对其他时期较高，分别保持在 90～300CFU/g 和 160～500CFU/g。

由图 5-30 可见，各类型土壤中硝化细菌数量总体上在 50～$5.0×10^3$ CFU/g，平均值为 $6.5×10^2$ CFU/g，在培养期间均随培养时间增加而有所上升，天然草地、苜蓿地和撂荒地在培养结束时分别较初始升高 185%、160%、80%，三者均在第 60 天时达到最大值，分别较初始增加了 63 倍、99 倍和 8 倍；而苜蓿山杏地则在第 120 天时达到最大值。不同类型土壤中硝化细菌数量整体表现为苜蓿地（$9.1×10^2$ CFU/g）＞天然草地（$8.4×10^2$ CFU/g）＞苜蓿山杏地（$6.9×10^2$ CFU/g）＞撂荒地（$1.8×10^2$ CFU/g），并且前二者均显著高于摆荒地（$P<0.05$）。第 60 天时山杏林地和山桃林地硝化细菌明显上升，分别达到 $9.5×10^3$CFU/g 和 $5.0×10^3$CFU/g，在 120～360 天均保持在 20～500CFU/g 的较低水平，而柠条林地和摆荒地一样，变动不大。

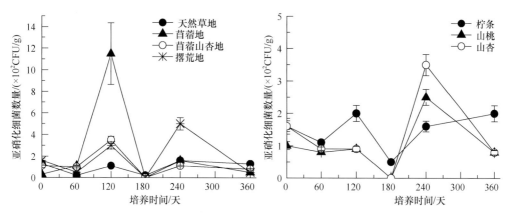

图 5-29　原位矿化过程中亚硝化细菌数量的动态变化（修改自赵彤，2014）

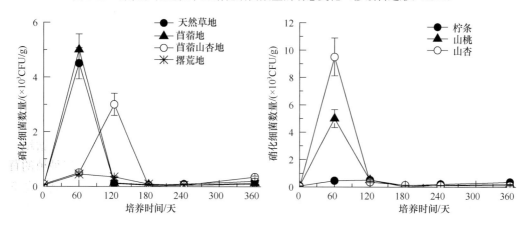

图 5-30　原位矿化过程中硝化细菌数量的动态变化（修改自赵彤，2014）

（三）宁南山区不同植被恢复模式下土壤反硝化和自生固氮细菌数量的变化

由图 5-31 可见，各类型土壤中反硝化细菌数量总体上在 0～$4.0×10^3$CFU/g，平均值为 $3.9×10^2$CFU/g，在培养期间均随培养时间增加而略微增加，最高值均出现在第 120 天时，天然草地、苜蓿地、苜蓿山杏地、摆荒地分别是初始的 35 倍、129 倍、18 倍和 47 倍。不同类型土壤中反硝化细菌数量整体表现为天然草地（$7.2×10^2$CFU/g）＞苜蓿地（$2.4×10^2$CFU/g）＞摆荒地（$2.1×10^2$CFU/g）＞苜蓿山杏地（$1.2×10^2$CFU/g），其中，天然草地显著高于苜蓿地和摆荒地（$P<0.05$）。山杏林地、山桃林地第 120 天时最高，达 $1.65×10^3$CFU/g，第 180 天时明显下降，第 60 天和第 240 天维持在 0～200CFU/g 的较低水平，第 360 天柠条林地和山杏林地有所上升；柠条林地、山桃林地在第 120 天、第 180 天和第 240 天之间差异极显著（$P<0.01$），第 180 天时柠条、山桃、山杏样地之间差异显著（$P<0.05$）。天然草地土壤中的反硝化细菌数量最多，

主要是由于反硝化细菌是厌氧性或兼性厌氧菌,通透性相对较差的天然草地为反硝化细菌的生长提供了有利条件,而且研究区域土壤呈碱性,也为反硝化细菌提供了良好的环境条件(邢肖毅等,2013)。

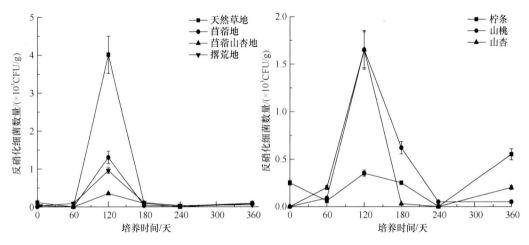

图 5-31　原位矿化过程中反硝化细菌数量的动态变化(修改自赵彤,2014)

由图 5-32 可知,各类型土壤中自生固氮细菌数量总体上在 90~3.5×10⁴CFU/g,平均值为 4.3×10³CFU/g,在培养期间均随培养时间增加而有所下降。天然草地土壤中自生固氮细菌数量在培养结束时较初始下降 99%,苜蓿山杏地自生固氮细菌数量在第 60 天时达到最大值,而苜蓿地和撂荒地土壤中自生固氮细菌数量则在第 240 天时达到最大值,并且前者显著高于后者($P<0.05$),分别比相应最小值增加了 268 倍、11 倍。苜蓿地土壤中自生固氮细菌数量最高,平均值为 7.6×10³CFU/g,是撂荒地的 4 倍,人工种植的苜蓿能通过共生固氮来固定大气中游离的氮气,增加土壤中的氮源,促使自生固氮细菌含量上升(万素梅等,2008)。天然草地土壤中自生固氮细菌数量(3.7×10³CFU/g)也显著高于撂荒地。撂荒地土壤中的氮素微生物生理群的含量都较低,这是因为撂荒地

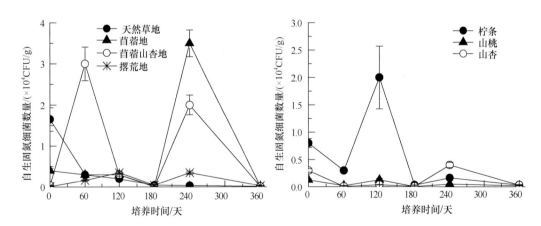

图 5-32　原位矿化过程中自生固氮细菌数量的动态变化(修改自赵彤,2014)

地面裸露，只有较少的杂草，虽然对土壤中养分吸收少，但每年直接和间接归还到土壤中的有机质也较少，因此土壤氮含量较低，相应土壤氮素微生物生理群的含量也较低。柠条林地自生固氮细菌数量在培养第 120 天达到最高值 2.0×10^4 CFU/g，远高于其余样地，并且差异极显著（$P<0.01$）；其余样地在第 120 天和第 240 天时自生固氮细菌数量达到培养全程的相对较高值，维持在 $4.0 \times 10^2 \sim 4.0 \times 10^3$ CFU/g，其余时间段相对较低；第 120 天时除柠条林地外的其余 2 个样地之间差异不显著（$P>0.05$）。

二、土壤氮素转化酶活性的变化

蛋白酶和天冬酰胺酶是土壤有机氮水解为氨基酸过程中两种重要的酶。蛋白酶能够分解蛋白质、肽类为氨基酸，参与调节生物的氮素代谢，是促进土壤氮循环的重要组分，其降解过程可能是氮素矿化过程的限速步骤。天冬酰胺是蛋白质分解的一种代谢中间产物，在土壤氮素代谢中起着重要的作用，测定天冬酰胺酶的活性，能够反映土壤中含氮有机化合物的转化动态。

（一）室内模拟矿化过程中蛋白酶和天冬酰胺酶活性的变化

室内模拟的土壤矿化中天冬酰胺酶活性变化如图 5-33 所示。培养期间，土壤天冬酰胺酶活性表现为山桃＞玉米＞苜蓿＞长芒草＞柠条。除了柠条林地，所有植被土壤天冬酰胺酶活性随矿化时间的变化基本一致，在第 28 天显著升高（$P<0.05$），较其他时段高出 2.7～24.5 倍。柠条林地整个培养阶段变化不显著。

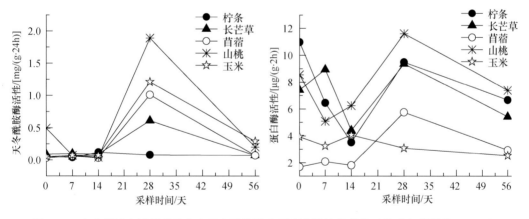

图 5-33 室内模拟土壤氮素矿化中天冬酰胺酶和蛋白酶活性的变化（修改自倪银霞，2016）

如图 5-33 所示，土壤蛋白酶活性整体上表现为山桃＞柠条＞长芒草＞玉米＞苜蓿。除了苜蓿，其他样地蛋白酶活性培养结束时略低于初始值；山桃最大值出现在第 28 天，显著高于其他样地，0 天时柠条显著大于山桃和玉米（$P<0.05$），其他时期无显著差异。培养结束时，苜蓿地较初始升高了 72.2%，其他样地下降了 15.0%～72.2%。

（二）宁南山区不同植被恢复模式下土壤原位矿化中氮素转化酶活性的变化

1. 蛋白酶活性

土壤中蛋白酶参与蛋白质及其他含氮化合物的转化，是促进土壤氮循环的重要组分。土壤蛋白酶活性如图 5-34 所示，林草间作、灌木林地在 60 天（6 月）时最高，120 天（8 月）最低，分别比最高值低了 60.1% 和 37.6%，人工草地在培养 180 天（10 月）时蛋白酶活性最高，比最低的初始（4 月）值高 63.9%，整个培养过程中灌木林地＞林草间作＞人工草地；柠条、山桃和山杏在 180 天（10 月）分别比 120 天（8 月）高了 92.9%、153.5% 和 163.6%，柠条＞山桃＞山杏；3 种草地均在 120 天（8 月）时最低，天然草地在 240 天（12 月）时比最小值高 2.2 倍，自然恢复草地在 60 天（6 月）时比最小值高 2.0 倍，人工草地在培养 180 天（10 月）时比最小值高 2.2 倍，天然草地＞自然恢复草地＞人工草地。

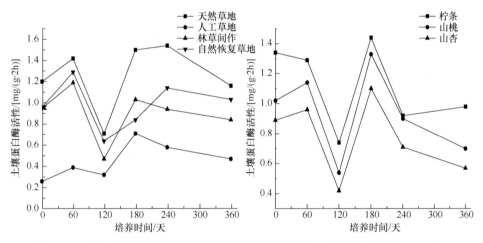

图 5-34　宁南山区不同植被样地土壤蛋白酶活性的变化（修改自蒋跃利，2014）

2. 脲酶活性

脲酶广泛存在于土壤中，它可以促进尿素分解成氨、水和二氧化碳，其中的酶促产物氨是植物氮源之一。脲酶活性变化特征如图 5-35 所示，灌木林地和林草间作均在培

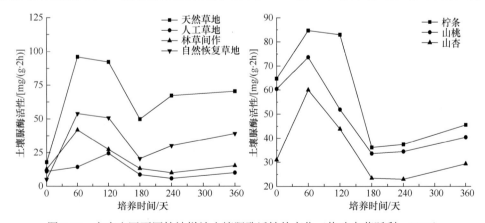

图 5-35　宁南山区不同植被样地土壤脲酶活性的变化（修改自蒋跃利，2014）

养 60 天（6 月）时最高，分别比活性最低的 180 天（10 月）和 240 天（12 月）时高了 75.0% 和 61.5%，灌木林地＞林草间作＞人工草地；柠条、山桃和山杏在 60 天分别是 180 天（10 月）的 2.3 倍、2.2 倍和 2.5 倍，柠条＞山桃＞山杏；天然草地和自然恢复草地在 60 天时分别比初始高了 30.3% 和 143%，人工草地在 120 天比初始高出了 97.8%，天然草地＞自然恢复草地＞人工草地。

3. 硝酸还原酶活性

硝酸还原酶作为反硝化过程中的一种重要酶，参与土壤硝态氮的进一步还原，在嫌气条件下催化硝酸转化为亚硝酸盐。土壤硝酸还原酶活性的变化如图 5-36 所示，灌木林地、林草间作、人工草地在 60 天分别是 360 天的 2.7 倍、2.6 倍和 3.8 倍，灌木林地＞林草间作＞人工草地；山杏、山桃和柠条在 60 天分别比初始高 1.5 倍、3.9 倍和 2.5 倍，山杏＞柠条＞山桃；3 种草地在 60 天平均比 360 天高约 1.2 倍，天然草地＞自然恢复草地＞人工草地。

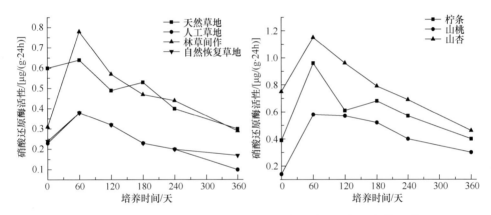

图 5-36 宁南山区不同植被样地土壤硝酸还原酶活性的变化（修改自蒋跃利，2014）

4. 精氨酸脱氨酶

精氨酸脱氨酶能将土壤中的有机氮（如蛋白质和核酸）转化成氨，其强弱一定程度上能反映土壤中氨化细菌的多少。精氨酸脱氨酶活性变化特征如图 5-37 所示，灌木林

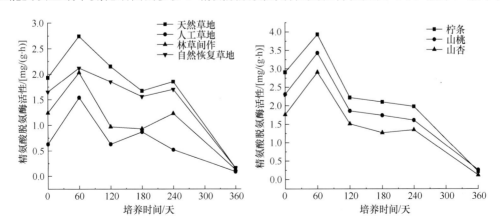

图 5-37 宁南山区不同植被样地土壤精氨酸脱氨酶活性的变化（修改自蒋跃利，2014）

地、林草间作和人工草地在 60 天分别比 360 天高了 95.5%、92.9%和 94.3%，在 360 天均仅为 0.15mg/(g·h)，灌木林地＞林草间作＞人工草地；柠条、山桃和山杏在 60 天分别比 360 天高 19.8 倍、14.3 倍和 20.6 倍，柠条＞山桃＞山杏；天然草地、自然恢复草地和人工草地在 60 天分别比 360 天高了 94.4%、94.2%和 94.3%，天然草地＞自然恢复草地＞人工草地。

5. 土壤氮素和酶活性之间的相关性

从表 5-7 可以看出，除了脲酶活性与可溶性有机氮含量、精氨酸脱氨酶活性与亚硝态氮含量，蛋白酶、脲酶、硝酸还原酶和精氨酸脱氨酶活性与土壤有机氮、微生物生物量氮、可溶性有机氮、硝态氮、铵态氮和亚硝态氮含量的相关性均达到显著或极显著水平。

表 5-7 不同植被下土壤养分含量与酶活性的相关系数

项目	有机氮	微生物生物量氮	可溶性有机氮	硝态氮	铵态氮	亚硝态氮
蛋白酶	0.62**	0.78**	0.42*	0.55**	0.45*	0.65**
脲酶	0.65**	0.90**	0.1264	0.51**	0.29*	0.35**
硝酸还原酶	0.40**	0.56**	0.49**	0.31*	0.28*	0.28*
精氨酸脱氨酶	0.40**	0.23*	0.87**	0.42**	0.51**	0.24

*表示相关性达到显著水平（$P<0.05$），**表示相关性达到极显著水平（$P<0.01$）

（三）野外模拟枯落物分解过程中土壤微生物和酶活性的变化

在宁夏固原进行野外模拟枯落物分解试验，土壤微生物生物量氮含量和酶活性的变化率见表 5-8。长芒草、铁杆蒿、百里香枯落叶和根经过 741 天的分解后，均能显著提高土壤微生物生物量氮含量和土壤脲酶、硝酸还原酶活性。枯落物对土壤生物学性质的提高作用主要表现在土壤表层，土壤生物学性状均存在相对较高的变化率，土壤微生物性质对枯落物分解的响应更为敏感。土壤脲酶和硝酸还原酶活性升高主要出现在分解后期，说明土壤氮素转化过程中的酶活性变化是由土壤微生物生物量氮及群落变化引起的，另外，土壤酶活性对枯落物分解响应敏感，却"滞后"于微生物生物量氮的变化。

不同植物枯落物对土壤微生物生物量氮含量和酶活性的影响不同，通过其变化率的比较可知，土壤微生物生物量氮含量的变化率均表现为：在枯落叶的覆盖下，铁杆蒿＞长芒草＞百里香；在根分解中，百里香＞长芒草＞铁杆蒿。枯落物的碳氮比越小、木质素/氮越小，其分解对土壤微生物生物量氮的提高作用越大。枯落物分解过程中土壤酶活性变化率因植物种类的不同存在显著差异：土壤脲酶活性变化率在植物枯落叶分解过程中，百里香处理高于其他两种；不同植物根的分解对脲酶活性变化率的影响无显著差异；土壤硝酸还原酶活性变化率则为铁杆蒿和长芒草枯落叶分解时高于百里香，根分解时为百里香高于铁杆蒿和长芒草。

表 5-8 野外模拟枯落物分解过程中土壤微生物生物量氮含量和酶活性变化率（修改自程曼，2015）

枯落物类型	植物	微生物生物量氮变化率/%		土壤脲酶变化率/%		土壤硝酸还原酶变化率/%	
		0～5cm	5～15cm	0～5cm	5～15cm	0～5cm	5～15cm
枯落叶	长芒草	453.7±12.5c	170.2±5.6c	463.6±21.3b	452.2±10.2a	1066.1±35.2a	375.5±15.6c
	铁杆蒿	650.2±20.1a	370.9±16.2b	459.1±19.6b	454.7±10.5a	1166.3±39.6a	472.4±18.5c
	百里香	351.8±10.2d	179.0±10.2c	558.3±20.1a	492.1±12.3a	832.7±34.5b	1493.6±50.1a
根	长芒草	501.0±6.3b	452.0±25.2a	419.9±15.9b	364.0±18.6b	954.1±29.9b	332.6±12.5c
	铁杆蒿	453.9±11.3c	150.5±14.3c	431.6±20.1b	374.6±12.1b	970.0±38.2b	312.9±21.6c
	百里香	667.7±11.6a	561.6±15.0a	463.2±23.1b	462.6±19.9a	1092.3±40.1a	1221.1±52.1a
空白		169.5±10.1e	131.6±2.3c	310.3±19.8c	256.6±12.9c	658.3±21.6c	697.6±25.3b

注：不同小写字母代表不同植物枯落物类型之间差异显著（$P < 0.05$）

第六节 小　　结

黄土高原延河流域 2006 年 0～60cm 土层土壤总有机氮储量约为 6.03×10^6t，土壤氮密度在林地高于农地，但因农地面积较大，草地和林地土壤全氮储量分别仅占总储量的 28.8%和 17.6%。土壤氮素 3 个层次的平均含量在森林区（0.35～0.9g/kg）最高，森林草原区（0.27～0.53g/kg）次之，草原区（0.28～0.49g/kg）最低，且随着海拔的增高，土壤全氮含量逐渐降低。土壤有机氮、速效氮和可矿化氮呈现相同变化趋势，且铵态氮含量最低。在宁夏固原，实施植被恢复工程的小流域，土壤氮储量主要集中于林草地，单位面积氮储量较未治理流域高 16.3%。小流域内各层土壤全氮含量从西到东逐渐递增。

在陕西安塞纸坊沟小流域，撂荒 8 年后，植被自然恢复的土壤中，除了可矿化氮变化不明显，有机氮、可溶性有机氮、微生物生物量氮、硝态氮和氨态氮含量均显著高于撂荒 1 年和 2 年，且均随土层加深而显著减小。人工造林过程中，林木的种类对土壤各种氮素含量影响较大，整体上刺槐林地中各种氮素含量较高。随着刺槐林生长年限的增加，土壤各种氮素含量都整体上表现为增加趋势，但是生长年限不同，增加的速率不同，大部分在前 30 年增加较快，各种氮组分的增幅在不同土层有差异，各种有机氮组分在下层随种植年限增加而增加的效果明显。

枯落物分解无论在林地还是草地，都对土壤氮各组分的含量有一定影响，只是随着分解过程的进行，各种氮素含量受地面枯落物的种类和分解时期当地的温度和水分的影响而表现出差异。整体上经过 1 年的分解后，添加枯落物使全氮略有增加，但不显著，铵态氮变化不显著，硝态氮略有增加，而微生物生物量氮增加显著。

宁南山区不同植被类型的土壤在原位矿化过程中，有机氮的含量均比较稳定，微生物生物量氮和可溶性有机氮随培养时间和季节而显著变化，均在培养 120 天（8 月）时最低。土壤酸解全氮含量在整个培养过程中均呈现出春夏降低—秋季升高—冬季保持不变的规律；非酸解全氮表现出和酸解全氮相反的变化规律；其他有机氮组分在整个培养过程中的变化因植被类型的不同而异。有机氮、微生物生物量氮、可溶性有机氮及各酸解有机氮组分的平均含量在不同植被类型土壤中均表现为灌木林地＞林草间作＞人工草地，天然草地＞自然恢复草地＞人工草地，柠条＞山杏＞山桃。土壤中活性有机氮组分的分配比表现为颗粒有机氮（29.7%）＞轻组有机氮（17.7%）＞微生物生物量氮（4.8%）＞可溶性有机氮（2.3%）。土壤无机氮含量也随培养时间和季节的变化而显著变化，净矿化速率、净硝化速率、净氨化速率在60~120天（6~8月）时最低且均为负值。无机氮含量及净矿化速率、净硝化速率、净氨化速率也表现为灌木林地＞林草间作＞人工草地，天然草地＞自然恢复草地＞人工草地，柠条＞山桃＞山杏。天然草地和灌木林地中土壤氮素的矿化及转化能力较强，更有助于促进土壤中各种有机氮的富集，对改善黄土丘陵区土壤氮素养分状况更有效。柠条林地中微生物生物量氮含量显著高于其他样地，有利于微生物的固氮作用。土壤矿化过程以硝化作用为主，微生物主要是利用矿质态氮中的铵态氮。自然撂荒的恢复方式是维持并提高土壤肥力的有效措施。

室内模拟矿化培养56天，各植被类型土壤中颗粒有机氮和微生物生物量氮含量分别增加了1.4%~13.1%和11.3%~114.9%，轻组有机氮和可溶性有机氮含量分别减少了20.8%~56.4%和9.4%~22.7%。天然草地中颗粒有机氮和轻组有机氮含量显著大于其他样地，而可溶性有机氮和微生物生物量氮在各个样地中差异不显著。总体上微生物固氮速率和氮素矿化速率此长彼消，相互影响。土壤蛋白酶、脲酶、硝酸还原酶和精氨酸脱氨酶活性均随着培养时间和季节变化而发生相应变化，说明土壤矿化过程中氮素的转化主要由微生物主导。

土壤中添加外源 ^{15}N 标记甘氨酸矿化培养发现：培养0.5h时有1.4%转化为铵态氮、2.6%转化为硝态氮和4.8%转化为微生物生物量氮；培养12h时铵态氮-^{15}N占铵态氮的比例为4.7%，显著高于其他培养时期，硝态氮-^{15}N占硝态氮的比例为8.7%，显著高于其他时期；室内培养一周后甘氨酸转化比例为硝态氮（5.2%）＞微生物生物量氮（3.0%）＞铵态氮（1.4%）；在短期矿化过程中，研究区土壤中的硝化作用大于氨化作用和微生物固氮作用，无机氮的累积以硝态氮为主。

第六章 植被恢复中土壤团聚体效应

土壤团聚体是土壤肥力的中心调节器,其大小、分布和稳定性影响着土壤的孔隙性、持水性、通透性和抗蚀性。不同粒级团聚体的空间排列方式和数量分布决定了土壤大小孔隙的分布与连续性,从而决定了土壤的水力性质,影响土壤生物的活动,因此不同粒级团聚体在养分的保持和供应中的作用不同。平均重量直径(mean weight diameter,MWD)、几何平均直径(geometric mean diameter,GMD)、分形维数(fractal dimension,D)等参数常常被用来定量描述土壤团聚体粒级分布特征及团聚体稳定性,进而可探讨土壤团聚体稳定性和其他土壤性质之间的相互作用。

黄土高原地貌独特、土壤侵蚀剧烈,是我国水土流失最为严重的地区。植被恢复作为该区生态恢复的主要内容,可通过植物–土壤复合系统不断优化土壤生态系统,提高土壤的生态环境功能。本章就土壤团聚体分析方法、土壤团聚体特征对黄土高原植被恢复的响应、土壤团聚体稳定性与抗蚀性之间的关系等进行论述,这对黄土高原植被恢复和重建、生态效益评价和土壤质量评价等具有重大意义。

第一节 土壤团聚体分析方法

土壤团聚体极其复杂,分析方法繁多,往往测量精度不高,难以反映实际土壤情况,但是其相对值有一定的应用价值。学者通常根据自己研究工作的需要,提出或采用特定的测定方法。团聚体稳定性评估方面,最常用的是Yoder法,其操作简单方便,但测量结果不能真正与田间土壤的行为相联系(Loch,1994)。Le Bissonnais法因其标准化测定流程大大提高了测量结果间的可比性,成为国际认可的一种标准测定方法(ISO 10930—2012)。超声分散能量法可以从能量角度定量评估土壤团聚体稳定性,解决测量结果可比性问题,具有较大的应用前景。

一、Yoder法

将风干土样先通过干筛法确定团聚体干样的粒级分布,然后根据比例配制湿筛土样,再通过湿筛振荡机(振筛机)测定水稳性团聚体含量(Yoder,1936)。

(一)团聚体粒级分布的测定

测试土样(不少于500g)风干后,取其中约200g(不宜过多),通过一套直径20cm,高5cm,孔径依次为5mm、2mm、1mm、0.5mm和0.25mm的套筛。套筛带有盖和底,筛底是为了收集<0.25mm的土粒,筛盖是为了防止筛土过程中尘土飞扬。将套筛置于振筛机上,如图6-1a所示。振筛机振荡10min后,土样分成>5mm、2~5mm、1~2mm、

0.5~1mm、0.25~0.5mm 和＜0.25mm 粒级土粒，将各级筛网上的土样分别收集于铝盒中称重，精度为 0.01g，并计算出各粒级团聚体占土样总量的百分数，如式（6-1）所示。

$$某粒级团聚体百分数 = \frac{该粒级团聚体的烘干重}{各粒级团聚体的烘干重总和} \times 100\% \qquad (6-1)$$

剩余测试土样通过多次干筛全部分成上述不同粒级的土壤团聚体，并将各粒级分别均匀混合。

（二）水稳性团聚体含量的测定

干筛法确定的各粒级土壤团聚体中大部分是不稳定的，需要通过湿筛法或 Yoder 法测定水稳性团聚体的含量。湿筛法和 Yoder 法测量原理相同，只是后者使用了湿筛振荡机（振筛机），如图 6-1b 所示，测量更加简单便利，精度也相对较高。

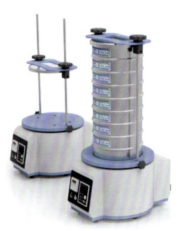

a. 干筛振荡机　　　　　　b. 湿筛振荡机

图 6-1　干筛振荡机与湿筛振荡机

（1）选定土筛。湿筛振荡机所连接的套筛一般有 4 组，每组可放置 5 个土筛，土筛尺寸与厂家制作相关，通常为直径 15cm，高 5cm，常用土筛孔径有 5mm、2mm、1mm、0.5mm、0.25mm，可以根据研究内容选定土筛孔径和数量。

（2）配制土样。将通过干筛法得到的团聚体按各粒级配制成 50g 土样，即每一粒级的取量（克数）等于这一粒级在该土壤中百分含量的一半。例如，当土壤中 1~2mm 粒级占 10% 时，则配比取样为 50g×10%=5g，当 0.25~0.5mm 粒级占 8% 时，则取样 4g 等。

（3）放置土样和水。将土样置于每组套筛顶部筛网上，并将套筛小心放入沉降筒内，然后沿沉降筒壁徐徐加水以便排出土样中空气，注水至超越顶层筛面 4cm 左右并静置 30min。

（4）启动振筛机，套筛上下往返振荡（振幅为 3.2cm，振速为 30 次/min），连续振荡 1min（30 次）。

（5）将各级套筛从水桶中取出，静置数分钟以沥干水。

（6）将各粒级水稳性团聚体土样分别洗入烧杯或蒸发皿中，置入 105℃烘箱中烘至恒重（两次称重结果差值小于 0.01g）。

（7）计算各粒级水稳性团聚体质量百分数，如式（6-2）所示。

$$Y_i = \frac{X_i}{W} \times 100\% \quad (6-2)$$

式中，Y_i 表示 i 粒级水稳性团聚体质量百分数（%），X_i 表示 i 粒级水稳性团聚体的烘干重（g），W 表示测试土样的烘干重（g）。

二、Le Bissonnais 法

LB 法根据 3 种不同条件（暴雨、小雨和扰动）对土壤团聚体的破坏机制，提出 3 种对应的模拟筛分处理（快速湿润、慢速湿润和预湿后扰动），通过测定筛分后土壤团聚体粒级分布和平均重量直径（MWD）评估土壤团聚体稳定性（Le Bissonnais，1996），具体操作如下。

（1）取 3～5mm 干筛团聚体为测定土样，在 40℃烘 24h 统一初始含水量，然后采用以下 3 种方式进行筛分。①快速湿润（fast wetting，FW）：取 5g 团聚体浸入 50mL 水中 10min 后，用移液管吸掉水分；②慢速湿润（slow wetting，SW）：取 5g 团聚体置于张力为 −0.3kPa 的湿润滤纸上，静置 30min 以使团聚体完全湿润；③预湿后扰动（wet stirring，WS）：取 5g 团聚体浸没在乙醇中以排出空气，静置 10min 后用移液管吸掉乙醇，将土壤转入盛有 50mL 去离子水的 500mL 三角瓶中，加水至 200mL，加塞后上下振荡 20 次，静置 30min 以沉淀，然后用吸管吸去多余水分。

（2）将经上述湿润处理后的土样转移至浸没在 95%乙醇中的 0.05mm 孔径筛子上，上下振荡 20 次（振荡幅度为 2cm）。

（3）在 40℃烘箱中蒸干乙醇，转入烧杯，40℃烘干 48h，称重，精确至 0.0001g。

（4）过 2mm、1mm、0.5mm、0.2mm、0.1mm、0.05mm 套筛，称重得到各粒级团聚体。

（5）由式（6-3）计算平均重量直径（MWD），数值范围在 0.05～3.50mm。

$$\mathrm{MWD} = \sum_{i=1}^{7}(w_i \times x_i) \quad (6-3)$$

式中，w_i 和 x_i 分别为 i 粒级团聚体的质量分数和平均直径。

（6）每个筛分处理重复测试 3 次，并计算 MWD 平均值。一个测试土样需要 3～5mm 干筛团聚体至少 5g×3（筛分处理）×3（重复次数）=45g。

三、超声分散能量法

超声分散能量法是利用功率超声分散水中土壤团聚体，通过监测团聚体破碎过程中其破碎程度和超声能量消耗量的相关性定量评估团聚体稳定性（Zhu et al.，2009a，2009b）。

（一）土壤超声分散能量的测定

1. 测定装置

超声分散能量法测定装置主要包括超声仪器、数据采集器和计算机等，如图 6-2 所

示。将探头直径为 10mm 的超声探头与超声仪器连接，超声仪器电源端与数据采集器连接，数据采集器通过 USB 接口与计算机连接进行数据传输。超声分散时，将试验容器放入绝热容器中，并放到升降台上调至合适高度，调节超声探头位置，使其插入液面下 8～10mm 处，将数据采集器上的 3 个温度探头均匀分布在土水溶液中测土水溶液不同位置的温度信息，之后在计算机启动数据采集器，开启超声仪器，实时采集温度和功率信息。

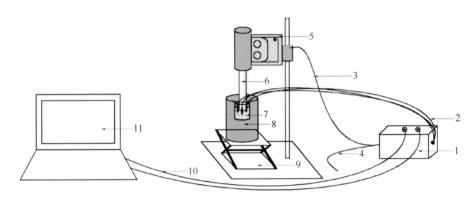

图 6-2 超声分散能量法测定装置示意图

1. 数据采集器；2. 温度探头（3 个）；3. 超声仪器电源输入线；4. 数据采集器输入的电源线；5. 超声仪器；6. 超声振子；7. 烧杯；8. 绝热容器；9. 升降台；10. 数据传输线；11. 计算机

2. 测定原理

超声仪器正常工作时，超声振子输出的超声功率 P_A 可以用公式表示为

$$P_A = P_I - P_D \tag{6-4}$$

式中，P_I 为超声仪器输入功率；P_D 为超声仪器消耗功率。当超声仪器通过超声振子输出功率超声破碎水中土壤团聚体时，由于土水溶液是轻负载，对超声仪器内部损耗功率影响较低，因此 P_D 可认为恒定。

由超声空化理论可知，功率超声作用于土水溶液时，其能量在空化作用下转换为热能、土壤分散能量及溶液系统损耗能量，可以用功率（即单位时间能量）表示为

$$P_A = P_H + P_L + P_O \tag{6-5}$$

式中，P_A 为激励溶液的超声功率，即超声振子输出功率；P_H 为增加溶液热能的功率（热功率）；P_L 为用于分散土壤团聚体的超声功率；P_O 为溶液系统损耗功率，包括单位时间内通过传导、对流、辐射等方式损失的热能（热损失功率 P_C），以及空化噪声和声光效应等以非热能方式损耗的能量（非热能损失功率 P_V）。

热功率 P_H 和热损失功率 P_C 可根据有、无超声能量作用的溶液温度变化计算得到。

$$P_H = (m_w c_w + m_s c_s + m_v c_v)\frac{\Delta T}{\Delta t} \tag{6-6}$$

式中，m_w、m_s 和 m_v 分别为水、干土和容器的质量，c_w、c_s 和 c_v 分别为它们相应的比热；$\Delta T/\Delta t$ 表示 Δt 时间内溶液温度变化 ΔT。

在电功率测量法之前，一些土壤学者采用热功率等效法评估超声仪器输出给溶液的超声能量，即用纯水溶液在超声能量作用下的水溶液热功率变化值 P_H 来评估超声功率 P_A。

将式（6-4）代入式（6-5），可以得到

$$P_I = P_H + P_L + P_S \tag{6-7}$$

式中，系统损耗功率 P_S 为超声仪器消耗功率 P_D 与溶液系统损耗功率 P_O 的总和。

根据超声空化理论分析，如果控制好超声空化条件，那么空化过程几乎完全重现，即在同等试验条件下（包括相同的初始溶液温度），可以认为系统损耗功率 P_S 相同。当团聚体完全分散时，不再消耗分散能量，即 $P_L=0$，此时，

$$P_I' = P_H' + P_S' \tag{6-8}$$

式中，P_I' 和 P_H' 分别为团聚体处于完全分散状态，即土壤单粒（即砂粒、粉粒和黏粒）全部被分解出来时对应的超声仪器输入功率和热功率。

联立方程式（6-7）和式（6-8），可以计算得出超声激励时间 t 时土壤分散功率 $P_L(t)$。

$$P_L(t) = [P_I(t) - P_H(t)] - [P_I'(t) - P_H'(t)] \tag{6-9}$$

由于同等试验条件控制难度大，实际测试中一些学者采用工程近似法获得土壤超声分散功率，即忽略非热能损失功率 P_V，因此，重新整理式（6-4）和式（6-5），土壤分散功率 P_L 可以表示为

$$P_L = P_I - P_D - P_H - P_C \tag{6-10}$$

对 P_L 在超声激励时间 t 内积分可得单位质量团聚体消耗的土壤超声分散能量 E_L。

$$E_L = \frac{1}{m_s} \int_0^t P_L dt = \frac{1}{m_s} \int_0^t [(P_I - P_H) - (P_I' - P_H')] dt \tag{6-11}$$

（二）团聚体破碎特性曲线的测定

每份测试土壤样品分取 6 小份，依次进行 6 次时间步长不同的超声分散试验，分散后进行粒级测定，通过联立土壤超声分散能量和团聚体粒级分布建立团聚体破碎特性曲线，具体步骤（朱兆龙，2009）如下。

（1）在室温下，取过 2mm 筛的土壤团聚体（3±0.01）g 放入 50mL 的小烧杯中，用量筒量取 30mL 蒸馏水，将少量蒸馏水沿试验容器内壁轻轻倒入试验容器，将团聚土样浸湿；浸润 5min，使土壤颗粒间空气充分排出，继续倒入剩余的蒸馏水使最低液面超过 30mL 刻度线。

（2）将烧杯放到隔热容器中，置于升降台上，调至一定高度，使超声探头伸入液面下 8~10mm，将 3 个温度探头均匀固定到土水溶液中，设置超声仪器为连续工作模式，振幅设置为 Am=0.2，开启超声仪器和数据采集器，实时监测超声仪器输入功率和土水溶液温度。超声激励时间分别设置为 0s、30s、60s、120s、210s、300s。

（3）分散后的土水溶液移至套筛（孔径分别为 250μm、50μm）进行筛分，收集各粒级（250~2000μm、50~250μm）土壤团聚体，105℃烘干 8h 至恒重；套筛孔径可根据研究内容需要设置。

（4）将湿筛后的土水溶液（<50μm）移至500mL量筒，采用沉降法测定<2μm的土壤颗粒含量。

（5）计算各粒级土壤粒径组成和土壤超声分散能量，绘制土壤团聚体破碎特性曲线，即土壤分散特征曲线（soil dispersion characteristic curve，SDCC；<2μm）（North，1976）、团聚体分裂特征曲线（aggregate disruptive characteristic curve，ADCC；50~2000μm）（Tippkötter，1994），以及团聚体释出和分散特征曲线（aggregation liberation and dispersion curve，ALDC；2~50μm）（Field and Minasny，1999），如图6-3所示。

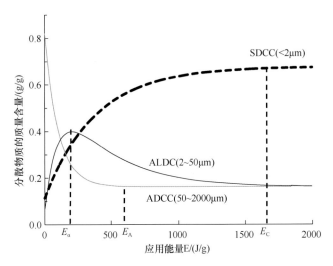

图6-3　土壤团聚体破碎特性曲线

E_α 为团聚体（2~50μm）释放量和被破碎量达到平衡时所消耗的土壤超声分散能量；E_A 和 E_C 分别为砂粒（50~2000μm）和黏粒（<2μm）全部释放所需的土壤超声能量

（三）土壤团聚体破碎特性曲线建模

土壤团聚体破碎特性曲线表示团聚体破碎过程中土壤粒级分布随时间或分散能量的变化过程，主要由 SDCC（<2μm）、ADCC（50~2000μm）和 ALDC（2~50μm）构成，用公式可以表示如下（Raine and So，1993；Tippkötter，1994；Field and Minasny，1999；Field et al.，2006）。

$$\text{SDCC}：C = C_C + C_0 (1 - e^{-k_C t}) \tag{6-12}$$

$$\text{ADCC}：A = A_C + A_0 e^{-k_A t} \tag{6-13}$$

$$\text{ALDC}：B = C_0 e^{-k_C t} - A_0 e^{-k_A t} + B_C \tag{6-14}$$

或

$$\text{SDCC}：C = C_C + C_0 (1 - e^{-k_{CE} E}) \tag{6-15}$$

$$\text{ADCC}：A = A_C + A_0 e^{-k_{AE} E} \tag{6-16}$$

$$\text{ALDC}：B = C_0 e^{-k_{CE} E} - A_0 e^{-k_{AE} E} + B_C \tag{6-17}$$

式中，C、A 和 B 分别为超声分散过程中粒级<2μm、50~2000μm、2~50μm 土壤颗粒的质量含量（g/g）；C_C 为超声分散前粒级<2μm 土壤颗粒的质量含量；A_C 和 B_C 分别为

土壤团聚体完全分散后粒级 50~2000μm 和 2~50μm 土壤颗粒的质量含量；A_0 和 C_0 分别为分散过程中可被分裂的团聚体（50~2000μm）和可释放出来的土壤颗粒（<2μm）的最大含量；t 为超声激励时间（s）；E 为土水溶液所吸收的总体超声能量（J/g）；k_C 和 k_{CE} 为土壤分散速度常数（单位分别为 1/s、g/J）；k_A 和 k_{AE} 为团聚体分裂速度常数（单位分别为 1/s、g/J）。

团聚体破碎过程中土壤超声分散能量随时间变化可以用指数函数来表示（Zhu et al.，2009a）。

$$L = L_0(1 - e^{-k_L t}) \qquad (6\text{-}18)$$

式中，L_0 为最大土壤分散能量（J/g）；k_L 为分散能量变化速度常数（1/s）；t 为超声激励时间（s）。

将式（6-18）分别代入式（6-12）~式（6-14），则分别可得因变量为土壤分散能量的 SDCC、ADCC 和 ALDC 关系式（Zhu et al.，2010）。

$$C = (C_C + C_0) - C_0 \left(\frac{L_0 - L}{L_0} \right)^\alpha \qquad (6\text{-}19)$$

$$A = A_C + A_0 \left(\frac{L_0 - L}{L_0} \right)^\beta \qquad (6\text{-}20)$$

$$B = B_C + C_0 \left(\frac{L_0 - L}{L_0} \right)^\alpha - A_0 \left(\frac{L_0 - L}{L_0} \right)^\beta \qquad (6\text{-}21)$$

式中，土壤相对分散速度常数 $\alpha = k_C / k_L$，为土壤分散速度常数与分散能量变化速度常数的比值；团聚体相对分裂速度常数 $\beta = k_A / k_L$，为团聚体分裂速度常数与分散能量变化速度常数的比值。

（四）土壤团聚体稳定性的判别

可以用土壤团聚体黏结能、相对稳定性指数等来判别土壤团聚体稳定性。

1. 土壤团聚体黏结能

总土壤超声分散能量，指土壤团聚体在超声分散能量作用下完全释放出土壤单粒（即砂粒、粉粒和黏粒）时所消耗的总能量，表征从单粒形成至当前土壤团聚体状态所需的黏结能，反映了土壤团聚体的总稳定性，称为团聚体黏结能。黏结能越大，团聚体也就越稳定。由于最后释放完的单粒是黏粒，因此该能量为全部黏粒释放所需的土壤超声能量 E_C。同理，砂粒被全部释放时所消耗的土壤超声能量为 E_A，其中砂粒还可根据研究内容细分成不同粒级范围的砂粒，如 50~250μm、>250μm 等，E_C 和 E_A 是团聚体不同分散状态时对应的土壤超声分散能量，它们的大小直接反映土壤团聚体在不同分散状态下所对应的抗水蚀能力，且 $E_C \geq E_A$。一般情况下，在分散能量作用下粉粒完全被释放出来时，黏粒（颗粒<2μm）也被认为全部释放出来。

土壤超声能量 E_C 和 E_A 可由土壤团聚体破碎特性曲线分析计算得到，如图 6-3

所示。当 ADCC（50~2000μm）变化到平坦区时团聚体所消耗的土壤超声分散能量为 E_A；同理，SDCC（<2μm）和 ALDC（2~50μm）进入平坦区时所对应的土壤超声分散能量为 E_C。

土壤团聚体黏结能 L_d 可以定义为土壤团聚体在分散能量作用从初始状态到近乎完全分散状态，即黏粒大小土壤颗粒已被释放出 98%时所消耗的总分散能量（Zhu et al., 2009a）。这个定义与 North（1976）、Raine 和 So（1993）测量的分散能量参数类似，它是土壤颗粒间黏结力（包括静电引力、范德瓦耳斯力、离子桥及气–液界面的表面张力等）抑制分散力的能力，能够反映土壤团聚体稳定性。

2. 土壤团聚体相对稳定性指数

土壤团聚体相对稳定性指数（RSA），指在单位分散能量作用下土壤团聚体的破碎程度，破碎程度可以根据研究内容需要用平均重量直径（MWD，μm）或团聚体质量含量（g/g）的减少量表示，单位为 μm·g/J 或 g/J，用公式表示为

$$\text{RSA} = \frac{\text{MWD}_0 - \text{MWD}_1}{E}$$

$$\text{或} \quad \text{RSA} = \frac{A_0 - A_1}{E} \tag{6-22}$$

式中，MWD_0 和 MWD_1 为测试土样在分散能量 E（J/g）作用前、后的平均重量直径（μm）；A_0 和 A_1 为测试土样在分散能量 E 作用前、后团聚体的质量含量（g/g）。

团聚体分裂特征曲线（ADCC）表征团聚体质量含量在分散能量 E 作用下递减的变化过程，因此，RSA 也可通过 ADCC 模型计算获得，即其在 $E=0$ 处的变化速率，计算过程如下。

在分散能量作用下团聚体（50~2000μm）的分裂过程可以通过数学建模获得 ADCC（Field and Minasny，1999）。

$$A = A_0 e^{-k_A E} + A_C \tag{6-23}$$

式中，A 为团聚体分裂过程中土壤颗粒 50~2000μm 质量含量（g/g）；A_C 为团聚体完全分裂后的土壤颗粒 50~2000μm 即砂粒的质量含量；A_0 为被分裂的团聚体 50~2000μm 的质量含量；k_A 为团聚体分裂速度常数（g/J）；E 为分散能量（J/g）。

将团聚体质量含量对分散能量求导，可得单位分散能量作用下团聚体分裂速度：

$$\frac{dA}{dE} = -k_A A_0 e^{-k_A E} \tag{6-24}$$

取 $E=0$，可得团聚体最大分裂速度，即当前团聚体的相对稳定性：

$$\text{RSA} = k_A A_0 \tag{6-25}$$

RSA 指征团聚体在最薄弱的地方先破裂，所需分散能量相对最小。RSA 越大，表示单位能量作用下被释放的土壤颗粒越多，团聚体因而不稳定；反之，相对稳定，不容易破碎，例如，细沙的 RSA=0。如果对 RSA 取倒数，可得土壤团聚体抗破碎能量 E_B（简称团聚体抗碎能，J/g），是土壤团聚体抗破碎的阈值能量，反映其抗破碎的能力。团聚体抗破碎的能力与 E_B 成正比，E_B 越大，团聚体抗破碎的能力越强，因而越稳定。

（五）土壤团聚体层次性的判别

可以通过团聚体释出和分散特征曲线（ALDC）直观判别：如果土壤团聚体层次性存在，土壤团聚体破碎过程就是逐层分解的过程，因而中间粒级团聚体的含量就会表现出先增加后减少的变化趋势，即 ALDC 会呈现出先上升后下降的凸曲线，如图 6-4a 所示；反之，团聚体层次性不存在或层次特征不显著，如图 6-4b 所示。

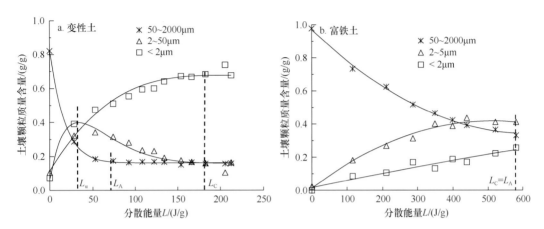

图 6-4　变性土和富铁土的 ADCC（50~2000μm）、ALDC（2~50μm）与 SDCC（<2μm）

除了 ALDC，土壤团聚体层次性也可以采用以下 3 种方法判别。①判别是否存在临界分散能量值 $L_α$：如果存在 $L_α$，则意味着团聚体存在层次分散过程，即初时从大团聚体释出的微团聚体多于被分散的微团聚体，随分散能量的增加，两者逐渐靠近，并在 $L_α$ 处达到平衡，此时团聚体释出和被分散的量相当，此后，可被释出的团聚体越来越少，可被分散的团聚体占主导位置，直至所有团聚体均被分散。②判别团聚体分裂速度常数 k_A 和土壤分散速度常数 k_C 间大小：如果 $k_A \gg k_C$，这表示团聚体分裂速度远大于土壤分散速度，即微团聚体释出速度大于其分散速度，因此团聚体有层次性；反之，$k_A ≈ k_C$，即土壤黏粒释出速度与团聚体分裂速度相近，团聚体层次性不明显。③能量判别：如果 $L_C > L_A$，那么存在团聚体层次性；反之，$L_A ≈ L_C$，即团聚体层次性不显著。

第二节　超声分散能量法在土壤团聚体评估中的应用

超声分散能量法可用于评估团聚体稳定性和判别团聚体的层次性。

一、土壤团聚体稳定性评估

（一）土壤团聚体黏结能

取 4 种变性土（VNB、VNM1、VNM2 和 VP）和 2 种富铁土（FW1 和 FW2）进行测试，其主要物理化学性质如表 6-1 所示（朱兆龙，2009）。

表 6-1　试验土样的主要物理化学性质

名称	样地坐标	含水率/%	土壤各粒级含量/%			有机碳含量/%	pH/(1/5 H$_2$O)	CEC/(mmol/kg)
			黏粒（<2μm）	粉粒（2~20μm）	砂粒（20~2000μm）			
VNB	149°32′E，30°11′S	83.5	61.0	19.0	20.0	0.8	7.9	466
VNM1	149°28′E，30°15′S	56.5	38.0	8.0	54.0	0.5	8.0	183
VNM2	149°28′E，30°15′S	63.0	59.0	15.0	26.0	0.7	8.7	415
VP	150°55′47″E，33°48′41″S	87.9	48.0	21.0	31.0	4.6	6.5	316
FW1	150°23′E，33°30′S	62.2	20.0	14.0	66.0	5.3	5.9	224
FW2	148°40′E，32°15′S	68.9	25.0	18.0	57.0	3.5	3.5	203

图 6-5 给出了试验土样超声分散能量测量结果，其中灰色线表示各次重复试验测量结果，黑粗线则为其重复试验平均值的变化趋势。表 6-2 给出了土壤超声分散能量统计模型的参数。

由图 6-5 可知，土壤分散能量（L）与超声激励时间（t）呈非线性关系，与 Koenigs（1978）的观点一致，而且随着超声激励时间的变化，初始阶段 L 增长速度快，随后增长速度减缓，最后达到一个稳定值，此时土样达到完全分散状态。分散能量与超声激励时间的这种非线性关系可以用指数曲线表示，见图 6-5 中黑粗线。

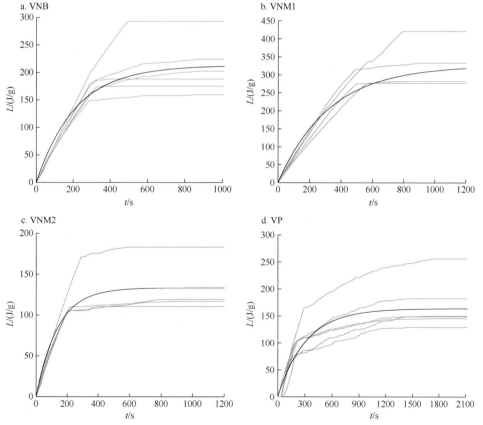

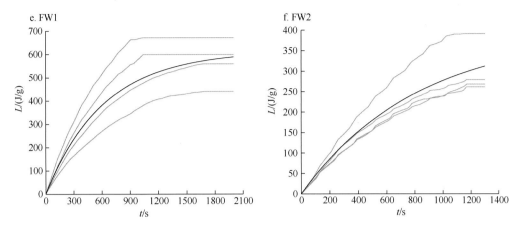

图 6-5 土壤分散能量 L 和超声激励时间 t 的关系曲线

各土样土壤分散能量达到最大值所需的时间不同，这与土壤团聚体稳定性和超声分散功率不同有关，如分散变性土 VNB 和 VNM2 的超声功率均为 11W 左右，但前者更稳定，因此所需分散时间更长，达 600s，如图 6-5a 和 c 所示；对于富铁土 FW1，其稳定性更强，因而尽管它的超声功率高达 20W，但所需分散时间仍然很长，达 1700s，见图 6-5e。

土壤最大分散能量（L_0）与土壤团聚体稳定性有关。同一类型土壤，稳定性会不同，其 L_0 也会不同，如果土壤类型不同，差异更明显。例如，表 6-2 中变性土 VNB 为 213.3J/g、VNM2 为 133.5J/g，而富铁土 FW1 为 613.4J/g。Oades 和 Water（1991）对不同土样在慢速润湿和快速湿润条件下的分散状态研究发现，黏土矿物以高岭石为主，且黏结胶主要为铁氧化物的富铁土比变性土更稳定，后者的黏土矿物主要为蒙脱石，且其团聚体主要黏结于黏粒、多价阳离子和有机质。两者稳定性关系可以从表 6-2 中 L_0 的大小关系得到证实。

表 6-2 土壤分散能量指数模型参数

土样	土壤类型	土壤分散能量 $L=L_0(1-e^{-k_L t})$	
		L_0/(J/g)	k_L/(1/s)
VNB	变性土	213.3	0.005
VNM1	变性土	326.1	0.003
VNM2	变性土	133.5	0.007
VP	变性土	163.6	0.003
FW1	富铁土	613.4	0.002
FW2	富铁土	389.6	0.001

由表 6-2 可知，不同土壤的分散能量变化速度常数 k_L 不同。这与分散土壤的作用力的大小有关，即与施加给溶液的超声功率的大小有关，超声功率越大，分散能量达到最大值所用时间就越短，分散能量变化速度常数 k_L 也就越大。它还可能与土壤团聚体的层次性和稳定性，以及其内部颗粒成分的大小和排列等有关，土壤团聚体越稳定，分散能

量达到最大值所用时间就越长,分散能量变化速度常数 k_L 也就越小。

图 6-6 给出 6 种试验土样分散过程中粒级<2μm 土壤颗粒质量含量与分散能量的关系曲线,即自变量为土壤分散能量(L)的土壤分散特征曲线(SDCC)。3 种变性土 VNB、VNM1 和 VNM2 的 SDCC 相似(图 6-6a~c),在土壤分散初始阶段,土壤颗粒(<2μm)

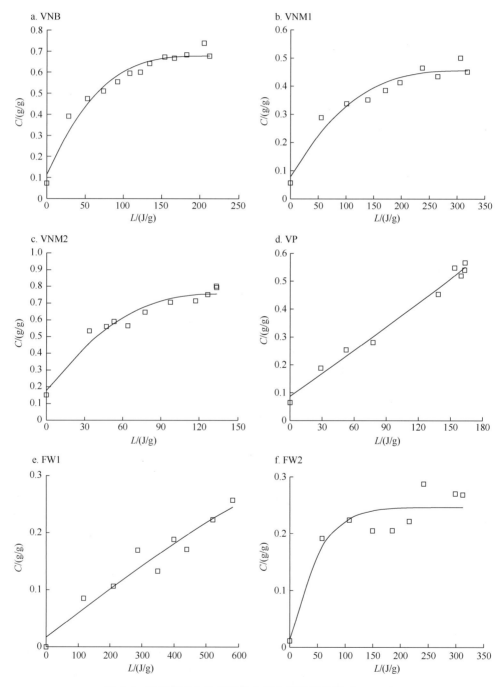

图 6-6 基于超声分散能量的土壤分散特征曲线(<2μm)

质量含量 C 随着土壤吸收的分散能量 L 的增长而快速上升，然后由于可分散的团聚体数量减少，C 增长速度减缓，最后趋于稳定，此时 L 达到最大值。土样 FW2 的 SDCC 类似，只是初始阶段 C 增长速度较快，似是大部分团聚体分解直接释放出土壤颗粒（<2μm），此后可分散的团聚体数量迅速减少，从而在分散能量 L 达到100J/g 后，C 变化很小，见图 6-6f。相比之下，土样 VP 和 FW1 则具有明显不同的 SDCC，即 C 随着 L 的增加而近乎线性地增长，直到土壤处于完全分散状态时达到最大值（图 6-6d 和 e）。

表 6-3 给出了由 SDCC（<2μm）计算得到的土壤团聚体黏结能 L_d。为了便于比较，表 6-3 也给出了超声系统其他相关参数，其中 P_i 为土壤分散过程中超声仪器平均输入功率，可以大致反映分散土壤的作用力的级别；t_d 和 E_d 分别为土壤达到98%完全分散状态时所用的超声激励时间和整个超声系统所消耗的能量；C_v 为 L_d 的变异系数，是 L_d 标准差与平均值的比值。

表 6-3　土壤团聚体黏结能计算结果

土样	P_i/(W/g)	t_d/s	E_d/(J/g)	L_d*/(J/g)	C_v/%	L_d/E_d/%
VNB	5.745	248	1 426	147.4 ± 13.3	9.0	10.3
VNM1	6.066	406	2 463	233.3 ± 27.3	11.7	9.4
VNM2	5.934	214	1 275	105.4 ± 13.6	12.9	8.3
VP	6.176	1 217	7 518	160.4 ± 41.5	25.9	2.1
FW1	9.622	2 128	20 476	593.7 ± 96.3	16.2	2.9
FW2	9.304	414	3 849	156.4 ± 27.5	17.6	4.1

*表示团聚体黏结能标准差，是基于其4次重复测量试验结果计算得到的

如表 6-3 所示，土壤团聚体黏结能 L_d 能够直接反映土壤结构稳定性，如 VNM2 土样稳定性差，在试验过程中发现它遇水容易分散，因而 L_d 小；VNB 土样相对稳定，遇水部分分散；而 FW1 土样较稳定，难溶于水，因此它们的 L_d 大小顺序为 FW1＞VNB＞VNM2。

导致田间土壤最常受到分散作用的因素是天气和耕作。Russell（1973）对暴雨分散土壤的能力进行估计，如果暴雨以 7.5cm/h 的速率降水，则其降水能约为 520kW/hm^2，假定暴雨持续 1h，且只有表层土壤（0～1cm）受到雨点冲击，如果土壤容重约为 1300kg/m^3，则单位质量土壤承受的分散能量约为 14J/g。根据表 6-3 的土壤团聚体黏结能计算结果可知，暴雨对 6 种土样的影响很小。对比图 6-6 曲线可知，如此 1h 的暴雨，使得土样 VNB 释放出约 12%的黏粒，而对高稳定性土样 FW1，几乎没什么影响。耕作对土壤的影响则更小。Mathews（1975）指出，使用板犁对 20cm 深的黏重土进行耕作时约消耗能量 131kJ/m^3，相当于单位质量土壤承受分散能量约 0.1J/g。

（二）团聚体相对稳定性指数

针对前述的 4 种变性土和 2 种富铁土试验分析土壤团聚体分裂特征曲线 ADCC，计算出团聚体相对稳定性指数（RSA），如表 6-4 所示。为便于对比分析，表 6-4 也给出了土壤团聚体黏结能 L_d。

由表 6-4 知，测试土样 RSA 大小表现为 FW1＜VP＜FW2＜VNM1＜VNM2＜VNB，

因此，层次结构显著的团聚体比层次结构不显著的相对不稳定，富铁土比变性土相对稳定。对比团聚体相对稳定性指数（RSA）与团聚体黏结能 L_d，可以发现其有一定的相似特点，即①层次结构不显著土样中均 FW1 最稳定，VP 次之，FW2 最不稳定；②层次结构显著土样中 VNM1 最稳定；③土壤类型中富铁土稳定，变性土不稳定。RSA 和 L_d 也表现出差异，如相比于 FW2，VNM1 的相对稳定性低（RSA 值大），但总体稳定性高（L_d 值大），这可能由于 VNM1 存在多层结构，总体黏结力大，但外层黏结力小；而 FW2 层次性不明显，其黏结力主要存在于土壤单粒间，详情见本节的团聚体层次性判别。

表 6-4 土壤团聚体相对稳定性指数

土样	土壤类型	团聚体层次性*	RSA/(g/J)	L_d/(J/g)
VNB	变性土	显著	6.37×10^{-3}	147.4 ± 13.3
VNM1	变性土	显著	1.95×10^{-3}	233.3 ± 27.3
VNM2	变性土	显著	5.26×10^{-3}	105.4 ± 13.6
VP	变性土	不显著	2.80×10^{-4}	160.4 ± 41.5
FW1	富铁土	不显著	2.08×10^{-4}	593.7 ± 96.3
FW2	富铁土	不显著	6.28×10^{-4}	156.4 ± 27.5

*参见本小节的团聚体层次性判别

（三）黄土丘陵区不同植被下土壤水稳性团聚体粒级分布特征

选取 10 片典型样地采集表层土壤（0~10cm 和 10~20cm）作为测试样品，其中在陕西延安市富县子午岭土壤侵蚀与生态环境观察站附近的山区（36°03′35″~36°05′26″N、109°08′57″~109°10′53″E）选取辽东栎（Q.）、山杨（Po.）、油松（Pi.）、白羊草（Bo.）、14 年撂荒地（Ab.）、19 年裸地（Ba.）6 片样地，在固原生态试验站附近的云雾山区（35°59′~36°02′E，106°26′~106°30′N）选取 24 年柠条（24 C.K.）、14 年柠条（14 C.K.）、3 年废弃牧场（A.G.）和典型坡耕地（Cr.）4 片样地；土壤类型为典型的黄绵土。

取风干土样 2g 置入 50mL 纯水中，经 10s 的磁力搅拌（2Hz 频率）后成均一悬浮液进行统一强度的超声分散：超声振子直径为 30mm，伸入溶液 2mm 深，振动频率为 30kHz，振幅为 0.5μm，等效超声分散强度为 1J/mL。超声分散后采用湿筛法测定不同粒级的水稳性团聚体含量（>1000μm、630~1000μm、250~630μm、100~250μm、63~100μm、<63μm），测定结果如图 6-7 所示（An et al.，2010）。

自然植被群落下土壤水稳性团聚体主要集中于<63μm、63~100μm 和 100~250μm（图 6-7a 和 b），占比分别为 60%、10%和 10%，而其他 3 种粒级的水稳性团聚体总和仅占 20%。裸地与林地土样的水稳性团聚体差异显著，其大团聚体（>1000μm、630~1000μm、250~630μm）含量相对稀少。人工林中（图 6-7c 和 d），灌木土样团聚体具有较高的稳定性，表层土样（0~10cm）水稳性团聚体占 80%左右，次表层（10~20cm）土样水稳性团聚体含量超过 75%，而坡耕地和废弃牧场（过度放牧）的水稳性团聚体含量比人工林分别减少了50%和20%～30%。人工林水稳性团聚体的粒级范围也主要集中于＜63μm（60%）、63～100μm（10%）和100～250μm（10%），它们的差异表征了耕地和林地土壤的区别。

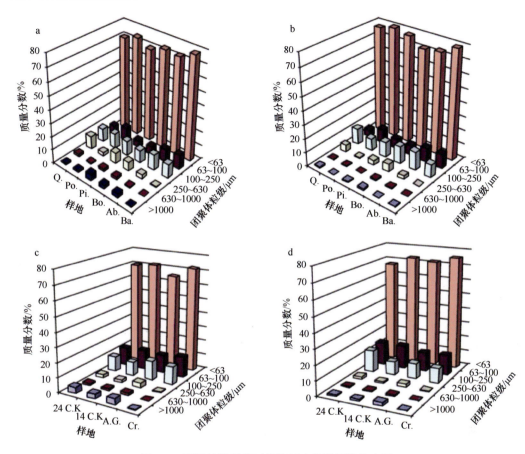

图 6-7 不同植被群落下各粒级水稳性团聚体含量
a 和 b 分别为自然林 0～10cm、10～20cm 土样；c 和 d 分别为人工林 0～10cm、10～20cm 土样

二、土壤团聚体层次性判别

针对前述的 4 种变性土和 2 种富铁土试验分析，采用超声分散能量法获取其土壤团聚体破碎特性曲线，如图 6-8 所示。表 6-5 给出了土壤团聚体破碎特性曲线拟合模型的参数。

分析图 6-8a 和表 6-5 可知，土样 VNB 的团聚体破碎特性曲线表现出层次结构团聚体的分散特征。

（1）团聚体释出和分散特征曲线（ALDC）随分散能量的增加呈先上升后下降最终平稳的变化过程。

（2）存在使 ALDC 从上升变为下降的临界能量 L_a。

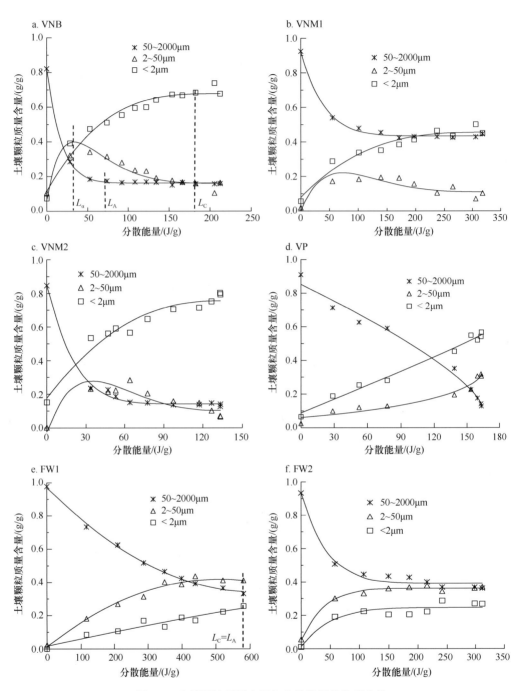

图 6-8 土壤颗粒质量含量与分散能量的关系曲线

（3）土壤相对分散速度常数 $\alpha \ll$ 团聚体相对分裂速度常数 β，即团聚体分裂速度常数 $k_A \gg$ 土壤分散速度常数 k_C。

（4）土壤粉黏粒完全释放出来所需的能量 $L_C >$ 砂粒完全释放出来所需的能量 L_A。

VNB 土样破碎过程可以解释如下：①随着分散能量的增加，大团聚体（50~2000μm）逐渐分裂，释放出微团聚体（2~50μm），而生成的微团聚体进一步分散出黏粒（<2μm）。

表 6-5　土壤颗粒大小分布与分散能量关系曲线的统计模型参数表

土样	土壤颗粒（<2μm）累积质量比 $C = (C_C + C_0) - C_0\left(\dfrac{L_0 - L}{L_0}\right)^\alpha$								
	土壤颗粒（50~2000μm）累积质量比 $A = A_C + A_0\left(\dfrac{L_0 - L}{L_0}\right)^\beta$								
	土壤颗粒（2~50μm）累积质量比 $B = B_C + C_0\left(\dfrac{L_0 - L}{L_0}\right)^\alpha - A_0\left(\dfrac{L_0 - L}{L_0}\right)^\beta$								
	α	β	C_C/(g/g)	C_0/(g/g)	A_C/(g/g)	A_0/(g/g)	B_C/(g/g)	L_0/(J/g)
VNB	3.173	11.737	0.1144	0.5630	0.1623	0.6591	0.1603	213.3
VNM1	2.962	7.808	0.0785	0.3768	0.4344	0.4887	0.1103	326.1
VNM2	2.336	6.120	0.1778	0.5772	0.1421	0.7027	0.1029	133.5
VP	0.955	0.737	0.0873	0.4647	0.1318	0.7207	0.3162	163.6
FW1	1.117	1.986	0.0170	0.2366	0.3419	0.6264	0.4044	613.4
FW2	7.506	8.680	0.0141	0.2321	0.3924	0.5409	0.3614	389.6

当微团聚体释出量与被分散量相当时，土壤颗粒 2~50μm 质量含量达到临界能量 L_α 处的最大值（约 0.4g/g）；②此后，大团聚体可破碎量少于微团聚体可分散量，在 L_A 处大团聚体全部分解，无可释出的微团聚体，此时 50~2000μm 粒径的土壤颗粒均为砂粒，因此，在分散能量作用下，土壤颗粒 50~2000μm 质量含量减少，并在分散能量 L_A 处达到最小值，如图 6-8a 中曲线 L_α~L_A 部分所示；③随着分散能量的继续增大，可分散的微团聚体继续分散出黏粒，因而黏粒大小土壤颗粒含量继续增加，但是微团聚体含量逐渐减少；④当分散能量达到 L_C 时，所有微团聚体均被完全分散，2~50μm 粒径的土壤颗粒均为粉粒，土壤颗粒 2~50μm 和<2μm 质量含量分别达到最小值和最大值，此时土壤达到完全分散状态。

类似的，土样 VNM1 和 VNM2 在分散过程中也具有土样 VNB 所示分散特征，因此，土样 VNM1 和 VNM2 也具有层次团聚结构。相比之下，土样 VP、FW1 和 FW2 的团聚体层次性不显著。

（1）土壤颗粒 50~2000μm 质量含量随着分散能量的增加而近乎线性减少（图 6-8d~f），不同于土样 VNB 的 ADCC。

（2）不存在使 ALDC 从上升变为下降的临界能量 L_α。

（3）土壤相对分散速度常数 $\alpha \approx$ 团聚体相对分裂速度常数 β，即团聚体分裂速度常数 $k_A \approx$ 土壤分散速度常数 k_C。

（4）大团聚体完全分裂时，土壤颗粒 50~2000μm 质量含量和分散能量分别达到最小值和最大值，土壤颗粒 2~50μm 和<2μm 累积质量比也同时达到最大值，土壤颗粒 2~50μm 和<2μm 分别为粉粒和黏粒，土壤达到完全分散状态，此时 $L_A=L_C$。

对这种现象，可以解释为：土样可能不具有中间粒级的微团聚体，其团聚结构不是层次性的，从而在分散能量的作用下，大团聚体直接分裂释放粉粒（2~50μm）和黏粒（<2μm），也可能是大团聚体中微团聚体不稳定，刚释放出来就破碎成更小的团聚体（2~50μm）、粉粒和黏粒，使得团聚体分裂速度与土壤分散速度相近，因为粉粒和黏粒

大小土壤颗粒的质量含量随分散能量增加而单调上升,并在所有大团聚体都完全分解时达到最大值,此时,土壤中不存在可分散团聚体,达到完全分散状态。

第三节　土壤团聚体特征对黄土高原植被恢复的响应

黄土高原受强烈的土壤侵蚀影响,土壤结构破坏明显,随着国家退耕还林/草工程的实施,植被恢复措施的实施改善土壤质量起到了明显的作用。植被对土壤结构的影响主要表现在植物根系的挤压、穿插和分割作用,以及根系和枯枝落叶产生的有机物质、根系分泌物及微生物活动产物对土壤团聚体等的作用(Amiotti et al., 2000; 牛西午等, 2003; 安韶山和黄懿梅, 2006)。随植被恢复时间的增长,地上和地下生物量增加,土壤有机物质输入增加,继而引起土壤物理、化学和生物性质发生变化。在同一成土母质上发育的土壤,因地上植物群落不同,团聚体的组成和数量均会发生很大的变化,植物群落对土壤团聚体的形成具有较大的影响(Shirazi and Boersma, 1984; An et al., 2010),其中最直接的影响就是植被演替所形成的有机质有利于土壤团聚体形成(An et al., 2008)。

一、陕北黄土高原不同植被区土壤团聚体特征

(一) 延河流域不同植被区土壤团聚体特征

延河流域地处黄土高原腹地,水土流失严重。经过多年的退耕还林/草措施的实施,水土流失量减少,地表植被得到恢复,生态环境得到改善。刘雷等(2013)、曾全超等(2014a, 2014b)、李娅芸等(2016)针对延河流域3个植被区(森林区、森林草原区、草原区)土壤,利用 Le Bissonnais(LB)法3种处理(快速湿润FW、慢速湿润SW、预湿后扰动WS)进行团聚体特征分析,延河流域3个植被区土壤在不同湿润处理下形成的各粒级团聚体分布特征见图6-9。SW处理下,阴、阳坡0~20cm表层土壤团聚体各粒级变化规律都相似,均以2~5mm大小团聚体为主,部分处理2~5mm大小团聚体含量超过90%;FW处理下各粒级团聚体颗粒分布较均匀,森林区土壤以>0.2mm粒级团聚体为主,森林草原区和草原区则以<0.2mm粒级团聚体为主;WS处理与FW处理相似,但是>0.2mm粒级团聚体含量较FW处理均有不同程度的下降。

LB法3种处理下整个表层土壤阴、阳坡的>0.2mm粒级团聚体所占百分比$R_{0.2}$、MWD均表现为森林区>森林草原区>草原区(图6-10和图6-11),说明在各种外部因素影响下,森林区土壤团聚体稳定性和抗侵蚀能力最高,森林草原区次之,草原区最低。草原区土壤对大雨、暴雨和机械扰动等作用的敏感程度远远高于森林区土壤,草原区土壤更易发生土壤侵蚀,这可能与草原区植被覆盖度低有关。除了森林区10~20cm土层的SW处理、森林草原区10~20cm土层的WS处理和草原区0~10cm土层的3种处理的土壤团聚体MWD表现为阳坡大于阴坡,其余处理的土壤团聚体MWD均表现为阳坡小于阴坡,阴坡土壤团聚体稳定性高于阳坡。

另外,由于黄土丘陵区土壤团聚体被破坏的主要机制是土壤孔隙中气泡爆破产生的消散作用和机械扰动(董莉丽等, 2010; 刘雷等, 2013),因此研究WS和FW处理下

各种植被区土壤团聚体特征，对该地区防治土壤侵蚀具有重大意义。除了少数处理，基本上所有 WS 和 FW 处理的森林与草原区土壤的稳定性及可蚀性指标差异都显著，FW 处理下差异尤为显著，森林草原区土壤团聚体稳定性和可蚀性指标则居于上述两种土壤之间。这可能是由于森林区植被覆盖度大，一定程度上减缓了雨水对土壤的击打，另外森林枯枝落叶等凋落物使土壤有机质含量高，土壤团聚体稳定性得以提高。

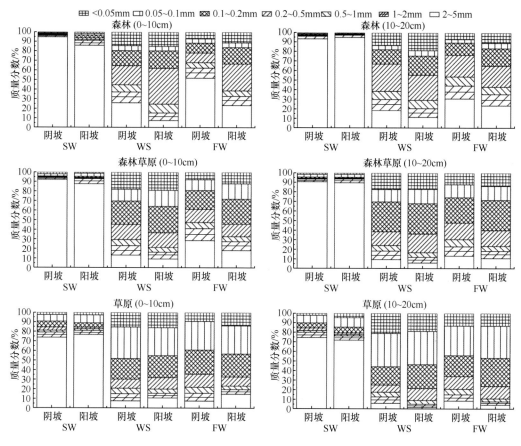

图 6-9　延河流域 3 个植被区阴、阳坡土壤团聚体分布

（二）延河流域森林区土壤团聚体特征

延河流域森林区不同植被覆盖土壤在 SW 处理下以＞0.5mm 粒级团聚体为主，占 87%以上（图 6-12）。其中 10～20cm 土层稍高于 0～10cm 土层，分别为 91.22%、87.32%，＞0.2mm 的水稳性团聚体质量分数在 0～10cm 和 10～20cm 分别为 90.68%和 91.22%。WS 处理后土壤团聚体粒级较为分散，0.2～0.1mm、0.1～0.05mm、＜0.05mm 三个粒级占明显优势，FW 处理与 WS 处理具有相似的规律。在 3 种预处理下，SW 处理的＞0.2mm 团聚体质量分数最高，说明其对森林区土壤的团聚体稳定性破坏最小。SW 处理下，样点 5、7 土壤＞0.2mm 的水稳性团聚体质量分数显著大于其他样点；WS 处理下，样点 1、2、10 土壤＞0.2mm 的水稳性团聚体质量分数较高，大于 60%；FW 处理与 WS 处理表现出相似的变化规律。

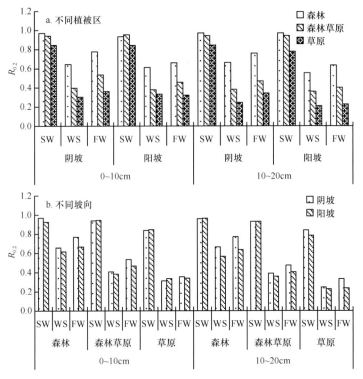

图 6-10 延河流域不同植被区＞0.2mm 团聚体百分数（$R_{0.2}$）

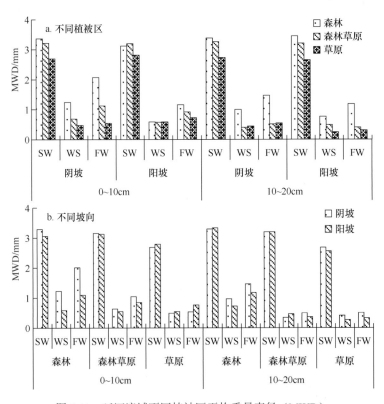

图 6-11 延河流域不同植被区平均重量直径（MWD）

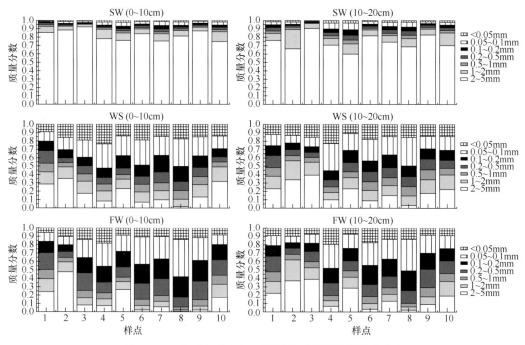

图 6-12 延河流域森林区不同植被覆盖土壤团聚体分布

MWD 和 GMD 越大表示团聚体的平均粒径团聚度越高,稳定性越强,抗蚀性越强。从图 6-13 可知,森林区土壤团聚体的 MWD,FW 最低,WS 次之,SW 最高;GMD 表

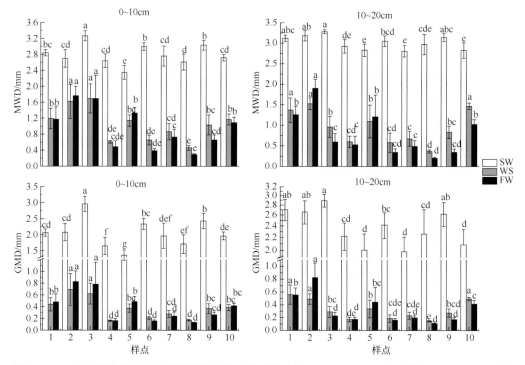

图 6-13 延河流域森林区不同植被覆盖土壤平均重量直径(MWD)和几何平均直径(GMD)变化

不同小写字母表示不同处理间差异显著($P<0.05$)

现为 SW＞WS≈FW。0～10cm 土层土壤团聚体的 MWD 与 GMD 都高于 10～20cm 土层，也就是上层土壤团聚体稳定性高于下层土壤，表层土壤的抗侵蚀能力较强，这可能与表层土壤的有机质含量高有关。

在 SW 处理下，样点 2、3、9 的 MWD 明显高于其他样点，样点 3、6、9 的 GMD 显著高于其他样点，主要是由不同样点植被群落的覆盖度和坡度不同造成的。这 4 个样点的草本植被覆盖度和灌木植被覆盖度较高，坡度较小，能够有效提高土壤的抗侵蚀能力。WS 处理下，样点 2、3 的 MWD 和 GMD 均显著高于其他样点。FW 处理下，样点 2、3、5 的 MWD 显著高于其他样点，样点 2、3 的 MWD 显著高于其他样点（$P<0.05$）。黄土高原森林区植被类型和覆盖度对土壤团聚体稳定性有显著的影响，可以通过植树造林或其他措施提高地表覆盖度，减少暴雨冲刷对土壤团聚体的破坏，提高土壤团聚体的稳定性。

（三）延河流域森林草原区土壤团聚体特征

延河流域森林草原区 0～10cm 土层土壤，在 SW 处理下，以＞2mm 团聚体为主，质量分数变化范围为 70.82%～95.68%，1～2mm 团聚体质量分数为 0.95%～18.79%，其他粒级均低于 5.16%（图 6-14）。对于 WS 处理，在 0～10cm 土层，＞2mm、＜0.05mm 团聚体质量分数分别为 0.58%～25.06%、14.5%～26.56%。对于 FW 处理，在 0～10cm 土层，＞2mm 和＜0.05mm 团聚体质量分数分别为 1.02%～49.15%和 0.71%～7.94%。在森林草原区，对土壤团聚体破坏作用最大的是预湿后扰动处理。＞0.2mm 团聚体的平均质量分数，0～10cm 土层，SW、WS 和 FW 三种处理分别为 94.66%、39.00%和 49.00%；10～20cm 土层，SW、WS 和 FW 依次为 93.72%、33.06%和 39.55%。

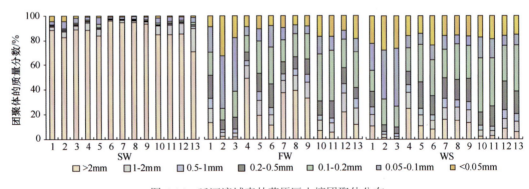

图 6-14 延河流域森林草原区土壤团聚体分布

森林草原区土壤采用 Yoder 法和 LB 法 3 种处理后，计算出的土壤团聚体平均重量直径（MWD）如表 6-6 所示。0～10cm 土层团聚体 MWD 和 GMD 均表现为 SW＞FW＞WS，即慢速湿润＞快速湿润＞预湿后扰动。0～10cm 土层 SW、WS 和 FW 处理的土壤团聚体 MWD 平均值分别为 3.17mm、0.59mm 和 0.93mm，变异系数分别为 4.22%、50.30%和 61.11%；SW、WS 和 FW 处理的土壤团聚体 GMD 平均值分别为 1.56mm、0.66mm 和 0.71mm，变异系数分别为 3.91%、14.11%和 29.06%。

表 6-6 LB 法 3 种处理下森林草原区土壤 MWD 和 GMD

样点	平均重量直径 MWD/mm			几何平均直径 GMD/mm		
	SW	WS	FW	SW	WS	FW
1	3.14±0.06	0.65±0.15	0.81±0.26	1.56±0.03	0.68±0.04	0.68±0.07
2	3.14±0.06	0.23±0.04	0.20±0.07	1.56±0.01	0.56±0.04	0.59±0.04
3	3.15±0.07	0.13±0.01	0.22±0.05	1.55±0.01	0.51±0.01	051±0.02
4	3.19±0.02	1.19±0.21	1.95±0.54	1.57±0.00	0.85±0.07	1.07±0.19
5	3.03±0.25	0.68±0.30	1.01±0.48	1.47±0.13	068±0.07	0.77±0.14
6	3.37±0.06	0.54±0.22	0.71±0.32	1.65±0.03	0.67±0.07	0.65±0.10
7	3.34±0.06	0.87±0.14	1.57±0.21	164±0.04	0.74±0.05	0.92±0.08
8	3.35±0.02	0.85±0.15	1.80±0.39	1.63±0.00	0.74±0.04	1.00±0.12
9	3.30±0.05	0.79±0.18	1.23±0.60	1.61±0.02	0.73±0.05	0.92±0.04
10	3.08±0.18	0.31±0.08	0.51±0.21	1.51±0.06	0.56±0.02	0.62±0.07
11	3.09±0.05	0.32±0.10	0.46±0.08	1.52±0.05	0.58±0.05	0.45±0.03
12	3.12±0.01	0.61±0.03	0.92±0.48	1.54±0.00	0.68±0.03	0.56±0.01
13	2.93±0.21	0.51±0.02	0.68±0.09	1.46±0.07	0.63±0.02	0.49±0.00
平均值	3.17	0.59	0.93	1.56	0.66	0.71
标准偏差	0.13	0.30	0.57	0.06	0.09	0.21
变异系数/%	4.22	50.30	61.11	3.91	14.11	29.06

（四）延河流域草原区土壤团聚体特征

黄土高原地形破碎、沟壑纵横，不同地区坡向、风向、降水、土壤水分、物种多样性均存在差异，因此出现了不同的侵蚀方式、类型及强度，并具有不同的抗侵蚀能力。草地植被是植被恢复演替过程中的初级阶段，草本植物的加筋锚固作用对土壤结构和性质具有重要的影响，它比演替后期出现的植被类型表现出更强的环境适应能力，并为演替后期植物群落的进展演替创造了必要的土壤条件。

曾全超等（2014b）对陕西高家沟流域梁峁顶、阴梁峁坡、阳梁峁坡、阴沟坡、阳沟坡的草本植物群落土壤团聚体特征及土壤可蚀性进行研究，干筛的 3~5mm 土壤团聚体在不同湿润处理下形成的水稳性团聚体各粒级质量分数分布见图 6-15。SW 处理下，0~10cm 与 10~20cm 土层土壤的变化规律相似，主要为 2~5mm 大团聚体，其中梁峁顶、阳沟坡、阴沟坡、阴梁峁坡 2~5mm 粒级大团聚体的质量分数大于 60%，只有阳梁峁坡在 40% 左右。SW 处理下，0~10cm 土层不同侵蚀环境下 2~5mm 粒级团聚体质量分数的大小顺序为阴梁峁坡＞阴沟坡＞阳沟坡＞梁峁顶＞阳梁峁坡，10~20cm 大小顺序为阴沟坡＞阳沟坡＞梁峁顶＞阴梁峁坡＞阳梁峁坡，阴沟坡、阳沟坡、梁峁顶之间的差异不显著。WS 处理下各粒级团聚体颗粒分布较均匀，＜0.2mm 粒级团聚体占优势，0~10cm 土层质量分数变化幅度为 62.93%~72.61%，10~20cm 土层变化幅度为 71.25%~81.23%。FW 处理下变化规律与 WS 处理相似，粒级分布相对均匀，＜0.2mm 粒级团聚体占优势，0~10cm 土层质量分数变化幅度为 56.87%~70.11%，10~20cm 土层变化幅度为 64.71%~74.22%。

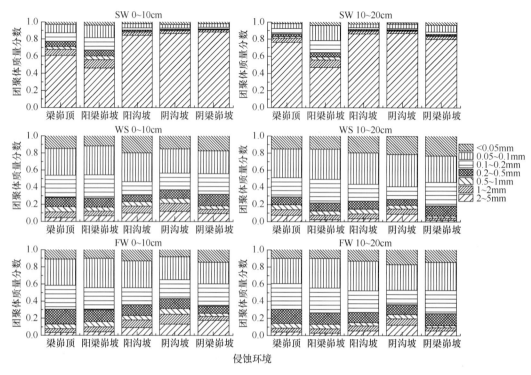

图 6-15　草原区不同侵蚀环境土壤团聚体粒级分布

对于 LB 法的 3 种处理，>0.2mm 粒级水稳性团聚体的含量都表现为 SW>WS>FW，WS 处理与 FW 处理差异不显著。可以看出，草原区 SW 处理下不同侵蚀环境的土壤以>2mm 大团聚体为主，具有较好的稳定性，其 MWD 显著高于 WS 处理与 FW 处理。WS 处理与 FW 处理的土壤各级粒级团聚体分布较为分散，以 0.1~0.2mm、0.05~0.1mm、<0.5mm 为主，MWD 显著低于 WS 处理和 FW 处理，说明 FW 处理与 WS 处理可对该区土壤产生较大的破坏作用。这说明在 0~10cm 和 10~20cm，土壤团聚体的稳定性规律一致，即慢速湿润>快速湿润>预湿后扰动，草原区土壤团聚体的破坏机制主要为快速预湿后引起的消散作用和预湿后扰动引起的机械破坏，SW 处理可用于评价黄土高原草地植被区团聚体稳定性特征。

从图 6-16 可以看出，无论是 0~10cm 还是 10~20cm 土层，SW 处理下阳梁峁坡的平均重量直径（MWD）最小，梁峁顶次之，阴沟坡、阳沟坡、阴梁峁坡的 MWD 差异不显著。这说明阳梁峁坡的土壤团聚体稳定性最差，最容易发生土壤侵蚀，梁峁顶次之，沟坡和阴梁峁坡土壤抗侵蚀能力较强。黄土高原梁峁顶及阳坡上部由于生境条件差，很容易发生土壤侵蚀（贾燕锋等，2008）。总体上，阳坡侵蚀强度大于阴坡。阳梁峁坡的坡度相对较大，土壤侵蚀强度大，海拔较高，光照强，土壤水分条件差，植被覆盖度较小（杜华栋等，2013）。不同侵蚀环境下土壤团聚体稳定性受水热条件、植被类型、土壤理化性质等诸多因素的影响。

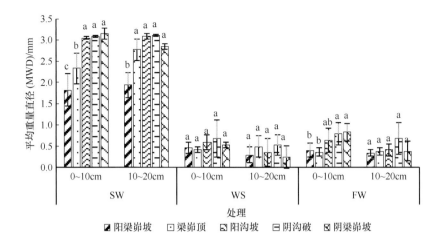

图 6-16 草原区不同侵蚀环境土壤 MWD 变化

不同小写字母表示不同处理间差异显著（$P<0.05$）

二、宁南黄土丘陵区植被恢复下土壤团聚体特征

（一）草地自然恢复对土壤团聚体的影响

云雾山自然保护区代表黄土高原以长芒草为建群种的草原生态系统，经过 30 年的封育和管理，已经形成了不同演替阶段的植物群落，由高到低分别为大针茅群落、长芒草群落、铁杆蒿群落、香茅草群落。自然植被演替下土壤团聚体粒级分布不同（表 6-7）。

表 6-7 云雾山自然植被演替土壤团聚体特征

植物群落	土层深度/cm	土壤团聚体质量分数/%					$R_{0.25}$/%	MWD/mm
		>5mm	2～5mm	1～2mm	0.5～1mm	0.25～0.5mm		
长芒草	0～40	52.0	10.3	5.9	7.2	3.5	78.9	3.10
	40～80	63.4	7.0	3.5	2.9	2.0	78.8	3.84
	80～130	71.6	6.4	3.1	3.2	1.3	85.6	3.48
	130～200	66.1	4.5	3.2	2.8	1.4	78.0	3.52
大针茅	0～20	49.8	11.4	8.1	7.8	4.9	82.0	3.10
	20～60	57.4	11.5	4.7	7.6	2.3	83.5	3.35
	60～150	51.8	10.3	5.9	4.7	2.3	75.0	3.03
	150～200	46.5	9.0	6.2	6.3	3.3	71.3	2.78
铁杆蒿	0～10	62.8	8.9	4.4	4.3	2.5	82.9	3.53
	10～40	53.3	9.6	5.0	5.9	3.1	76.9	3.11
	40～120	38.3	21.2	10.9	8.2	3.4	82.0	2.74
	120～200	11.6	15.9	12.9	17.3	7.9	65.6	1.53
百里香	0～10	58.6	7.3	2.8	2.2	1.2	72.1	3.20
	10～40	41.5	6.9	3.3	3.2	1.1	56.0	2.35
	40～120	13.8	5.7	7.8	8.0	5.3	40.6	1.17
	120～200	5.6	4.4	6.6	9.5	9.5	35.6	0.88
香茅草	0～20	56.6	9.1	4.4	4.3	4.3	78.7	3.22
	20～110	13.5	7.3	13.8	10.6	10.6	55.8	1.33
	110～200	5.2	4.0	6.5	10.4	10.4	36.5	0.85

在不同土层剖面中均表现为：>5mm 团聚体质量分数占总水稳性团聚体的 5%~80%，2~5mm 团聚体占 4%~15%，其他大小团聚体则相对较少。>5mm 团聚体质量分数最大的为长芒草群落的深层土壤（80~130cm 和 130~200cm 土层）。不同群落之间 2m 土层表现为大针茅群落>长芒草群落>铁杆蒿群落>百里香群落>香茅草群落，其中大针茅群落>5mm 团聚体质量分数是香茅草群落的近 5 倍，长芒草群落是香茅草群落的近 4 倍。

Six 等（2000）认为>0.25mm 的团聚体是最好的土壤结构体，其数量和质量与土壤的肥力大小正相关。不同植物群落比较，0~20cm 土层长芒草群落、铁杆蒿群落、百里香群落和香茅草群落的>0.25mm 水稳性团聚体所占比例（$R_{0.25}$）和禁牧草地无显著差异，大针茅群落低于禁牧草地；20~40cm 土层除长芒草群落和香茅草群落外，其他植物群落均高于禁牧草地。土壤 MWD 和 GMD 在 0~20cm 土层均表现为香茅草群落最高，禁牧草地次之，其他植物群落较低；20~40cm 土层则表现为大针茅群落、香茅草群落高于禁牧草地（表 6-8）。可以看出，自然植被演替可以增加土壤>0.25mm 团聚体所占比例，提高土壤团聚体水稳性。

表 6-8 云雾山不同植物群落下土壤水稳性团聚体特征

植物群落	土层深度/cm	$R_{0.25}$/%	MWD/mm	GMD/mm	分形维数（D）
大针茅群落	0~20	57.4b	1.69b	0.90d	2.80a
	20~40	74.3a	2.82a	1.22ab	2.68c
长芒草群落	0~20	65.0a	1.83b	0.96cd	2.76b
	20~40	65.9b	2.19b	1.06d	2.74b
铁杆蒿群落	0~20	64.5a	1.88b	0.99d	2.75bc
	20~40	73.8a	2.54ab	1.16bc	2.66c
百里香群落	0~20	68.0a	1.96b	1.00c	2.71cd
	20~40	79.2a	2.73a	1.27a	2.61d
香茅草群落	0~20	68.1a	2.88a	1.25a	2.69d
	20~40	58.7c	2.19b	1.03d	2.79a
禁牧草地	0~20	67.1a	2.48b	1.11b	2.75bc
	20~40	61.7bc	2.50ab	1.09cd	2.78ab

注：不同小写字母表示相同土层不同处理间差异显著（$P<0.05$）

另外，安韶山等（2006）对云雾山植被恢复中土壤团聚体演变和性质进行通径分析与主成分分析，发现物理性黏粒和有机质是影响>0.25mm 团聚体总量的重要因素，全铝、全铁、全氮、有机质是影响土壤团聚体分布特征的主要因子群，其次为黏粒、物理性黏粒；主要作用因子可划分为综合物理因子（物理性黏粒、黏粒），综合化学因子（全氮、有机质），综合矿质因子（铁、铝氧化物）。

（二）人工植被恢复对土壤团聚体的影响

上黄综合治理小流域地处黄土高原宽谷丘陵区（地理位置 35°59′~36°02′N、106°26′~106°30′E），主要植被类型包括人工灌木林地、天然草地和人工草地等。成毅

(2011)对该区柠条林地、天然草地和坡耕地的水稳性团聚体进行研究发现,人工植被恢复措施下 0~20cm 土层和 20~40cm 土层的土壤团聚体粒级分布均表现为"V"形分布:>5mm 和<0.25mm 这两个粒级的团聚体质量分数最高,二者之和高于 65%;2~5mm 和 0.25~1mm 团聚体的质量分数次之;1~2mm 这一粒级的团聚体质量分数最少,最低为 4.7%(表 6-9)。其中,分布最多的>5mm 和<0.25mm 两个粒级,柠条林地表现为在 0~20cm 土层>5mm 这一粒级占优势,而 20~40cm 土层<0.25mm 这一粒级为优势粒级;天然草地是>5mm 这一粒级占优势;坡耕地则为<0.25mm 粒级团聚体含量高。

表 6-9 不同植被恢复下土壤团聚体粒级分布特征

植物群落	土层深度/cm	土壤团聚体质量分数/%				
		<0.25mm	0.25~1mm	1~2mm	2~5mm	>5mm
25 年柠条	0~20	35.3	8.4	5.0	11.0	40.4
	20~40	39.7	7.9	5.1	10.0	37.3
15 年柠条	0~20	32.5	8.3	4.7	12.3	42.2
	20~40	44.3	8.4	5.4	9.7	32.3
天然草地	0~20	23.0	7.5	5.6	15.8	48.2
	20~40	34.3	8.5	5.8	12.5	39.0
坡耕地	0~20	48.6	17.9	7.9	7.3	18.4
	20~40	52.1	17.2	8.8	8.6	13.4

不同植被恢复措施之间,不同土层之间>5mm 土壤团聚体含量均表现出天然草地 0~20cm 土层最大,为 48.2%;15 年柠条和 25 年柠条 0~20cm 土层次之;坡耕地 20~40cm 土层最小,为 13.4%。这说明,灌木林地和天然草地有利于>5mm 粒级团聚体的形成,这主要是由于土壤中有机质增加,胶结物质改变(姜灿烂等,2010)。

土壤团聚体稳定性是土壤物理质量的综合体现(Bronick and Lal,2005),团聚体稳定性及大小、分布决定着土壤对外界应力的敏感性和土壤的孔隙分布、数量搭配及形态特征(Marshall,1996)。由表 6-10 可以看出,不同植被恢复措施下土壤>0.25mm 团聚体质量分数($R_{0.25}$)分布在 42%~77%,平均重量直径为 1.38~3.10mm,几何平均直径为 0.82~1.33mm,分形维数为 2.65~2.84。0~20cm 土层的 $R_{0.25}$、MWD、GMD 都高于 20~40cm 土层,分形维数(D)则相反。在 0~20cm 土层,MWD 表现为天然草地>25 年柠条≈15 年柠条>坡耕地,且天然草地和柠条林地之间存在显著差异($P<0.05$),25 年柠条和 15 年柠条之间差异不显著($P<0.05$),坡耕地与其他 3 种植被恢复措施均存在显著差异($P<0.05$);20~40cm 土层则表现为 25 年柠条>天然草地>15 年柠条>坡耕地,25 年柠条、天然草地、15 年柠条之间无显著差异($P<0.05$),三者与坡耕地存在显著差异($P<0.05$)。不同植被恢复措施下土壤的 $R_{0.25}$、GMD 在 0~20cm 土层和 20~40cm 土层均表现为天然草地最大,柠条林地次之,坡耕地最小,不同植被恢复措施下分形维数则呈现相反的变化趋势。这说明,天然草地和柠条林地均能增强土壤团聚体水稳性。随着植被恢复的推进,地上生物量增大,归还于土壤中的有机残体相应增多,供给土壤微

生物的物质和能量增加，土壤微生物活性得以增强，真菌的生长、根系、土壤动物的活动等，均有助于大团聚体内部微粒有机质的形成，进而增强其结构稳定性（Cambardella and Elliott，1992）。

表 6-10　不同植被恢复下土壤团聚体稳定性

植物群落	土层深度/cm	$R_{0.25}$/%	MWD/mm	GMD/mm	分形维数（D）
25 年柠条	0~20	64.8b	2.59b	1.13b	2.76b
	20~40	60.3b	2.33a	1.07ab	2.79b
15 年柠条	0~20	67.5b	2.59b	1.17b	2.74b
	20~40	55.8b	1.99a	1.01b	2.81ab
天然草地	0~20	77.0a	3.10a	1.33a	2.65c
	20~40	65.7a	2.31a	1.14a	2.75c
坡耕地	0~20	51.5c	1.46c	0.86c	2.83a
	20~40	41.9c	1.38b	0.82c	2.84a

注：不同小写字母表示不同植物群落间存在显著差异

三、刺槐林地和柠条林地土壤团聚体特征

刺槐和柠条是黄土高原植被恢复的主要造林树种。刺槐由于具有生长速度快、适应性强、经济价值高、容易繁殖、耐干旱贫瘠等特点，成为水土保持的先锋树种；柠条蒸腾速率低，抗逆性强，具有较强的防风固沙和保持水土的能力，是我国干旱地区生态重建的重要树种。赵晓单（2017）选取黄土高原陕、甘、宁、晋 4 个省（区）19 个县（市）的刺槐和柠条人工林土壤为研究对象，结合 Yoder 法和 Le Bissonnais 法研究了黄土高原地区刺槐林地和柠条林地土壤团聚体分布及其稳定性特征。

（一）刺槐林地和柠条林地土壤团聚体分布

从整体看，在 0~10cm 土层，Yoder 法所得土壤团聚体以＜0.25mm 为主（图 6-17）。北部落叶阔叶林带刺槐林地、森林草原区刺槐林地和典型草原区柠条林地均表现为：从东到西随着经度的减小，＜0.25mm 粒级的土壤团聚体质量分数逐渐减小，＞0.25mm 粒级的土壤团聚体质量分数逐渐增加。南部落叶阔叶林带刺槐林地土壤中＞0.25mm 粒级的土壤团聚体质量分数大于柠条林地土壤中＞0.25mm 粒级的土壤团聚体质量分数，分别为 62.74%和 34.64%。在森林草原区，刺槐林地土壤中＞0.25mm 粒级的土壤团聚体质量分数小于柠条林地土壤中＞0.25mm 粒级的土壤团聚体质量分数，分别为 41.51%和 47.05%。

基于 Le Bissonnais 法，在 SW 处理下，南部落叶阔叶林带刺槐林地土壤以＞2mm 和 1~2mm 团聚体为主，质量分数分别为 48.26%和 29.73%（图 6-18）。北部落叶阔叶林带刺槐林地土壤＞2mm 粒级的团聚体质量分数的变化范围为 57.77%~68.12%，1~2mm 粒级的团聚体质量分数的变化范围为 17.70%~32.72%；刺槐林地土壤＞0.2mm 粒级团聚体质量分数的平均值大于柠条林地土壤＞0.2mm 粒级团聚体的质量分数。在森林草原区，刺槐林地和柠条林地＞2mm 粒级的土壤团聚体质量分数的变化范围为 44.07%~

70.39%，1~2mm 粒级的土壤团聚体质量分数的变化范围为 10.19%~29.35%，0.5~1mm 粒级的土壤团聚体质量分数的变化范围为 1.20%~4.82%。从东到西，随着经度的减小，刺槐林地和柠条林地土壤＞0.2mm 团聚体质量分数出现逐渐增加的趋势。典型草原区柠条林地土壤中，＞2mm 粒级团聚体质量分数为 42.15%~62.51%，1~2mm 粒级团聚体质量分数为 18.84%~31.87%。

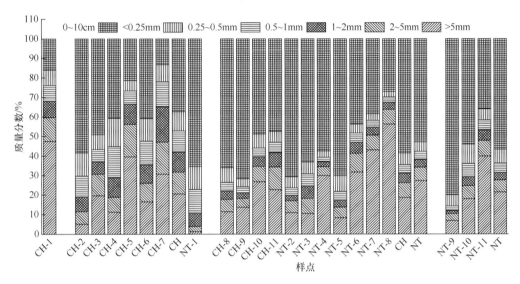

图 6-17　刺槐林地和柠条林地土壤团聚体分布（Yoder 法）

南部落叶阔叶林带，样点为 CH-1；北部落叶阔叶林带，样点为 NT-1、CH-2、CH-3、CH-4、CH-5、CH-6、CH-7；森林草原区，样点为 CH-8、NT-2、NT-3、CH-9、NT-4、NT-6、CH-10、NT-7、CH-11、NT-8；典型草原区，样点为 NT-9、NT-10、NT-11；CH 表示刺槐林地，NT 表示柠条林地。下同

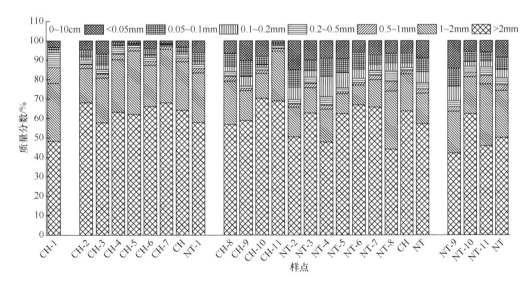

图 6-18　刺槐林地和柠条林地土壤团聚体分布（Le Bissonnais 法 SW 处理）

基于 Le Bissonnais 法，在 FW 处理下，南部落叶阔叶林带刺槐林地土壤＞2mm、1~2mm、＜0.05mm 大小团聚体质量分数分别为 5.04%、4.55%、21.25%（图 6-19）。北部

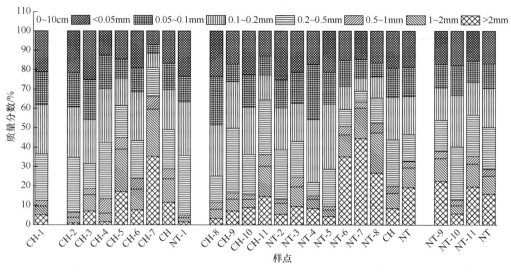

图 6-19　刺槐林地和柠条林地土壤团聚体分布（Le Bissonnais 法 FW 处理）

落叶阔叶林带刺槐林地土壤以 >2mm 和 1～2mm 大小团聚体为主，质量分数分别为 0.85%～35.31% 和 3.00%～24.24%。从东到西，随着经度的减小，>0.2mm 粒级团聚体质量分数逐渐增加。刺槐林地土壤中 >0.2mm 大小团聚体质量分数的平均值大于柠条林地土壤中 >0.2mm 粒级团聚体质量分数的平均值。在森林草原区，从东到西随着经度的减小，刺槐林地土壤 >0.2mm 粒级的团聚体质量分数出现逐渐增加。从平均值来看，在该植被区，刺槐林地土壤中 >2mm 和 1～2mm 粒级的团聚体质量分数小于柠条林地土壤中 >2mm 和 1～2mm 粒级的团聚体质量分数。典型草原区柠条林地土壤中，>2mm 粒级团聚体质量分数为 42.15%～62.51%，1～2mm 粒级团聚体质量分数为 18.84%～31.87%，0.5～1mm 粒级团聚体质量分数为 2.37%～4.26%。柠条林地土壤中的 <0.05mm 粒级团聚体质量分数随经度的减小而减小。

基于 Le Bissonnais 法，在 WS 处理下，南部落叶阔叶林带刺槐林地土壤 >2mm 和 <0.05mm 团聚体质量分数分别为 23.58% 和 9.87%（图 6-20）。北部落叶阔叶林带刺槐林地土壤 >2mm 粒级团聚体质量分数为 3.1%～54.56%，1～2mm 粒级团聚体质量分数为 13.63%～38.82%。从东到西，随着经度的减小，>1mm 粒级团聚体质量分数逐渐增加。刺槐林地土壤 >2mm 和 1～2mm 粒级团聚体质量分数平均值均大于柠条林地。森林草原区刺槐林和柠条林地土壤中，>2mm 粒级团聚体质量分数的变化范围为 3.63%～9.32%，1～2mm 粒级团聚体质量分数为 4.29%～28.43%。从东到西，随着经度的减小，刺槐林地土壤 >0.2mm 粒级团聚体质量分数逐渐增加，柠条林地土壤 <0.05mm 粒级团聚体质量分数逐渐减小，>2mm 粒级团聚体质量分数逐渐增大。从平均值来看，在该植被区，刺槐林地土壤中 >2mm 粒级的团聚体质量分数小于柠条林地土壤中 >2mm 粒级的团聚体质量分数。典型草原区柠条林地土壤中，>2mm 粒级团聚体质量分数为 4.07%～22.19%，1～2mm 粒级团聚体质量分数为 10.65%～25.88%。

黄土高原地区从东南向西北降水逐渐减少，人工植被的重建因降水和温度的差异而

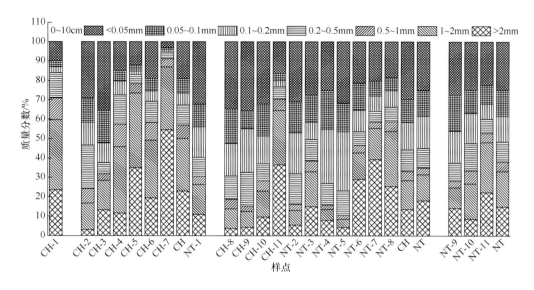

图 6-20 刺槐林地和柠条林地土壤团聚体分布（Le Bissonnais 法 WS 处理）

呈地带性分布。在 Yoder 法、FW、WS 处理下，北部落叶阔叶林带、南部落叶阔叶林带表现出刺槐林地土壤大团聚体质量分数大于柠条林地，即这两个植被区在植被恢复过程中种植刺槐更有利于土壤中大团聚体的形成。森林草原区表现出柠条林地土壤大团聚体质量分数优于刺槐林地，即该植被区在植被恢复过程中种植柠条更有利于土壤中大团聚体的形成。另外，落叶阔叶林带土壤＞0.25mm 粒级团聚体平均质量分数大于森林草原区、典型草原区，说明植被恢复能够改善土壤团聚体分布特征。

（二）刺槐林地和柠条林地土壤团聚体稳定性

基于 Yoder 法，南部落叶阔叶林带刺槐林地土壤 MWD 均大于 1.8mm（图 6-21）。北部落叶阔叶林带刺槐林地由东到西，随着经度的减小，MWD 总体逐渐增加，刺槐林

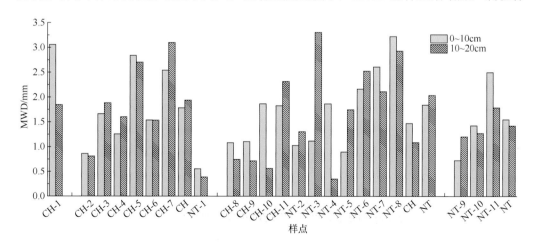

图 6-21 基于 Yoder 法的刺槐林地和柠条林地土壤平均重量直径（MWD）

地土壤的 MWD 大于柠条林地,说明该植被区刺槐林地团聚体平均粒级团聚度越高,稳定性越强。在森林草原区,刺槐林和柠条林分布都很广泛,从东到西,随着经度的减小,柠条林地土壤的 MWD 逐渐增加;刺槐林地土壤的 MWD 小于柠条林地土壤 MWD,分别为 1.47mm 和 1.84mm。典型草原区柠条林地从东到西,随着经度的减小,MWD 逐渐增加。

基于 Le Bissonnais 法,刺槐林地和柠条林地土壤 MWD 在 SW 处理下都在 1.4mm 以上,在 FW 处理下基本都在 0.2mm 以上,在 WS 处理下均在 0.3mm 以上。说明 SW 处理对土壤的破坏性最小,FW 和 WS 处理破坏性较大。在 SW、FW、WS 处理下,土壤 MWD 在各植被区、林地类型表现出与 Yoder 法相似的规律。可以看出,黄土高原刺槐林地和柠条林地土壤 $R_{0.25}$ 与 MWD 在空间上基本呈现西部偏低、东部偏高的规律。同纬度内,随着经度的减小,$R_{0.25}$ 和 MWD 整体上有逐渐增大的趋势。以环县地区经线(107°)为分界线,以其年平均降水量(407mm)为参照值,环县以东种植刺槐,土壤团聚体稳定性更好;在以西且降水量小于 407mm 地区种植柠条,土壤团聚体稳定性更好。

第四节 土壤团聚体稳定性与抗蚀性的关系

土壤抗蚀性(soil anti-erodibility)是指土壤抵抗水的分散和悬浮作用的能力。土壤抗蚀性的强弱与土壤内在的物理和化学性质关系密切,抗蚀性的大小主要取决于土粒和水的亲和力及土粒间的胶黏力(张振国等,2007)。评价土壤抗蚀性的指标有很多,目前常见的主要有水稳性团聚体含量、土壤有机质(SOC)含量、平均重量直径(MWD)等。其中应用最多的是土壤可蚀性因子 K 值,其是反映土壤抵抗水侵蚀能力大小的一个相对综合指标,K 值越大,土壤抗侵蚀能力越弱,相反,K 值越小,土壤抗侵蚀能力越强。

一、不同植被区土壤抗蚀性

张科利等(2007)的研究表明我国土壤 K 值在 0.001~0.040,且相对集中在 0.007~0.020。曾全超等(2014a)发现延河流域森林区不同植被覆盖土壤 K 值在 0.017~0.024(图 6-22)。不同植被覆盖样点中,样点 2、3 的 K 值较小,其为乔木林地,且林下的灌木和草本植被覆盖度较高,这对提高土壤抗侵蚀能力非常重要。因此,对于黄土丘陵区,提高土壤抗侵蚀能力的最有效措施是植树造林,同时提高林下草本植被的覆盖度。

延河流域草原区,不同立地条件对土壤可蚀性因子的影响非常显著(图 6-23)。对于 SW 处理,0~10cm 土层阴沟坡、阳沟坡、阴梁峁坡 K 值较小,梁峁顶次之,阳梁峁坡最大;10~20cm 土层阴沟坡、阳沟坡、梁峁顶、阴梁峁坡 K 值较小,阳梁峁坡显著高于其他 4 种立地条件下土壤可蚀性因子($P<0.05$)。SW 处理下阳梁峁坡的 K 值显著高于其他条件下的 K 值($P<0.05$),这与 MWD 的变化规律是相似的。

说明这 5 种立地条件下,阳梁峁坡的土壤可蚀性是最大的,该处的土壤相比其他坡位更容易发生侵蚀。因此,根据不同的立地条件,选择种植不同的植被,尽最大可能防止土壤侵蚀,提高土壤的抗侵蚀能力,对于黄土高原植被恢复工程具有重要的指导意义。

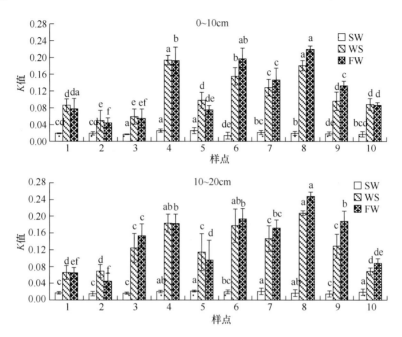

图 6-22 延河流域森林区不同植被覆盖土壤可蚀性因子
不同小写字母表示不同处理间差异显著($P<0.05$)

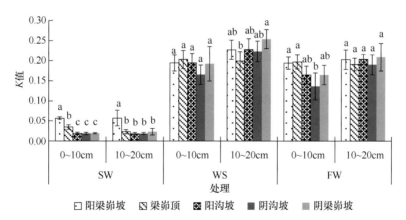

图 6-23 延河流域草原区不同立地条件土壤可蚀性因子
不同小写字母表示不同处理间差异显著($P<0.05$)

延河流域不同植被区土壤团聚体的 K 值分布特征见图 6-24。在不同植被区,阴、阳坡表层土壤 K 值均表现为草原区>森林草原区>森林区。这表明延河流域森林区土壤抗蚀性最强,森林草原区次之,草原区最弱。除了森林区 10~20cm 土层 SW

处理和草原区 0~10cm 土层的 K 值表现为阳坡小于阴坡,其余所有处理的 K 值均表现为阳坡大于阴坡。另外,K 值均表现为慢速湿润 SW>快速湿润 FW>预湿后扰动 WS,这说明在 0~10cm 和 10~20cm,LB 法 3 种处理中慢速湿润处理的土壤抗侵蚀能力最强,预湿后扰动处理的土壤抗侵蚀能力最弱,快速湿润处理介于二者之间。所以延河流域土壤团聚体被破坏的主要机制是土壤孔隙中气泡爆破产生的消散作用及机械扰动,特别是连续降水之后形成的径流对土壤团聚体破坏程度最大,暴雨或灌溉是黄土丘陵区土壤团聚体被破坏的主要因素,而小雨或滴灌对此区域土壤团聚体破坏作用不大。除去自然因素,应采取对团聚体破坏程度较小的人工灌溉方式,以减轻土壤侵蚀。

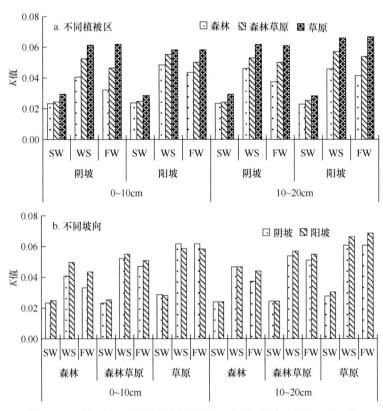

图 6-24　延河流域不同植被区不同坡向土壤可蚀性因子 K 值分布

森林区、森林草原区与草原区土壤可蚀性因子 K 值相比,在 0~10cm、10~20cm 土层采用相同处理方式均为草原区土壤可蚀性因子 K 值最大,森林草原区次之,森林区最小,说明草原区土壤对侵蚀营力分离和搬运作用的敏感性强于森林草原区和森林区,而土壤抗蚀性低于森林草原区和森林区,土壤更加容易遭受侵蚀,因此在同一单位降水侵蚀力作用下土壤更易侵蚀产沙。从土壤抗蚀性的角度来看,黄土高原采取植被恢复重建措施取得了明显生态效果,尽管森林区样地乔木、灌木植物的数量还较少,但已经在植物群落多样性和结构等方面开始发挥重要作用,表现出重要的生态和景观功能。森林植被类型在提高土壤抗蚀性方面的作用相比较其他两种植被类型更为显著。出现这种差异的主要原因是乔木覆盖下土壤中枯枝落叶等有机物质含量高，而草本植被根系不如乔木发达，凋落物也少于乔木。另外，随着根系分泌物的分解，释放养分归还土壤，土壤有机质含量逐渐增加，土壤肥力水平提高，土壤结构得到改善，从而增强了土壤的抗蚀性。

二、刺槐和柠条林地土壤抗蚀性

基于 Yoder 法，南部落叶阔叶林带刺槐林地土壤可蚀性因子 K 值均大于 0.0281（图 6-25）；基于 Le Bissonnais 法，在 SW 处理下刺槐林地和柠条林地 K 值基本都在 0.03 以上，在 FW 处理下 K 值都在 0.04 以上，在 WS 处理下 K 值基本都在 0.03 以上。基于 Yoder 法和 Le Bissonnais 法，刺槐林地和柠条林地土壤可蚀性因子 K 值表现出相同的特征。北部落叶阔叶林带刺槐林地，从东到西随着经度的减小，K 值总体趋势是逐渐减小的；刺槐林地的 K 值小于柠条林地 K 值。这说明该植被区刺槐林地土壤水稳性团聚体抗侵蚀能力相对较强。在森林草原区，刺槐林地和柠条林地随着经度的减小，土壤 K 值逐渐减小；刺槐林地的 K 值大于柠条林地 K 值。典型草原区主要分布着柠条林，从东到西，随着经度的减小，K 值逐渐减小。在该植被区，柠条林地平均 K 值大于森林草原区。

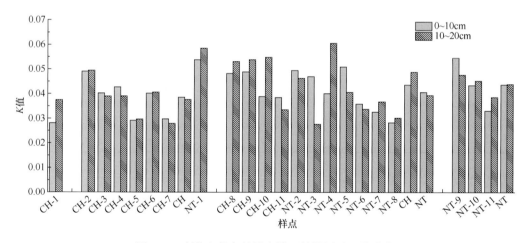

图 6-25 刺槐和柠条林地土壤可蚀性因子 K 值分布

通过构建结构方程模型，发现土壤可蚀性因子 K 值与纬度、经度呈极显著正相关，与降水量呈极显著负相关（图 6-26）。影响黄土高原土壤团聚体稳定性和抗蚀性的环境因子主要是纬度、经度、降水量。$R_{0.25}$、MWD、GMD 与纬度、经度呈极显著负相关，与降水量呈极显著正相关。影响黄土高原土壤团聚体稳定性和抗蚀性的土壤养分包括有机质、全氮和全磷。

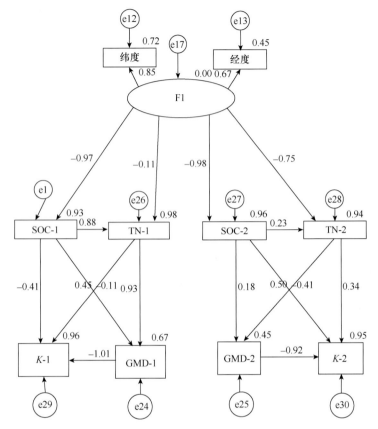

图 6-26 土壤可蚀性、土壤养分、环境因素间的结构方程

SOC-1、TN-1、K-1、GMD-1 分别表示 0～10cm 土层土壤有机碳、总氮、可蚀性因子 K 值、几何平均直径，SOC-2、TN-2、K-2、GMD-2 分别表示 10～20cm 土层土壤有机碳、总氮、可蚀性因子 K 值、几何平均直径；F1 为潜变量；e12、e13、e17、e1、e26、e27、e28、e29、e24、e25 和 e30 为各变量的残差；卡方检验结果=31.043，模型可行性=0.269，图中两个变量之间的数字为因子载荷量

第五节 小　　结

本章阐述了土壤团聚体水稳性的 3 种主要评估方法：Yoder 法、Le Bissonnais 法和超声分散能量法。通过对变性土和富铁土的对比试验分析，阐明了超声分散能量法在土壤团聚体稳定性和层次性评估上的应用；基于 Yoder 法和 Le Bissonnais 法的测量数据，分析了植被恢复中土壤团聚体效应，研究了陕北黄土高原不同植被区土壤团聚体特征、宁南黄土丘陵区植被恢复下土壤团聚体特征，以及刺槐林地和柠条林地土壤团聚体特征；利用 K 值对比分析了森林区、森林草原区和草原区的土壤抗蚀性，以及刺槐和柠条林地的土壤抗蚀性。

第七章 黄土高原土壤微生物群落结构与功能

土壤微生物是土壤中最活跃的部分，是陆地生态系统生物地球化学循环的驱动者，其结构与功能影响土壤生态系统的稳定和健康。土壤中微生物群落主要包括细菌、真菌、放线菌、原生动物、病毒和小型藻类等，其数量巨大、种类丰富，在土壤中参与土壤养分循环、有机质分解与合成、团聚体形成、污染物降解等过程。受传统分析技术手段的限制，土壤微生物的群落组成和结构一直没有得到很好的认识。随着土壤学、环境科学、生物学等学科的交叉渗透，以及测序等技术手段的发展，土壤微生物的群落分布、生态功能及驱动因子都得到了较好的认识。植被恢复是中国解决生态环境问题所采取的重大举措，但人为的植树造林造草、封山育林等措施已经对土壤生态系统功能产生了重要的影响，而植被恢复对土壤微生物的影响是未知的。黄土高原是我国重要的生态脆弱区，其独特的地理环境会导致土壤微生物具有独特的空间分布特征，但其生态学机制还不甚清楚。因此，本章重点阐述黄土高原土壤微生物的生物地理学分布，以及植被恢复对土壤微生物的影响。

第一节 黄土高原土壤微生物地理格局

生物地理学是研究生物多样性时空分布的科学（Martiny et al., 2006），融合了地理学、生物学、土壤学、地质学和生态学等多门学科的内容，旨在揭示物种分布格局及其驱动因子、对生态系统功能的作用机制等。生物的地理分布特征主要取决于生物本身的散播能力，也取决于它所处的环境，同时受到历史因素的制约。生物个体大小、研究技术手段、计量单位等都会影响研究结果的可比性，尤其是生物个体大小（Makarieva et al., 2008）。目前，生物地理学研究更多集中于植物与动物，关于土壤微生物的研究较为缺乏。微生物个体微小、物种丰富，地球上就有多达 10^{30} 个生物体，而且广泛参与各类元素的生物地球化学循环过程，对陆地生态系统的功能发挥与稳定性维持具有举足轻重的作用。

土壤微生物生物地理学分布是土壤地理学的重要研究内容之一，对于理解生态系统多样性及生物地球化学循环具有重要的意义。目前，植物与动物的生物地理学分布已经明确，而土壤微生物的生物地理学分布由于测定方法少、物种复杂等，依然不是非常明确。近年来，随着高通量测序等技术的不断发展，土壤微生物生物地理学分布的神秘面纱逐渐被揭开。目前，已有相关研究从全球尺度及区域尺度利用第二代测序技术研究土壤微生物的生物地理学分布特征，也对其分布地的环境因子进行了解析。由于研究尺度不同，不同的研究得到了相似或者相悖的结论。为了更加明确土壤微生物的生物地理学分布，需要更多的相关研究。黄土高原作为最大的黄土区，是重要的土壤侵蚀区，也是脆弱生态系统的典型代表，而其微生物生物地理学分布特征是不明确的，因此其对植被恢复生态工程的响应也是不明确的,需要进一步阐明,以更好地了解地下生态系统的功能稳定性、促进黄土高原植被恢复工程。

一、土壤微生物多样性分布特征

(一)土壤细菌分布特征

黄土高原南北跨 750km,东西跨 1000km,其土壤微生物多样性呈现出明显的地理分布特征,尤其是南北跨度。土壤细菌 Shannon 指数为 8.40～10.49,平均值为 10.10,变异系数为 3.7%。其他多样性指数均与 Shannon 指数表现出相似的变化趋势。从南北跨度来看,黄土高原土壤细菌多样性与纬度呈现显著的负相关,随着纬度的增加而降低。从东西跨度来看,黄土高原土壤细菌多样性与年均降水量呈现出显著的负相关,土壤细菌多样性随着降水量的增加而降低,干旱地区土壤细菌多样性更高。多元回归模型表明,年均降水量、土壤 pH 和有机碳浓度是影响黄土高原土壤细菌多样性的主要因子,其重要性值分别为 0.50、0.25、0.25(表 7-1)。

表 7-1　多元回归模型研究环境因子对土壤细菌群落多样性的影响

参数	估计值	t	P	R^2	重要性值
截距	7.692 012	8.958	<0.000 1		
年均降水量	0.002 309	2.307	0.025 8		0.50
土壤 pH	0.140 574	2.100	0.041 5		0.25
土壤有机碳浓度	0.008 976	1.982	0.053 8		0.25
总变异		F=2.86	0.047 59	0.16	

(二)土壤真菌分布特征

黄土高原真菌多样性指数呈现明显的地理分布特征。土壤真菌 Shannon 指数为 3.28～7.70,其变异明显大于细菌群落(变异系数为 15.3%)。子午岭森林植被土壤的真菌最为丰富,安塞草地土壤真菌群落多样性最低。OTU(operational taxonomic unit)也表现出相似的变化趋势,在子午岭森林植被土壤监测到了最多的 OTU。土壤性质是影响土壤真菌多样性的关键因子,线性拟合分析结果表明,土壤有机碳、总氮、pH、铵态氮、微生物生物量碳与真菌 OTU 呈现显著的正或负相关,土壤真菌 Shannon 指数与土壤有机碳、总氮、铵态氮、海拔呈现显著的正相关(图 7-1)。

多元线性回归模型结果表明(表 7-2),土壤有机碳浓度是影响真菌多样性指数最重要的因子,其次是土壤 pH,二者综合影响了土壤真菌的多样性特征。通过重要性值发现,土壤有机碳浓度的重要性值为 0.85,而土壤 pH 的重要性值仅为 0.15。重要性值越高,表明其对土壤真菌多样性的影响越大。因此,土壤有机碳浓度驱动着黄土高原森林土壤真菌多样性。

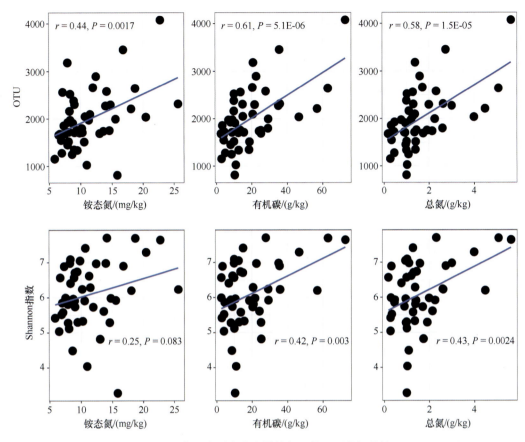

图 7-1 黄土高原真菌多样性与环境因子的相关性

表 7-2 多元回归模型研究环境因子对土壤真菌群落多样性的影响

参数	估计值	t	P	重要性值
截距	3.17	2.390	0.0210	
土壤 pH	0.283	1.860	0.0690	0.15
土壤有机碳浓度	0.0384	3.623	0.0007	0.85

二、土壤微生物群落结构分布特征

（一）土壤细菌群落结构特征

整体来看，黄土高原不同土壤细菌微生物群落组成差异较小，主要有变形菌门（α-Proteobacteria、β-Proteobacteria）、放线菌门（Actinobacteria）、酸杆菌门（Acidobacteria）、绿弯菌门（Chloroflexi）、芽单胞菌门（Gemmatimonadetes）（图 7-2）。这些优势菌门的相对丰度在不同的土壤中表现出一定的差异，因植被类型、土壤性质及气候条件存在差异而不同。土壤 pH、有机碳、全氮及铵态氮含量是影响土壤细菌群落组成的主要环境因子。土壤 pH 与 α-Proteobacteria、Actinobacteria、Thermoleophilia、Acidimicrobiia、

KD4-96、Nitrospirae、Solibacteres 的相对丰度存在显著的相关性。此外，土壤全氮、有机碳与 Nitrospira、 Actinobacteria、Spartobacteria、KD4-96 的相对丰度存在显著的相关性。这些显著的相关性表明，土壤的 pH、碳氮含量是影响土壤细菌群落组成的主要环境因子。

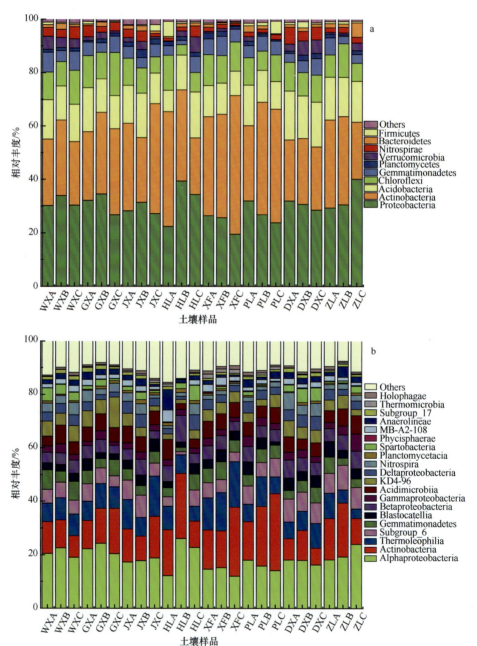

图 7-2 土壤细菌群落在门（a）和纲（b）水平上的分布特征

Mantel 检验表明，环境因子显著影响黄土高原细菌群落结构（$P<0.001$）。通过多元线性回归模型拟合表明（表 7-3），土壤 pH 是影响土壤细菌群落结构的第一大环境因

子（$P<0.0001$），其次是土壤有机碳浓度（$P<0.05$），它们的重要性值分别为 0.58 和 0.30。这些结果表明，土壤 pH 是影响黄土高原细菌群落结构的关键因子。

表 7-3 多元回归模型研究环境因子对土壤细菌群落结构的影响

参数	估计值	t	P	R^2	重要性值
截距	2.864 495 8	3.038	0.004 04		
年均降水量	0.002 384 7	1.944	0.058 51		0.05
土壤 pH	−0.529 320 9	−7.701	<0.000 1		0.58
土壤有机碳浓度	0.011 296 0	2.451	0.018 38		0.30
电导率	−0.000 794 8	−2.881	0.006 16		0.07
总变异		$F=56.81$	<0.000 1	0.84	

（二）土壤真菌群落结构特征

利用 HiSeq 测序技术分析了黄土高原不同纬度地区的真菌群落分布特征。研究结果表明，担子菌门、子囊菌门是黄土高原土壤中最为重要的两类真菌，其相对丰度在 90% 以上（图 7-3）。同时，还检测到 Anthophyta、Cercozoa、Rozellomycota、Glomeromycota，其相对丰度均小于 1%。在纲分类水平上，以 Agaricomycetes（24.9%）、Sordariomycetes（22.8%）、Eurotiomycetes（7.5%）、Dothideomycetes（7.3%）、Leotiomycetes（4.5%）、Tremellomycetes（2.5%）、Pezizomycetes（2.0%）、Wallemiomycetes（2.1%）、Archaeorhizomycetes（1.5%）、Lecanoromycetes（1.1%）为主，其相对丰度均大于 1%。其他纲的相对丰度均小于 1%。

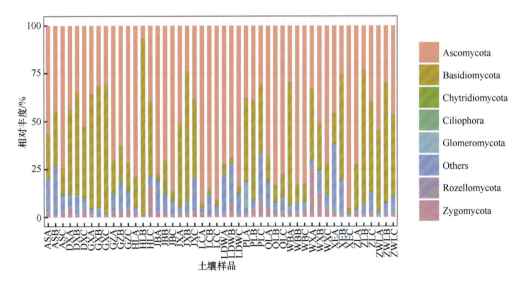

图 7-3 黄土高原不同纬度土壤真菌群落分布特征

相关性分析结果表明，主要真菌群落与环境因子呈显著的正相关或负相关（图 7-4）。其中，子囊菌门（Ascomycota）的相对丰度与海拔（$r=-0.302$）、有机碳（$r=-0.375$）、总氮（$r=-0.319$）、铵态氮（$r=-0.400$）、微生物生物量碳（$r=-0.322$）、碳氮比（$r=-0.386$）

呈现显著的负相关，与总磷（$r=0.321$）、速效磷（$r=0.382$）、pH（$r=0.431$）、电导率（$r=0.400$）呈现显著的正相关。担子菌门（Basidiomycota）的相对丰度与有机碳（$r=0.357$）、总氮（$r=0.301$）、铵态氮（$r=0.451$）、微生物生物量碳（$r=0.409$）、碳氮比（$r=0.365$）呈显著的正相关，与总磷（$r=-0.288$）、pH（$r=-0.485$）、电导率（$r=-0.323$）、速效磷（$r=-0.294$）呈显著的负相关；接合菌门（Zygomycota）与有机碳（$r=0.471$）、总氮（$r=0.487$）呈显著的正相关，与土壤 pH（$r=-0.334$）呈显著的负相关。此外，土壤真菌群落结构（NMDS1）与海拔（$r=0.479$）、有机碳（$r=0.558$）、总氮（$r=0.521$）、铵态氮（$r=0.618$）、微生物生物量碳（$r=0.443$）、碳氮比（$r=0.343$）呈显著的正相关，与土壤总磷（$r=-0.299$）、pH（$r=-0.701$）呈显著的负相关（图 7-4）。

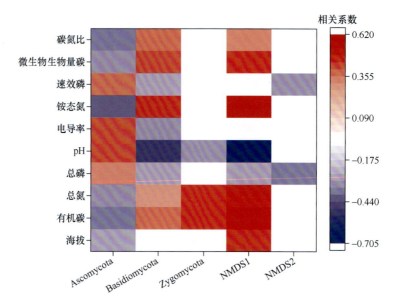

图 7-4 黄土高原土壤主要优势真菌群落、群落结构与环境因子的相关性

三、土壤微生物生物地理学分布的驱动因子

历史偶然因子（historical contingency）与当代环境因子（contemporary environmental factor）是影响微生物物种丰富度格局的两大主要因子。土壤微生物一般是随机分布的，不受距离分隔、物理屏障的限制。出现这种随机分布格局的主要原因是微生物本身的强大扩散能力，即内在的生物学特性（Finlay et al., 2002）。微生物由于个体微小、易于扩散、个体数量巨大，扩散能力进一步增强；同时微生物可通过休眠来抵御极端环境。这些内在特性保证了微生物的长距离传播，并且能够在沿途各区域迅速繁殖，形成了微生物的分布格局。然而，也有证据表明某些微生物因受到当代环境因子的影响呈现有限的地理分布。这些当代环境因子主要包括气候、植被类型、生境异质性、人类活动等。通常情况下，这两类因子是互相影响的，并与时间和空间尺度密切相关。

（一）黄土高原土壤细菌生物地理学分布驱动因子

环境因子与地理距离是影响土壤微生物群落生物地理学分布的主要因子。黄土高原土壤性质与气候因子均与土壤细菌群落结构存在显著的相关性（图7-5）。距离衰减模型表明，环境因子与地理距离均是影响黄土高原土壤细菌群落分布的主要因子，但土壤性质的影响大于气候因子与地理距离的影响。土壤性质是影响黄土高原土壤细菌群落分布最为重要的因子，它解释了25%的变异，地理距离解释了20%的变异，而气候因子只解释了9%的变异。DistLM模型拟合表明，土壤pH是最重要的影响因子，是驱动黄土高原土壤细菌群落分布的最重要环境因子（表7-4）。

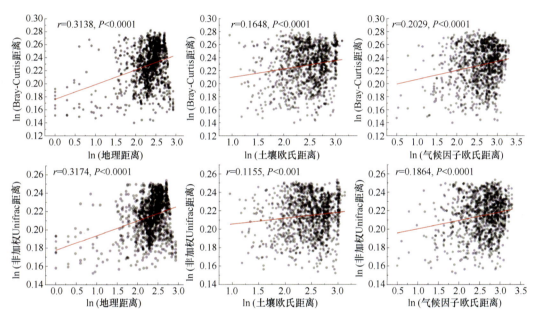

图7-5 地理距离、环境因子对土壤细菌群落结构的影响

表7-4 DistLM模型研究环境因子对土壤细菌群落的影响

变量	校正 R^2	P	解释率/%	累积解释率/%
pH	0.201 41	0.001	23.6	23.6
海拔	0.259 68	0.001	8.8	32.4
电导率	0.277 91	0.030	4.8	37.2
温度	0.295 68	0.026	4.6	41.8
降水量	0.314 23	0.023	4.5	46.3
硝态氮	0.332 06	0.035	4.3	50.6
速效磷	0.337 37	0.279	3.3	53.9
总氮	0.342 87	0.291	3.2	57.1
有机碳	0.358 02	0.103	3.8	60.9
总磷	0.362 96	0.325	3.1	64.0

(二）黄土高原土壤真菌生物地理学分布驱动因子

黄土高原真菌群落结构受到地理距离与环境因子的共同影响。时间衰减模型结果表明，地理距离与真菌群落组成存在显著的相关性（$P<0.0001$），环境因子也表现出显著的相关性（图 7-6），表明二者共同驱动黄土高原真菌群落的生物地理学分布。在众多环境因子中，土壤有机碳含量、pH、铵态氮含量、碳氮比是影响真菌群落分布的主要因子，这些环境因子与土壤真菌群落结构存在显著的相关性。

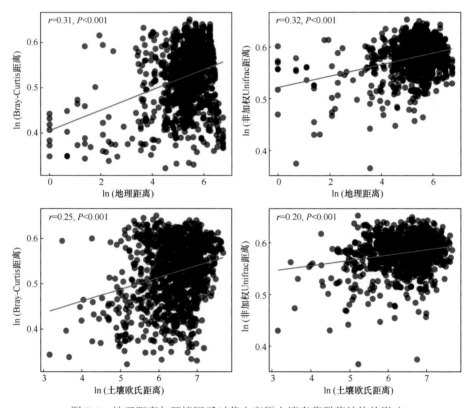

图 7-6 地理距离与环境因子对黄土高原土壤真菌群落结构的影响

为了更好地区分环境因子与地理距离对土壤真菌群落的作用，采偏 Mantel 检验研究不同环境因子对土壤真菌群落的影响，分析结果表明，当考虑地理距离时，环境因子对真菌群落的影响依然是显著的（$r=0.139\,70$，$P=0.001$）；当考虑环境因子时，地理距离对环境因子的影响不显著（$r=0.076\,88$，$P=0.076$）（表 7-5）。这些结果表明，环境因子是土壤真菌群落分布的主要限制因子，地理距离的影响是有限的。

表 7-5 Mantel 与偏 Mantel 模型研究地理距离与环境因子对土壤真菌群落的影响

因子	控制变量	r	P
环境因子	地理距离	0.139 70	0.001
地理距离	环境因子	0.076 88	0.076
环境因子		0.148 50	0.001
地理距离		0.092 14	0.039

第二节 黄土高原植被恢复对土壤微生物功能多样性的影响

一、植被恢复对土壤酶活性的影响

(一)植被类型对土壤酶活性的影响

土壤酶活性是重要的生物学指标,能够反映土壤肥力及土壤健康程度。土壤酶能够驱动土壤有机质的周转,影响土壤的活性养分含量。地上植被是土壤酶活性的重要来源,影响土壤酶活性的分布与活性,不同的酶活性表现出不同的变化趋势。不同植被类型土壤脲酶活性分布如图7-7所示,除沙区与荒漠植被类型土壤脲酶活性差异不显著外,其余植被类型间差异均显著($P<0.05$),不同植被类型间脲酶活性表现为森林>森林草原>草原>沙区、荒漠植被类型。森林草原植被0~5cm土层土壤脲酶活分别是草原、沙区、荒漠植被的1.52倍、5.29倍、9.44倍,5~20cm土层分别是草原、沙区、荒漠植被的1.23倍、4.55倍、9.73倍。草原植被0~5cm、5~20cm土层脲酶活性是沙区植被的3.49倍、3.71倍,是荒漠植被的6.23倍、7.94倍。

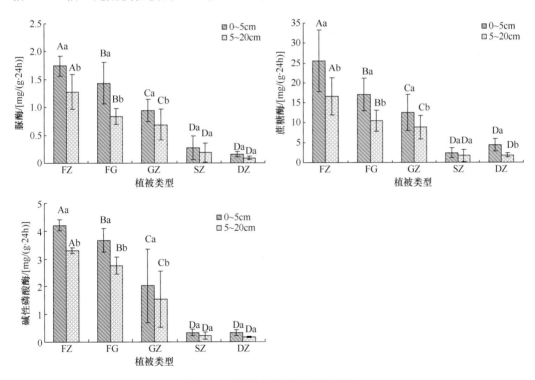

图7-7 不同植被类型土壤酶活性

FZ:森林植被;FG:森林草原植被;GZ:草原植被;SZ:沙区植被;DZ:荒漠植被。不同小写字母表示相同植被类型不同土层间差异显著($P<0.05$),不同大写字母表示相同土层不同植被类型间差异显著($P<0.05$);后同

不同植被类型土壤蔗糖酶活性表现为森林>森林草原>草原>沙区、荒漠植被类型,除沙区与荒漠植被类型土壤脲酶活性差异不显著外,其余植被类型间差异均显著($P<0.05$)。森林、森林草原、草原植被类型土壤蔗糖酶活性上、下土层差异显著($P<$

0.05），0～5cm 土层较 5～20cm 土层分别增加 8.90mg/(g·24h)、6.58mg/(g·24h)、3.70mg/(g·24h)，随土层深度增加其含量减小，森林植被上、下土层间变化较森林草原、草原植被大。而沙区、荒漠植被类型土壤蔗糖酶活性上、下层间差异不显著。

不同植被类型土壤碱性磷酸酶活性表现为森林＞森林草原＞草原＞沙区、荒漠植被类型，5 种植被类型间除沙区与荒漠植被差异不显著外，其余植被类型间差异均显著（$P<0.05$）。森林、森林草原、草原植被土壤碱性磷酸酶含量上、下土层间差异显著（$P<0.05$），0～5cm 土层含量分别较 5～20cm 土层高 0.91mg/(g·24h)、0.92mg/(g·24h)、0.47mg/(g·24h)，表现为随深度增加而逐渐减小趋势，而沙区、荒漠植被上、下土层间差异均不显著。

土壤酶活性与土壤养分的相关关系如表 7-6 所示。土壤脲酶活性与有机碳、全磷、速效磷、全氮、硝态氮、铵态氮含量呈极显著正相关，与蔗糖酶、碱性磷酸酶活性亦呈极显著正相关，相关系数为 0.887、0.902。土壤蔗糖酶活性与有机碳、全磷、全氮、硝态氮、铵态氮含量呈极显著正相关，与速效磷含量呈显著正相关，与碱性磷酸酶活性呈极显著正相关，相关系数为 0.869。土壤碱性磷酸酶活性与有机碳、全磷、速效磷、全氮、硝态氮、铵态氮含量呈均极显著正相关。由此说明，土壤酶活性很大程度上受土壤养分的影响，土壤养分可以促进酶活性的提高，且土壤脲酶、蔗糖酶、碱性磷酸酶活性间相互影响、关系紧密。

表 7-6　土壤酶活性与土壤养分的相关性

	有机碳	脲酶	蔗糖酶	碱性磷酸酶	全磷	速效磷	全氮	硝态氮	铵态氮
脲酶	0.769**	1	0.887**	0.902**	0.843**	0.459**	0.809**	0.623**	0.714**
蔗糖酶	0.784**	0.887**	1	0.869**	0.809**	0.416*	0.818**	0.498**	0.686**
碱性磷酸酶	0.743**	0.902**	0.869**	1	0.848**	0.547**	0.810**	0.601**	0.678**

*表示在 0.05 水平上显著相关，**表示在 0.01 水平上显著相关

土壤脲酶活性、蔗糖酶活性、碱性磷酸酶活性 5 种植被类型间除沙区与荒漠植被差异不显著外，其余植被类型间均差异显著，均表现为森林＞森林草原＞草原＞沙区、荒漠植被类型。3 种酶活性均在森林、森林草原、草原植被类型上、下土层间差异显著，表现为 0～5cm 土层大于 5～20cm 土层，含量随土层深度增加而降低。土壤酶活性很大程度上受土壤养分的影响，土壤养分可以促进酶活性的提高，土壤脲酶、蔗糖酶、碱性磷酸酶活性之间相互影响、关系紧密。

（二）不同土壤团聚体酶活性分布特征

土壤团聚体是一种特殊的有机-无机复合体，是土壤结构的基本单位。土壤团聚体中的碳主要以有机碳形式存在，有机碳的胶结作用是土壤团聚体形成的关键，而土壤固存有机碳的功能主要是以土壤团聚体为主体来完成的，有机碳不同存在形式的转化贯穿团聚体形成、稳定及周转过程的始终。土壤的团聚过程是其固碳的最重要途径之一（Lal and Kimble，1997），因此，研究碳在不同大小团聚体中的分布是了解土壤有机质动态变化的重要手段（Christensen，1992）。土壤有机碳可以增强土壤孔隙度，改

善土壤通气性，优化土壤结构，有显著的缓冲作用和水分保持能力，是微生物、酶、矿物质在土壤中存在的载体。土壤有机碳是土壤中酶促底物的主要来源，是土壤肥力的主要物质基础，也是土壤固相中最为复杂的系统。Taylor 等（2002）的研究表明，土壤有机碳与土壤酶活性之间存在着显著的正相关关系。还有研究表明城市垃圾的堆积、绿肥和淤泥及施用有机残体，均可以提高土壤酶活性（Albiach et al., 2000）。土壤中的易氧化有机碳和较稳定有机碳对土壤酶活性的影响有差异。相反，土壤酶作用于土壤有机碳的分解转化，不同种类的酶对土壤有机碳的作用不同，在丰富土壤有机碳组分方面起到了关键的作用。

1. 土壤团聚体纤维素酶活性

由图 7-8 可以看出，不同植被区土壤团聚体纤维素酶活性表现为草原区＞森林区＞森林草原区；0~10cm 土层土壤团聚体纤维素酶活性高于 10~20cm 土层；森林区和森林草原区同一土层不同粒级土壤团聚体纤维素酶活性差异均不显著，而草原区部分粒级差异显著。其中，草原区土壤团聚体纤维素酶活性在同一土层不同粒级间与森林草原区有显著差异，在 10~20cm 土层，＞5mm 和 0.25~2mm 粒级与森林区土壤团聚体纤维素酶活性差异也显著。森林草原区和草原区土壤中，2~5mm 和 0.25~2mm 粒级团聚体纤维素酶活性均大于＞5mm 与＜0.25 mm 粒级团聚体纤维素酶活性；森林区和森林草原区土壤在 0~10cm 土层不同粒级间团聚体纤维素酶活性差异显著；草原区土壤 2~5mm 粒级团聚体纤维素酶活性在 0~10 和 10~20cm 土层均最高，分别为 11.47mg/(10g·72h) 和 8.24mg/(10g·72h)。

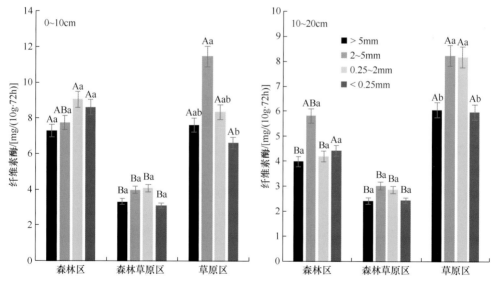

图 7-8　不同植被区土壤团聚体纤维素酶活性分布特征

2. 土壤团聚体过氧化物酶活性

土壤团聚体过氧化物酶活性表现为森林区＞森林草原区＞草原区（图 7-9）。0~10cm

土层，相同粒级不同植被区之间及相同植被区不同粒级之间差异均不显著，其中，森林草原区和草原区土壤团聚体过氧化物酶活性在2~5mm粒级最高，分别为1.49mg/(g·2h)和1.46mg/(g·2h)。10~20cm土层，相同粒级不同植被区之间及相同植被区不同粒级之间差异均不显著，其中，2~5mm粒级下森林区土壤团聚体过氧化物酶活性最高，为1.50mg/(g·2h)；0.25~2mm粒级下草原区土壤团聚体过氧化物酶活性最高，为1.27mg/(g·2h)。

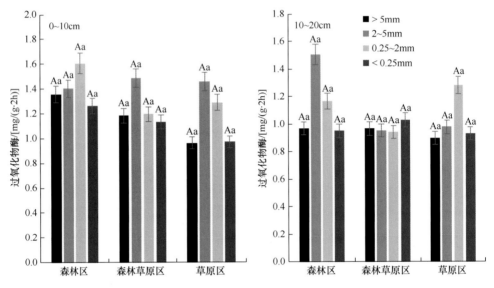

图7-9　不同植被区土壤团聚体过氧化氢酶活性分布特征

3. 土壤团聚体β-D葡糖苷酶活性

土壤团聚体β-D葡糖苷酶活性表现为森林区＞草原区＞森林草原区。在0~10cm土层，森林区＜0.25mm粒级土壤团聚体β-D葡糖苷酶活性与＞5mm和2~5mm粒级差异显著，与0.25~2mm粒级差异不显著；森林草原区0.25~2mm粒级土壤团聚体β-D葡糖苷酶活性与＞5mm和2~5mm粒级差异显著，与＜0.25mm粒级差异不显著；草原区0.25~2mm粒级土壤团聚体β-D葡糖苷酶活性与其他粒级差异均显著；另外，相同粒级下森林区土壤团聚体β-D葡糖苷酶活性与森林草原区和草原区差异显著，其中，0.25~2mm和＜0.25mm粒级森林区土壤团聚体β-D葡糖苷酶活性远远高于森林草原区和草原区，分别高达194.77mg/(kg·h)和207.85mg/(kg·h)。在10~20cm土层，森林区土壤团聚体β-D葡糖苷酶活性在不同粒级间差异不显著；森林草原区土壤0.25~2mm粒级团聚体β-D葡糖苷酶活性与＞5mm粒级差异显著；草原区0.25~2mm粒级土壤团聚体β-D葡糖苷酶活性与＞5和2~5mm粒级差异显著，与0.25~2mm粒级差异不显著；另外，相同粒级下草原区土壤团聚体β-D葡糖苷酶活性与森林草原区和森林区整体上差异显著，其中草原区0.25~2mm粒级土壤团聚体β-D葡糖苷酶活性最高，为133.19mg/(kg·h)（图7-10）。

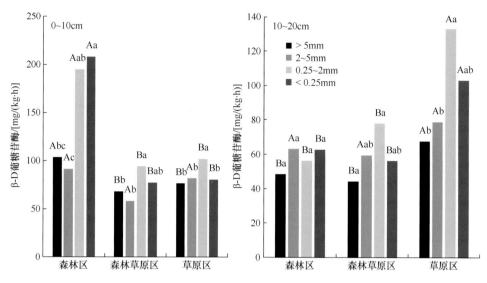

图 7-10　不同植被区土壤团聚体 β-D 葡糖苷酶活性分布特征

4. 土壤团聚体蔗糖酶活性

同一土层森林区土壤团聚体蔗糖酶活性显著高于同一粒级下森林草原区和草原区，其中，森林区 0.25～2mm 和＜0.25mm 粒级土壤团聚体蔗糖酶活性最高，在 0～10cm 土层分别高达 13.41mg/(g·24h) 和 13.91mg/(g·24h)，同一粒级下森林草原区和草原区之间土壤团聚体蔗糖酶活性差异不显著。0～10cm 土层，森林区和森林草原区不同粒级间差异均不显著，草原区＜0.25mm 和＞5mm 粒级土壤团聚体蔗糖酶活性差异显著。在 10～20cm 土层，相同植被区不同粒级间土壤团聚体蔗糖酶活性差异均不显著（图 7-11）。

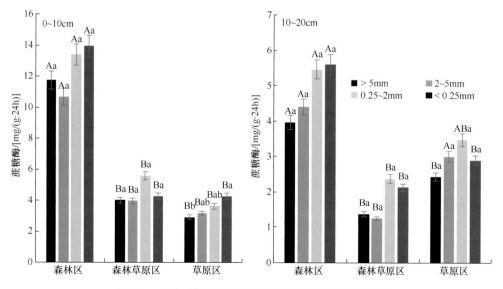

图 7-11　不同植被区土壤团聚体蔗糖酶活性分布特征

5. 土壤团聚体脲酶活性

土壤团聚体脲酶活性表现为森林区＞草原区＞森林草原区，0～10cm 土层土壤团聚体脲酶活性均高于 10～20cm 土层。0～10cm 土层森林区与草原区 2～5mm 粒级土壤团聚体脲酶活性差异不显著；10～20cm 土层森林区与森林草原区 0.25～2mm 粒级土壤团聚体脲酶活性差异不显著，与草原区 0.25～2mm 和＜0.25mm 粒级土壤团聚体脲酶活性差异也不显著，除此之外，森林区与其他植被区相同粒级土壤团聚体脲酶活性差异均达显著水平。森林区不同粒级土壤团聚体脲酶活性差异不显著；森林草原区 0.25～2mm 粒级土壤团聚体脲酶活性与＞5mm 和 2～5mm 粒级差异显著，与＜0.25mm 粒级差异不显著；草原区 0～10cm 土层不同粒级土壤团聚体脲酶活性差异不显著，10～20cm 土层 0.25～2mm 粒级土壤团聚体脲酶活性与＞5mm 和 2～5mm 粒级差异显著，与＜0.25mm 粒级差异不显著（图 7-12）。

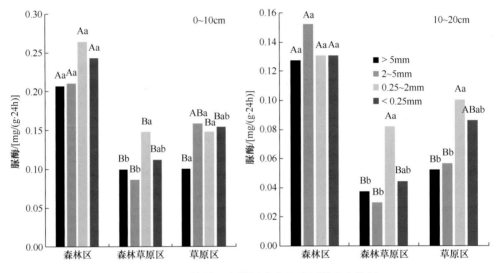

图 7-12　不同植被区土壤团聚体脲酶活性分布特征

二、植被恢复对土壤微生物量的影响

土壤微生物量是指体积小于 $5 \times 10^{-3} \mu m^3$ 的细菌、真菌、藻类和原生动物等的生物总量，是土壤活性养分的储存库，是土壤中最活跃的因子（Jenkinson et al.，2004），能够灵敏地响应土地利用方式的改变（Bossio and Scow，1995）、环境胁迫的影响（Panikov，1999）、植被恢复的变化（刘雨等，2010；赵彤等，2013b），是评价环境质量的重要指标（Powlson et al.，1987）。目前关于黄土丘陵区土壤微生物量已有大量的研究报道，主要集中在不同植被恢复模式（Zhang et al.，2011；赵彤等，2013b）、不同土地利用方式（胡婵娟等，2009）、不同植物群落（曾全超等，2015）等方面，阐明了黄土高原植被恢复有助于提高土壤微生物量。

（一）植被类型对土壤微生物生物量碳氮的影响

植被类型是影响黄土高原土壤微生物量的主要环境因子。如图 7-13 所示，土壤微生物生物量碳在 0~5cm 土层为 350.83~693.15mg/kg，且含量大小顺序为辽东栎＞侧柏＞油松＞刺槐，其中辽东栎和侧柏显著高于油松、刺槐（$P<0.05$）；5~20cm 土层为 143.92~366.54mg/kg，含量大小顺序为辽东栎＞侧柏＞油松＞刺槐，辽东栎、侧柏、油松显著高于刺槐（$P<0.05$）。辽东栎、侧柏、油松、刺槐的土壤微生物生物量碳均随着的土层深度的增加而降低，表层显著高于下层（$P<0.05$）。

如图 7-13 所示，0~5cm 土壤微生物生物量氮在 52.21~93.61mg/kg 变化，5~20cm 土壤微生物生物量氮变化幅度为 30.75~58.88mg/kg。不同乔木林土壤微生物生物量氮均表现为表层大于下层，以刺槐林差异最为明显，表层是下层的 2.44 倍。土壤微生物生物量氮含量在表层的大小顺序为辽东栎＞侧柏＞油松＞刺槐，下层为侧柏＞辽东栎＞油松＞刺槐。辽东栎和侧柏表层土壤的微生物生物量氮显著大于油松和刺槐；下层土壤中，侧柏显著高于油松、刺槐，辽东栎显著高于刺槐（$P<0.05$）。

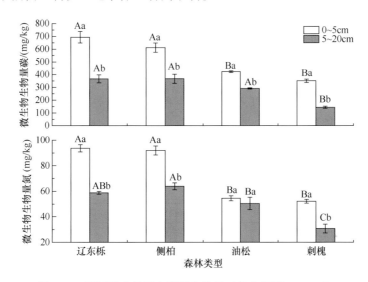

图 7-13　不同乔木林下土壤微生物量（曾全超等，2015a）
不同小写字母表示同一植被类型不同土层间差异显著（$P<0.05$），
不同大写字母表示同一土层不同植被类型间差异显著（$P<0.05$）。下同

如图 7-14 所示，土壤微生物生物量碳在不同植被类型表现为森林＞森林草原＞草原＞沙区、荒漠植被，除沙区与荒漠植被间差异不显著外，其余两两植被类型间差异显著（$P<0.05$）。微生物生物量碳含量在森林、森林草原植被类型上、下层间差异显著（$P<0.05$），表现为 0~5cm 土层大于 5~20cm 土层，草原、沙区、荒漠植被类型差异不显著。5 种植被类型 0~5cm 土层土壤微生物生物量碳含量变化范围为 39.04~519.71mg/kg，5~20cm 土层微生物生物量碳为 11.99~292.27mg/kg。森林植被类型 0~5cm、5~20cm 土层土壤微生物生物量碳含量分别是森林草原植被类型 0~5cm、5~20cm 土层的 1.68 倍、1.99 倍，草原植被类型的 3.64 倍、3.93 倍，沙区植被类型的 13.31 倍、14.70 倍，荒漠植被类型的 12.65 倍、24.38 倍，不同植被类型间土壤微生物生物量碳含量变化幅度 5~20cm 土层较 0~5cm 土层大。森林植被 0~5cm 土层微生物生物量碳含量分别比森林草原、草原、沙区、荒漠植被高 211.19mg/kg、376.90mg/kg、480.66mg/kg、478.61mg/kg，

5~20cm 土层含量分别比森林草原、草原、沙区、荒漠植被高 145.32mg/kg、217.97mg/kg、272.39mg/kg、280.28mg/kg。森林草原植被 0~5cm 土层微生物生物量碳含量分别比草原、沙区、荒漠植被高 165.70mg/kg、269.47mg/kg、267.42mg/kg，5~20cm 土层含量分别比草原、沙区、荒漠植被高 72.63mg/kg、127.06mg/kg、134.96mg/kg。草原植被 0~5cm 土层含量较沙区、荒漠植被高 103.77mg/kg、101.71mg/kg，5~20cm 土层较沙区、荒漠植被高 54.43mg/kg、62.33mg/kg。沙区与荒漠植被差异不显著，且其不同土层间差异也不显著。

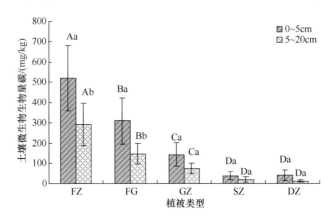

图 7-14　不同植被类型土壤微生物量碳含量（董扬红，2015）
FZ：森林植被；FG：森林草原植被；GZ：草原植被；SZ：沙区植被；DZ：荒漠植被

不同植被类型土壤微生物熵分布特征如图 7-15 所示，森林、森林草原、草原植被类型间差异不显著，但以上 3 种植被类型微生物熵均与沙区、荒漠植被类型差异显著（$P<0.05$），表现为森林、森林草原、草原植被类型土壤微生物熵显著大于沙区、荒漠植被类型，沙区与荒漠植被类型差异不显著。所有植被类型不同土层间土壤微生物熵差异不显著。

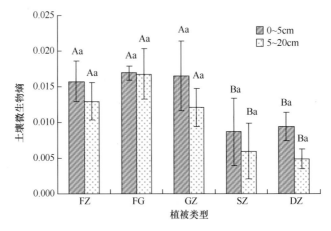

图 7-15　不同植被类型土壤微生物熵（董扬红，2015）
FZ：森林植被；FG：森林草原植被；GZ：草原植被；SZ：沙区植被；DZ：荒漠植被

（二）地形因子对土壤微生物量的影响

如图 7-16 所示，半阴坡土壤微生物的基础呼吸量和 CO_2 排放量显著高于阴坡、阳坡、坡顶。半阴坡土壤微生物的基础呼吸量是阴坡土壤的 2 倍左右，是坡顶和阳坡的 4 倍。不同坡向土壤微生物生物量碳表现为阴坡、半阴坡高于坡顶、阳坡。微生物生物量氮表现出与微生物生物量碳相似的变化趋势，阴坡、半阴坡高于坡顶、阳坡。土层深度是影响微生物生物量碳、基础呼吸及 CO_2 排放量的主要因子，深层土壤 CO_2 排放量（30~60cm）明显高于表层土壤（0~10cm）。与 CO_2 排放量不同的是，表层土壤的微生物生物量碳氮磷均显著高于下层土壤。

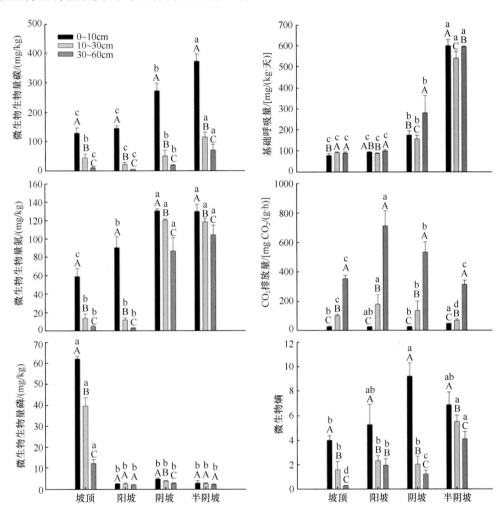

图 7-16　不同坡向土壤微生物生物量碳氮磷（Huang et al., 2015）

第三节　黄土高原土壤微生物群落结构多样性特征

一、地形因子对土壤中总 PLFA 含量的影响

（一）不同侵蚀环境对土壤总 PLFA 含量的影响

如图 7-17 所示，3 个植被区不同侵蚀环境下土壤总磷脂脂肪酸（PLFA）的含量为

16.68~150.04ng/g。森林区变化规律为阴沟坡＞阴梁峁坡＞梁峁顶，最大值、最小值分别是 26.44ng/g、150.04ng/g，森林草原区和草原区变化一致，3 种侵蚀环境下差异不显著，其磷脂脂肪酸总量的变化范围分别为 24.64~32.45ng/g 和 16.68~20.78ng/g。植被区间进行比较，阴沟坡和阴梁峁坡表现为森林区＞森林草原区＞草原区，梁峁顶为森林区、森林草原区＞草原区（邢肖毅，2013）。

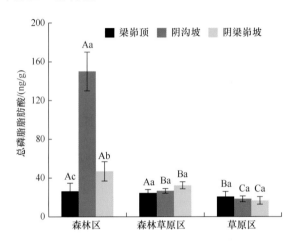

图 7-17 不同侵蚀环境下土壤总 PLFA 含量（邢肖毅，2013）
不同大写字母表示同一侵蚀环境不同植被区间土壤 PLFA 差异显著，不同小写字母表示
同一植被不同侵蚀环境间土壤总 PLFA 差异显著

（二）不同坡向对土壤微生物群落结构的影响

磷脂脂肪酸含量能够反映土壤中微生物群落结构。坡向显著影响土壤微生物总 PLFA 含量（$P<0.05$），阳坡土壤总 PLFA 量显著高于阴坡、半阴坡、坡顶，阴坡与半阴坡之间差异不显著（图 7-18）。黄土高原纸坊沟小流域土壤细菌量显著高于真菌量、放线菌量，不同坡向对不同类群微生物群落影响显著。对于细菌，阴坡显著高于其他坡向，半阴坡土壤细菌量最低；土壤真菌量表现为坡顶＞半阴坡＞阳坡＞阴坡；土壤放线菌量则表现为阴坡显著高于其他坡向，阳坡与半阴坡之间差异不显著（Huang et al.，2015）。

土壤 PLFA 主要由革兰氏阳性菌、革兰氏阴性菌、厌氧菌、好氧菌组成，革兰氏阳性菌的比例显著高于其他类群，厌氧菌与革兰氏阴性菌的比例少于 5%。坡向显著影响不同类群的分配比例，阳坡、阴坡土壤的革兰氏阳性菌量显著高于半阴坡、坡顶，二者差异不显著。阳坡土壤革兰氏阴性菌量显著高于其他坡向，半阴坡土壤革兰氏阴性菌量最低（Huang et al.，2015）。

（三）不同侵蚀环境对土壤 PLFA 含量的影响

3 个植被区共测定到磷脂脂肪酸 19 种，其中森林区和森林草原区均测得 19 种，草原区仅测得 15 种，可见，草原区的微生物不及森林区和森林草原区丰富（图 7-19）。从脂肪酸的变化可以看出，16:0、18:1ω9c 和 18:1ω9t 三种脂肪酸的含量较高，3 个植被区 9 个样地中，上述 3 种脂肪酸占磷脂脂肪酸总量的比例分别为 22.12%、18.65%和 10.81%。

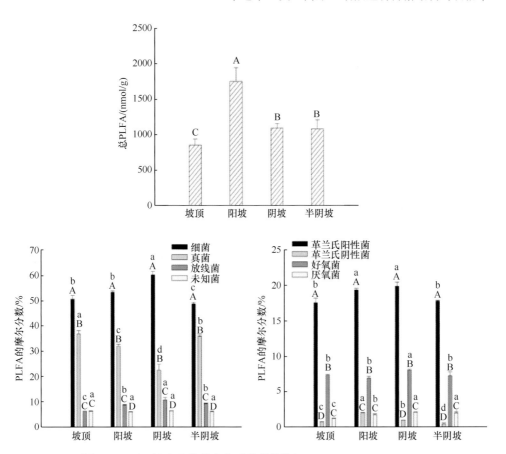

图 7-18 不同坡向土壤微生物群落结构特征（Huang et al., 2015）

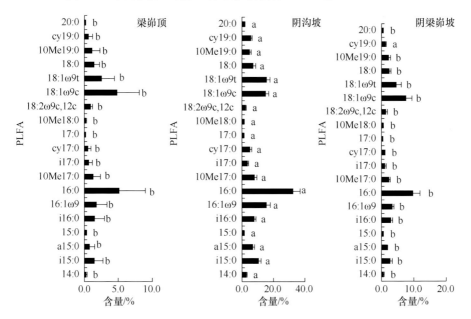

图 7-19 森林区土壤各磷脂脂肪酸含量

森林区这 3 种脂肪酸之和占脂肪酸总量的平均值为 45.68%,而森林草原区和草原区这 3 种脂肪酸所占比例超过 50%(图 7-20)。森林区 3 种侵蚀环境下均测得 19 种磷脂脂肪酸,各磷脂脂肪酸整体表现为阴沟坡＞阴梁峁坡＞梁峁顶。森林草原区梁峁顶和阴梁峁坡测得磷脂脂肪酸 19 种,而阴沟坡仅测得 14 种,各磷脂脂肪酸含量整体而言,表现为阴梁峁坡略高于阴沟坡和梁峁顶。草原区梁峁顶测得磷脂脂肪酸 15 种,阴沟坡和阴梁峁坡均测得 14 种,3 种侵蚀环境下整体表现为梁峁顶略高于阴梁峁坡和阴沟坡,而后两者差异不大（图 7-21）。3 个植被区相比,整体表现为森林区＞森林草原区＞草原区。虽然不同植被区各磷脂脂肪酸的含量不同,但各土样中不同磷脂脂肪酸的多寡分布规律基本相同。由此可见,黄土高原地区土壤中各磷脂脂肪酸的组合规律基本一致（邢肖毅,2013）。

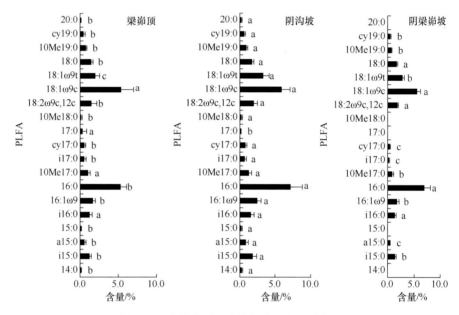

图 7-20　森林草原区土壤各磷脂脂肪酸含量

表 7-7 所示为每种磷脂脂肪酸占总量的比例。由其可见,不同处理下,各脂肪酸绝对值变化很大,但其占总量的比例较稳定。以森林区 16:0 脂肪酸为例,梁峁顶、阴沟坡和阴梁峁坡的含量分别为 5.17ng/g、32.63ng/g 和 9.78ng/g,占总量的比例分别为 16.46%、21.02%和 18.96%。不同植被区间的数据进行对比,也呈现相同的规律。可见黄土高原地区土壤中每一种磷脂脂肪酸占脂肪酸总量的比例一致（邢肖毅,2013）。

二、植被类型对微生物群落结构多样性的影响

不同种类微生物有其特殊的磷脂脂肪酸组成和含量特征,根据特征磷脂脂肪酸的含量可以计算得到具体微生物的生物量及群落结构（Zelles and Bai,1993）。计算 9 个样点主要微生物类群包括细菌、真菌、放线菌、革兰氏阳性细菌、革兰氏阴性细菌的生物量,结果如表 7-8 所示。森林区各微生物类群均表现为阴沟坡＞阴梁峁坡＞梁峁顶。森林草

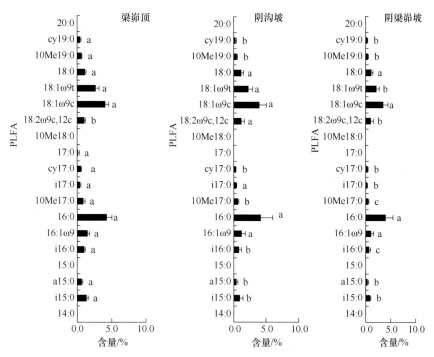

图 7-21　草原区土壤各磷脂脂肪酸含量

表 7-7　各磷脂脂肪酸占总量的百分比　　　　　　　　　　（单位：%）

脂肪酸	森林区			森林草原区			草原区		
	梁峁顶	阴沟坡	阴梁峁坡	梁峁顶	阴沟坡	阴梁峁坡	梁峁顶	阴沟坡	阴梁峁坡
14:0	0.86	1.89	1.20	0.48	nd	0.81	nd	nd	nd
i15:0	4.90	6.83	5.22	4.31	4.52	5.01	5.26	4.09	4.01
a15:0	2.55	4.49	3.39	2.02	1.50	2.32	2.59	1.81	1.73
15:0	0.86	0.91	1.05	0.48	nd	0.59	nd	nd	nd
i16:0	5.03	5.06	5.60	4.31	4.33	4.26	4.04	3.57	3.17
16:1ω9	5.86	10.05	6.48	5.78	5.70	6.71	5.88	5.30	5.04
16:0	16.46	21.02	18.96	18.17	21.98	19.35	16.87	18.09	18.56
10Me17:0	4.30	5.16	4.61	3.63	2.80	3.50	3.45	2.80	2.29
i17:0	2.13	2.33	2.09	1.85	0.80	1.89	1.57	1.64	1.21
cy17:0	1.78	3.29	1.88	1.95	1.37	2.16	2.12	1.29	1.68
17:0	0.57	0.76	0.66	1.09	nd	0.40	0.47	nd	nd
10Me18:0	0.83	0.89	1.01	0.48	nd	0.62	nd	nd	nd
18:2ω9c, 12c	3.06	1.54	2.69	5.06	5.99	5.36	4.12	5.25	4.90
18:1ω9c	15.50	9.73	14.73	18.34	17.68	15.93	16.01	17.23	16.37
18:1ω9t	8.34	10.11	8.88	6.81	8.89	8.95	10.59	9.86	10.07
18:0	4.78	4.56	4.67	4.99	5.48	4.66	4.47	5.04	5.32
10Me19:0	3.76	3.19	4.27	2.60	2.26	2.59	2.39	2.07	2.01
cy19:0	2.01	3.68	2.50	1.61	1.66	1.75	1.69	1.29	1.45
20:0	0.60	1.17	0.93	0.34	nd	0.59	nd	nd	nd

注：nd 表示未检测出

表 7-8　不同植被类型主要微生物类群含量　　　（单位：ng/g）

微生物	森林区			森林草原区			草原区		
	梁峁顶	阴沟坡	阴梁峁坡	梁峁顶	阴沟坡	阴梁峁坡	梁峁顶	阴沟坡	阴梁峁坡
细菌	13.51	93.61	25.29	12.29	13.44	16.49	10.32	8.61	7.90
放线菌	2.79	14.34	5.10	1.96	1.59	2.49	1.49	1.13	0.92
真菌	8.45	33.19	13.57	8.83	10.22	11.22	7.83	7.51	6.72
革兰氏阳性细菌（G$^+$）	4.59	29.05	8.41	3.65	3.50	5.00	3.43	2.58	2.17
革兰氏阴性细菌（G$^-$）	3.03	26.41	5.60	2.73	2.74	3.94	2.47	1.83	1.75
真菌/细菌（F/B）	0.63	0.35	0.54	0.72	0.76	0.68	0.76	0.87	0.85
G$^+$/G$^-$	1.51	1.10	1.50	1.34	1.28	1.27	1.39	1.41	1.24

原区表现为阴梁峁坡略高于阴沟坡和梁峁顶。草原区表现为梁峁顶略高于阴沟坡和阴梁峁坡。3 个植被区之间整体表现为森林区＞森林草原区＞草原区，然而不同类群微生物变化程度不同，整体而言，放线菌的变化幅度最大，最大值是最小值的 15.59 倍，其次是细菌，其中又以革兰氏阴性细菌的变化程度略大，真菌差别较小，最大值仅为最小值的 4.94 倍，可见不同微生物对环境变化的响应不同（邢肖毅，2013）。

土壤环境发生改变时，土壤微生物通过改变其组成和活动强度等适应这种变化。因此通过测定微生物类群的分布和其生理状况便可对环境的胁迫作用作出一定程度的判断。土壤中 F/B 常被用来作为表征生态系统自我调控能力大小的指标，比值越高，则生态系统自我调节能力越好（Bardgett and McAlister，1999）。另外，该比值还能反映土壤中有机质的含量，比值越高，则有机质含量越高。森林草原区和草原区 F/B 较森林区大，由此可以判断森林草原区和草原区的土壤有机质含量较高，生态系统自我调节能力更好。森林区有机质含量明显高于森林草原区和草原区，与上述结论不一致。这可能是因为从该研究区土壤提取的 PLFA 主要为碳链长度在 20 以下的细菌特征磷脂脂肪酸，提取的真菌类脂肪酸种类不多（Øvreås and Torsvik，1998）。另外，土样的长时间储存会对脂肪酸产生影响（吴愉萍，2009），本节所用土壤样品已在-20℃条件下冷冻保存一年有余，势必对其中微生物的含量产生影响。由此可见，通过 F/B 来判断土壤生态系统的自我调节能力和有机质含量具有一定的局限性。G$^+$/G$^-$常被用来表示土壤所受的饥饿胁迫程度的大小，其值越大，表示土壤所受的碳源的饥饿程度越大。

第四节　黄土高原土壤微生物群落遗传多样性特征

一、不同植被类型对土壤细菌群落的影响

（一）草原植被与森林植被土壤细菌群落特征

如表 7-9 所示，所有样品的平均覆盖度约为 90%，且稀释曲线趋于平稳，表明该测序效果理想。在 3% 分类水平，黄土高原不同植被类型 Chao1 指数、Ace 指数、Simpson 指数、Shannon 指数和 OTU 有所差异。OTU、Chao1 指数、Ace 指数、Shannon 指数均表现为草原植被区＞森林植被区，其中 Shannon 指数在不同植被类型间差异显著（P＜

0.05），表明草原植被区细菌多样性更为丰富；Simpson 指数大小顺序为草原植被区＜森林植被区，二者之间差异不显著（表 7-9）。

表 7-9　不同植被类型土壤细菌序列统计及多样性指数

类型	读数	0.97 的相似分类水平					
		OTU	Ace 指数	Chao1 指数	覆盖度/%	Shannon 指数	Simpson 指数
草原植被 1	10 112	2 833	4 083	3 921	89	7.29	0.0015
草原植被 2	10 640	2 817	3 903	3 792	90	7.30	0.0015
草原植被 3	9 435	2 780	4 113	4 015	87	7.34	0.0013
草原植被 4	7 373	2 244	3 380	3 237	87	7.13	0.0015
均值	9 390±1432a	2 669±284a	3 870±339a	3 741±348a	88±1a	7.27±0.09a	0.0015±0.0001a
森林植被 1	10 405	2 382	3 383	3 339	91	7.01	0.002
森林植被 2	8 500	1 969	2 731	2 734	91	6.76	0.0035
森林植被 3	8 601	2 435	3 591	3 452	88	7.15	0.0016
森林植被 4	9 306	2 363	3 469	3 340	89	6.94	0.0029
均值	9 203±878a	2 287±214a	3 294±385a	3 216±326a	90±1a	6.97±0.16b	0.0025±0.0009a

注：不同小写字母表示不同植被类型间差异显著（$P<0.05$）

如图 7-22 所示，通过 454 高通量测序发现，黄土高原不同植被类型土壤中检测到的主要微生物有放线菌门（Actinobacteria）、变形菌门（Proteobacteria）、酸杆菌门（Acidobacteria）、绿弯菌门（Chloroflexi）、浮霉菌门（Planctomycetes）、芽单胞菌门（Gemmatimonadetes）、装甲菌门（Armatimonadetes）等。变形菌门、放线菌门、酸杆菌门、绿弯菌门、浮霉菌门是在土壤中占主导地位的微生物，占所有微生物总数的 80%～85%。在森林植被区 Actinobacteria 相对丰度的变化范围为 12.66%～19.15%，均值为 15.83%；Proteobacteria 的变化范围为 29.40%～37.90%，均值为 33.86%；Chloroflexi 的变化范围为 9.25%～14.67%，均值为 11.25%；Acidobacteria 的变化范围为 8.51%～20.21%，均值为 13.19%；Planctomycetes 的变化范围为 7.99%～10.02%，均值为 8.89%。在草原植被区 Actinobacteria 的变化范围为 25.02%～29.15%，均值为 27.41%；Proteobacteria 的变化范围为 23.72%～30.57%，均值为 27.19%；Chloroflexi 的变化范围为 9.49%～13.43%，均值为 11.55%；Acidobacteria 的变化范围为 5.66%～8.54%，均值为 7.33%；Planctomycetes 的变化范围为 8.33%～9.71%，均值为 9.01%。

在纲分类水平，两个植被区土壤主要的优势菌分别为放线杆菌纲（Actinobacteria）、α-变形菌纲（α-Proteobacteria）、酸杆菌纲（Acidobacteria）、β-变形菌纲（β-Proteobacteria）、浮霉菌纲（Planctomycetacia）（图 7-22）。放线杆菌纲（Actinobacteria）在森林植被区的变化范围为 12.66%～19.15%，均值为 15.83%；在草原植被区为 25.02%～29.15%，均值为 27.41%；草原植被区显著高于森林植被区（$P<0.05$）。α-变形菌纲（α-Proteobacteria）在森林植被区的变化范围为 15.00%～24.11%，均值为 18.35%；在草原植被区为 15.61%～22.06%，均值为 17.80%；两个植被区差异不显著（$P>0.05$）。酸杆菌纲（Acidobacteria）在森林植被区的变化范围为 8.51%～20.21%，均值为 13.19%；在草原植被区为 5.66%～8.54%，均值为 7.33%；草原植被区与森林植被区差异不显著（$P>0.05$）。β-变形菌纲

（β-Proteobacteria）在森林植被区的变化范围为4.61%~11.68%，均值为7.20%；在草原植被区为4.00%~8.45%，均值为5.61%；草原植被区与森林植被区差异不显著（$P>0.05$）。浮霉菌纲（Planctomycetacia）在森林植被区的变化范围为4.38%~5.36%，均值为4.96%；在草原植被区为3.71%~4.66%，均值为4.11%；草原植被区显著低于森林植被区（$P<0.05$）。

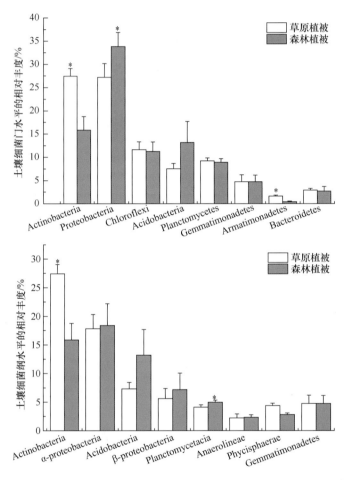

图 7-22 门和纲分类水平的微生物群落组成
*表示不同植被类型间差异显著（$P<0.05$）

不同的土壤微生物群落受土壤性质的影响不同（图 7-23）。土壤环境因子对 Actinobacteria 的解释率为 90.4%，其中土壤水分的解释率最高，达 77.3%（$P<0.05$）。土壤环境因子对 Proteobacteria 的解释率为 99.8%，其中土壤总磷的解释率最高，达 85.3%，其次为 MBC（8.7%）。土壤环境因子对 Chloroflexi 的解释率为 62.3%，其中土壤 pH 和 MBC 是影响其分布的主要影响因子。土壤环境因子对 Acidobacteria 的解释率为 99.4%，其中土壤水分的解释率最高，达 72.9%，其次为 MBC（16.6%）。土壤环境因子对 Planctomycetes 的解释率为 63.5%，其中土壤 pH 与总磷的解释率较高，分别为 14.6%、25.5%。土壤环境因子对 Bacteroidetes 的解释率为 73%，其中土壤水分与总磷的

解释率较高，分别为 16.7%、27.6%。土壤环境因子对 Gemmatimonadetes 的解释率为 97.4%，其中土壤水分、总氮、MBC 的解释率较高，分别为 42.6%、25.5%、17.6%。土壤环境因子对 Armatimonadetes 的解释率为 78.9%，其中土壤水分的解释率较高，达 69.4%。土壤环境因子对 Cyanobacteria 的解释率为 99.2%，其中土壤水分、pH、SOM、TN 的解释率较高，分别为 58.3%、10.4%、9.6%、9.1%。

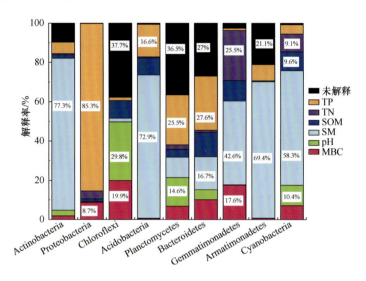

图 7-23　在门水平上不同土壤性质对不同细菌群落的影响

（二）不同乔木林对土壤细菌群落的影响

在 97%相似水平，黄土高原不同乔木林土壤微生物 Chao1 指数、Ace 指数、Simpson 指数、Shannon 指数、OTU 有差异。Chao1 指数大小顺序为 YS＞CH＞CB＞LDL；Ace 指数大小顺序为 YS＞CH＞CB＞LDL，Shannon 指数大小顺序为 YS＞CB＞CH＞LDL；Simpson 指数大小顺序为 LDL＞CH＞CB＞YS。OTU 为 1969～2435，YS＞CB＞CH＞LDL。YS 土壤微生物的多样性最高，LDL 土壤微生物的多样性最低（表 7-10）。

表 7-10　不同乔木林土壤细菌序列统计及多样性指数

植被类型	序列数	97%相似水平					
		OTU	Ace 指数	Chao1 指数	覆盖度/%	Shannon 指数	Simpson 指数
侧柏（CB）	10 405	2 382	3 383	3 339	91.0	7.01	0.002 0
辽东栎（LDL）	8 500	1 969	2 731	2 734	91.1	6.76	0.003 5
油松（YS）	8 601	2 435	3 591	3 452	88.1	7.15	0.001 6
刺槐（CH）	9 306	2 363	3 469	3 340	89.4	6.94	0.002 9

如图 7-24 所示，通过 454 高通量测序发现，从黄土高原 4 种不同乔木林土壤中检测到的主要微生物有放线菌门（Actinobacteria）、变形菌门（Proteobacteria）、酸杆菌门（Acidobacteria）、绿弯菌门（Chloroflexi）、浮霉菌门（Planctomycetes）、芽单胞菌门（Gemmatimonadetes）、装甲菌门（Armatimonadetes）、蓝菌门（Cyanobacteria）等。变

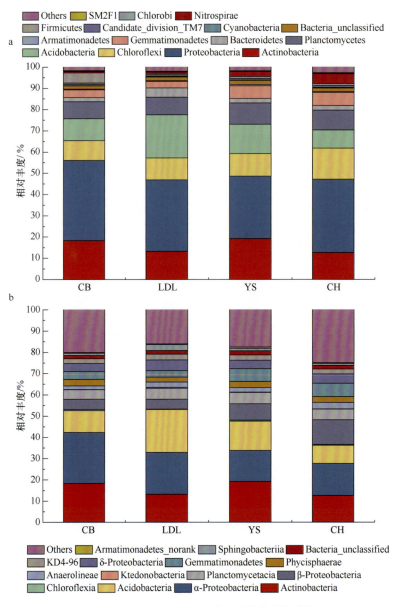

图 7-24 门（a）和纲（b）分类水平的微生物群落组成

形菌门（Proteobacteria）、放线菌门（Actinobacteria）、酸杆菌门（Acidobacteria）、绿弯菌门（Chloroflexi）、浮霉菌门（Planctomycetes）是在土壤中占主导地位的微生物类群，占所有微生物总数的 80%~85%。不同乔木林下放线菌门（Actinobacteria）的相对丰度变化范围为 12.66%~19.15%，YS＞CB＞LDL＞CH；变形菌门（Proteobacteria）的变化范围为 29.40%~37.90%，CB＞CH＞LDL＞YS；绿弯菌门（Chloroflexi）的变化范围为 9.25%~14.67%，CH＞YS＞LDL＞CB；酸杆菌门（Acidobacteria）的变化范围为 8.51%~20.21%，LDL＞YS＞CB＞CH；浮霉菌门（Planctomycetes）的变化范围为 7.99%~10.02%，YS＞CH＞LDL＞CB；芽单胞菌门（Gemmatimonadetes）的变化范围为 3.05%~6.27%，

CH＞YS＞CB＞LDL。

在纲分类水平，不同乔木林土壤主要的优势菌分别为放线杆菌纲（Actinobacteria）、α-变形菌纲（α-Proteobacteria）、酸杆菌纲（Acidobacteria）、β-变形菌纲（β-Proteobacteria）、浮霉菌纲（Planctomycetacia）（所占的比例分别为 12.66%～19.15%、15.00%～24.11%、8.51%～20.21、4.61%～11.68%、4.38%～5.36%。α-变形菌纲（α-Proteobacteria）在 CB、LDL 样地分布较多，β-变形菌纲（β-Proteobacteria）在 YS、CH 样地分布较多，浮霉菌纲（Planctomycetacia）、厌氧绳菌纲（Anaerolineaceae）、Phycisphaerae、δ-变形菌纲（δ-Proteobacteria）在不同乔木林差异较小。

在微区域内，土壤微生物的生长主要受土壤的物理化学性质影响。微生物通过分解累积多年的枯枝落叶来影响土壤养分循环及其自身的多样性。有研究表明，放线菌门（Actinobacteria）是降解木质素与纤维素的主要功能菌门。4 种乔木林土壤放线菌门（Actinobacteria）所占比例范围在 12.66%～19.15%，与杨树人工林土壤较为一致。研究表明植物群落类型是影响土壤放线菌多样性的重要因素。在变形菌门（Proteobacteria）中，α-变形菌纲（α-Proteobacteria）是最主要的纲，其次是 β-变形菌纲（β-Proteobacteria），所占比例分别为 15.00%～24.11%、4.61%～11.68%，这与韩亚飞等（2014）对杨树人工林等的研究一致，而 Roesch 等（2007）和 Zhang 等（2016）研究发现 β-变形菌纲（β-Proteobacteria）的丰度大于 α-变形菌纲（α-Proteobacteria）。土壤 pH 是影响微生物群落分布的主要因素。在盐碱土中，α-变形菌纲（α-Proteobacteria）、β-变形菌纲（β-Proteobacteria）、γ-变形菌纲（γ-Proteobacteria）和 δ-变形菌纲（δ-Proteobacteria）是最重要的微生物类群。4 种乔木林中，变形菌门（Proteobacteria）是最主要的优势菌门，所占比例为 24.90%～37.90%，而该地区土壤呈弱碱性，也验证了变形菌门（Proteobacteria）为碱性土壤中的主要优势群落。

Liu 等（2014）发现，影响东北黑土土壤微生物生物地理学分布的关键因子是土壤 pH，这与本节研究一致。土壤是土壤微生物生长所需要碳氮磷的主要来源，不同的肥力状况会影响土壤微生物种群数量及分布。LDL 样地的土壤有机质、总氮、总磷、微生物生物量碳氮含量最高，酸杆菌门（Acidobacteria）、拟杆菌门（Bacteroidetes）的相对丰度也是最高的，可能是由养分存在差异导致的。有研究发现，土壤有机碳含量是驱动土壤微生物生物地理学分布的主要因素。不同乔木林土壤的有机碳差异显著，土壤有机碳可能也是影响不同乔木林土壤细菌分布的主要因子。综合全国其他地区应用高通量测序方法的研究发现，东北黑土与黄土高原乔木林土壤的主要优势菌门均为酸杆菌门（Acidobacteria）、放线菌门（Actinobacteria）、变形菌门（Proteobacteria）、绿弯菌门（Chloroflexi）、浮霉菌门（Planctomycetes）。但是不同的生态系统中，主要优势菌群的相对丰度存在差异。在东北黑土中，优势菌为酸杆菌门（Acidobacteria）（24.11%）与变形菌门（Proteobacteria）（19.25%），其中土壤有机碳与土壤 pH 是影响东北黑土细菌生物地理学分布的主要环境因子。

（三）不同土地利用类型对土壤细菌群落的影响

在 97% 相似水平，宁南山区不同土地利用类型 Ace 指数、Chao1 指数、Shannon 指数、Simpson 指数和 OTU 有所差异。Chao1 指数大小顺序为 CO＞CI＞SB；Ace 指数大小顺序为 CO＞CI＞SB；Shannon 指数大小顺序为 CI＞CO＞SB；Simpson 指数大小顺序为 CO＞SB＞CI；OTU 为 1333～1454，大小顺序为 CO＞CI＞SB。在 3 种不同土地利用类型中，人工林地土壤微生物的多样性最高（表 7-11）。

表 7-11 不同土地利用类型下土壤细菌序列统计及多样性指数

土地利用类型	97%相似水平					
	OTU	Ace 指数	Chao1 指数	Shannon 指数	Simpson 指数	覆盖度/%
人工林地（CI）	1380	1508	1536	6.23	0.0044	99.0
天然草地（SB）	1333	1481	1515	6.13	0.0051	98.9
玉米地（CO）	1454	1586	1611	6.20	0.0067	98.9

如图 7-25 所示，通过 MiSeq 高通量测序发现，从 3 种土地利用类型土壤中检测到的主要微生物有变形菌门（Proteobacteria）、放线菌门（Actinobacteria）、酸杆菌门（Acidobacteria）、绿弯菌门（Chloroflexi）、芽单胞菌门（Gemmatimonadetes）、厚壁菌门（Firmicutes）、拟杆菌门（Bacteroidetes）、硝化螺旋菌门（Nitrospirae）8 个门。其中，前 6 个门在土壤中占主导地位，占所有微生物总数的 89%～95%。人工林地的 Actinobacteria 相对丰度显著大于玉米地（$P<0.05$），Firmicutes、Baceroidetes 相对丰度的变化范围显著小于玉米地（$P<0.05$）；人工林地与玉米地 Proteobacteria、Acidobacteria、Chloroflexi、Gemmatimonadetes 和 Nitrospirae 的相对丰度差异不显著。天然草地

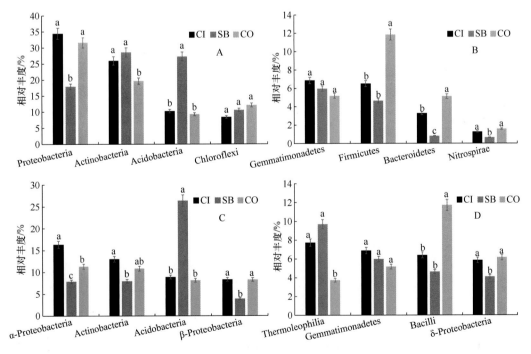

图 7-25 门（A 和 B）和纲（C 和 D）分类水平的微生物群落组成
不同小写字母表示不同土地利用类型间差异显著（$P<0.05$）

Actinobacteria 和 Acidobacteria 相对丰度的变化范围显著大于玉米地（$P<0.05$），Proteobacteria、Firmicutes、Baceroidetes 和 Nitrospirae 相对丰度的变化范围显著小于玉米地（$P<0.05$）；天然草地与玉米地 Chloroflexi、Gemmatimonadetes 的相对丰度差异不显著。

通过 MiSeq 高通量测序发现，从 3 种不同土地利用类型土壤中检测到的主要微生物有 α-变形菌纲（α-Proteobacteria）、放线菌纲（Actinobacteria）、酸杆菌纲（Acidobacteria）、β-变形菌纲（β-Proteobacteria）、嗜热油菌纲（Thermoleophilia）、芽单胞菌纲（Gemmatimonadetes）、杆菌纲（Bacilli）和 δ-变形菌纲（δ-Proteobacteria）8 个纲。人工林地 α-Proteobacteria、Actinobacteria 和 Thermoleophilia 的相对丰度显著大于玉米地（$P<0.05$），Bacilli 的相对丰度显著小于玉米地（$P<0.05$）；玉米地与人工林地 Acidobacteria、β-Proteobacteria、Gemmatimonadetes 和 δ-Proteobacteria 的相对丰度差异不显著。天然草地 Acidobacteria 和 Thermoleophilia 的相对丰度显著大于玉米地（$P<0.05$），α-Proteobacteria、Actinobacteria、β-Proteobacteria、Bacilli 和 δ-Proteobacteria 的相对丰度显著小于玉米地（$P<0.05$）；天然草地和玉米地 Gemmatimonadetes 差异不显著。

为了探讨土壤环境对微生物群落组成的影响，本节将土壤理化性质分别与纲和属分类水平细菌的群落组成关系进行冗余分析，结果如图 7-26 所示。有机质（OM）的射线较长，表明其对细菌群落组成影响较大，而 pH 的射线较短，说明其对细菌群落组成影响较小。从纲水平土壤细菌种群分布与环境因子的冗余分析可以看出，人工林地的优势菌纲 α-Proteobacteria 和 Actinobacteria 与 pH、NO_3^--N 和 NH_4^+-N 正相关，与 OM、MBC 和 DOC 负相关；天然草地的优势菌纲 Acidobacteria 与 OM、MBC 和 DOC 正相关，

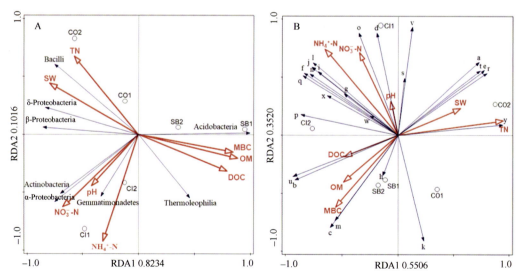

图 7-26 纲（A）和属（B）水平土壤细菌种群分布和环境因子的冗余分析

a、b、c、d、e、f、g、h、i、j、k、l、m、n、o、p、q、r、s、t、u、v、w、x、y 分别表示 *Bacillus*、RB41_norank、Subgroup_6_norank、Gemmatimonadaceae_unculture、Nitrosomonadaceae_uncultured、Gaiellales_norank、Acidimicrobiales_norank、*Roseiflexus*、*Gaiella*、Xanthobacteraceae_uncultured、Anaerolineaceae_uncultured、0319-6M6_norank、MB-A2-108_norank、*Solirubrobacter*、JG34-KF-361_norank、Rubrobacter、288-2_norank、*Pseudomonas*、JG30-KF-CM45_norank、*Oceanobacillus*、TakashiAC-B11_norank、0319-6A21_norank、TK10_norank、*Mycobacterium*、*Haliangium*

与 pH、NO_3^--N、NH_4^+-N、SW（土壤水分）、TN 负相关；玉米地的优势菌纲 Bacilli 与 SW 和 TN 正相关，与 NH_4^+-N、OM、MBC 和 DOC 负相关。从属水平土壤细菌种群分布与环境因子的冗余分析可以看出，人工林地的优势菌属 RB41_norank 和天然草地的优势菌属 Subgroup_6_norank 均与 OM、MBC 和 DOC 正相关，与 SW 和 TN 负相关；玉米地的优势菌属 Bacillus 与 pH、NO_3^--N、SW 和 TN 正相关，与 OM、MBC 和 DOC 负相关。可见，环境因素对不同土地利用类型土壤优势细菌纲和属的影响有所不同。

（四）人工草地与天然草地对土壤真菌群落的影响

3 种不同植被类型土壤的真菌覆盖度均超过 99.9%，表明该测序结果能够反映土壤中真菌的真实存在情况。对 97%相似水平的 OTU 进行生物信息统计分析，获得土壤真菌 OTU 为 110～117，分属于 27 个门、44 个纲、70 个目、91 个科、108 个属、113 个种（表 7-12）。

表 7-12 三种植被类型土壤真菌序列统计及多样性指数

植被类型	读数	97%相似水平					
		OTU	Ace 指数	Chao1 指数	Shannon 指数	Simpson 指数	覆盖度/%
人工草地（MS）	24 163±925a	117.50±2.12a	129.50±14.85a	129.51±11.31a	3.14±0.15a	0.07±0.0036a	99.94
天然草地（SB）	25 524±2973a	110.00±1.41a	120.50±9.19a	123.00±7.07a	3.13±0.05a	0.08±0.0003a	99.95
人工林地（CK）	26 208±1179a	114.50±10.61a	118.50±7.78a	116.5±9.19a	2.95±0.53a	0.12±0.0737a	99.97

注：不同小写字母表示不同植被类型间差异显著（$P<0.05$）

Chao1 指数和 Ace 指数表示土壤微生物的丰度，Chao1 指数和 Ace 指数越大，微生物的丰度越大。Shannon 指数和 Simpson 指数能够反映土壤微生物的多样性，Shannon 指数越高表示微生物的多样性越高，Simpson 指数越高表示微生物的多样性越低。土壤真菌的多样性指数在不同植被类型之间均无显著差异，但是，Ace 指数、Chao1 指数和 Shannon 指数均表现为 MS＞SB＞CK，Simpson 指数表现为 CK＞SB＞MS，说明土壤的真菌丰度和多样性在 MS 最高，CK 最低，而 SB 处于二者中间。

3 种样地土壤真菌主要由子囊菌门（Ascomycota）、担子菌门（Basidiomycota）、球囊菌门（Glomeromycota）、分类不明确门（unclassified）组成，且每种菌门在 3 种样地中的相对丰度均无显著差异（图 7-27）。子囊菌门的相对丰度最大，变化范围为 56.90%～82.55%，均值为 71.8%，表现为 MS＞SB＞CK，MS 比 SB 高出 6.6%，CK 比 SB 低 19.1%。担子菌门（Basidiomycota）的相对丰度次之，变化范围为 7%～25.29%，均值为 15.2%，表现为 CK＞SB＞MS，CK 比 SB 高出 12.2%，MS 比 SB 低 6.0%。球囊菌门占总丰度的 1.0%～7.5%，相对丰度均值为 4.2%，表现为 SB＞MS＞CK，SB 分别比 MS 和 CK 高 0.7%和 1.1%。同时在所有植被类型中，子囊菌门、担子菌门两者的丰度总和均占总丰度的 80%以上；分类不明确门的丰度占总丰度的 0.8%～7.9%。MS 和 SB 土壤中真菌的优势菌门为子囊菌门，其丰度占总丰度的 82.55%和 75.98%。CK 土壤真菌的优势菌门为子囊菌门和担子菌门，相对丰度分别为 56.90%和 25.29%。

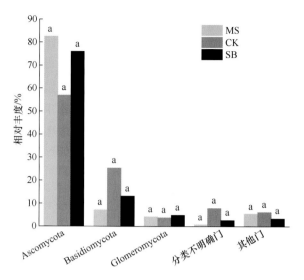

图 7-27 三种样地土壤真菌门水平的群落组成
不同小写字母表示不同植被间差异显著（$P<0.05$），下同

如图 7-28 所示，通过高通量测序得到真菌菌纲 44 个，其中的优势菌纲有粪壳菌纲（Sordariomycetes）、座囊菌纲（Dothideomycetes）、伞菌纲（Agaricomycetes）、盘菌纲（Pezizomycetes）、散囊菌纲（Eurotiomycetes）、球囊菌纲（Glomeromycetes）、银耳纲（Tremellomycetes）、分类不明确纲（unclassified），且只有盘菌纲（Pezizomycetes）在 SB 的相对丰度显著高于 CK，其余菌纲在 3 种植被土壤中的相对丰度均无显著差异。粪壳菌纲、座囊菌纲和银耳纲在 MS 植被土壤中的相对丰度最大，分别为 34.42%、26.79% 和 1.59%。伞菌纲、分类不明确纲和其他纲在 CK 土壤中的相对丰度最大，分别为 23.62%、9.44% 和 8.18%。盘菌纲、散囊菌纲和球囊菌纲在 SB 土壤中相对丰度最大，分别为

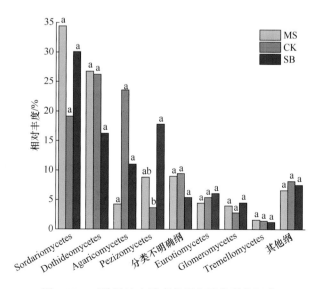

图 7-28 三种样地土壤真菌纲水平的群落组成

17.84%、6.09%和4.53%。同时在3种植被土壤中,粪壳菌纲、座囊菌纲、伞菌纲和盘菌纲的相对丰度总和超过70%。SB中的座囊菌纲和分类不明确纲的相对丰度分别比CK和MS低10.0%、10.5%和4.0%、3.6%。

选取丰度排名前35的真菌属,根据每个样地各属的相对丰度均值,对各植被类型之间真菌相对丰度进行聚类分析,得到热图(heatmap)(图7-29)。由其可以看出,CK、MS、SB分别有10个、14个、11个属的相对丰度较高,说明不同植被类型土壤真菌属的相对丰度存在差异。MS和SB的相似度较高,先聚为一类。可能是由于与CK相比,MS和SB类型同属草地,群落内物种相似度较高,真菌属的类群较为相似。

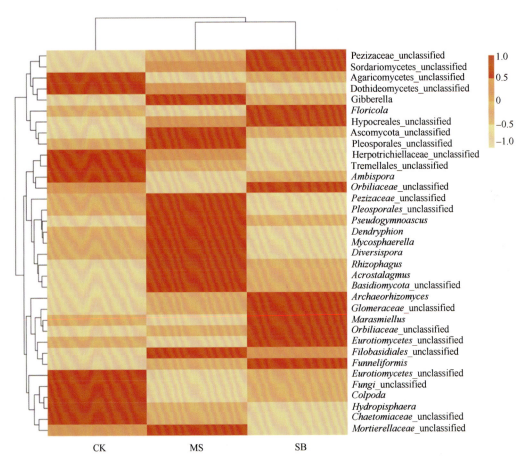

图7-29　三种样地真菌属水平相对丰度热图

在前35个真菌属中,有18个真菌属为分类不明确属(unclassified)。在CK土壤中,丰度较高的已知真菌属主要有两性球囊霉属(*Ambispora*)、肾形虫属(*Colpoda*)、水球壳属(*Hydropisphaera*),其中优势度最高的属为肾形虫属(*Colpoda*),相对丰度为2.64%。在MS土壤中,丰度较高的已知真菌属主要有扁棒壳属(*Acrospermum*)、支链孢属(*Dendryphion*)、多孢囊霉属(*Diversispora*)、赤霉属(*Gibberella*)、球腔菌属(*Mycosphaerella*)、假埃希氏菌属(*Pseudallescheria*)和根内球囊霉属(*Rhizophagus*)等,其中优势度最高的属为赤霉属(*Gibberella*),相对丰度为16.32%。在SB土壤中,丰度较高的已知真菌属主要有 *Archaeorhizomyces*、叶生壳属（*Floricola*）、管柄囊霉属（*Funneliformis*）、*Marcelleina*，其中优势度最高的属为叶生壳属（*Floricola*），相对丰度为 6.29%。总体来看，赤霉属（*Gibberella*）是 3 种植被类型土壤中优势度最高的真菌属，相对丰度均值为 12.87%。除此之外，3 种植被土壤真菌属相对丰度均值超过 1% 的还有肾形虫属（*Colpoda*）、水球壳属（*Hydropisphaera*）、叶生壳属（*Floricola*）、管柄囊霉属（*Funneliformis*）和 *Marcelleina*。

对 3 种植被土壤的真菌优势菌纲与环境变量（土壤理化性质）进行 RDA 分析，如图 7-30 所示。优势真菌纲射线与环境变量线段之间的夹角余弦值代表两者的相关性大小，夹角越小相关性越大，各环境变量线段的长短表示其对真菌纲分布所起作用的大小。

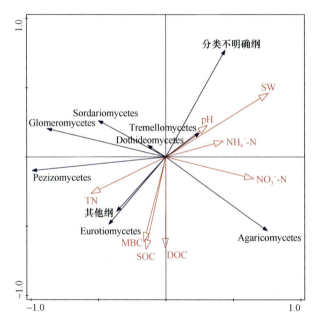

图 7-30　土壤理化性质与真菌门水平的 RDA 分析

由图 7-30 可知，土壤水分（SW）和土壤碳、氮含量对真菌分布的影响均较大。粪壳菌纲（Sordariomycetes）、座囊菌纲（Dothideomycetes）、球囊菌纲（Glomeromycetes）与土壤全氮（TN）呈正相关，与其他理化性质呈负相关；盘菌纲（Pezizomycetes）和散囊菌纲（Eurotiomycetes）与土壤全氮（TN）、土壤可溶性有机碳（DOC）、土壤微生物生物量碳（MBC）和土壤有机碳（SOC）呈正相关，与土壤 pH、土壤水分（SW）、土壤硝态氮（NO_3^--N）和铵态氮（NH_4^+-N）呈负相关；银耳纲（Tremellomycetes）和分类不明确纲（unclassified）与土壤 pH、土壤水分（SW）、土壤硝态氮（NO_3^--N）及铵态氮（NH_4^+-N）呈正相关，与土壤全氮（TN）、土壤可溶性有机碳（DOC）、土壤微生物生物量碳（MBC）和土壤有机碳（SOC）呈负相关；伞菌纲（Agaricomycetes）与土壤全氮（TN）呈负相关，与其他理化性质呈正相关。

二、不同梯田类型对土壤微生物群落结构的影响

3 种梯田土壤真菌门水平优势物种的相对丰度如图 7-31 所示，相对丰度大于 0.2% 的真菌门主要有子囊菌门（Ascomycota）、接合菌门（Zygomycota）、担子菌门（Basidiomycota）、分类不明确门、壶菌门（Chytridiomycota）、球囊菌门（Glomeromycota）。其中，子囊菌门的丰度占所有真菌门类的 58%～82%，同时子囊菌门、担子菌门、接合菌门的相对丰度在 3 种梯田中平均可达 76% 以上，而在间作地这 3 个门的相对丰度可达 94%。分类不明确门的丰度占所有真菌门类的 1.5%～7.6%。不同梯田类型之间土壤真菌门类相对丰度有差异，间作地的子囊菌门相对丰度为 82%，大于苹果地（58.90%）和玉米地（58.56%）。苹果地和玉米地接合菌门相对丰度分别为 15.44% 和 12.95%，大于间作地的 8.4%。

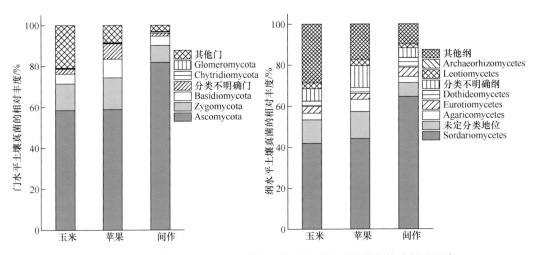

图 7-31　不同种植类型下土壤真菌在门水平和纲水平的优势物种相对丰度

如图 7-31 所示，3 种梯田土壤中真菌纲水平的优势物种（相对丰度大于 0.02%）主要有粪壳菌纲（Sordariomycetes）、未定分类地位、伞菌纲（Agaricomycetes）、散囊菌纲（Eurotiomycetes）、座囊菌纲（Dothideomycetes）、分类不明确纲、锤舌菌纲（Leotiomycetes）、古菌根菌纲（Archaeorhizomycetes）、其他纲 9 个。3 种种植类型下，粪壳菌纲的丰度占所有真菌纲的 41%～64%，同时表现为间作地大于苹果地和玉米地。

3 种梯田土壤中 20 种优势真菌的相对丰度如表 7-13 所示，20 种优势种绝大部分属于子囊菌门，不同种植类型土壤在真菌种水平相对丰度有差异：玉米地中的 Nectriaceae sp.、*Clavariaceae* sp.、*Myrothecium* sp.、*Dothideomycetes* sp.、*Ascomycota* sp.、*Myrothecium* sp. HKB28 6 种相对丰度高于苹果地和间作地，而 *Lectera longa*、*Myrothecium tongaense*、*Fusarium* cf. *dimerum* 21534、Sordariomycetes sp.、Leohumicola sp. 5 种的相对丰度则表现为间作地最大，玉米地最小。而 *Fusarium oxysporum* 的相对丰度在间作地最高，在苹果地最小。苹果地中相对丰度高于另两者的是 Agaricales、Mortierella、*Humicola nigrescens*、Hypocreales 4 种。

表 7-13　土壤真菌 20 个优势种的相对丰度

分类水平			相对丰度/%		
门	科	种	玉米	苹果	间作
Ascomycota	Archaeorhizomycetaceae	Archaeorhizomyces sp.	0.03	0.06	0.06
Ascomycota	Ascomycota	Ascomycota sp.	5.15	4.48	3.71
Ascomycota	Chaetomiaceae	Humicola nigrescens	0.59	6.03	2.25
Ascomycota	Cordycipitaceae	Beauveria felina	0.06	0.04	0.04
Ascomycota	Dothideomycetes	Dothideomycetes sp.	0.15	0.04	0.04
Ascomycota	Fusarium	Fusarium oxysporum	1.15	0.63	2.38
Ascomycota	Herpotrichiellaceae	Herpotrichiellaceae sp.	0.18	0.03	0.03
Ascomycota	Hypocreales	Hypocreales sp.	2.05	4.99	1.58
Ascomycota	Leohumicola	Leohumicola sp.	0.04	0.09	0.11
Ascomycota	Myrothecium	Myrothecium tongaense	0.17	0.66	10.47
Ascomycota	Myrothecium	Myrothecium sp.	5.17	0.45	0.28
Ascomycota	Myrothecium	Myrothecium sp. HKB28	2.90	1.04	0.15
Ascomycota	Nectriaceae	Fusarium cf. dimerum 21535	0.18	4.06	13.63
Ascomycota	Nectriaceae	Nectriaceae sp.	21.12	6.09	3.52
Ascomycota	Plectosphaerellaceae	Lectera longa	0.02	0.15	10.78
Ascomycota	Sordariomycetes	Sordariomycetes sp.	0.55	1.58	1.77
Basidiomycota	Agaricales	Agaricales	0.52	1.17	0.20
Basidiomycota	Clavariaceae	Clavariaceae sp.	0.06	0.01	0.01
Basidiomycota	Hygrophoraceae	Hygrocybe acutoconica	0.02	0.01	0.00
Zygomycota	Motierellaceae	Mortierella sp.	11.55	13.25	6.82

三、植被演替对土壤细菌群落结构的影响

（一）草地植被演替对土壤细菌群落的影响

植被演替是影响土壤微生物群落结构的重要因子。黄土高原云雾山自然保护区草地土壤的细菌群落呈现明显的年限分布特征。变形菌门（Proteobacteria）、酸杆菌门（Acidobacteria）、放线菌门（Actinobacteria）是云雾山不同恢复年限草地土壤最为重要的细菌群落（图 7-32），这与之前的研究是一致的。Chai 等（2019）研究发现，黄土高原子午岭不同恢复年限土壤主要细菌群落为 Proteobacteria（25.7%）、Acidobacteria（24.2%）、Actinobacteria（15.4%）、Chloroflexi（7.1%）、Planctomycetes（6.6%）、Bacteroidetes（6.0%）。Liu G Y 等（2019）的研究表明，不同种植年限油松林土壤细菌群落主要由 Actinobacteria（25.1%）、Proteobacteria（24.5%）、Acidobacteria（22.4%）组成。因此，黄土高原土壤细菌群落主要由这 3 种微生物类群组成。随着植被演替年限的增加，云雾山草地土壤细菌群落差异显著。演替 1 年的微生物群落明显区别于演替 12 年、20 年、30 年的微生物群落。植被演替初期，土壤中分布更多的是放线菌门，明显高于演替后期的土壤。恢复年限增加促进了土壤养分含量的增加，变形菌门的相对丰度逐渐增加，而放线菌门的相对丰度逐渐

降低。演替初期土壤中主要分布着寡营养细菌,而在演替后期富营养细菌群落逐渐增长。这些不同类群微生物变化的主要原因是土壤中有机质的含量变化。植被演替促进了土壤质量的提升,进而改变了土壤微生物群落组成。相似的结果也在其他研究区域得到了印证。例如,Zhang 等(2016)研究发现纸坊沟流域不同植被恢复年限土壤的微生物群落呈现明显的分布特征,地上植被群落与土壤养分共同控制着土壤细菌的分布特征。此外,Liu 等(2018)研究发现,黄土高原不同恢复年限刺槐林土壤的细菌群落差异明显,随着恢复年限(5~25 年)的增加,主导细菌群落由酸杆菌门转变为变形菌门。

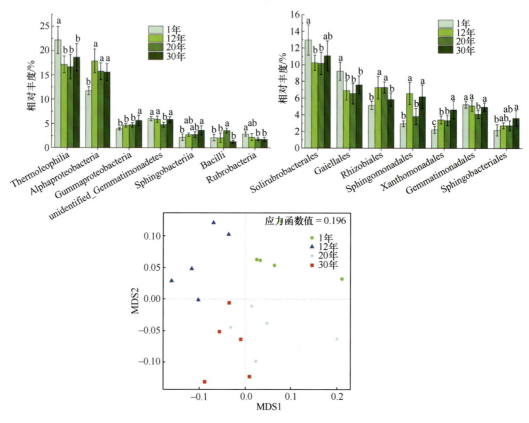

图 7-32　云雾山土壤微生物群落组成分布特征(Zeng et al., 2017)
不同小写字母表示不同年限间差异显著($P<0.05$)

植被演替是黄土高原生态恢复的关键过程,其控制着植被、土壤及小气候的变化。目前,有关植被演替的研究多集中于小区域,土壤类型、气候条件较为相似,因此植被类型和土壤性质是影响地下微生物群落分布的主要因子。Zeng 等(2017)研究发现,宁夏固原云雾山草地土壤细菌群落主要受土壤有机碳、全氮含量等的影响,其累积解释率为 26.3%;此外,地上植被群落多样性、覆盖度解释了 33%的变异,二者共同揭示了土壤细菌群落组成的差异。Zhang 等(2016)研究发现纸坊沟流域土壤养分含量,特别是土壤铵态氮含量是影响不同恢复年限土壤细菌组成的主要因子。Liu 等(2018)的研究表明土壤磷是影响不同恢复年限刺槐林土壤微生物群落组成的主要因素。这些研究都表明了黄土高原植被恢复导致了土壤性质的改变,进而影响微生物群落结构。

黄土高原云雾山草地土壤细菌多样性差异较小，不同恢复年限之间差异不显著（表7-14）。随着植被的演替，Shannon 指数有小幅度的增加，但是增加幅度不显著，表明恢复年限对该区域土壤细菌多样性的影响较小。Liu 等（2018）也发现了相似的结论，他们的研究表明不同恢复年限的刺槐林土壤细菌多样性差异不显著（$P=0.053$）。Zhang 等（2016）的研究表明，随着恢复年限的增加，土壤细菌多样性呈现逐渐增加的变化趋势，而且不同恢复年限之间差异显著。Chai 等（2019）的研究表明，黄土高原子午岭区不同恢复年限土壤细菌多样性逐渐增加，到演替后期达到峰值。Wang 等（2019）研究发现，草地植树造林后土壤细菌的多样性没有发生显著变化。同时，Liu D 等（2019）研究发现不同恢复年限的油松林土壤细菌多样性在 9.067~9.195 变化，不同年限之间差异不显著。植树造林对土壤细菌多样性的影响明显小于土壤和地上植被的变化。这些相悖的研究结论主要是由研究区域的植被类型、土壤性质存在差异、气候条件等不一致引起的。随着植被演替的进行，土壤微生物组成愈加相似。

表 7-14 不同演替年限下土壤细菌多样性特征（Zeng et al., 2017）

时间	物种数	Shannon 指数	Simpson 指数	Chao1 指数	ACE 指数	覆盖度/%	PD 指数
1 年	3345±128	9.6±0.14	0.996	3821±169	3894±149	98.6	201±6
12 年	3311±84	9.7±0.03	0.997	3744±113	3823±126	98.6	203±5
20 年	3357±86	9.7±0.10	0.997	3831±103	3914±124	98.5	202±7
30 年	3365±142	9.7±0.09	0.997	3773±282	3891±286	98.6	205±9

（二）森林植被演替对土壤微生物群落的影响

植被演替过程中，植被类型、土壤理化性质及土壤微生物群落结构发生着协同变化，然而长期演替过程中土壤微生物群落结构和功能如何改变尚不明确。子午岭是黄土高原保存最为完整的天然次生林，其不同演替阶段土壤中凋落物分解能力存在差异会导致土壤微生物群落结构和功能与凋落物分解程度的不同。研究结果表明，土壤细菌和真菌群落在演替前期发生了显著改变，但从先锋林阶段（约 110 年）到顶极群落辽东栎林阶段（约 160 年）变化不大，并且真菌表现出较高的变异性；相比于凋落物性质，细菌和真菌群落的变化与土壤理化性质关系更为紧密（Zhong et al., 2018）。土壤微生物功能的变化与微生物的系统发育有关，然而在演替后期微生物群落结构没有显著变化的情况下，微生物的功能基因仍发生了显著改变；微生物碳循环基因丰度的降低与凋落物分解能力的下降有关。该研究结果意味着在营养丰富的土壤中，微生物的高呼吸作用并不一定代表微生物有较高的分解能力，其分解能力还取决于相关基因的丰度、酶的活性和凋落物的理化性质等因素。

黄土高原子午岭 S1 阶段土壤细菌的多样性最低，而真菌多样性则在 S4 阶段最低。细菌群落主要由变形杆菌门（33.34%~37.13%）组成，其次是放线菌门（17.23%~27.46%）。疣微菌门的丰度在演替过程中呈现上升趋势，而硝化螺旋菌门和拟杆菌门的丰度则在 S1 到 S3 阶段呈现上升趋势，在 S4 阶段表现为下降。子囊菌门（Ascomycota）与担子菌门（Basidiomycota）是子午岭主要的优势真菌门。不同真菌群落随演替年限增加表现出不同的变化趋势，Ascomycota、Zygomycota 和

Agaricomycetes 表现出先增加再降低的变化趋势；而 Basidiomycota 表现出一直增加的趋势（图 7-33）。

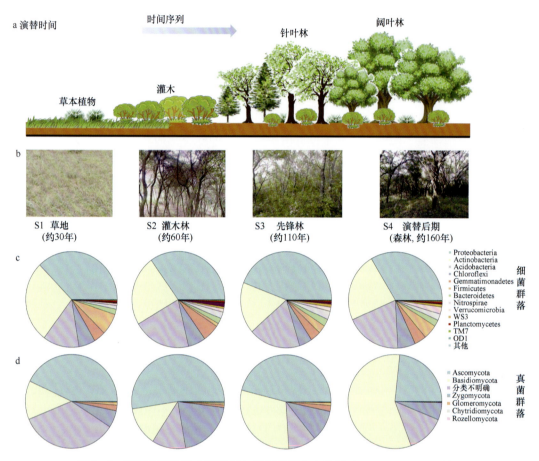

图 7-33　不同演替阶段土壤细菌与真菌群落分布特征（Zhong et al.，2018）
S1：草本阶段（约 30 年，优势种为白羊草）；S2：灌木阶段（约 60 年，优势种为沙棘）；
S3：先锋林阶段（约 110 年，优势种为山杨）；S4：后期森林阶段（约 160 年，优势种为辽东栎）

从图 7-34 可以看出，不同演替阶段土壤细菌与真菌群落结构差异显著，与演替年限有显著的相关性。主成分分析表明，子午岭不同演替阶段土壤细菌和真菌群落结构之间差异显著。S1 和 S2 阶段的微生物群落结构表现出显著差异，且与 S3 和 S4 阶段差异显著，但 S3 和 S4 阶段微生物群落结构相似。土壤微生物的系统发育距离随着演替的进行从 S1 到 S2 阶段表现为快速增加，随后逐渐趋于稳定，且真菌比细菌表现出更大的系统发育距离（图 7-34）。

随着植被演替的进行，黄土高原子午岭土壤微生物群落结构与功能都发生了显著改变，且真菌表现出更大的变异性，即使从先锋林阶段到顶极群落阶段土壤微生物群落结构变化较小，但其功能依然表现出较大差异。微生物碳循环相关基因丰度的下降与演替后期凋落物分解能力的降低有关，从而导致生态系统的营养状态趋于稳定。

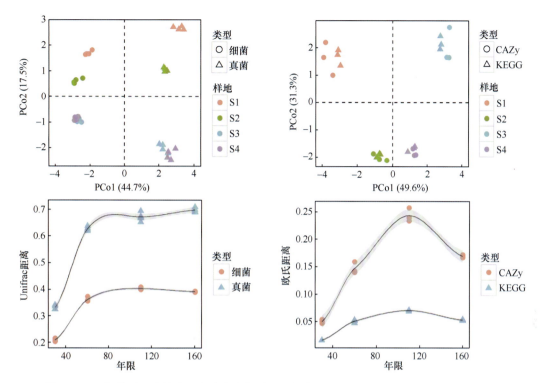

图 7-34 子午岭不同演替阶段土壤微生物群落结构特征及基于系统发育距离的土壤微生物群落结构与演替年限的关系（Zhong et al.，2018）

第五节 小 结

土壤微生物是连接地上与地下生态系统的纽带，驱动着生物地球化学循环，直接或间接影响生态系统物质循环、能量转换及人类环境与健康。因此，认识土壤微生物群落的空间分布特征对预测未来植物生产力、人类健康、气候变化至关重要。有关土壤微生物的生物地理学分布格局一直存在争论，即是否随着自然地理条件和环境因子的变化展现出明显的地带性分布特征（贺纪正等，2015），这些地带性规律是由什么机制驱动的，以及不同微生物类群如何随环境梯度变化而表现出不同的空间分布特征？虽然土壤中可培养的微生物仅占很少一部分，但随着分子生物学技术的发展，可使人们打破以往微生物学研究中需要对其进行分离培养的限制。目前，土壤微生物的分类理论渐具雏形，先进技术的开发应用发展迅猛，微生物学成为不同学科交叉发展的重要前沿（宋长青等，2013）。土壤微生物生态学方面需要进一步研究的主要内容有以下几个方面。

（1）土壤微生物的研究方法。虽然分子生物学技术革新推动了土壤微生物生态学的发展，但新技术仍会存在局限性。例如，基于 PCR 的高通量测序仍存在引物偏嗜性，导致数据之间的可比性较差；土壤微生物数据库不够完善，导致数据的共享与再利用率较低。此外，数据的挖掘与统计分析也需要逐步完善，借助现有的生态数据和统计手段，描绘土壤群落的生物地理学分布特征，在高度复杂的地下群落中发现特有性和整体性规律，阐明土壤微生物群落的生物地球化学循环机制。

（2）土壤微生物与生态系统功能的关系。研究土壤微生物的空间分布特征不仅是为了简单地描述其分布，还应该借鉴宏观生态学的理论将群落结构、多样性与生态系统功能联系起来，这可能是目前微生物空间分布研究的一个重要方向。海量的微生物个体几乎无法研究，因此对微生物个体的界定非常必要，将代谢异速生长理论应用于微生物生态学领域，研究微生物与生态系统功能的关系，通过尺度推演研究大尺度的物种格局，有利于认知自然界生物多样性的产生和维持机制，进而推动生态学整体的研究发展。

（3）土壤微生物与地上植被的空间分布特征。受土壤微生物分类水平的限制，其空间分布特征还停留在大的分类水平，很难定义到物种水平。因此，土壤微生物的空间分布特征基本停留在门水平，也很难与植物群落进行对比研究，如何将二者结合起来，建立不同生态系统中地上、地下部分的联系，是目前微生物生物地理学分布的重要研究方向。

（4）长时间序列的植被演替是引起土壤微生物群落结构与功能变化的重要因子，也是微生物生态学的重要研究方向，将传统生态学理论、扩增子、基因组学、蛋白组学、代谢组学等多种技术手段相结合，深入研究土壤中细菌和真菌群落在次生演替过程中的变化历程，以及在土壤养分循环、碳固持过程中作用机制，为气候变化与植被恢复管理提供新的见解。

以上研究可以促进微生物生态学理论的完善，其融合了土壤学、地理学、生态学和微生物学多学科的内容，不仅能够为丰富我国的微生物物种资源库提供理论依据，也可为生态学系统管理与发展提供技术支持。

第八章 植被恢复中的生态化学计量特征

自 1999 年退耕还林/草工程实施以来，黄土高原的植被恢复取得了显著的效益。植被覆盖度整体明显增加，且原有的天然植被在较为合理的管理下得到了较好的保护和恢复，人工植被尤其是经济林建设取得了空前的发展（张文辉和刘国彬，2007；方瑛，2017）。但随着社会经济的发展，人们逐渐对人工林的经济效益产生了极大的兴趣，而对人工林改善生态环境的作用有所忽略。加之，人工林缺乏科学的管理、理论指导和实用的可持续经营技术，受农业生产经营实践的影响，人们对人工林的经营与作物栽培不加区分，如实行全垦抚育、追求纯林等，又轻视树种、立地条件、栽培时间及方法的选择，偏离了森林生存和发展的内在规律，使得人工林出现病虫害日益加剧、生产力低下、地力衰退严重、生物多样性降低等问题，最终导致生态系统稳定性降低。因此，如何提高人工林的健康，并实现人工林的可持续经营，是黄土高原植被重建和生态环境恢复的关键所在，也是当前国内外植被恢复研究的热点问题之一（方瑛，2017）。

生态化学计量学结合了生物学和化学计量学的基本原理，是研究生态系统过程中化学元素和能量平衡关系的一门学科（Stemeer and Elser，2002）。它强调的是活的有机体及生态系统中碳（C）、氮（N）、磷（P）3 种主要养分元素的计量关系（王绍强和于贵瑞，2008）。碳、氮、磷元素作为植物生长的必需元素，对植物生长和各种生理机能的调节起着非常重要的作用（Vitousek et al.，2010），且碳、氮、磷等营养元素之间的化学计量比是影响生态系统中植物生长的主要因素。目前有关植被恢复过程中植被、土壤及微生物的生态化学计量特征的研究已取得一些成果，主要是针对不同森林类型、不同演替阶段、不同区域等多个方面的生态化学计量特征。而对植被恢复中整个生态系统生态化学计量特征的总结较少。因此，本章将重点针对黄土高原植被恢复中植被–土壤–微生物系统的生态化学计量特征进行归纳、总结，以期为今后植被恢复措施的实施和管理提供参考。

第一节 概　　述

近年来，黄土高原在不断的植被恢复过程中，经过植被–土壤的相互作用后，其植被资源的丰富度和土壤质量都有所提升，且在植被恢复过程中，黄土高原区域的养分格局也发生了变化。叶片是陆地生态系统的基本结构和功能单位，碳、氮、磷、钾元素作为植物生长、发育所必需的营养元素，在植物体构成和生理代谢方面发挥着重要作用（Marschner，1995）。由于植物叶片的上述生物化学组分相对稳定，且各因子间相互关系在各种植物种群和群落中具有相似的格局，因此，叶片养分组成已成为尺度转换研究中由叶片水平扩展到整个群落乃至区域或全球生物地理群区的关键指标（Reiners，1986；Wright et al.，2005）。加强植物叶片性状的格局研究，可为现有的区域生物地球化学循环模型与植被地理模型的耦合提供科学依据。

郑淑霞和上官周平（2006）对黄土高原地区由南向北分布的 7 个站点（杨凌、永寿、铜川、富县、安塞、米脂、神木）126 个植物样品的叶片有机碳（C）、全氮（N）和全磷（P）等化学组分的分布格局进行了研究，其结果表明不同功能型植物的叶片养分存在差异，且气候因子（如纬度、年日照时数及年降水量）对植物叶片的养分空间分布具有显著的影响。

黄土高原地区植物叶片的有机化合物含量较低，而氮含量较为丰富，P 较为缺乏。从南向北 126 个植物叶片的 C 含量平均为 43.83%，其中有 80% 的植物叶片 C 含量在 40% 以上，显著低于 Elser 等（2000）对全球 492 种陆地植物叶片 C 含量（46.4%）研究的结果；而叶片 N 平均含量为 2.41%，且有 64% 植物的叶片 N 含量在 2.0% 以上，显著高于 Han 等（2005）测定的我国 554 种陆生植物叶片 N 含量（2.02%）和 Reich（2005）对全球 1251 种陆生植物测定的结果（2.01%）；P 的平均含量为 0.16%，其中 50% 的植物叶片 P 含量 $>0.15\%$，低于全球陆生植物磷含量水平（0.177%~0.199%），高于我国陆生植物的测定值（0.146%）；K 含量在 0.24%~4.21% 波动，其中 50% 的植物叶片 K 含量高于 1.50%。植物叶片 C：N 和 C：P 比 N：P 变化明显，且最大值均为最小值的约 9 倍。C：N 平均值为 21.2±10.2，其中 45% 的植物 C：N 高于 20；C：P 的平均值为 312±135，且 45% 的植物 C：P>315；N：P 的平均值为 14.5±3.9，其中 50% 的植物 N：P 高于 15（表 8-1）。

表 8-1　黄土高原叶片养分组成分析（n=126）

养分组成	平均值	最小值	最大值	K-S 检验（P 值）
C/%	43.83	32.60	54.77	0.922
N/%	2.41	0.82	4.58	0.478
P/%	0.16	0.06	0.35	0.328
K/%	1.67	0.24	4.21	0.167
C：N	21.2	7.11	61.6	0.012
C：P	312	93	826	0.048
N：P	15.4	7.4	29.0	0.567

黄土高原地区不同生活型植物对同一气候环境的适应能力明显不同，其中乔木对气候变化的适应能力可能远不及灌木和草本植物。乔木、灌木和草本植物、常绿和落叶乔木、C_3 和 C_4 草本植物 7 种生活型植物之间的叶片 C、N、P 含量与 C：N、C：P 具有极显著的差异（$P<0.01$），而 N：P 之间的差异显著（$P<0.05$）。乔木、灌木和草本植物的叶片 C、N、P、K 含量及 C：N、C：P 之间的差异均达到显著水平（$P<0.05$）；且乔木叶片的 C 含量、C：N 和 C：P 均高于灌木与草本植物，草本植物最小，而 N、P、K 含量的大小顺序为草本>灌木>乔木。常绿和落叶乔木的叶片 C、N、P、K 含量和 C：N、C：P 存在极显著的差异（$P<0.01$）。常绿乔木的叶片 C 含量和 C：N、C：P 显著高于落叶乔木，且 C：N、C：P 为落叶乔木的 2 倍多。而落叶乔木的叶片 N、P、K 含量和 N：P 明显高于常绿乔木，且 N、P、K 含量为常绿乔木的 2~28 倍。C_3 和 C_4 草本

植物的 N、P 含量和 C∶N、C∶P 之间存在极显著的差异（$P<0.01$）。C_3 植物的 N、P、K 含量较高，而 C_4 植物的 C 含量和 C∶N、C∶P、N∶P 较高（表 8-2）（郑淑霞和上官周平，2006）。

表 8-2 黄土高原地区不同生活型植物的叶片养分组成

生活型	C/%	N/%	P/%	K/%	C∶N	C∶P	N∶P
乔木（$n=30$）	47.4±3.8a	2.14±1.08b	0.14±0.06b	1.12±0.56c	28.6±15.4a	404±201a	15.0±3.3a
灌木（$n=51$）	43.7±3.6b	2.47±0.82a	0.16±0.04ab	1.44±0.45b	19.7±6.8a	302±84b	16.1±4.1a
草本（$n=45$）	41.7±3.9c	2.51±0.69a	0.18±0.06a	2.29±0.93a	18.1±6.0b	262±92b	14.9±4.1a
显著性检验（乔、灌、草）	$P<0.001$	$P<0.05$	$P<0.01$	$P<0.001$	$P<0.001$	$P<0.001$	$P>0.05$
常绿乔木（$n=9$）	51.6±1.6a	1.06±0.17b	0.08±0.02b	0.05±0.13b	49.6±7.3a	660±154a	13.4±2.9a
落叶乔木（$n=21$）	45.5±2.9b	2.60±0.96a	0.17±0.05a	1.41±0.39a	19.5±6.0b	294±82b	15.6±3.3a
显著性检验（常绿和落叶木）	$P<0.001$	$P<0.001$	$P<0.001$	$P<0.001$	$P<0.001$	$P<0.001$	$P>0.05$
C_3 草本植物（$n=35$）	41.69±4.06b	2.67±0.62a	0.19±0.06a	2.32±1.02a	16.5±4.4b	241±76b	14.8±4.0a
C_4 草本植物（$n=10$）	41.73±3.36a	1.96±0.66a	0.13±0.03a	2.16±0.56a	23.5±7.7a	338±106a	15.3±4.5a
显著性检验（C_3 和 C_4 草本物）	$P>0.05$	$P<0.01$	$P<0.01$	$P>0.05$	$P<0.01$	$P<0.01$	$P>0.05$
显著性检验（7 种生活型）	$P<0.001$	$P<0.001$	$P<0.001$	$P<0.001$	$P<0.001$	$P<0.001$	$P<0.05$

注：同一列数值后的不同小写字母表示同一测定指标间在 0.05 水平上差异显著性；n 为测定植物样品数

黄土高原地区，从南到北，植物叶片 N、P 含量与纬度、温度和降水量均无明显的相关性，而 N∶P 随纬度升高而升高，随温度和降水量的减少而显著增加（$P<0.05$）。黄土高原地区植物分布的地理纬度相对较窄（34°～38°N），气候因子的变化范围并不算大，但不同生活型植物的化学组成变异较大，因此空间尺度上叶片的化学组分随地理要素及气候因子变化的规律并不明显。

从东到西，土壤有机碳和全氮含量先减少后增加，全磷含量整体上变化不明显。土壤碳氮比由西向东变化不大，土壤 C∶P 和 C∶N 均由西向东大致呈现出先减小后增大的变化趋势，其中，土壤 C∶N 的变化范围为 6.14～10.80，平均值为 8.15；土壤 C∶P 的变化范围为 11.29～62.91，平均值为 36.79；土壤 N∶P 的变化范围为 1.83～6.84，平均值为 4.42。土壤 C、N 的空间分布受气候条件和成土作用机制的控制，受水热条件、植物、土壤微生物等的影响，土壤 C、N 空间分布的变化较大（胡良军等，2004），且土壤 C 含量主要取决于土壤有机质含量和凋落物的分解程度，土壤 N 主要来源于凋落物含有的有机质及大气氮沉降（李博等，2000）。而 P 是一种沉积性元素，主要来源于岩石风化，由于岩石风化是一个漫长的过程，因此土壤 P 含量空间分布比较稳定（刘兴诏等，2010）。

第二节 刺槐林地生态化学计量特征

黄土高原地处半干旱半湿润气候带，水土流失严重，是我国的生态脆弱区和水土保持重点区域。刺槐作为黄土高原主要造林树种之一，具有耐干旱和瘠薄、生长迅速、适应性强、根蘖性好等特点（秦娟和上官周平，2012），成为水土保持的先锋树种；同时刺槐作为固氮树种之一，对林下土壤养分结构的变化有着重要影响。因此，研究黄土高原刺槐林地生态化学计量特征，有助于了解刺槐各组分养分变化规律及其相互关系，对了解养分循环具有重要意义。

一、不同林龄刺槐生态化学计量特征

(一) 刺槐各组分碳、氮、磷含量变化特征

不同林龄刺槐各组分的碳、氮、磷含量存在显著的差异。枯落物、根、茎、叶的碳含量分别为 376.74～434.50g/kg、414.41～454.60g/kg、444.14～486.67g/kg 和 452.58～481.20g/kg。枯落物碳含量在中龄林和成熟林显著高于幼龄林，根和茎的碳含量在中龄林显著高于幼龄林和成熟林，叶的碳含量在不同林龄间的差异不显著。同一林龄不同组分间的碳含量表现出不同的特征，幼龄林和中龄林表现为茎与叶的碳含量高于枯落物及根的碳含量，成熟林表现为叶、根和茎的碳含量显著高于枯落物的碳含量（图 8-1）。

枯落物、根、茎、叶的氮含量分别为 16.39～19.15g/kg、16.80～18.14g/kg、8.66～11.07g/kg 和 27.99～29.70g/kg。枯落物和茎的氮含量表现为成熟林显著高于幼龄林，根和叶的氮含量在不同林龄间的差异不显著。同一林龄不同组分间的氮含量均表现为叶高于枯落物和根，茎的氮含量最低（图 8-1）。

枯落物、根、茎、叶的磷含量分别为 1.07～1.34g/kg、0.82～1.26g/kg、0.79～1.36g/kg 和 1.50～1.95g/kg。枯落物磷含量在不同林龄间的差异不显著，根的磷含量表现为中龄林最低，茎和叶的磷含量表现为成熟林显著高于中龄林和幼龄林。同一林龄不同组分间的磷含量表现为叶最高，枯落物和根次之，茎最低（成熟林除外）（图 8-1）。

(二) 刺槐各组分碳、氮、磷化学计量特征

枯落物、根、叶 C∶N 在不同林龄之间差异不显著，茎 C∶N 表现为中龄林和幼龄林显著高于成熟林；另外，同一林龄不同组分间 C∶N 均表现为茎高于枯落物和根（$P<0.05$），叶的 C∶N 最低。不同组分间 C∶N 的变化规律与 N 含量变化规律相反，说明 C∶N 的变化由 N 决定。枯落物 C∶P 在不同林龄间差异不显著，根 C∶P 表现为中龄林显著高于成熟林和幼龄林，茎和叶 C∶P 表现为中龄林与幼龄林显著高于成熟林；同一林龄不同组分间 C∶P 表现出不同的特征，幼龄林表现为茎的 C∶P 高于枯落物、根和叶的 C∶P，中龄林表现为茎和根的 C∶P 高于枯落物与叶的 C∶P，成熟林表现为枯落物、根和茎的 C∶P 高于叶的 C∶P。不同组分间 C∶P 的变化规律与 P 含量变化规律相反，说明 C∶P 的变化由 P 决定。枯落物和根 N∶P 在不同林龄间差异不显著，茎和叶 N∶P 表现为中龄林与幼龄林显著高于成熟林；幼龄林和成熟林表现为枯落物、根和叶的 N∶P 显著高于茎的 N∶P，中龄林表现为根的 N∶P 显著高于枯落物和茎的 N∶P。不同组分间 N∶P 的变化规律由 N、P 共同决定（图 8-2）。

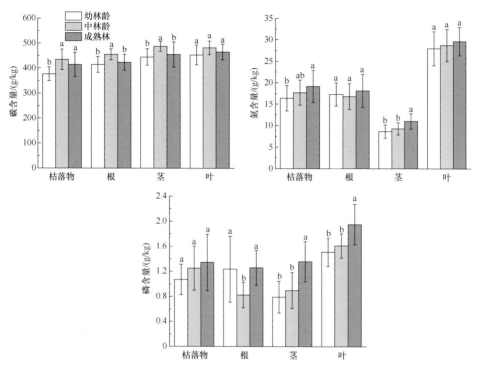

图 8-1 刺槐各组分的碳、氮、磷含量

不同小写字母表示刺槐各组分碳、氮、磷含量在不同林龄间差异显著（$P<0.05$）

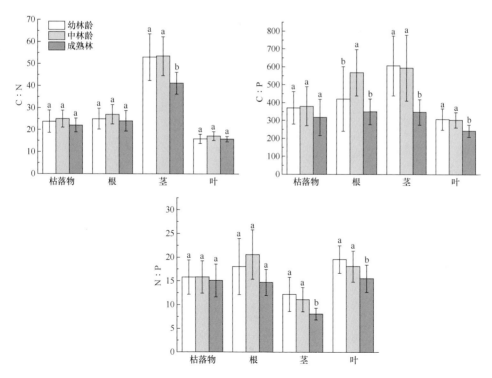

图 8-2 刺槐各组分的碳、氮、磷比化学计量特征变化

不同小写字母表示刺槐各组分 C∶N、C∶P 和 N∶P 在不同林龄间差异显著（$P<0.05$）

碳、氮、磷等元素作为陆地生态系统生物生长和重要生态过程的限制因子，在生态系统物质循环中起着关键作用（马永跃和王维奇，2011）。黄土高原不同林龄刺槐叶片的碳平均含量为 466.38g/kg，大于 Elser 等（2000）研究的全球 492 种陆生植物叶片碳平均含量 464g/kg，也明显大于我国黄土高原植被叶片的碳平均含量（438g/kg）（郑淑霞和上官周平，2006）。对从黄土高原人工刺槐林所采集的植物样品分析发现，结构性物质碳含量在根、茎、叶、枯落物中均很高，变异较小且相对稳定。这是因为植物体内的碳一般不直接参与植物生产活动，而在植物体内主要起骨架的作用，因此变异较小。刺槐林在幼龄期快速生长、代谢活动旺盛，需要酶来合成大量蛋白质，而到了中龄林和成熟林时期，富含碳的结构性物质积累，导致碳含量上升（Agren，2008）。同一林龄刺槐，茎作为存贮器官，在叶片展开之前已经存贮了大量的碳物质，而且在生长旺盛期由于光合作用增强，叶片通过光合作用固定的碳增多，随后运输到茎，再到根系，致使茎中的碳含量再次增加，因此，碳含量在茎和叶中相对较高，在根系和枯落物中相对较低。枯落物在分解过程中，化学成分含量不断发生变化，初期被分解的是粗脂肪、可溶性糖和单宁，有机碳含量显著下降；另外，老化的植物组织在凋落前会将部分养分转移至新鲜组织中去，实现养分的再吸收利用（杨佳佳等，2014），从而导致枯落物的碳含量较低。

氮和磷是植物生长必需的矿质营养元素，分别与植物的光合作用和细胞分裂等生理活动有关，也是植物体各种蛋白质和遗传物质不可或缺的基本组成元素，对植物的生长发育起着极其重要的作用（王绍强和于贵瑞，2008）。黄土高原刺槐叶片氮、磷分别是 28.69g/kg 和 1.65g/kg，明显高于我国植物叶片的平均氮含量（20.2g/kg）（Han et al.，2005）和黄土高原中部刺槐叶片的平均氮含量（21.38g/kg）（马露莎等，2014），但远低于全球植物叶片的平均磷含量（2.00g/kg）（Elser et al.，2000）和黄土高原中部刺槐叶片的平均磷含量（2.08g/kg）（马露莎等，2014），与黄土丘陵区燕沟流域刺槐叶片氮、磷含量的研究结果（30.7g/kg 和 1.67g/kg）（王凯博和上官周平，2011）较为接近，表明研究区刺槐植物体内的氮含量丰富，磷含量则相对缺乏。

同一林龄刺槐各组分氮、磷含量大小顺序为叶＞枯落物＞根＞茎，随着林龄的不断增加，刺槐植株不断生长，根作为营养元素的吸收和转运器官，从土壤中吸收养分，而后运输给茎、叶并不断累积储存。枯落物是养分的基本载体，刺槐每年向林地提供大量的枯落物，经微生物腐解后将养分归还土壤，使得土壤有机质提高，因此，枯落物氮、磷含量大小表现为成熟林＞中龄林＞幼龄林，根的氮、磷含量大小表现为成熟林＞幼龄林＞中龄林。

(三) 刺槐碳、氮、磷含量及化学计量参数间的相关性

总体来看，不同林龄中，黄土高原刺槐叶和根的 C、N、P 含量间不存在相关性，未反映出单位 N、P 含量的投入与 C 投入间的等速比例；枯落物和茎的 N 含量和 P 含量间存在极显著相关关系，表明枯落物和茎的建成过程对 N、P 按比例投入的依赖（表 8-3）。

表 8-3　刺槐各组分 C、N、P 含量及化学计量参数间的相关性

		N	P	C：N	C：P	N：P
叶	C	0.27	0.23	0.37	0.21	-0.07
	N		0.23	-0.55**	-0.01	0.25
	P			-0.12	-0.87**	-0.80**
	C：N				0.28	-0.35*
	C：P					0.79**
枯落物	C	0.45**	0.32*	0.19	0.07	-0.01
	N		0.69**	-0.77**	-0.49**	-0.13
	P			-0.52**	-0.70**	-0.66**
	C：N				0.56**	0.10
	C：P					0.77**
根	C	-0.04	-0.04	0.35*	0.09	-0.14
	N		0.19	-0.87**	-0.12	0.24
	P			-0.12	-0.91**	-0.80**
	C：N				0.07	-0.29
	C：P					0.86**
茎	C	0.20	0.08	0.22	0.18	-0.06
	N		0.72**	-0.89**	-0.64**	-0.34*
	P			-0.64**	-0.91**	-0.80**
	C：N				0.68**	0.28
	C：P					0.82**

*表示 $P<0.05$，**表示 $P<0.01$

刺槐根、茎、叶、枯落物 C：N 及 C：P 随林龄的变化趋势与各组分氮和磷含量的变化规律相反，表明氮、磷的变化决定了 C：N 和 C：P 的变化。随着林龄的增加，枯落物、茎、叶的氮、磷含量都有所升高，N：P 随着林龄的增加有所上升，表明随着林龄的增加，植物生长旺盛，对养分的需求升高，与氮素相比，可供植物吸收的有效磷不足，造成了植物的 N：P 升高。随着林龄的增加，枯落物 N：P 稳定在 15.09~5.84，可见该地区刺槐枯落物的分解与养分归还速率在不同生长阶段处在一个相对平衡的状态。一般而言，较低的 N：P 使枯落物更易分解，有利于养分的释放。研究区刺槐枯落物有较低的 N：P，说明黄土高原区刺槐枯落物的养分较易释放，利于养分在整个生态系统中循环。

二、不同纬度下刺槐林地生态化学计量特征

（一）刺槐林地土壤生态化学计量特征

阳坡 0~10cm 土层土壤碳、氮、磷含量的变化范围分别为 2.40~24.62g/kg、0.16~2.14g/kg、0.48~1.56g/kg，平均值分别为 10.20g/kg、0.92g/kg、1.14g/kg，变异系数分别为 63.7%、63.8%、23.1%；10~20cm 土层土壤碳、氮、磷含量的变化范围分别为 1.48~

13.3g/kg、0.18～1.18g/kg、0.53～1.53g/kg，平均值分别为 5.95g/kg、0.57g/kg、1.06g/kg，变异系数分别为 51.9%、51.7%、27.1%，磷的空间变异性低于碳和氮（图 8-3）。

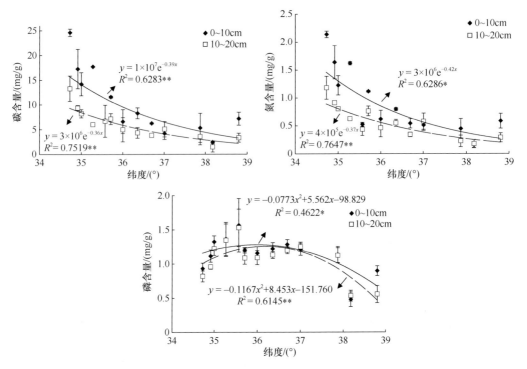

图 8-3 阳坡土壤碳、氮、磷含量随纬度的变化规律

*表示曲线拟合达 0.05 显著水平，**表示曲线拟合达 0.01 显著水平。下同

阴坡 0～10cm 土层土壤碳、氮、磷含量的变化范围分别为 4.39～16.64g/kg、0.41～1.74g/kg、0.77～1.61g/kg，平均值分别为 9.62g/kg、0.93g/kg、1.19g/kg；10～20cm 土层土壤碳、氮、磷含量的变化范围分别为 2.93～9.74g/kg、0.31～1.28g/kg、0.70～1.45g/kg，平均值分别为 6.01g/kg、0.62g/kg、1.10g/kg。氮的空间变异性最大，磷的变异性最小。在阴坡和阳坡，表层与下层间土壤碳含量的差异达显著水平（$P<0.05$），而氮和磷含量的差异不显著（图 8-4）。整体来看，土壤碳和氮含量具有类似的变化规律，均由南向北呈现逐渐降低的趋势，且曲线拟合均达极显著水平（$P<0.01$）。表层土壤碳和氮含量的变异系数比下层土壤的大。在南部，表层和下层之间的碳、氮含量差异较大，在北部，该差异变小。土壤磷含量与碳和氮含量变化不同，由南向北呈现先增加后减小的趋势，于黄陵点时达到最大，曲线拟合在阳坡达显著水平（$P<0.05$），在阴坡不显著。

土壤氮主要来源于土壤植物残体分解所形成的有机质（党亚爱等，2007），因此土壤氮的空间分布与有机质具有一致性，而黄土高原从东南到西北降水量逐渐递减，且年平均气温逐渐降低，植被覆盖度也随之变小，导致输入土壤中的有机质减少，因此氮和有机质均表现为随纬度的升高呈指数减小的趋势。磷素是一种沉积性矿物，在土壤中磷元素的迁移率很低，在整个空间分布较为均匀，因此其空间变异性低于碳和氮。同时，高温和多雨加快土壤的风化与磷元素的淋溶，从而导致土壤磷含量的降低。随着由南向

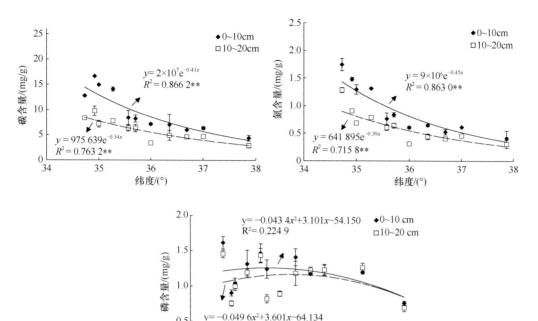

图 8-4 阴坡碳、氮、磷含量随纬度的变化规律

北温度和降水量的减小，土壤的风化速率和磷元素的淋溶速率逐渐减小，因此磷含量逐渐增加。而随着纬度增加至一定程度，土壤类型由黄土转变为砂黄土（涂夏明等，2012），此时磷的含量主要受土壤性质的影响，随着纬度的升高，越来越多的砂土占据了表层，土壤总体养分含量逐渐减少。

阳坡 0～10cm 土层土壤 C：N 为 9.48～15.33，平均值为 12.92，变异系数为 10.7%；C：P 为 8.93～59.79，平均值为 22.85，变异系数为 63.3%；N：P 为 0.77～5.11，平均值为 1.88，变异系数为 71.3%。10～20cm 土层土壤 C：N 为 9.13～13.57，平均值为 11.91，变异系数为 11.2%；C：P 为 7.85～37.69，平均值为 14.48，变异系数为 58.4%；N：P 为 0.44～3.19，平均值为 1.24，变异系数为 59.2%（图 8-5）。

阴坡 0～10cm 土层土壤 C：N 为 8.58～13.75，平均值为 12.53，变异系数为 11.6%；C：P 为 9.46～47.71，平均值为 21.90，变异系数为 54.7%；N：P 为 0.76～3.63，平均值为 1.78，变异系数为 52.0%。10～20cm 土层土壤 C：N 为 7.60～13.41，平均值为 11.77，变异系数为 13.5%；C：P 为 5.99～31.28，平均值为 14.72，变异系数为 49.6%；N：P 为 0.54～2.65，平均值为 1.25，变异系数为 52.8%（图 8-6）。

土壤 C：N 随纬度增加的空间变异性最小，C：P 和 N：P 相差不大。土壤 C：N 由南向北没有明显的变化趋势，曲线拟合未达显著水平（$P>0.05$）；土壤 C：P 和 N：P 的规律类似，由南向北逐渐减小，且曲线拟合均达显著水平（$P<0.05$），其中阴坡达极显著水平（$P<0.01$）。表层土壤 C、N、P 比均大于下层，但差异不显著，表层 C：P 和

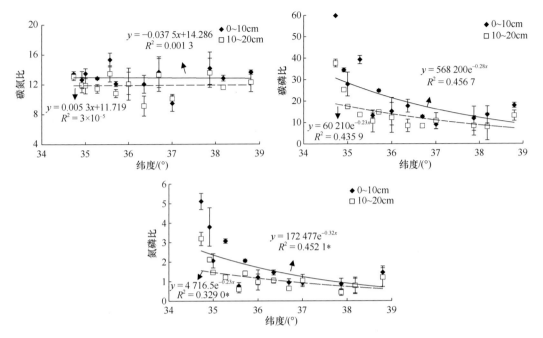

图 8-5 阳坡土壤碳、氮、磷比随纬度的变化规律

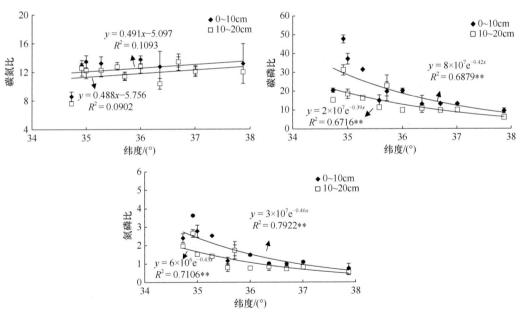

图 8-6 阴坡土壤碳、氮、磷比随纬度的变化规律

N：P 与下层间的差异由南向北逐渐减小。土壤氮和碳的空间分布具有一致性，导致土壤的 C：N 在整个空间内较为稳定，因此随纬度的升高，土壤 C：N 没有明显的趋势变化。土壤 C：P 和 N：P 空间变异性较 C：N 大，随纬度的升高呈指数减小的趋势。有研究指出，由于磷元素在赤道土壤中是主要的限制性元素，而氮元素在高纬度土壤中是主要的限制性元素，因此土壤 N：P 随纬度的升高呈逐渐减小的趋势。磷元素的有效性

是由土壤有机质的分解速率决定的，较低的 C∶P 是反映磷元素有效性高的一个指标（王绍强和于贵瑞，2008）。因此，黄土高原南部刺槐土壤与北部相比更容易受磷元素的限制。

（二）刺槐林地叶片–枯落物–土壤系统生态化学计量特征

刺槐叶片、枯落物均表现为碳含量＞氮含量＞磷含量（$P<0.01$）。两层土壤均表现为碳含量最高，磷含量次之，氮含量最低（$P<0.01$）。叶片、枯落物的碳、氮、磷含量均大于土壤，且叶片的碳、氮、磷含量均大于枯落物。在阳坡，叶片、枯落物间的碳、氮含量均存在显著差异（$P<0.05$），枯落物和土壤的磷含量无显著差异（$P>0.05$）；在阴坡，叶片、枯落物间的碳、磷含量均存在显著差异（$P<0.05$），叶片与枯落物的氮含量无显著差异（$P>0.05$），但叶片和枯落物的氮含量与土壤 0~10cm 及 10~20cm 间的氮含量均存在显著差异（$P<0.05$）。叶片、枯落物、土壤的碳、氮、磷含量在不同坡向间均无显著差异（表 8-4）。

表 8-4　叶片–枯落物–土壤系统碳、氮、磷含量特征

类型	坡向	样品数量	碳/(g/kg)	氮/(g/kg)	磷/(g/kg)
叶片	阳坡	84	453.7±17.01a	21.56±3.52a	2.17±0.44a
	阴坡	72	454.8±19.52a	21.16±2.37a	1.99±0.34a
枯落物	阳坡	84	366.9±40.97b	19.23±3.95b	1.35±0.36b
	阴坡	72	373.5±33.36b	18.90±3.59a	1.51±0.50b
0~10cm 土层	阳坡	84	10.20±6.49c	0.92±0.59c	1.14±0.26b
	阴坡	72	9.62±4.18c	0.93±0.45b	1.19±0.25c
10~20cm 土层	阳坡	84	5.95±3.08c	0.57±0.29c	1.06±0.28b
	阴坡	72	6.01±2.13c	0.62±0.29b	1.10±0.26c

注：同列不同字母表示阳坡或阴坡的叶片、枯落物、不同土层间碳、氮、磷含量的差异显著（$P<0.05$）

无论阴坡或阳坡，碳、氮、磷含量均表现为叶片＞枯落物＞土壤。刺槐叶片氮、磷含量略高于全球植物叶片氮（20.6mg/g）与磷（2.0mg/g）的平均含量（Elser et al.，2000），也略高于我国植物叶片氮（20.2mg/g）（Han et al.，2005）与磷（1.5mg/g）（吴统贵等，2010）的平均含量。同时，叶片的碳平均含量与上官周平对黄土高原刺槐叶片碳平均含量（451.8mg/g）（潘复静等，2011）研究的结果较为一致，但低于全球植物叶片的碳平均含量（464mg/g）（Elser et al.，2000）。这说明黄土高原区刺槐叶片的有机化合物含量较低，这与物种单一、黄土高原特殊的地理环境及气候条件有一定的关系。

鉴于表土对磷的吸附作用、黄土高原地区强烈的风化作用和水土流失作用有关，黄土高原区土壤磷的平均含量明显低于全球平均水平（2.8mg/g）（任书杰等，2007）。土壤中磷元素迁移速率很低，因此在阴坡和阳坡磷含量的差异不显著。土壤表层 0~10cm 的碳、氮含量明显大于 10~20cm 土层，并且阴坡＜阳坡，这是由于受坡向的影响（焦醒和刘广全，2009），土壤水分状况的差异较大。

黄土高原人工刺槐林在恢复过程中，作为落叶阔叶树种，受土壤水分含量的影响，在阳坡生长缓慢，枯落物层厚度、分解速率、水分条件及人为干扰均会导致土壤的养分

条件发生变化，从而影响土壤养分元素的积累。阳坡叶片 C：N（物质的量比，下同）的范围为 18.78～28.91，C：P 为 373.3～747.0，N：P 为 15.46～32.56；阴坡叶片 C：N 的物质的量比范围为 20.51～28.08，C：P 为 436.0～823.9，N：P 为 19.25～36.00。从平均物质的量比来看，叶片在不同坡向的 C：N、C：P、N：P 均表现为阴坡＞阳坡（表 8-5）。

表 8-5　不同坡向叶片 C：N、C：P、N：P 的变化特征

研究区	阳坡			阴坡		
	C：N	C：P	N：P	C：N	C：P	N：P
三原县	27.92	709.8	25.42	28.04	569.6	20.31
淳化县	25.10	467.4	18.62	28.05	540.1	19.25
耀州区	27.05	603.8	22.32	27.76	740.2	26.67
宜君县	26.28	406.4	15.46	21.98	500.1	22.75
黄陵县	20.03	538.3	26.87	24.97	742.3	29.73
洛川县	26.47	496.2	18.74	27.54	605.0	21.96
富县	19.67	632.4	32.15	22.88	823.9	36.00
甘泉县	28.27	626.0	22.14	25.17	608.8	24.19
宝塔区	28.91	620.9	21.48	28.08	577.9	20.58
安塞县	24.58	538.2	21.90	26.89	677.3	25.19
米脂县	28.05	441.2	15.73	21.71	436.0	20.09
神木市	18.78	373.3	19.88	20.51	458.6	22.36
平均值	25.10±3.44	562.7±115.2	22.71±5.26	25.30±2.85	606.7±119.6	24.09±4.83

在阳坡，枯落物 C：N（物质的量比，下同）的范围为 16.21～28.12，C：P 为 473.4～988.8，N：P 为 21.86～54.37；在阴坡，C：N 的范围为 19.44～30.54，C：P 为 427.4～990.6，N：P 为 20.24～48.50。从平均物质的量比来看，枯落物 C：N 阴坡略大于阳坡，C：P、N：P 阳坡略大于阴坡（表 8-6）。

表 8-6　不同坡向枯落物 C：N、C：P、N：P 的变化特征

研究区	阳坡			阴坡		
	C：N	C：P	N：P	C：N	C：P	N：P
三原县	23.91	573.5	23.89	21.15	427.4	20.24
淳化县	21.27	713.2	33.64	21.57	647.2	30.26
耀州区	23.36	473.4	21.86	24.90	539.0	21.21
宜君县	27.00	882.3	32.65	29.97	956.2	32.86
黄陵县	17.62	726.0	41.43	19.44	518.3	26.82
洛川县	20.75	644.7	31.18	20.23	753.8	37.10
富县	16.21	880.6	54.37	20.43	990.6	48.50
甘泉县	18.19	517.5	28.51	19.71	521.1	26.93
宝塔区	21.08	661.1	31.90	24.20	715.8	29.61
安塞县	24.85	652.2	26.52	27.21	807.0	29.76
米脂县	28.12	988.8	35.06	25.59	727.6	28.73
神木市	25.74	750.8	30.44	30.54	835.0	27.27
平均值	23.12±4.01	718.1±145.6	32.06±8.04	23.75±3.95	703.3±178.8	29.94±7.40

在阳坡，0~10cm层土壤C∶N（物质的量比，下同）的范围为9.48~15.56，C∶P为8.93~53.21，N∶P为0.77~5.11；10~20cm层C∶N为9.13~13.72，C∶P为7.85~41.80，N∶P为0.44~3.19。在阴坡，0~10cm层土壤的C∶N为8.58~16.27，C∶P为9.46~47.71，N∶P为0.76~3.63；10~20cm层C∶N为6.18~13.41，C∶P为5.99~33.41，N∶P为0.54~3.56。从平均物质的量比来看，土壤C∶N、C∶P为阳坡＞阴坡，N∶P为阴坡＞阳坡。0~10cm土层的碳、氮、磷比均大于10~20cm土层（表8-7）。

表8-7 不同坡向土壤C∶N、C∶P、N∶P的变化特征

研究区	阳坡 0~10cm			阳坡 10~20cm		
	C∶N	C∶P	N∶P	C∶N	C∶P	N∶P
三原县	13.43	53.21	5.11	13.09	41.80	3.19
淳化县	12.67	34.48	3.80	11.98	25.30	2.12
耀州区	13.51	27.92	2.06	11.90	17.36	1.46
宜君县	12.86	39.27	3.07	11.46	13.59	1.21
黄陵县	15.33	11.85	0.77	13.48	10.58	0.59
洛川县	11.48	24.48	2.06	10.83	26.45	2.41
富县	12.19	15.14	1.21	12.09	12.27	0.97
甘泉县	12.07	17.66	1.46	9.13	8.44	1.04
宝塔区	13.68	12.61	0.94	13.30	8.27	0.63
安塞县	9.48	8.93	0.93	10.09	10.64	1.04
米脂县	14.17	11.76	0.86	13.57	8.34	0.44
神木市	14.38	20.63	1.46	13.72	16.08	1.20
平均值	13.03±1.62	22.05±12.72	1.85±1.31	11.83±1.54	15.56±9.64	1.30±0.78
研究区	阴坡 0~10cm			阴坡 10~20cm		
	C∶N	C∶P	N∶P	C∶N	C∶P	N∶P
三原县	8.58	20.48	2.40	7.60	14.87	1.96
淳化县	12.95	47.71	3.63	12.57	33.41	2.65
耀州区	13.49	37.21	2.77	12.23	18.61	1.52
宜君县	13.25	31.54	2.53	12.25	16.29	1.42
黄陵县	12.85	14.94	1.16	12.75	11.37	0.80
洛川县	11.48	19.88	1.52	11.45	22.87	2.04
富县	13.75	20.35	1.48	12.77	9.77	0.76
甘泉县	13.22	13.04	1.02	13.22	10.81	0.84
宝塔区	13.39	13.14	0.99	13.41	9.74	0.73
安塞县	12.15	13.14	1.09	12.12	9.89	0.82
米脂县	13.16	9.46	0.76	11.94	5.99	0.54
神木市	16.27	12.45	5.32	6.18	21.78	3.56
平均值	12.88±1.76	21.11±11.75	2.06±1.36	11.54±2.26	15.45±7.70	1.47±0.93

在阴坡和阳坡，C∶N均表现为叶片＞枯落物＞土壤，C∶P、N∶P均表现为枯落物＞叶片＞土壤。具体而言，叶片、枯落物的碳、氮、磷比与土壤0~10cm、10~20cm

土层的碳、氮、磷比均有显著差异（P＜0.05）。在阴坡和阳坡，叶片和土壤均表现为C∶P＞C∶N＞N∶P（P＜0.05），枯落物表现为 C∶P＞N∶P＞C∶N（P＜0.05）。0～10cm、10～20cm 土层的 C∶N、C∶P 比均表现为阳坡＞阴坡，N∶P 表现为阴坡＞阳坡。叶片、枯落物、土壤的碳、氮、磷比在阴、阳坡均无显著差异（P＞0.05）；叶片、枯落物、土壤两两之间的碳、氮、磷比均有显著差异 （P＜0.05）。土壤不同层次的C∶N、C∶P、N∶P 表现为 0～10cm＞10～20cm，但差异不显著（P＞0.05）（图 8-7）。

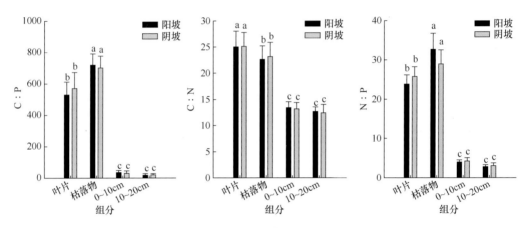

图 8-7　叶片–枯落物–土壤 C∶N、C∶P、N∶P
不同小写字母表示阳坡或阴坡叶片、枯落物、不同土层间 C∶N、N∶P、N∶P 的差异显著（P＜0.05）

在阴坡和阳坡，两层土壤间的 C∶N、C∶P、N∶P 均为极显著正相关，叶片与枯落的 C∶N 均为显著的正相关。在阳坡，叶片与枯落物的 C∶P、N∶P 为显著正相关，两层土壤与叶片和枯落物的碳、氮、磷比相关性均不显著。在阴坡，叶片与枯落物的 C∶P、N∶P 无显著相关性，枯落物与 0～10cm 土壤 C∶N 为显著正相关，与土壤不同层次 C∶P、N∶P 相关性不显著（表 8-8）。

表 8-8　叶片–枯落物–不同土层间的 C∶N、C∶P、N∶P 的相关性

	阳坡		相关系数		阴坡	相关系数
C∶N	叶片与枯落物		0.555*	C∶N	叶片与枯落物	0.600*
	两层土壤		0.701**		枯落物与上层土壤	0.589*
C∶P	叶片与枯落物		0.660*		两层土壤	0.771**
	两层土壤		0.880**	C∶P	两层土壤	0.744**
N∶P	叶片与枯落物		0.550*	N∶P	两层土壤	0.856**
	两层土壤		0.926**			

*表示 P＜0.05，**表示 P＜0.01

叶片、枯落物、土壤对环境变化比较敏感，它们是生态系统中生物因子与环境因子的代表（刘兴诏等，2010），它们的碳、氮、磷之间存在差异，由土壤与植物各自执行不同的功能决定。植物叶片、枯落物和土壤碳、氮、磷比可作为预测养分限制和碳、氮、磷饱和诊断及预测其有效性的指标，其中 N∶P 是预测植物生长养分限制的敏感性指数（Hobbie and Gough，2002）。阳坡和阴坡，叶片 C∶N 高于全球的平均水平 22.5（Elser et al., 2000), N∶P 明显高于全国的平均水平 15.2 (Han et al., 2005), C∶P 明显高于黄土高原的平均水平 312 (Han et al., 2005)。这可能与黄土高原的气候条件、水热状况有关,黄土高原在植被恢复和群落演替的过程中, 植被种类增多, 物种多样性增加, 土壤养分的富集作用增强, 植物可吸收利用的养分增加。刘兴诏等 (2010) 研究发现, 植物叶片 N∶P>16, 是受磷元素的限制, 这是由于黄土高原土壤磷含量较低, 植物受磷元素的限制作用大于受氮元素的限制作用, 这也与刺槐是固氮植物有关。

无论是在阴坡或阳坡, 叶片、枯落物的 C∶N 均有显著相关性, 而 C∶P、N∶P 仅仅在阴坡的枯落物和叶片之间具有显著相关性, 说明刺槐在阴坡对养分的吸收利用优于阳坡, 阴坡土壤蒸发强度小, 水分散失的少, 而枯落物直接来源于叶片, 且腐解程度不高, 导致叶片与枯落物有较好的相关性。阴坡的土壤 C∶N 与枯落物的相关性显著, 阳坡不显著, 说明在水分条件的制约下, 阴坡土壤的碳、氮很大程度上来源于枯落物, 而阳坡土壤的碳、氮仅部分来源于刺槐枯落物, 刺槐在阳坡的优势程度低于阴坡。

(三) 不同纬度下刺槐林地叶片–土壤生态化学计量特征

不同纬度下, 阳坡刺槐叶片碳、氮、磷含量的变化范围分别为 428.88~485.16mg/g、17.84~28.69mg/g、1.56~3.04mg/g, 平均值分别为 423.89mg/g、20.96mg/g、2.17mg/g。叶片 C∶N 为 16.10~24.78, 平均值为 21.37; C∶P 为 144.52~289.14, 平均值为 214.42; N∶P 为 6.98~14.70, 平均值为 10.19。阴坡刺槐叶片碳、氮、磷含量的变化范围分别为 417.74~487.63mg/g、18.59~24.86mg/g、1.53~2.67mg/g, 平均值分别为 454.02mg/g、21.16mg/g、1.99mg/g。叶片 C∶N 为 17.58~24.11, 平均值为 21.70; C∶P 为 163.32~318.92, 平均值为 235.20; N∶P 为 8.70~16.26, 平均值为 10.88 (表 8-9)。

表 8-9 刺槐叶片 C、N、P 含量和 C∶N、C∶P、N∶P 的范围及平均值

项目	范围		平均值	
	阳坡	阴坡	阳坡	阴坡
C/(mg/g)	428.88~485.16	417.74~487.63	423.89	454.02
N/(mg/g)	17.84~28.69	18.59~24.86	20.96	21.16
P/(mg/g)	1.56~3.04	1.53~2.67	2.17	1.99
C∶N	16.10~24.78	17.58~24.11	21.37	21.70
C∶P	144.52~289.14	163.32~318.92	214.42	235.20
N∶P	6.98~14.70	8.70~16.26	10.19	10.88

刺槐叶片 C、N、P 含量在阳坡和阴坡随纬度变化趋势是基本一致的, C 随着纬度升高呈现先增加再减小的趋势, N 和 P 的含量均随纬度升高而增加, 阴坡刺槐叶片 C 含量随着纬度的升高呈现显著的先增加再减小的趋势, 其他均未达到显著水平 (图 8-8)。

刺槐叶片 C、N、P 比在阳坡和阴坡随纬度变化趋势是基本一致的, C∶N 和 C∶P 随着纬度的升高而减小, N∶P 随着纬度的升高没有明显变化, 但是均未达到显著水平。整体来看, 阴坡刺槐叶片 C 和 N 含量高于阳坡, P 则相反, 表明阳坡刺槐叶片具有较高的储存 C 和 N 的能力, 阴坡刺槐叶片储存 P 的能力较强 (图 8-9)。

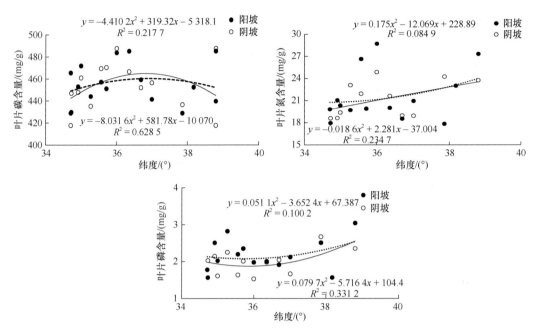

图 8-8 刺槐叶片 C、N、P 含量的地理分布格局

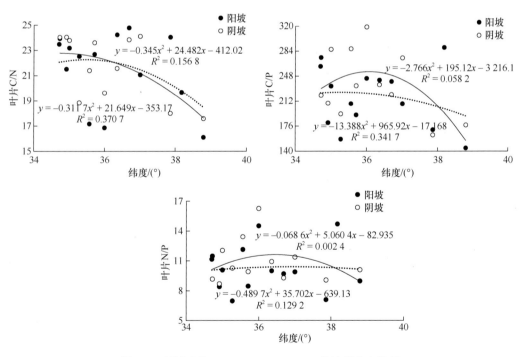

图 8-9 刺槐叶片 C∶N、C∶P、N∶P 的地理分布格局

不同纬度下，阳坡 0～10cm 土层土壤碳、氮、磷含量的变化范围分别为 2.40～24.62mg/g、0.16～2.14mg/g、0.48～1.56mg/g，平均值分别为 10.20mg/g、0.92mg/g、1.14mg/g；10～20cm 土层土壤碳、氮、磷含量的变化范围分别为 1.48～13.30mg/g、0.18～1.18mg/g、0.53～1.53mg/g，平均值分别为 5.95mg/g、0.57mg/g、1.06mg/g。0～10cm 土

层土壤 C：N 为 9.48~15.33，平均值为 12.92；C：P 为 8.93~59.79，平均值为 22.85；N：P 为 0.77~5.11，平均值为 1.88。10~20cm 土层土壤 C：N 为 9.13~13.57，平均值为 11.91；C：P 为 7.85~37.69，平均值为 14.48；N：P 为 0.44~3.19，平均值为 1.24（表 8-10）。

表 8-10　刺槐林土壤 C、N、P 含量和 C：N、C：P、N：P 的范围及平均值

项目	土层	范围		平均值	
		阳坡	阴坡	阳坡	阴坡
C 含量/(mg/g)	0~10cm	2.40~24.62	4.39~16.64	10.20	9.62
	10~20cm	1.48~13.30	2.93~9.74	5.95	6.01
N 含量/(mg/g)	0~10cm	0.16~2.14	0.41~1.74	0.92	0.93
	10~20cm	0.18~1.18	0.31~1.28	0.57	0.62
P 含量/(mg/g)	0~10cm	0.48~1.56	0.77~1.61	1.14	1.19
	10~20cm	0.53~1.53	0.70~1.45	1.06	1.10
C：N	0~10cm	9.48~15.33	8.58~13.75	12.92	12.53
	10~20cm	9.13~13.57	7.60~13.41	11.91	11.77
C：P	0~10cm	8.93~59.79	9.46~47.71	22.85	21.90
	10~20cm	7.85~37.69	5.99~31.28	14.48	14.72
N：P	0~10cm	0.77~5.11	0.76~3.63	1.88	1.78
	10~20cm	0.44~3.19	0.54~2.65	1.24	1.25

阴坡 0~10cm 土层土壤碳、氮、磷含量的变化范围分别为 4.39~16.64mg/g、0.41~1.74mg/g、0.77~1.61mg/g，平均值分别为 9.62mg/g、0.93mg/g、1.19mg/g；10~20cm 土层土壤碳、氮、磷含量的变化范围分别为 2.93~9.74mg/g、0.31~1.28mg/g、0.70~1.45mg/g，平均值分别为 6.01mg/g、0.62mg/g、1.10mg/g。0~10cm 土层土壤 C：N 为 8.58~13.75，平均值为 12.53；C：P 为 9.46~47.71，平均值为 21.90；N：P 为 0.76~3.63，平均值为 1.78。10~20cm 土层土壤 C：N 为 7.60~13.41，平均值为 11.77；C：P 为 5.99~31.28，平均值为 14.72；N：P 为 0.54~2.65，平均值为 1.25（表 8-10）。

从南到北，阴坡和阳坡叶片 C 与土壤 N 之间均呈显著负相关关系（$P<0.05$），其中阴坡叶片 C 与上、下层土壤 N 呈现极显著的负相关关系，其相关系数分别为 -0.890 和 -0.816。而叶片 C 与土壤 P 之间没有显著相关关系。只有叶片 C 和两层土壤 C 在阴坡与阳坡均呈现显著的负相关关系（$P<0.05$），其中阴坡叶片 C 和土壤 10~20cm 的 C 之间呈极显著的负相关关系（$P<0.01$），而刺槐叶片其他养分含量和比值与土壤之间均没有显著相关关系（表 8-11）。

植物在生长过程中会从土壤中吸收大量的氮素，然后通过光合作用为自己制造足够的有机质，而由于刺槐的枯枝落叶落到土壤表面后分解较慢，因此有机质回归土壤的速率慢，从而造成刺槐叶片从土壤中吸收足够多的氮素后，土壤氮含量降低而植物的有机质含量增加。土壤全氮主要来源于土壤植物残体分解所形成的有机质（党亚爱等，2007），因此，刺槐叶片 C 和两层土壤 C 在阴坡与阳坡均呈现显著的负相关关系。植物所利用的磷来源于土壤，虽然土壤中磷非常充足，但能够被植物吸收利用的有效态磷的含量很

少，包括土壤水溶性磷和部分有机磷，这可能导致刺槐叶片有机质含量与土壤全磷含量之间没有显著相关关系。

表 8-11 叶片-不同土层间 C、N、P 含量和 C：N、C：P、N：P 的相关性

项目		偏相关系数	
		阳坡	阴坡
C	叶片与 0~10cm 土层	−0.586*	−0.654*
	叶片与 10~20cm 土层	−0.674*	−0.841**
N	叶片与 0~10cm 土层	−0.270	−0.027
	叶片与 10~20cm 土层	−0.267	−0.061
P	叶片与 0~10cm 土层	0.375	0.217
	叶片与 10~20cm 土层	0.128	−0.007
C：N	叶片与 0~10cm 土层	−0.186	−0.382
	叶片与 10~20cm 土层	−0.245	0.079
C：P	叶片与 0~10cm 土层	−0.195	−0.299
	叶片与 10~20cm 土层	−0.080	−0.389
N：P	叶片与 0~10cm 土层	−0.275	−0.218
	叶片与 10~20cm 土层	−0.121	−0.377

*表示 $P<0.05$，**表示 $P<0.01$

刺槐叶片 C 含量随纬度升高呈现先增加后减小的显著趋势。刺槐叶片化学计量特征中，只有 C 与纬度之间有显著的相关关系，这说明了刺槐叶片 N、P 含量具有保守性，受环境因素影响较小，所以含量没有显著变化。刺槐叶片 C 与土壤 N 含量、土壤 C 含量之间有显著的相关关系，这是由于植物利用大量营养元素较多，这些元素通常在土壤中容易出现短缺，并且凋落物的分解速率比较慢，导致有机质不能及时归还土壤，因此在土壤氮含量降低时刺槐叶片的有机质含量增加。

（四）刺槐林地枯落叶-土壤生态化学计量特征

阳坡刺槐枯落叶 C、N、P 的变化范围分别为 318.34~428.01g/kg、13.27~24.07g/kg、1.66~2.57g/kg，平均值分别为 374.55g/kg、18.89g/kg、2.05g/kg；阴坡刺槐枯落叶 C、N、P 的变化范围分别为 306.70~433.68g/kg、12.55~24.39g/kg、1.62~2.99g/kg，平均值分别为 380.18g/kg、18.90g/kg、2.05g/kg；随着纬度的升高，阴、阳坡枯落叶 C、N 呈显著降低（$P<0.05$），P 无明显差异（$P>0.05$）（图 8-10）。

陕西黄土高原由南向北，由于纬度升高，降水量减少、温度降低，土壤类型由黄土和黏黄土向砂黄土转变（涂夏明等，2012），黄土和黏黄土属于黄土母质（许明祥和刘国彬，2004），有利于吸收有机质，但砂黄土保肥性相对较差。因此，陕西黄土高原刺槐林地由南向北，土壤有机质和全 N 极显著下降（$P<0.01$），能够提供给刺槐的有机质和全 N 减少，最终导致刺槐枯落叶 C、N 降低。黄土高原地区土壤风蚀水蚀作用严重，加速了土壤 P 的淋溶。由于黄土高原土壤 P 整体上都低，因此随着纬度升高，土壤 P 无明显差异（$P>0.05$），导致刺槐枯落叶 P 随纬度变化也无差异。

阳坡0~10cm土壤C、N、P的变化范围分别为4.23~24.62g/kg、0.45~2.14g/kg、0.90~1.56g/kg，平均值分别为10.85g/kg、0.98g/kg、1.20g/kg；阴坡土壤C、N、P的变化范围分别为2.40~15.0g/kg、0.16~1.74g/kg、0.48~1.61g/kg，平均值分别为9.01g/kg、0.86g/kg、1.17g/kg（表8-12）。

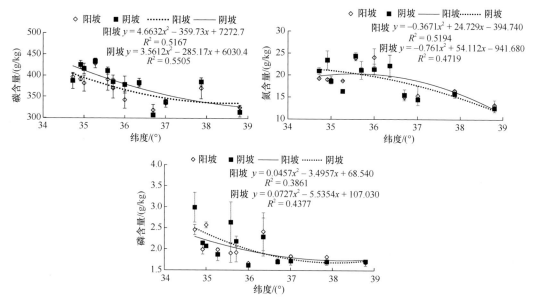

图 8-10　刺槐枯落叶 C、N、P 含量随纬度的变化

表 8-12　刺槐林地 0~10cm 土层土壤 C、N、P 含量

采样点	C 含量/(g/kg)		N 含量/(g/kg)		P 含量/(g/kg)	
	阳坡	阴坡	阳坡	阴坡	阳坡	阴坡
三原县	24.62±0.80	12.77±0.15	2.14±0.10	1.74±0.11	0.93±0.08	1.61±0.01
淳化县	17.29±3.97	16.7±0.10	1.23±0.17	1.48±0.03	1.11±0.09	0.91±0.04
耀州区	14.22±2.33	15.0±0.10	1.64±0.30	1.29±0.09	1.32±0.09	1.04±0.07
宜君县	17.75±0.05	14.0±0.40	1.62±0.03	1.31±0.01	1.36±0.24	1.31±0.19
黄陵县	6.85±0.19	8.40±1.40	0.52±0.04	0.76±0.10	1.56±0.39	1.47±0.14
洛川县	11.60±0.21	8.21±0.71	1.12±0.02	0.83±0.04	1.20±0.04	1.24±0.13
富县	6.62±2.40	7.13±0.24	0.62±0.16	0.61±0.02	1.16±0.10	0.91±0.03
甘泉县	8.29±1.09	7.01±2.06	0.80±0.03	0.65±0.02	1.22±0.09	1.41±0.12
宝塔区	6.25±0.15	5.97±0.11	0.54±0.09	0.52±0.05	1.28±0.07	1.17±0.01
安塞县	4.23±1.25	6.35±0.27	0.51±0.10	0.61±0.01	1.21±0.09	1.23±0.07
米脂县	5.32±2.95	4.39±0.58	0.45±0.18	0.41±0.13	1.13±0.12	1.20±0.02
神木市	7.15±1.31	2.40±0.27	0.59±0.13	0.16±0.05	0.90±0.07	0.48±0.11

随着纬度的升高，阴坡和阳坡的土壤 C、N 均呈极显著降低（$P<0.01$），而土壤 P 无明显差异（$P>0.05$）（表 8-13）。

表 8-13　0~10cm 土层土壤 C、N、P 含量随纬度变化的方程

坡向	方程		
阳坡	$y_C=2.310x^2-172.93x+3240.6$ $R^2=0.8333**$	$y_N=0.187x^2-13.997x+263.0$ $R^2=0.7945**$	$y_P=-0.660x^2+4.784-85.5$ $R^2=0.4312$
阴坡	$y_C=0.844x^2-64.35x+1243.4$ $R^2=0.8635**$	$y_N=0.108x^2-8.269x+158.3$ $R^2=0.9072**$	$y_P=-0.076x^2+5.413-95.7$ $R^2=0.4032$

**表示阳坡和阴坡随纬度增加土壤 C、N 含量降低的显著性（$P<0.01$）

土壤碳与土壤氮呈显著正相关（$P<0.05$），土壤碳与枯落叶碳呈显著正相关（$P<0.05$），枯落叶碳、氮、磷之间呈显著正相关（$P<0.05$）（表 8-14）。

表 8-14　枯落叶与土壤 C、N、P 的相关性

元素类型	元素类型					
	土壤 C	土壤 N	土壤 P	枯落叶 C	枯落叶 N	枯落叶 P
土壤 C		0.980*	0.174	0.736*	0.346	0.659*
土壤 N	0.980*		0.130	0.653*	0.327	0.723*
土壤 P	0.174	0.130		0.445	0.441	0.465
枯落叶 C	0.736*	0.653*	0.445		0.589*	0.590*
枯落叶 N	0.346	0.327	0.441	0.589*		0.583*
枯落叶 P	0.659*	0.723*	0.465	0.590*	0.583*	

*表示 $P<0.05$

阳坡刺槐枯落叶 C：N、C：P、N：P 的变化范围分别为 14.23~24.61、148.67~215.92、7.37~14.47，平均值分别为 19.98、187.92、9.65；阴坡刺槐枯落叶 C：N、C：P、N：P 的变化范围分别为 16.87~26.54、130.06~234.41、7.05~13.22，平均值分别为 20.70、190.67、9.36；随着纬度的增加，刺槐枯落叶 C：N、C：P、N：P 均无明显变化（$P>0.05$）（图 8-11）。

不同坡向代表了不同的光照、温度、水分和土壤条件（刘金根和薛建辉，2009），不同坡向的太阳辐射量、温度、土壤水分状况均会有差异。由于阴坡水分条件好于阳坡，因此，阴坡的植物生长状况往往好于阳坡，阴坡的植物叶片养分含量也应大于阳坡。陕西黄土高原刺槐林地阴坡和阳坡的土壤 C、N、P 差异不显著，因此，阴坡和阳坡的刺槐枯落叶 C、N、P 差异也不显著（$P>0.05$）。

刺槐作为一种豆科速生树种，它对环境的适应力很强，能够很好地调节、平衡体内各种元素的比例。随着纬度的升高，刺槐枯落叶的 C：N、C：P、N：P 都很稳定，可能与刺槐适应环境变化的策略有关。N 和 P 作为植物生长最重要的限制性元素，共同参与了植物体的基本生理生化过程。在自然条件下，由于受外界环境的影响相同，N 和 P 因此表现出较高的一致性，使得 N：P 较为稳定（郑淑霞和上官周平，2006）。C：N 与 N：P 是影响凋落物分解和养分归还速率的重要因素，较低的 C：N 与 N：P 易于凋落物分解（马玉红等，2007；潘复静等，2011），较低的 N：P 可指示植物生长主要受到 N 的限制。陕西黄土高原刺槐林地阴坡和阳坡土壤有机碳及全 N 平均含量较全国平均水平

（许泉等，2006）偏低，且刺槐枯落叶 N：P 也较低，推测陕西黄土高原刺槐的生长可能主要受到氮素的限制。尽管刺槐是豆科固氮植物，如果土壤氮素供应不足，其生长也有可能受到氮素的限制。

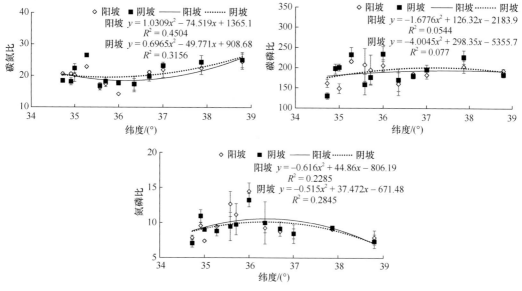

图 8-11　枯落叶碳、氮、磷比随纬度的变化规律

第三节　柠条林地生态化学计量特征

柠条因其较低的蒸腾速率而对高温和干旱逆境具有较好的适应性，能够增加土壤养分（安韶山和黄懿梅，2006；杨阳等，2014），因此成为黄土高原人工林建设所采用的主要灌木类型。至 2017 年，黄土高原人工柠条林地的造林面积约为 $1.33×10^6 hm^2$（杨新国等，2015）。研究柠条叶片、茎、植物根系、枯落物、土壤的碳氮磷含量及化学计量特征，对揭示典型人工植被生长过程中养分比例的调控机制，认识养分比例在生态系统过程和功能中的作用，明确黄土高原人工林碳氮磷养分吸收效率特征和对碳氮磷养分的吸收、利用与归还机制，并根据元素计量比的临界值判断黄土高原典型人工植被的限制性元素具有重要意义（马任甜，2017）。

一、不同林龄柠条林地生态化学计量特征

（一）柠条各组分 C、N、P 含量变化特征

柠条叶片碳含量平均值为 472.31g/kg，高于全球植物叶片碳的平均含量（464g/kg）；枯落物碳含量平均值为 371.89g/kg；茎碳含量平均值为 453.12g/kg；根系碳含量平均值为 476.14g/kg。柠条各组分间的碳含量表现为叶片和根系最高，茎次之。相比于枯落物、叶片、根系和茎的碳含量总值，枯落物占 20.97%、叶片占 26.63%、根系占 26.85%、茎占 25.55%（表 8-15）。

柠条叶片氮含量平均值为28.73g/kg，高于我国植物叶片氮的平均含量20.24g/kg（Han et al.，2005）和全球水平20.1g/kg（Reich and Oleksyn，2004）；枯落物氮含量平均值为15.35g/kg，高于Kang等（2010）在全球尺度上得到的10.93g/kg，低于陈亚南等（2014）研究的宁南山区柠条枯落叶氮含量20.71g/kg；茎氮含量平均值为16.47g/kg；根系氮含量平均值为15.09g/kg。柠条各组分间的氮含量表现为叶片最高，茎次之，土壤最低，总体来看呈现叶片>茎>枯落物>根系>土壤。相比于枯落物、叶片、根系和茎的氮含量总值，枯落物占20.29%、叶片占37.98%、根系占19.95%、茎占21.77%（表8-15）。

表8-15 柠条林地土壤及柠条各组分碳、氮、磷含量变化特征

项目	碳含量/(g/kg)	氮含量/(g/kg)	磷含量/(g/kg)
0~10cm 土层	5.08±3.75d	0.58±0.42d	0.49±0.08e
10~20cm 土层	4.01±3.03d	0.48±0.36d	0.48±0.09e
枯落物	371.89±50.22c	15.35±2.28c	1.19±0.41b
叶片	472.31±41.56a	28.73±3.21a	1.48±0.34a
根系	476.14±31.21a	15.09±3.11c	0.69±0.26d
茎	453.12±34.65b	16.47±2.55b	0.85±0.15c

注：不同小写字母表示柠条林地土壤及柠条各组分碳、氮、磷含量的差异显著（$P<0.05$），下同

柠条叶片磷含量平均值为1.48g/kg，低于全球叶片磷含量1.99g/kg（Elser et al.，2000），与陈亚南等（2014）研究的宁南山区柠条叶片磷含量1.60g/kg相近；茎磷含量平均值为0.85g/kg；枯落物磷含量平均值为1.19g/kg，高于Kang等（2010）在全球尺度上得到的0.85g/kg，与陈亚南（2014）研究的宁南山区柠条枯落叶磷含量1.11g/kg相近；根系磷含量平均值为0.69g/kg。柠条各组分间的磷含量表现为叶片最高，枯落物次之，土壤最低，总体来看呈现叶片>枯落叶>茎>根系>土壤。相比于枯落物、叶片、根系和茎的磷含量总值，枯落物占28.31%、叶片占35.16%、根系占16.33%、茎占20.20%（表8-15）。

根系是营养元素的吸收和转运器官，茎是连接地下吸收器官和地上同化组织的传导器官。根茎型的植物养分输送通道不发达，新陈代谢活动较弱，氮、磷的含量也较低。不同组分间叶片养分含量最高，这与姜沛沛等（2016）、杨佳佳等（2014）的研究结果一致。氮、磷含量在叶片中相对较高，在茎中相对较低，与其自身结构特点及生长节律有关。叶片是植物光合作用的器官，是新陈代谢最旺盛的部位，故养分含量较高。

(二) 柠条各组分C、N、P生态化学计量特征

柠条各组分C∶N表现为根系>茎>枯落物>叶片>土壤，部分组分间C∶N变化规律与对应组分氮含量变化规律相反，说明柠条各组分C∶N变化规律由氮含量决定。柠条各组分C∶P表现为根系最高，茎次之，枯落物和叶片较低，不同组分间C∶P变化规律与对应组分磷含量变化规律相反，说明柠条各组分C∶P变化规律由磷含量决定。柠条各组分N∶P表现为根系最高，茎和叶片次之，枯落物较低，N∶P变化规律由氮含量、磷含量共同决定（表8-16）。

植物叶片碳、氮、磷比可以作为预测养分限制、碳氮磷饱和诊断及预测其有效性的指标，其中N∶P是预测植物生长养分限制的敏感性指数（Hobbie and Gough，2002）。

表 8-16　柠条林地土壤及柠条各组分碳、氮、磷比的变化特征

项目	碳氮比	碳磷比	氮磷比
0～10cm 土层	8.66±2.04e	10.09±6.90e	1.16±0.77d
10～20cm 土层	8.33±1.27e	8.12±5.67e	0.98±0.69d
枯落物	24.73±4.80c	352.08±145.32d	14.37±5.42c
叶片	16.64±2.38d	335.42±79.90d	20.13±3.68a
根系	32.82±6.79a	778.22±269.50a	24.95±11.40a
茎	28.09±4.68b	549.35±107.51b	19.97±4.62b

黄土高原柠条叶片 C：N、C：P 和 N：P 分别为 16.64、335.42、20.13，叶片 C：N 低于全球的平均水平 22.5（Elser et al.，2000），C：P 高于黄土高原的平均水平 312。研究表明，当叶片 N：P<14 时，认为植物生长受 N 限制，当叶片 N：P>16 时，认为生长受 P 限制，当叶片 N：P 为 14～16 时，认为植物生长受 N 和 P 的共同限制（Koerselman and Meuleman，1996），根据以上标准进行判断，黄土高原柠条生长受磷元素的限制。

柠条枯落物 C：N、C：P 和 N：P 分别为 24.73、352.08、14.37，低于 McGroddy 等（2004）对全球范围森林枯落叶研究的结果，也低于姜沛沛等（2016）研究的陕西省乔灌草枯落叶 C：N、C：P 和 N：P。一般认为，较低的枯落叶 C：N 表示具有较高的分解速率（王绍强和于贵瑞，2008）。黄土高原柠条枯落物 C：N 较低，表明该地区枯落物具有较高的分解速率，碳、氮、磷含量中碳含量的变异系数最小，表明富碳结构性物质含量相对稳定，而富氮磷功能性物质和贮藏性物质变化较大（Kerkhoff et al.，2006；Sterner and Elser，2000）。

（三）柠条林地土壤 C、N、P 含量变化特征

柠条林地土壤表层碳含量高于下层，平均值为 5.08g/kg；10～20cm 层碳含量平均值为 4.01g/kg，远低于中国陆地土壤平均碳含量（29.51g/kg）和全球陆地土壤平均碳含量（25.71g/kg）（王绍强等，2000）。0～10cm 土层氮含量平均值为 0.58g/kg；10～20cm 土层氮含量平均值为 0.48g/kg，显著低于中国陆地土壤氮平均值（2.30g/kg）（王绍强等，2000）及全球陆地土壤平均氮含量（2.10g/kg）（青烨等，2015），同时低于陈亚南等（2014）研究的宁南山区柠条林土壤氮含量平均值 1.18g/kg。0～10cm 土层的磷含量平均值为 0.49g/kg；10～20cm 土层磷含量平均值为 0.48g/kg。总体来看，柠条林地土壤碳、氮含量随着土层的加深而降低，养分含量出现表层富集现象，而磷含量则分布相对均匀（表 8-15）。

（四）柠条林地土壤 C、N、P 生态化学计量特征

柠条林地土壤 C：N、C：P、N：P 均低于植物部分，且 0～10cm 土层高于 10～20cm。柠条林地表层土壤 C：N 为 8.66（表 8-16），低于全国 C：N 平均水平（10.12）。不同土层和空间地理位置土壤 C：N 无显著差异并维持相对稳定，这主要因为碳、氮元素之间有显著的相关关系，它们对环境变化的响应几乎是同步的，这也验证了不同生态系统土壤 C：N 相对稳定的结论。稳定的 C：N 也符合化学计量学的基本原则，即有机物质的形成需要一定数量的 N、其他营养成分及比例相对固定的 C。因此，稳定的 C：N 也常被用于土壤 N 储量、生态系统 C 储量和 C 循环模型的研究。

土壤 C∶P 通常被认为是衡量土壤 P 矿化能力的指标，也是衡量微生物矿化土壤有机物质释放 P 或从环境中吸收固持 P 潜力的一种指标（曾全超等，2015b）。土壤 C∶P 低有利于促进微生物分解有机质释放养分，促进土壤中有效 P 含量的增加，也代表土壤 P 有效性较高；而高 C∶P 会导致土壤微生物与植物竞争土壤无机 P，不利于植物的生长（王建林等，2014）。在大多数陆地生态系统中，C∶P 一般在 10.06～503.50，而黄土高原柠条林地土壤 C∶P 在上层和下层为 10.09 和 8.12，远远低于中国陆地土壤 C∶P（52.70）（Tian et al.，2010），但高于黄土丘陵沟壑区 C∶P（8.15）（朱秋莲等，2013）。由此可知，黄土高原土壤磷元素可能表现为净矿化率较高，微生物分解有机质过程受磷元素的限制可能性较小，土壤磷元素表现出较高的有效性。较低的土壤 C∶P 也说明，相比于土壤磷元素而言，土壤碳元素更为缺乏，这也印证了 C∶N 的分析结果。

N∶P 可用作判别氮饱和的诊断指标，并被用于确定养分限制的阈值。黄土高原柠条林地表层土壤 N∶P 平均值为 1.16，远低于中国陆地土壤 N∶P 平均值 3.9（Tian et al.，2010），但高于黄土高原沟壑区土壤 N∶P 平均值 0.86。土壤氮、磷间不存在协同性，其中土壤氮含量、N∶P 随深度增加而降低，土壤磷元素则不随深度发生变化，这主要与土壤氮、磷来源存在差异有关。土壤全氮主要来源于枯落叶和植物根系分解形成的有机质，植物残体和地下植物根系主要分布于土壤表层，随着土壤深度增加而减少，故全氮含量随着土层加深而降低。土壤全磷的来源则不同于土壤全氮，主要源于岩石风化，且 P 作为一种沉积性矿物，在土壤中的迁移率很低，因此，土壤 P 在整个空间中的分布较为均匀，随土壤深度增加变化不大，故而造成 N∶P 随土壤深度增加而降低。

（五）柠条林地化学计量参数间的相关性

土壤 0～10cm 碳含量与土壤 0～10cm 氮、磷含量及 10～20cm 碳、氮、磷含量呈极显著正相关，与枯落物磷含量、根系碳含量呈极显著负相关；土壤 0～10cm 氮含量与土壤 0～10cm 磷含量及 10～20cm 碳、氮、磷含量呈极显著相关；土壤 0～10cm 磷含量与土壤 10～20cm 碳、氮、磷含量及叶片氮、磷含量呈极显著正相关；土壤 10～20cm 碳含量与土壤 10～20cm 氮、磷含量呈极显著正相关；土壤 10～20cm 氮含量与土壤 10～20cm 磷含量呈极显著正相关，与枯落物磷含量呈极显著负相关；土壤 10～20cm 磷含量与叶片磷含量呈极显著正相关；枯落物碳含量与叶片碳含量、茎氮含量呈极显著正相关；枯落物氮含量与茎氮含量呈极显著正相关；枯落物磷含量与叶片磷含量、茎磷含量呈极显著正相关；叶片碳含量与根系碳含量呈极显著正相关；叶片氮含量与叶片磷含量呈极显著正相关；叶片磷含量与根系磷含量、茎磷含量呈极显著正相关；根系氮含量与茎氮含量呈极显著正相关；根系磷含量与茎磷含量呈极显著正相关。整体来看，土壤碳、氮含量之间的相关系数高达 0.9 以上，说明土壤碳、氮含量之间的关系紧密，变化具有一致性；枯落物、叶片和根系碳、磷含量与土壤碳、氮含量间呈负相关关系，茎磷含量与土壤碳、氮含量呈负相关关系；植物组分间碳、氮、磷的相关性没有其与土壤碳、氮、磷的相关性好。以 Garnier 理论（1998）作为判断依据，即土壤与植物器官之间养分存在正相关关系，这种养分为限制性养分，柠条叶片磷含量与土壤磷含量呈极显著正相关，说明柠条叶片生长受磷元素的限制，柠条茎氮含量与土壤氮含量呈极显著正相关，说明柠条茎生长受氮元素的限制（表 8-17）。

第八章 植被恢复中的生态化学计量特征

表 8-17 柠条林地碳、氮、磷含量间的相关性分析

		0~10cm 土层			10~20cm 土层			枯落物			叶片			根系			茎		
		C	N	P	C	N	P	C	N	P	C	N	P	C	N	P	C	N	P
0~10cm 土层	C	1	0.939**	0.426**	0.937**	0.924**	0.453**	0.040	-0.056	-0.452**	-0.415*	0.007	-0.125	-0.457**	0.016	-0.314	0.098	0.216	-0.063
	N		1	0.390**	0.919**	0.954**	0.410**	-0.029	-0.048	-0.427*	-0.321	-0.054	-0.149	-0.425*	-0.010	-0.301	0.169	0.133	-0.060
	P			1	0.428**	0.384**	0.941**	0.104	-0.111	0.246	0.044	0.475**	0.592**	-0.184	-0.158	0.062	0.165	-0.032	0.248
10~20cm 土层	C				1	0.970**	0.446**	0.203	-0.026	-0.436**	-0.382*	0.107	-0.132	-0.420*	0.190	-0.335	0.079	0.348*	-0.089
	N					1	0.392**	0.141	0.039	-0.480**	-0.274	0.088	-0.127	-0.351*	0.131	-0.377*	0.265	0.411*	-0.097
	P						1	0.239	0.034	0.182	0.036	0.389**	0.495**	-0.110	0.006	0.037	0.209	0.069	0.266
枯落物	C							1	0.355*	-0.131	0.458**	0.176	0.026	0.297	0.219	0.128	0.417*	0.447**	-0.074
	N								1	0.107	0.126	-0.137	-0.157	0.355*	0.209	0.008	0.346*	0.449**	0.053
	P									1	0.233	0.017	0.482**	0.312	-0.255	0.415*	-0.100	-0.333	0.444**
叶片	C										1	-0.073	0.015	0.717**	0.019	-0.006	0.373*	0.191	-0.087
	N											1	0.608**	-0.123	0.027	0.203	0.008	0.179	0.287
	P												1	-0.001	-0.221	0.485**	0.089	-0.262	0.600**
根系	C													1	0.069	0.076	0.285	0.206	-0.011
	N														1	-0.088	-0.073	0.469**	-0.055
	P															1	-0.137	-0.128	0.552**
茎	C																1	0.318	0.098
	N																	1	-0.012
	P																		1

*表示相关性显著($P<0.05$)，**表示相关性极显著($P<0.01$)。下同

柠条各组分碳、氮、磷比之间的相关性分析见表8-18。土壤0~10cm C∶N 与土壤 0~10cm C∶P 及土壤10~20cm C∶N、C∶P 呈极显著正相关；土壤0~10cm C∶P 与土壤0~10cm N∶P 及土壤10~20cm C∶N、C∶P、N∶P 呈极显著正相关；土壤0~10cm N∶P 与土壤10~20cm C∶P、N∶P 呈极显著正相关；土壤10~20cm C∶N 与土壤10~20cm C∶P 呈极显著正相关；土壤10~20cm C∶P 与土壤10~20cm N∶P 呈极显著正相关；土壤10~20cm N∶P 与枯落物C∶P、N∶P 呈极显著正相关；枯落物C∶P 与叶片N∶P 及茎C∶P、N∶P 呈极显著正相关；枯落物N∶P 与叶片N∶P 及茎C∶P、N∶P 呈极显著正相关；叶片C∶N 与叶片C∶P 呈极显著正相关；叶片C∶P 与叶片N∶P 及茎C∶P、N∶P 呈极显著正相关；叶片N∶P 与根系N∶P 及茎C∶P、N∶P 呈极显著正相关，与茎C∶N 呈极显著负相关；根系C∶N 与根系N∶P 呈极显著负相关；根系C∶P 与根系N∶P 呈极显著正相关；茎C∶N 与茎N∶P 呈极显著负相关；茎C∶P 与茎N∶P 呈极显著正相关（表8-18）。

枯落物与土壤中氮、磷具有很好的相关关系，这是由于相当一部分枯落物的有机质及氮、磷等元素会释放到土壤中，是土壤养分库的主要来源之一。植物以光合作用固定有机质，并在完成自身生活史后以枯落物的形式将营养元素返回到土壤中，导致森林生态系统的养分格局表现为植物叶片＞枯落物＞土壤。

以Garnier（1998）的理论作为判断依据，黄土高原地区柠条叶片生长受磷元素的限制，茎生长受氮元素的限制。茎、根系和土壤的碳、氮、磷之间具有显著相关性，说明茎与土壤和根系的关系较为密切。

二、不同恢复年限下柠条林地生态化学计量特征

（一）柠条叶片生态化学计量特征

随着恢复年限的增加，柠条叶片N、P含量显著增加（$P<0.05$），29年柠条叶片C、N、P含量显著大于9年（$P<0.05$）（图8-12）。

由图8-13可知，9年、19年、29年柠条叶片C∶N 平均值分别为11.99、11.40、11.22；C∶P 平均值分别为291.31、258.45、247.14；N∶P 平均值分别为24.30、22.67、22.02。随着恢复年限的增加，柠条叶片C∶N 与C∶P 的变化趋势一致，均为9年显著高于19年和29年柠条（$P<0.05$）。叶片N∶P 随着恢复年限的增加显著降低（$P<0.05$）。

（二）柠条枯落物生态化学计量学特征

如图8-14所示，9年、19年、29年柠条枯落物平均C含量分别为426.51g/kg、441.40g/kg、448.75g/kg；9年、19年、29年柠条枯落物平均N含量分别为20.71g/kg、22.75g/kg、24.26g/kg；9年、19年、29年柠条枯落物平均P含量分别为1.11g/kg、1.22g/kg、1.37g/kg。随着恢复年限的增加，柠条枯落物N、P显著增加（$P<0.05$），柠条枯落物C含量呈上升趋势，19年和29年柠条枯落物C含量显著大于9年柠条（$P<0.05$）。

表 8-18 柠条林地碳、氮、磷比间的相关性分析

		0~10cm 土层			10~20cm 土层			枯落物			叶片			根系			茎		
		C:N	C:P	N:P	C:N	C:P	N:P	C:N	C:P	N:P	C:N	C:P	N:P	C:N	C:P	N:P	C:N	C:P	N:P
0~10cm 土层	C:N	1																	
	C:P	0.500**	1																
	N:P	0.066	0.890**	1															
10~20cm 土层	C:N	0.512**	0.353**	0.109	1														
	C:P	0.474**	0.895**	0.781**	0.468**	1													
	N:P	0.287*	0.843**	0.842**	0.061	0.903**	1												
枯落物	C:N	0.108	-0.033	-0.092	0.282	0.048	-0.058	1											
	C:P	0.187	0.354*	0.355*	0.028	0.406*	0.473**	0.215	1										
	N:P	0.155	0.372*	0.394*	-0.094	0.392*	0.509**	-0.131	0.928**	1									
叶片	C:N	-0.180	-0.178	-0.077	-0.236	-0.269	-0.193	-0.023	0.013	-0.017	1								
	C:P	-0.025	0.087	0.155	-0.005	0.140	0.164	-0.027	0.428*	0.436**	0.593**	1							
	N:P	0.103	0.232	0.240	0.158	0.349*	0.322	-0.048	0.521**	0.566**	0.047	0.827**	1						
根系	C:N	-0.123	-0.183	-0.164	-0.272	-0.324	-0.236	-0.040	-0.360*	-0.341	0.068	-0.211	-0.306	1					
	C:P	0.133	0.175	0.131	-0.099	0.261	0.306	-0.094	0.168	0.229	0.061	0.327	0.388**	-0.077	1				
	N:P	0.197	0.204	0.143	0.051	0.344	0.340	-0.120	0.287	0.361*	-0.068	0.313	0.466**	-0.543**	0.843**	1			
茎	C:N	-0.253	-0.189	-0.102	-0.155	-0.321	-0.282	0.180	-0.292	-0.366*	0.118	-0.330	-0.494**	0.428*	-0.175	-0.363*	1		
	C:P	0.026	0.066	0.120	-0.224	0.095	0.204	0.157	0.492**	0.454**	0.208	0.546**	0.555**	0.066	0.338	0.208	0.025	1	
	N:P	0.241	0.183	0.146	-0.103	0.300	0.372*	0.030	0.610**	0.620**	0.088	0.619**	0.723**	-0.261	0.392*	0.427**	-0.557**	0.799**	1

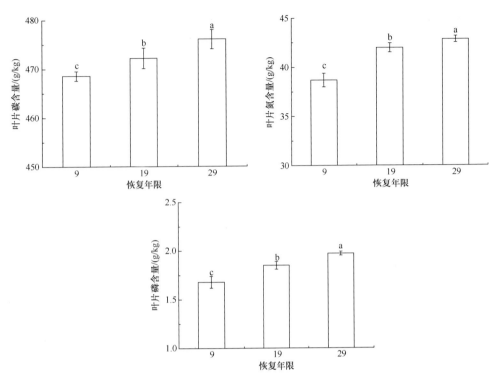

图 8-12　不同恢复年限柠条叶片 C、N、P 含量变化特征

不同小写字母表示不同年限间差异显著（$P<0.05$），下同

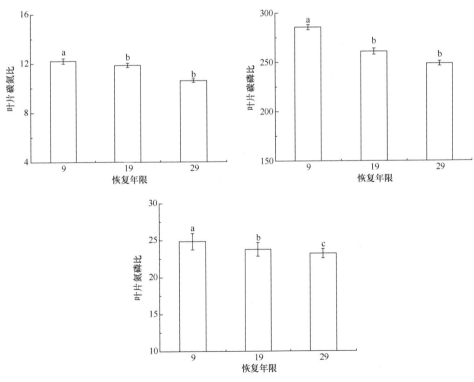

图 8-13　不同恢复年限柠条叶片 C：N、C：P、N：P 变化特征

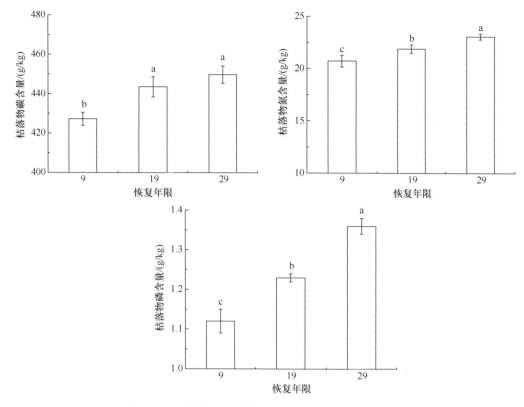

图 8-14 不同恢复年限枯落物 C、N、P 含量变化特征

9 年、19 年、29 年柠条枯落物 C∶N 平均值分别为 20.62、19.41、18.51，C∶P 平均值分别为 385.82、360.71、328.03，N∶P 平均值分别为 18.72、18.59、17.73，且随着恢复年限的增加，柠条枯落物 C∶N、C∶P、N∶P 显著降低（$P<0.05$）（图 8-15）。

（三）柠条根系生态化学计量特征

9 年、19 年、29 年柠条根系平均 C 含量分别为 452.50g/kg、460.82g/kg、466.33g/kg；9 年、19 年、29 年柠条根系平均 N 含量分别为 21.15g/kg、23.59g/kg、27.01g/kg；9 年、19 年、29 年柠条根系平均 P 含量分别 0.69g/kg、0.87g/kg、1.07g/kg。随着恢复年限的增加，19 年和 29 年柠条根系 C 含量显著高于柠条 9 年（$P<0.05$），N、P 含量随着恢复年限的增加显著增加（$P<0.05$）（图 8-16）。

9 年、19 年、29 年柠条根系 C∶N 平均值分别为 21.42、19.54、17.27，C∶P 平均值分别为 661.16、530.19、434.81，N∶P 平均值分别为 30.84、27.12、25.17，且随着恢复年限的增加，根系 C∶N、C∶P、N∶P 均显著降低（$P<0.05$）（图 8-17）。

（四）柠条林地土壤生态化学计量特征

9 年、19 年、29 年柠条林地 0～20cm 土层平均 C 含量分别为 10.79g/kg、12.66g/kg、13.85g/kg；20～40cm 土层平均 C 含量分别为 8.13g/kg、8.49g/kg、8.97g/kg。9 年、19 年、29 年柠条林地 0～20cm 土层平均 N 含量分别为 1.18g/kg、1.39g/kg、1.57g/kg；20～

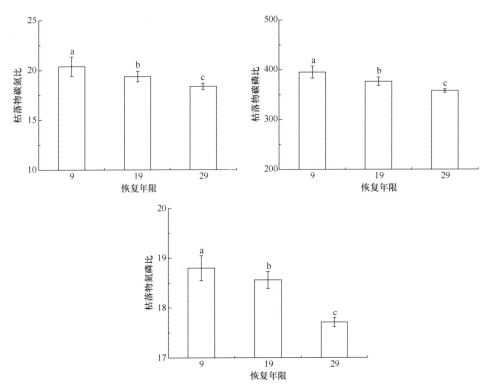

图 8-15　不同恢复年限柠条枯落物 C∶N、C∶P、N∶P 变化特征

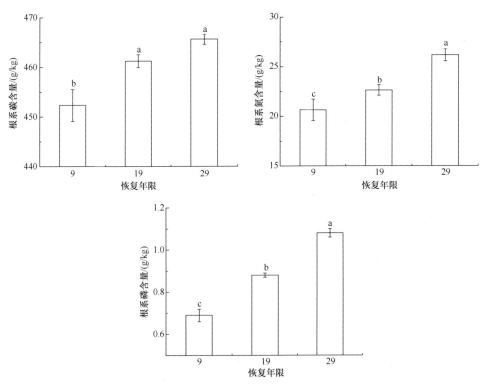

图 8-16　柠条根系 C、N、P 含量变化特征

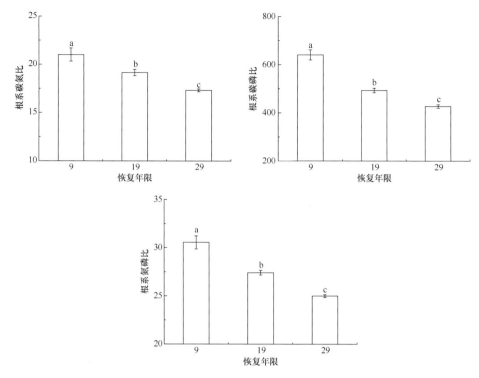

图 8-17 不同恢复年限柠条根系 C∶N、C∶P、N∶P 变化特征

40cm 土层平均 N 含量分别为 0.95g/kg、0.99g/kg、1.05g/kg。9 年、19 年、29 年柠条林地 0～20cm 土层平均 P 含量分别为 0.48g/kg、0.50g/kg、0.50g/kg；20～40cm 土层平均 P 含量分别为 0.46g/kg、0.48g/kg、0.48g/kg。随着恢复年限的增加，林地 0～20cm 土层及 20～40cm 土层 C、N 含量显著提高（$P<0.05$），而土壤 P 含量差异不显著（$P>0.05$）（图 8-18）。

由图 8-19 可知，9 年、19 年、29 年柠条林地 0～20cm 土层 C∶N 的平均值分别为 9.12、9.07、8.83；20～40cm 土层 C∶N 的平均值分别为 8.59、8.57、8.51。9 年、19 年、29 年柠条林地 0～20cm 土层 C∶P 的平均值分别为 22.32、25.17、27.71；20～40cm 土层 C∶P 的平均值分别为 17.55、17.82、18.81。9 年、19 年、29 年柠条林地 0～20cm 土层 N∶P 的平均值分别为 2.45、2.77、3.14；20～40cm 土层 N∶P 的平均值分别为 2.04、2.08、2.21。随着恢复年限的增加，0～20cm 和 20～40cm 土层 C∶N 有降低趋势，但整体差异不显著，土壤 C∶P 及 N∶P 随恢复年限增加整体有升高趋势，且上层趋势明显。

（五）柠条叶片–枯落物–根系 C∶N、C∶P、N∶P 相关性分析

叶片 C∶N、C∶P、N∶P 两两之间存在极显著正相关关系（$P<0.01$），根系 C∶N、C∶P、N∶P 两两之间存在极显著正相关关系（$P<0.01$），枯落物 C∶N 与 C∶P 呈极显著正相关；叶片、枯落物、根系对应的 C∶N、C∶P 在两两之间呈极显著正相关（表 8-19）。

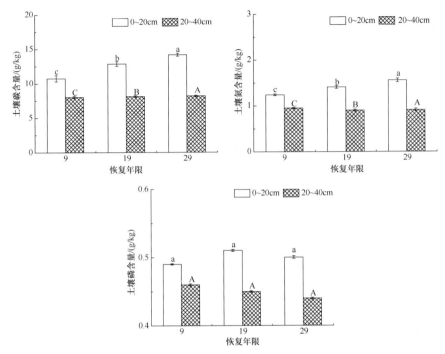

图 8-18 不同恢复年限柠条林地土壤 C、N、P 含量变化特征

不同小写字母表示不同恢复年限间 0~20cm 土层土壤 C、N、P 含量差异显著（$P<0.05$），不同大写字母表示不同恢复年限间 20~40cm 土层土壤 C、N、P 含量差异显著（$P<0.05$）

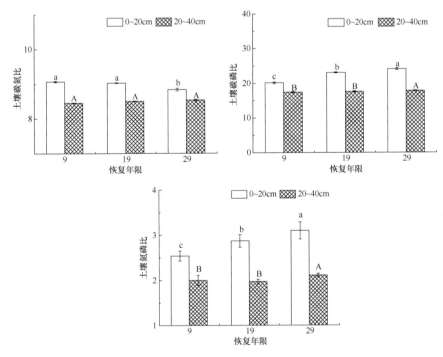

图 8-19 不同恢复年限柠条土壤 C∶N、C∶P、N∶P 变化特征

不同小写字母表示不同恢复年限间 0~20cm 土层土壤 C、N、P 含量差异显著（$P<0.05$），不同大写字母表示不同恢复年限间 20~40cm 土层土壤 C、N、P 含量差异显著（$P<0.05$）

表8-19　柠条叶片、枯落物、根系的C∶N、C∶P、N∶P的相关性分析

	叶片C∶N	叶片C∶P	叶片N∶P	根系C∶N	根系C∶P	根系N∶P	枯落物C∶N	枯落物C∶P	枯落物N∶P
叶片C∶N	1	0.990**	0.968**	0.919**	0.963**	0.975**	0.825**	0.828**	0.474
叶片C∶P		1	0.994**	0.934**	0.976**	0.992**	0.828**	0.865**	0.551
叶片N∶P			1	0.937**	0.974**	0.990**	0.815**	0.880**	0.611
根系C∶N				1	0.987**	0.959**	0.841**	0.900**	0.620
根系C∶P					1	0.991**	0.873**	0.912**	0.588
根系N∶P						1	0.877**	0.919**	0.594
枯落物C∶N							1	0.916**	0.370
枯落物C∶P								1	0.711*
枯落物N∶P									1

*和**分别表示在0.05、0.01水平显著相关

第四节　草地生态化学计量特征

草地是陆地生态系统的重要组成部分之一，对陆地生态系统的平衡与稳定起着重要作用。黄土高原在实施退耕还林/草措施的过程中，草地作为主体植被之一，在防治水土流失、涵养水源方面扮演着重要角色。因此，在植被重建与恢复过程中，草地的生态化学计量特征研究显得尤为重要。宁南山区气候干旱，地形复杂，作为黄土高原退耕还草的典型区域，有必要针对已有的相关研究进行总结，进一步明确草地生态系统中植被与土壤的相互作用关系及相应机制。

一、不同封育年限草地生态化学计量特征

（一）草地根系C、N、P含量的变化

封育30年样地根系全碳、全氮和全磷的含量分别为408.8g/kg、7.89g/kg、0.54g/kg；封育20年根系全碳、全氮、全磷的含量分别为399.7g/kg、7.35g/kg、0.58g/kg；封育12年根系全碳、全氮和全磷的含量分别为381.1g/kg、7.48g/kg、0.70g/kg；封育1年根系全碳、全氮、全磷的含量分别为357.5g/kg、8.18g/kg、0.59g/kg。不同封育年限样地根系全碳在357.5~408.8g/kg变化，封育30年的样地最大，封育1年的最小。LSD分析表明，封育30年的根系全碳含量显著高于封育1年（$P<0.05$），封育20年和封育12年差异不显著，但封育20年显著高于封育1年。不同封育年限根系全氮在7.35~8.18g/kg变化，封育1年最大，封育20年最小。LSD分析表明，不同封育年限样地根系全氮差异不显著，但封育1年高于其他封育年限。不同封育年限根系全磷在0.54~0.70g/kg变化，封育12年与其他封育年限相比差异显著，而封育1年、封育20年和封育30年之间差异不显著，大小顺序为封育12年＞1年＞20年＞30年（图8-20）。

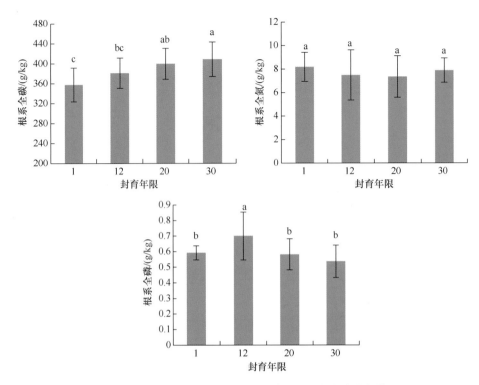

图 8-20　根系碳、氮、磷含量随封育年限增加的变化规律
不同小写字母表示不同封育年限间差异显著（$P<0.05$）

（二）草地根系 C、N、P 的生态化学计量特征

封育 30 年根系 C∶N、C∶P、N∶P 分别为 53.09、793.9、15.14；封育 20 年根系 C∶N、C∶P、N∶P 分别为 59.02、708.1、12.96；封育 12 年根系 C∶N、C∶P、N∶P 分别为 55.43、574.7、10.87；封育 1 年根系 C∶N、C∶P、N∶P 分别为 44.52、608.8、13.89。不同封育年限根系 C∶N 在 44.52～59.02 变化，平均值为 53.01，变异系数为 28.07%；根系 C∶P 的变化范围为 574.7～793.9，平均值为 671.3，变异系数为 22.38%；根系 N∶P 的变化范围为 10.87～15.14，平均值为 13.21，变异系数为 22.79%。从整体来看，根系 C∶N 在封育年限之间的差异较大，其中封育 30 年和封育 12 年差异不显著，封育 20 年最大，封育 1 年最小。根系 C∶P、N∶P 在不同封育年限之间的差异较小。具体而言，随着封育年限的增加，与封育 1 年根系的 C∶P、N∶P 相比，封育 20 年和封育 30 年比值逐渐升高，且 LSD 分析表明封育 30 年与封育 20 年差异不显著，并在封育 30 年达到一个最大值（图 8-21）。

通常植物根系有极强的可塑性来适应生长环境的时空变异性和养分供给的不均匀性，使植物体维持正常的生长能力和生理功能（Güsewell，2004）。植物器官的养分含量可以反映植物生长环境的土壤营养水平（洪江涛等，2014）。随着封育年限的增加，草地生物多样性变得更加丰富，植被群落结构也越复杂，植被的保水保土能力也越强，植物根系中 C 含量逐渐升高，而根系中 N 含量随封育年限的变化差异不显著，N 含量（7.72g/kg）明显小于全球植物根系 N 含量平均值（11.1g/kg），根系 P 含量（0.60g/kg）

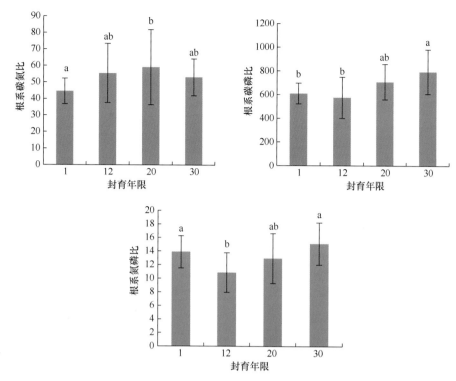

图8-21 根系碳、氮、磷比随封育年限增加的变化规律
不同小写字母表示不同封育年限间差异显著（$P<0.05$）

较全球植物根系的P含量平均值（0.77g/kg）也偏低。此外，在不同的草地封育年限下，有机体内N的内稳态系数较P的内稳态系数高，从而造成植物N随外界环境的变化变异性更小。不同封育年限根系C∶N变异系数为28.07%，C∶P变异系数为22.38%，N∶P变异系数为22.79%，根系C∶N变异系数最大，C∶P和N∶P变异系数相差甚微。

（三）草地土壤C、N、P含量随封育年限增加的变化

土壤碳含量在不同封育年限均表现为0～20cm土层显著高于20～40cm土层，而两个土层养分的变化规律大致相同。土壤有机碳含量为9.58～22.37g/kg，0～20cm土层和20～40cm土层均以封育20年含量最高，30年和1年居中，12年最低。土壤全氮含量为1.09～2.48g/kg，不同年限间的变化同土壤有机碳变化一致。土壤全磷的变异性较小，以封育20年0～20cm土层含量最大，封育1年20～40cm土层含量最小（表8-20）。

表8-20 不同封育年限土壤碳、氮、磷含量变化特征

封育年限	土层/cm	碳/(g/kg)	氮/(g/kg)	磷/(g/kg)
1	0～20	16.15±1.12Ab	1.75±0.16Ac	0.68±0.09Aa
	20～40	10.74±1.21Bb	1.22±0.14Bb	0.58±0.05Ab
12	0～20	12.88±2.29Ac	1.41±0.27Ab	0.66±0.07Aa
	20～40	9.58±2.28Bb	1.09±0.28Bb	0.61±0.06Ab

续表

封育年限	土层/cm	碳/(g/kg)	氮/(g/kg)	磷/(g/kg)
20	0~20	22.37±3.65Aa	2.48±0.47Aa	0.74±0.10Aa
	20~40	18.45±4.00Ba	2.12±0.43Aa	0.70±0.08Aa
30	0~20	21.90±1.90Aa	2.28±0.22Aa	0.68±0.07Aa
	20~40	17.13±2.46Ba	1.86±0.23Ba	0.66±0.11Aab

注：不同小写字母表示同一土层不同封育年限之间差异显著（$P<0.05$），不同大写字母表示同一封育年限不同土层之间差异显著（$P<0.05$）

（四）草地土壤C、N、P的生态化学计量特征

0~20cm土层土壤C：N的变化范围为9.04~9.63，平均值为9.28，变异系数为6.03%；土壤C：P的变化范围为19.62~32.27，平均值为26.63，变异系数为8.98%；土壤N：P的变化范围为2.14~3.37，平均值为2.87，变异系数为10.10%。20~40cm土层土壤C：N的变化范围为8.68~9.22，平均值为8.89，变异系数为4.27%；土壤C：P的变化范围为15.74~26.32，平均值为21.66，变异系数为13.90%；土壤N：P的变化范围为1.80~3.03，平均值为2.44，变异系数为13.77%。整体而言，土壤C：N、C：P、N：P均较稳定，变异系数均不大。不同封育年限土壤C：N差异较小，封育30年最大。土壤C：P、N：P变化趋势一致，与封育1年相比，封育12年有所下降，封育20年明显升高，封育30年趋于稳定。这是因为土壤全磷含量较稳定，而土壤C：P、N：P受C、N含量的影响，因此土壤C：P、N：P与有机碳和全氮变化规律一致（图8-22）。

土壤碳、氮不仅受土壤母质影响，还受枯落物分解及植物吸收利用的影响，因而空间变异性较大，而磷主要受土壤母质的影响，变异性较小（刘兴诏等，2010）。因此，随着封育年限的变化，土壤碳、氮含量差异较大，而土壤磷含量变异较小。土壤碳、氮在草地封育后的第2年迅速下降，之后缓慢回升，封育12年的碳、氮含量仍然小于封育1年，之后逐渐增加，在封育20年和30年的样地上升到了一个较大的、相对平稳的阶段。土壤C：N随着草地演替过程保持相对稳定，这符合化学计量学的基本原则，即有机物质的形成需要一定数量的氮和其他营养成分及比例相对固定的碳（Sterner and Elser，2002）。土壤C：P、N：P受有机碳和全氮含量的影响，故土壤C：P、N：P与有机碳和全氮变化规律基本一致。不同封育年限下，土壤N：P的变化范围为1.80~3.03，平均值为2.44<10，与Güsewell（2004）提出的将N：P<10和N：P>20作为评价植被生产力受N或者P限制的指标相比可知，云雾山草原的草地生产力主要受N限制。

（五）草地根系与土壤生态化学计量参数间的相关性

对不同封育年限草地土壤与根系有机碳、全氮、全磷含量及其化学计量比之间的相关性分析得出，土壤有机碳和全氮、全磷，土壤全氮和全磷，土壤全磷和C：N，土壤

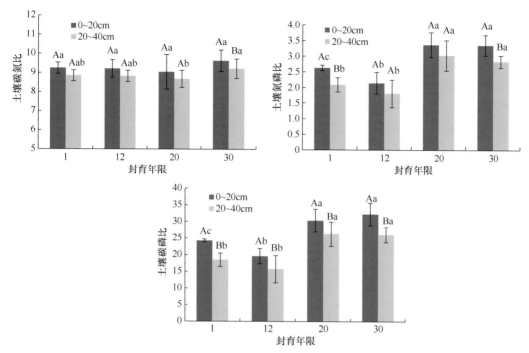

图 8-22 土壤碳、氮、磷比随封育年限增加的变化规律

不同小写字母表示同一土层不同封育年限之间差异显著（$P<0.05$），不同大写字母表示同一封育年限不同土层之间差异显著（$P<0.05$）

全氮和 C∶P，土壤 C∶N 和 C∶P 均具有极显著正相关关系（$P<0.01$），土壤 C∶P 和 N∶P 之间存在显著的正相关关系（$P<0.05$）；土壤全磷、土壤 C∶N、土壤 C∶P 和根系全碳存在极显著正相关关系（$P<0.01$），土壤有机碳和根系全碳、根系 N∶P，土壤全氮和根系全碳、根系 C∶P、根系 N∶P 之间具有显著的正相关关系（$P<0.05$）；根系 C∶P 和 N∶P 存在显著的正相关关系（$P<0.05$）（表 8-21）。

表 8-21 土壤与根系碳、氮、磷含量及其化学计量比之间的相关性

	SOC	土壤 TN	土壤 TP	土壤 C∶N	土壤 C∶P	土壤 N∶P	根系 TC	根系 TN	根系 TP	根系 C∶N	根系 C∶P	根系 N∶P
SOC	1	0.966**	0.927**	—	—	0.126	0.636*	0.148	−0.554	−0.018	0.594	0.666*
土壤 TN			0.991**	—	0.924**	—	0.709*	0.087	−0.529	0.083	0.615*	0.606*
土壤 TP				0.998**	—	—	0.752**	0.062	−0.481	0.129	0.598	0.544
土壤 C∶N					0.991**	0.564	0.773**	0.057	−0.427	0.151	0.572	0.490
土壤 C∶P						0.659*	0.760**	0.114	−0.373	0.109	0.528	0.472
土壤 N∶P							0.491	0.161	0.158	0.059	0.053	−0.037
根系 TC								−0.180	−0.308	—		0.252
根系 TN									0.396	—	−0.429	—
根系 TP										−0.330	—	—
根系 C∶N											0.479	−0.238
根系 C∶P												0.791*
根系 N∶P												1

注：**和*分别表示在 0.01、0.05 水平（双侧）显著相关；"—"表示存在自相关关系，不宜进行相关分析

土壤是植物根系营养元素的主要来源之一，植物根系几乎所有的生理生化活动均在土壤中完成，并且土壤养分含量对植物根系元素含量有着重要的影响。不同封育年限下，土壤养分含量中全磷与植物根系有机碳呈极显著正相关关系（$P<0.01$），土壤有机碳、全氮与植物根系有机碳和 N：P 呈显著正相关关系（$P<0.05$）。土壤 C：N、土壤 C：P 和根系有机碳存在极显著正相关关系（$P<0.01$）。而根系 C、N、P 之间不存在显著相关关系，只有根系 C：P 和 N：P 之间存在显著正相关（赵晓单等，2016）。

植物吸收养分的过程是比较复杂的，当自然植物群落受人为干扰甚少时，群落水平 C、N、P 化学计量特征主要受土壤和气候影响调控（韩兴国和李凌浩，2012），封育 30 年的草地，人为干扰甚少，不考虑气候条件的影响调控，植物根系的 C、N、P 化学计量特征受土壤的影响调控大于其自身的影响调控。

二、不同类型草地生态化学计量特征

（一）植被不同组分与土壤的生态化学计量特征

植物 C、N、P 含量高于土壤，植物地上活体的 N、P 含量高于枯落物和根系，地上植物活体 C 含量高于枯落物。植物 C：N、C：P、N：P 均高于土壤，植物不同组分 N：P 基本上呈现地上植物活体＞枯落物＞根系。植物与土壤的 C：P＞C：N＞N：P，上层土壤 C、N、P 含量和 C：N、C：P、N：P 均高于下层。土壤 C、N、P 含量为百里香群落＞冰草群落＞长芒草群落＞铁杆蒿群落。百里香和铁杆蒿的植物地上活体 N、P 含量高于冰草和长芒草（表 8-22）。

表 8-22 不同植物群落土壤及植物各组分生态化学计量学特征

植物群	组成	C/(g/kg)	N/(g/kg)	P/(g/kg)	C：N	C：P	N：P
百里香群落	植物地上活体	448.56±5.66	18.36±0.82	1.42±0.05	24.47±0.96	315.85±9.38	12.92±0.58
	枯落物	415.65±25.76	15.28±0.61	1.03±0.05	27.27±2.46	402.18±15.35	14.82±1.04
	根系	448.89±6.93	10.44±1.66	1.37±0.05	43.71±6.08	327.18±13.95	7.58±0.85
	0～20cm 土层	17.89±0.05	1.87±0.03	0.60±0.02	9.59±0.12	29.81±0.92	3.11±0.07
	20～40cm 土层	12.15±0.03	1.40±0.02	0.51±0.02	8.70±0.10	24.06±0.97	2.77±0.08
冰草群落	植物地上活体	468.56±6.14	12.80±0.65	0.79±0.08	36.70±2.05	546.21±10.53	14.91±0.60
	枯落物	425.15±8.65	10.34±0.50	0.71±0.02	41.20±1.80	297.98±22.97	14.55±1.09
	根系	449.67±19.97	11.45±0.56	0.84±0.05	39.36±2.50	535.22±33.42	13.60±6.37
	0～20cm 土层	15.18±0.18	1.63±0.02	0.49±0.02	9.30±0.06	30.83±0.87	3.32±0.09
	20～40cm 土层	11.11±0.03	1.28±0.01	0.46±0.01	8.71±0.06	24.22±0.51	2.78±0.06
铁杆蒿群落	植物地上活体	448.27±10.05	18.72±2.47	1.36±0.15	24.66±3.04	338.57±30.81	13.79±0.85
	枯落物	422.87±7.22	8.79±0.11	0.92±0.08	48.11±0.90	463.76±40.89	9.64±0.79
	根系	455.98±2.84	9.09±0.65	0.84±0.07	50.34±3.25	547.80±44.41	10.88±0.45
	0～20cm 土层	8.26±0.02	0.87±0.02	0.61±0.02	9.53±0.19	13.56±0.44	1.42±0.03
	20～40cm 土层	5.16±0.04	0.58±0.02	0.53±0.02	8.96±0.26	9.67±0.22	1.08±0.05
长芒草群落	植物地上活体	433.42±1.58	12.06±0.97	0.79±0.09	36.13±2.80	552.66±58.62	15.27±0.54
	枯落物	414.72±23.53	11.38±0.32	0.76±0.15	36.53±2.44	544.22±38.72	14.91±0.71
	根系	411.31±2.83	8.04±0.48	0.56±0.04	51.28±3.05	740.11±47.33	14.43±0.41
	0～20cm 土层	11.59±0.02	1.27±0.02	0.60±0.01	9.12±0.10	19.47±0.41	2.14±0.02
	20～40cm 土层	7.78±0.01	0.87±0.02	0.54±0.01	8.94±0.16	14.33±0.37	1.60±0.02

4 种天然草地群落植物地上活体、枯落物及根系的 N∶P 均小于 15，表明 4 种天然草地群落的生长主要受到 N 的限制。

铁杆蒿群落的 N∶P 小，说明其枯落物分解较快，但其土壤养分较为贫瘠、植物地上活体的养分含量很高，说明铁杆蒿群落与土壤微生物有竞争作用。对于铁杆蒿群落是否能够长期健康成长和存活，还需要进一步的研究。百里香群落的植物养分含量较大，且土壤养分含量也较大，说明土壤与植物的关系是正向的，该植物群落与土壤微生物有协同作用。长芒草群落和冰草群落都是以禾本科植物为优势种的群落，二者的土壤和植物养分介于百里香群落与铁杆蒿群落之间，且两者植物地上活体养分接近，表明禾本科植物存在一定共性。

（二）叶片–枯落物–根系–土壤 C、N、P 相关性分析

不同草地群落，同一土层 C 与 N 含量之间呈极显著正相关关系（$P<0.01$），不同土层对应的 C 和 N 含量呈极显著正相关关系（$P<0.01$），不同土层 C、N 含量分别与 P 含量呈显著负相关关系（$P<0.05$）（表 8-23）。

表 8-23 土壤 C、N、P 相关分析

	土壤 C 0~20cm	土壤 N 0~20cm	土壤 P 0~20cm	土壤 C 20~40cm	土壤 N 20~40cm	土壤 P 20~40cm
土壤 C 0~20cm	1	0.997**	-0.340	0.991**	0.990**	-0.560**
土壤 N 0~20cm		1	-0.367	0.994**	0.993**	-0.560**
土壤 P 0~20cm			1	-0.454*	-0.449*	0.867**
土壤 C 20~40cm				1	0.999**	-0.636**
土壤 N 20~40cm					1	-0.634**
土壤 P 20~40cm						1

*、**分别表示在 0.05、0.01 水平显著相关

植物地上活体 C 与根系 C 含量呈显著正相关关系（$P<0.05$），植物地上活体 P、枯落物 P 含量呈现极显著正相关（$P<0.01$），枯落物 N 含量与 P 含量之间呈现极显著正相关（$P<0.01$），根系 N 含量与 P 含量之间呈现极显著正相关（$P<0.01$），根系 C 含量与 N 含量之间呈显著正相关关系（$P<0.05$），根系 C 含量与 P 含量之间呈极显著正相关关系（$P<0.01$）（表 8-24）。

表 8-24 不同植物群落植物地上活体、枯落物、根系的 C、N、P 相关性分析

	地上植物活体 C	地上植物活体 N	地上植物活体 P	枯落物 C	枯落物 N	枯落物 P	根系 C	根系 N	根系 P
地上植物活体 C	1	-0.204	-0.065	0.136	-0.151	-0.253	0.490*	0.678*	0.235
地上植物活体 N		1	0.968	-0.048	0.251	0.880*	0.467	-0.035	0.639
地上植物活体 P			1	-0.099	0.337	0.883**	0.567	0.069	0.749**
枯落物 C				1	-0.196	0.062	0.091	0.400	0.007
枯落物 N					1	0.526**	-0.077	0.144	0.711**
枯落物 P						1	0.319	0.100	0.763
根系 C							1	0.494*	0.528**
根系 N								1	0.531**
根系 P									1

*、**分别表示在 0.05、0.01 水平显著相关

第五节　叶片–土壤–土壤微生物生态化学计量特征案例分析

生态化学计量学分析生态过程中多种化学元素的平衡关系，为研究 C、N、P 等元素在生态系统过程中的耦合关系提供了一种综合方法（贺金生和韩兴国，2010）。而土壤微生物作为陆地生态系统的主要分解者，是联系植物和土壤的重要因素。土壤微生物在获取资源构建自身生物量的同时，还驱动着生态系统物质和能量的流通，调控着碳和养分在土壤–植物–大气连续体（SPAC）之间的循环，进而影响生态系统的结构与功能（周正虎和王传宽，2016），其可以通过生态化学计量理论与生态系统过程联系起来，生态化学计量理论已成为研究陆地生态系统功能的有力工具（Zechmeister-Boltenstern et al.，2015）。微生物生态化学计量特征在普遍变化的生态系统中作为一个影响养分循环的关键因素（Hall et al.，2011），影响生态系统 C、N、P 的流通（Mouginot et al.，2014）。这决定分解过程中矿质养分是固存于微生物体还是释放于环境中，对于我们理解生态系统养分循环具有重要意义。然而目前的研究大多都是关于土壤和土壤微生物的研究，对于植物–土壤–土壤微生物连续体之间的生态化学计量特征涉及很少，对植物–土壤–土壤微生物之间的相互作用缺乏了解。因此，本节以黄土高原不同林龄刺槐和柠条林地作为研究对象，探讨植物–土壤–微生物之间的相互关系，进而阐明它们之间相互作用的机制。

一、不同林龄刺槐林地叶片–土壤–土壤微生物生态化学计量特征

（一）不同林龄刺槐林地叶片–土壤–土壤微生物 C、N、P 含量特征

随着刺槐林恢复年限的增加，不同林龄刺槐叶片 C、N、P 含量并没有呈现出一致增加的趋势。从幼林到成熟林，刺槐叶片 C、N、P 含量呈增加趋势，而到过熟林阶段叶片 N 和 P 呈现下降趋势（$P<0.05$）。而对于刺槐林地土壤，随着恢复年限的增加，C、N、P 含量均呈现增加趋势，特别是 C 和 N 含量增加显著（$P<0.05$）。表层 0~10cm 土壤 C、N、P 含量均高于下层土壤。从幼林到成熟林，土壤微生物生物量 C 含量呈增加趋势，而到过熟林阶段下降，显著低于成熟林阶段（$P<0.05$）；土壤微生物生物量 N 和 P 含量随着林龄的增加呈现逐渐增加趋势，这与土壤微生物生物量 C 的变化趋势不一致。对于土壤层次变化，0~10cm 土层土壤微生物生物量 C、N、P 含量均高于 10~20cm 土层（表 8-25）。

（二）不同刺槐林地叶片–土壤–土壤微生物 C、N、P 生态化学计量特征

不同林龄的刺槐叶片 C∶N 和 C∶P 随恢复年限增加的变化趋势不一致，刺槐叶片 N∶P 随着林龄的增加呈现逐渐增加趋势（$P<0.05$）。对于土壤 C∶N、C∶P 和 N∶P，随着林龄的增加，均呈现增加趋势（$P<0.05$）。与土壤 C、N、P 生态化学计量特征的变化趋势正好相反，土壤微生物生物量 C∶N、C∶P 和 N∶P 随着林龄的增加均呈现降低趋势（表 8-26）。

表 8-25　不同林龄刺槐林地叶片–土壤–土壤微生物碳、氮、磷含量

组分		土层	幼林	中成林	成熟林	过熟林
叶片	C/(g/kg)		415.98±13.87c	458.22±10.32a	436.16±5.8b	463.92±5.27a
	N/(g/kg)		31.36±5.00a	36.92±1.94a	38.19±2.1a	35.54±4.6a
	P/(g/kg)		1.99±0.09ab	2.07±0.17a	2.12±0.17a	1.78±0.14b
土壤	C/(g/kg)	0~10cm	10.42±1.69c	12.05±5.31c	21.95±2.48b	30.95±2.05a
		10~20cm	6.80±0.46b	7.99±3.79b	10.45±2.48ab	13.64±1.66a
	N/(g/kg)	0~10cm	1.13±0.15b	1.33±0.46b	2.16±0.15a	2.36±0.02a
		10~20cm	0.83±0.06c	0.93±0.34bc	1.18±0.15b	1.49±0.10a
	P/(g/kg)	0~10cm	0.59±0.05ab	0.55±0.07b	0.63±0.03ab	0.64±0.04a
		10~20cm	0.57±0.04a	0.51±0.08a	0.57±0.03a	0.59±0.03a
土壤微生物	C/(mg/kg)	0~10cm	137.35±46.28b	160.98±61.84b	263.87±100.82a	112.83±7.84b
		10~20cm	71.52±26.94b	116.29±35.46ab	169.14±57.09a	55.09±12.27b
	N/(mg/kg)	0~10cm	10.57±4.83b	11.45±5.43b	31.99±18.43a	35.31±2.72a
		10~20cm	5.35±4.02c	7.21±4.15bc	14.66±6.50a	12.27±1.11ab
	P/(mg/kg)	0~10cm	2.03±0.56c	7.00±5.01c	12.71±0.75b	18.1±4.8a
		10~20cm	1.22±0.19c	9.12±4.83bc	11.92±4.41b	15.28±6.41a

注：不同小写字母表示相同层次不同林龄间差异显著（$P<0.05$）

表 8-26　不同林龄刺槐林地叶片–土壤–土壤微生物碳、氮、磷生态化学计量特征

组分		幼林	中成林	成熟林	过熟林
叶片	C∶N	13.54±2.53a	12.44±0.84a	11.44±0.49a	13.19±1.62a
	C∶P	209.3±16.00b	222.37±12.75b	206.75±14.52b	262.16±17.92a
	N∶P	15.71±2.08b	17.97±2.19ab	18.06±0.68ab	19.97±1.43a
土壤	C∶N	8.64±0.24b	8.62±0.97b	9.43±0.64b	11.11±0.48a
	C∶P	14.84±1.10c	19.23±9.28bc	26.62±4.30b	35.73±0.59a
	N∶P	1.70±0.07c	2.16±0.82bc	2.75±0.30ab	3.11±0.12a
土壤微生物	C∶N	14.74±3.89a	16.15±3.98a	10.51±2.11b	3.88±0.69c
	C∶P	43.85±5.66a	20.46±8.08b	17.61±5.86bc	5.38±1.10c
	N∶P	3.29±1.23a	1.3±0.25b	1.89±1.03b	1.47±0.22b

注：不同小写字母表示不同林龄间差异显著（$P<0.05$）

（三）不同林龄刺槐林地叶片–土壤–土壤微生物 C∶N、C∶P 和 N∶P 生态化学计量特征之间的关系

采用内稳性指数（$1/H$）探讨植物叶片–土壤–土壤微生物之间的关系。研究结果表明，刺槐植物叶片 C∶N 与土壤 C∶N 之间无相关关系，叶片 C∶N 的变化不受土壤 C∶N 的影响，反映了其内稳性。而刺槐植物叶片 C∶P 和 N∶P 与土壤 C∶P、N∶P 之间呈现显著正相关关系（$P<0.01$），尽管叶片 C∶P 和 N∶P 变化受土壤 C∶P、

N∶P 的影响，但是其总体上呈现稳态特征，因为其 1/H 均<0.25。同时，我们研究了土壤微生物生物量生态化学计量特征和土壤生态化学计量特征之间的关系。结果表明，土壤微生物生物量 C∶N 和 C∶P 受到土壤 C∶N、C∶P 的强烈影响，1/H<0.75 表明其生态化学计量特征具塑性。而土壤微生物生物量 N∶P 不受土壤 N∶P 的影响（图 8-23）。

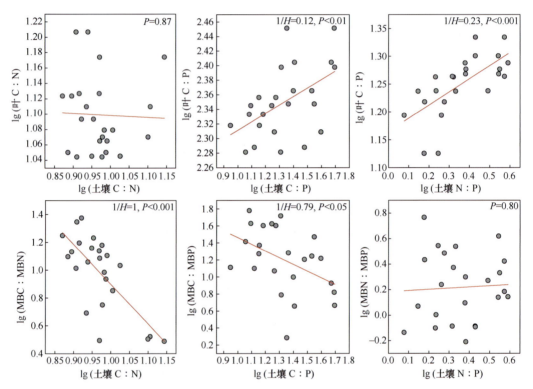

图 8-23　刺槐叶片-土壤-土壤微生物生态化学计量特征之间的关系（Persson et al.，2010）

P>0.05，代表土壤微生物呈现强稳态；当 P<0.05，0<1/H<0.25 为"稳态"，0.25<1/H<0.5 为"弱稳态"，0.5<1/H<0.75 为"弱塑性"，1/H>0.75 为"塑性"

采用标准化主轴估计分析研究微生物体内元素之间的关系。研究结果表明，在不同林龄的刺槐林地土壤中，土壤微生物生物量 N 的增加速率高于 C 的增加速率（P<0.01），两者之间形成的斜率显著大于 1。而土壤微生物生物量 C 和 P 之间的关系不显著。虽然，土壤微生物生物量 P 的增加速率高于 N 的增加速率，但是未达到显著水平（表 8-27）。

表 8-27　不同林龄刺槐林地土壤微生物生物量碳、氮、磷标准化主轴估计结果

变量		n	R^2	P	截距	斜率	P
X	Y						
MBC	MBN	24	0.350	0.002	−1.863	1.424	0.048
MBC	MBP	24	0.075	0.196	−2.412	1.584	0.030
MBN	MBP	24	0.510	0.000	−0.341	1.112	0.484

生态化学计量学能更好地揭示生态系统各组分（植物、土壤和土壤微生物）养分比例的调控机制，可以依据生态化学计量学的理论认识植物–土壤相互作用过程中的养分调控因素，这有利于我们理解生态系统碳、氮、磷平衡的元素化学计量比格局（王绍强和于贵瑞，2008）。以往对土壤微生物与土壤养分之间的关系进行了诸多研究（王宝荣等，2018；Cleveland and Liptzin，2007；Hartman and Richardson，2013；Zederer et al.，2017），但是关于植物叶片–土壤–土壤微生物连续体的研究很少涉及。本节对植物叶片–土壤–土壤微生物连续体进行了研究。结果表明不同林龄刺槐植物叶片元素比例响应土壤养分元素供应比例的改变呈现稳态的特点，这一研究结果与McGroddy等（2004）的研究结果一致。其表明全球植物叶片N∶P响应外界条件变化时呈现稳态特征，具有稳性；也就是说当外界环境条件改变时，植物体具有抵抗这种改变的能力，进而维持其正常的生命活动（Mooshammer et al.，2014；Zechmeister-Boltenstern et al.，2015）。鉴于植物的稳态特征，其叶片的N∶P被广泛用来指示生态系统养分限制。Koerselman和Meuleman（1996）对湿地生态系统进行施肥试验得出，植物叶片N∶P大于16表示生态系统是受P限制的，植物叶片N∶P小于14表示生态系统是受N限制的，植物叶片N∶P介于14~16时，生态系统同时受N和P的限制或者养分充足不受限制。结果表明刺槐林地恢复初期，即幼龄阶段其叶片N∶P小于14，这表明其暂时不受养分限制或受N和P共同限制。但随着恢复年限的增加，不同林龄刺槐叶片N∶P均大于16，且随着年限的增加呈现增加趋势，这一结果表明刺槐林地在植被恢复进程中逐渐受到P的强烈限制。类似地，造林相关的研究表明土壤碱性磷酸酶含量随着植被恢复年限增加而持续增加，该区域土壤P逐渐成为影响植被生长的限制元素（Zhao et al.，2018），微生物对磷的需求随植被恢复年限增加而持续增加，导致微生物不断合成碱性磷酸酶去获取磷。

尽管随着恢复年限的增加刺槐生长受到土壤P的限制，但是微生物体P元素的比例似乎不变。标准化主轴估计结果表明，土壤微生物生物量N和P之间呈现等容关系，这表明土壤微生物对P的需求弱于刺槐对P的需求。同时，土壤微生物生物量N∶P不受土壤N∶P供应比例的限制。相较于植物，土壤微生物对养分的变化更为敏感（Xu et al.，2013b）。这主要是由于当土壤中元素缺乏时，微生物会与植物发生竞争作用，低的土壤有效性P影响微生物对其利用，微生物对P的固定造成植被P的缺乏。然而，微生物似乎也受到N的限制，因为调查发现土壤微生物生物量N的增加速率高于微生物生物量C的增加速率，两者呈现非等容关系（斜率=1.424，P_test<0.05）。这与之前关于土壤微生物生物量C∶N保持相对稳定的研究结果不一致，微生物在水域、土壤和枯落叶都呈现稳态特征（Cleveland and Liptzin，2007；Manzoni et al.，2008；Fanin et al.，2013；Gulis et al.，2017）。而刺槐作为可以固氮的树种（Medina-Villar et al.，2016），其不受N限制。由于刺槐枯落物较少，其对土壤N的贡献有限，微生物为了获取养分和分解枯落叶往往需要更多的N，造成N的增加速率快于C。不同林龄刺槐林地叶片–土壤–土壤微生物连续体的研究表明刺槐和土壤微生物在限制元素方面存在差异，有利于我们理解人工植被恢复背景下植物–土壤–土壤微生物之间的相互作用。

二、不同恢复年限柠条林地土壤微生物生态化学计量特征

（一）不同林龄柠条叶片 C、N、P 含量特征

柠条叶片 C 含量随着封育年限的增加而呈现增加趋势，其中恢复 9 年与恢复 29 年的柠条叶片 C 含量之间呈现显著差异（$P<0.05$），而恢复 19 年的柠条叶片 C 含量与其他两个年限之间差异不显著。同时，柠条叶片 N 和 P 含量随着恢复年限的增加呈现增加趋势，各年限之间差异显著（$P<0.05$）（图 8-24）。

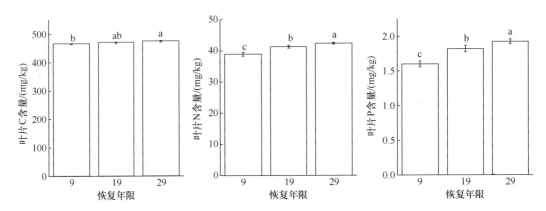

图 8-24 不同林龄柠条叶片 C、N、P 含量变化特征

不同小写字母表示不同年限间差异显著（$P<0.05$）

（二）不同林龄柠条林地土壤–土壤微生物 C、N、P 含量特征

我们对不同林龄柠条林地土壤和土壤微生物的研究表明，随着恢复年限的增加土壤 C 和 N 含量显著增加，各年限之间差异显著（$P<0.05$）。而土壤磷随着恢复年限的增加并没有显著差异。其中，土壤 C、N、P 含量均表现为表层 0~20cm 高于下层 20~40cm。土壤微生物生物量 C、N、P 含量随着恢复年限的增加也均呈现增加趋势，且表层明显高于下层土壤（图 8-25）。

（三）不同林龄柠条林地叶片–土壤–土壤微生物生态化学计量特征

我们对不同林龄柠条叶片的生态化学计量特征研究表明，柠条叶片 C∶N、C∶P 和 N∶P 随着林龄的增加均呈现下降趋势。特别是叶片 N∶P，各林龄之间差异显著（$P<0.05$）。同样的，我们发现随着林龄的增加，土壤 C∶N 也呈现下降趋势，而土壤 C∶P 和 N∶P 则呈现增加趋势。土壤微生物生态化学计量特征也呈现和土壤 C、N、P 生态化学计量特征一致的变化趋势（表 8-28）。

（四）不同林龄柠条林地叶片–土壤–土壤微生物生态化学计量特征的关系

采用内稳性指数（1/H）研究了柠条植物叶片和土壤微生物养分含量与土壤养分供应之间的关系。结果表明，柠条叶片的养分化学计量比不受土壤养分含量变化的影响，

整体呈现稳态特征。而土壤微生物则强烈受到土壤养分化学计量比变化的影响，其呈现塑性特征（图8-26）。

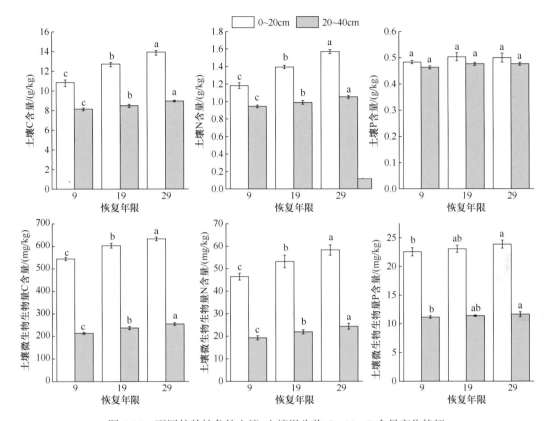

图 8-25　不同林龄柠条林土壤–土壤微生物 C、N、P 含量变化特征

不同小写字母表示不同年限间差异显著（$P<0.05$）

表 8-28　不同林龄柠条林地叶片–土壤–土壤微生物碳、氮、磷生态化学计量特征

	组分	9 年		19 年		29 年	
		0~20cm	20~40cm	0~20cm	20~40cm	0~20cm	20~40cm
叶片	C∶N	11.99±0.23a		11.40±0.08b		11.22±0.15b	
	C∶P	291.31±8.36a		258.45±5.34b		247.14±6.13b	
	N∶P	24.30±0.24a		22.67±0.33b		22.02±0.26c	
土壤	C∶N	9.12±0.06a	8.59±0.02a	9.07±0.04a	8.57±0.03a	8.83±0.11a	8.51±0.06b
	C∶P	22.32±0.53c	17.55±0.53b	25.15±17.82b	17.82±0.15b	27.71±0.52a	18.81±0.15a
	N∶P	2.45±0.04c	2.04±0.06b	2.77±0.05b	2.08±0.02b	3.14±0.10a	2.21±0.02a
土壤微生物	C∶N	11.71±0.28a	11.06±0.38a	11.36±0.42a	10.80±0.24ab	10.88±0.30b	10.46±0.35b
	C∶P	24.12±0.58b	19.05±0.16c	26.15±0.54a	20.72±0.58b	26.51±0.59a	21.79±0.41a
	N∶P	2.06±0.01c	1.72±0.04c	2.30±0.07b	1.92±0.08b	2.44±0.05a	2.08±0.06a

注：不同小写字母表示同一土层不同年限间差异显著（$P<0.05$）

标准化主轴估计结果表明，不同林龄柠条林地土壤微生物体内元素呈等容关系，其增加比例保持一致（表8-29）。

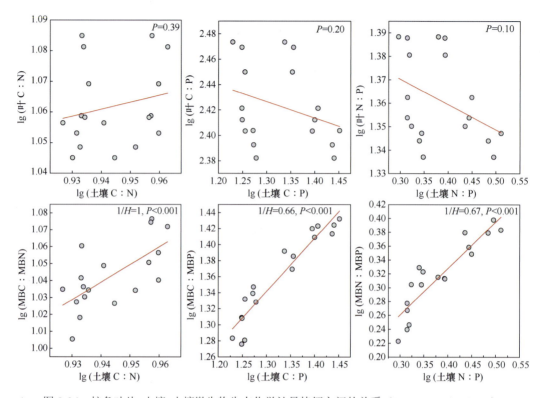

图 8-26 柠条叶片–土壤–土壤微生物生态化学计量特征之间的关系（Persson et al.，2010）
$P>0.05$，代表土壤微生物呈现强稳态；当 $P<0.05$，$0<1/H<0.25$ 为 "稳态"，
$0.25<1/H<0.5$ 为 "弱稳态"，$0.5<1/H<0.75$ 为 "弱塑性"，$1/H>0.75$ 为 "塑性"

表 8-29 不同林龄柠条林地土壤微生物生物量碳氮磷标准化主轴估计结果

变量		n	r^2	P	截距	斜率
X	Y					
MBC	MBN	18	0.992	0.000	−0.944	0.962
MBC	MBP	18	0.989	0.000	−0.733	0.756
MBN	MBP	18	0.974	0.000	−0.001	0.786

上节我们对不同林龄刺槐林地叶片–土壤–土壤微生物生态化学计量特征之间的关系进行了探讨。结果表明，柠条和刺槐均呈现稳态特征，其叶片 C∶N、C∶P 和 N∶P 不受土壤养分含量变化的影响，利用柠条叶片 N∶P 可以判断其养分限制。在本研究中，不同林龄柠条植物叶片 N∶P 均超过 20，这表明柠条生长受到 P 的强烈影响（Koerselman and Meuleman，1996；Güsewell et al.，2004）。同时，土壤 C∶N 随着林龄的增加呈现下降趋势，这表明土壤有机碳具有较快的分解速率（王绍强和于贵瑞，2008）。但是土壤有机碳含量随着林龄的增加而增加，表明有机碳的周转速率随着林龄的增加而增加。此外，土壤微生物生态化学计量特征显著受到土壤养分供应比例的影响，其呈现强塑性特征。而其他研究表明，土壤微生物生物量 C∶N 一般是稳定的，其基本不受或很少受到环境条件变化的影响（Cleveland and Liptzin，2007；Fanin et al.，2013）。这表明土壤养分有限时，微生物优先利用养分维持其正常的生命活动，其体内元素增加的

比例呈现等容模式。

第六节 小 结

　　通过对刺槐、柠条林地及草地植物叶片–土壤–土壤微生物连续体生态化学计量特征研究，发现刺槐和柠条在响应土壤养分变化时呈现稳态模式，其叶片 N∶P 均可以用来反映养分受限情况。而土壤微生物的情况正好相反，其强烈受到土壤养分供应比例的影响，呈现非稳态模型，反映了土壤微生物对土壤养分变化的强烈依赖。由于刺槐和柠条都属于豆科作物，可以固氮，加之刺槐林地土壤微生物对 N 的需求较高，因此，刺槐和柠条均受到土壤 P 的限制。需要指出的是，刺槐和柠条林地均存在元素缺乏情况，导致了植物和微生物的竞争作用，微生物可以将养分固存于体内用于正常的生命活动和养分转化，微生物养分利用策略导致植物所需元素的缺乏。宁南山区草地的生产力主要受 N 限制，且植物根系的 C∶N∶P 化学计量特征受土壤的调控作用大于其自身的影响。不同区域尺度，其经纬度有所差异，导致气候因子的变化也存在一定的差异，因此，进一步加强区域尺度养分格局的研究，为生物地球化学循环研究提供基础尤为重要。此外，微生物活动在土壤养分循环的过程中扮演着非常重要的作用，基于本章的研究结果，未来可从微生物的生态化学计量特征角度出发，探究植物的生长状况及其养分限制元素。

第九章 黄土高原植被恢复的土壤水分效应

在干旱半干旱的黄土丘陵区，深厚的黄土层蓄积了大量水分形成了"土壤水库"。黄土高原土壤水库具有庞大的库容，2m 深土层的容水量可达 550~600mm，等于或超过年降水量，具有不占地、不跨坝、不怕淤、不耗能、不需要特殊地形等优点（李玉山，1983）。一方面，土壤水库对降水的"三水"转化有重要影响，并对植被供水具有良好的水稳性和自动调节能力，从而成为区域生态环境建设评价的主要指标之一；另一方面，随着黄土高原植被恢复与生态工程的开展，生态用水量与用水结构发生了重大变化，客观上需要对"土壤水库"蓄水特征及其生态供水潜力进行评价。

第一节 黄土高原水资源特征

从地质地貌因素来看，黄土高原是世界上水土流失最为严重的地区，在所有的生态影响因子中，水资源由于其战略资源意义而上升为首要资源，水已经成为当前制约国民经济发展的最大瓶颈。2020 年 3 月 23 日世界气象日和世界水日共用同一主题："气候与水"，突显了解决全球水资源可持续利用问题的迫切性。作为地球的血脉，水短缺已被形象地称为"地球的贫血症"。黄土丘陵区水资源可持续利用中，目前主要存在以下问题。

第一，水资源生态退化，包括地下水资源匮乏、湖泊萎缩、河水断流和湿地干涸。黄土高原黄土水库是库容巨大的土壤水库，是经地质历史时期长期积存来的，但降水补给不充分，地面蒸发耗水强烈。研究表明，黄土土壤水活跃层深度一般在 2m 左右，2m 以下土层的土壤水一旦耗用，很难补充。

第二，水资源供需失衡。黄土高原是一个严重缺水的区域，以陕西为例，2004 年公布数据显示全省水资源总量约为 442 亿 m^3，位居全国第 18 位，但人均水资源量约为 $1266m^3$，仅为全国人均水平的 1/2，占世界人均水平的 1/8。随着西部大开发战略的实施、能源基地建设速度的加快，黄土高原作为以煤田、天然气田及岩盐矿为基础的国家级能源密集型化工产业经济区，在面临难得机遇的同时，必然承受水资源可持续利用的巨大压力。

第三，水资源环境恶化。黄土高原近年来水环境恶化，其中最明显的变化是浅层地下水水位下降、水质恶化，所产生的地表生态效应突出表现为植被衰退，地表覆盖度降低；草场退化，载畜量下降；土壤旱化、土地沙漠化、盐渍化、风沙危害日趋严重，各项主要生态功能逐渐减弱或消失。

一、黄土高原土壤水资源特征

黄土高原的土壤水分含量总体上处于半干旱半湿润水平之下，黄土是区内主要第四纪地层，对土壤发育有着深刻影响。黄土具有高度的均一性，以黄土颗粒为主，砂粒含量甚少。土壤孔隙发达，总孔隙度在50%以上，充气孔隙接近于土壤适宜充气孔隙范围，受到地形、方位等条件的显著影响，表现出十分复杂的水分空间格局，加上气候条件的影响，导致土壤水分形成以下特点。

（一）黄土高原土壤具有较高的持水能力

影响土壤持水能力的主要因子是土壤质地和土壤结构。黄土高原土壤结构变化较小，主要是土壤质地影响土壤水分状况。从土壤质地分区来看，70%的土壤处在重壤土和轻壤土之间，南部以重壤土和中壤土为主，北部轻壤土占多数（李玉山等，1985）。土壤持水能力可用持水量来度量，包括饱和含水量、田间持水量和凋萎含水量。黄土高原大部分地区年降水量变动于300~650mm，7~9月降水量占全年降水量的60%~70%，为210~400mm。黄土高原90%的土壤处在中壤土和轻壤土之间，其田间持水量一般都在18%~20%，与全国土壤的田间持水量范围在5%~40%相比较低，由于黄土土壤疏松，且该区土层深厚，其所能保持的水分总量是巨大的（表9-1）。从土壤质地分区来看，黄土高原主体质地土壤有效水多在12.4%~15.7%，比其他质地土壤高1.3%~9.5%，尤其是中壤土和轻壤土，其有效水达到14.4%~15.7%，2m土层内折合374~389.4mm，比其他质地土壤多蓄水58~132.9mm。在年降水量为400~600mm的地区，2m深土层的容水量可达550~600mm，等于或超过年降水量（李玉山，1983）。从土壤水分的角度来看，黄土高原土壤的持水能力较强，是一种较好的土壤。

表9-1　不同质地土壤持水量比较

测定地区	土壤名称	质地名称	田间持水量/%	凋萎湿度/%	有效水/%
辽西	风砂土	细砂土	4.5	1.8	2.7
辽西	风砂土	面砂土	11.7	4.2	7.5
嫩江	黑土	粉砂土	12.0	6.6	5.4
嫩江	黑土	粉黏土	23.8	17.4	6.4
晋西	黄绵土	粉土	17.4	6.4	11.0
安塞	黄绵土	粉土	18.4	4.5	13.9
蒲城	黑垆土	粉壤土	20.7	7.8	12.9
武功	油土	粉壤土	19.4	9.2	10.2

（二）黄土高原土壤水分经常处于低效状态

黄土高原土壤水分大多处于悬着状态，其上行蒸发移动属于非饱和流。土壤水分亏缺不是生物利用引起的水量不足，而是由气象和土壤条件所致。黄土高原土壤水分含量低的原因，主要是土质疏松均一，毛管孔隙发达，具有极强的蒸发性能，一般总孔隙度为50%~55%，加之黄土高原以干旱、半干旱气候为主，因此，雨季恢复的水分，有相当一部分很快又蒸发到大气中，土壤接纳的水分很少。室内研究（杨文治等，1985）表明，在相同条件下，初始3昼夜沙壤土的蒸发强度比紧沙土的蒸发强度大5倍，中壤土和重壤土的蒸发强度较紧沙土的相应值分别大3倍和1.6倍（表9-2）；质地为沙壤土的黄绵土，蒸发历时 3 昼夜，其失水比为 0.22，当蒸发 20 昼夜时，失水比达到 0.31，而中壤土只有 0.23。

表 9-2　不同质地土壤 0～100cm 土层不同历时累积蒸发强度　　（单位：mm/天）

土壤质地	蒸发历时/昼夜						
	3	10	20	30	60	90	120
紧沙土	2.56	1.69	1.10	0.83	0.63	0.46	0.41
沙壤土	15.50	5.49	3.26	2.35	1.13	0.95	0.75
中壤土	10.20	4.23	2.42	1.65	1.02	0.77	0.71
重壤土	6.70	3.48	2.24	2.06	1.40	1.21	0.99

对半干旱陕北黄土丘陵区林草植物生长旺期土壤水分平衡分析，在丰水年，刺槐林地的总蒸散量占大气降水的 74.8%，柠条林地的相应值为 82.8%；而在枯水年，这两类林地的总蒸散量分别占大气降水的 128.5% 和 124.5%。紫花苜蓿地在生长旺季均会出现水分收支失衡状况。植物生理需水必须由土壤供水补给，亏缺水量占蒸腾耗水量的 32%～40%（杨新民和杨文治，1989）。

黄绵土失水快，储备水分能力低，其稳定贮水量占田间持水量的 1/2 左右，稳定有效水小于田间持水量的 1/3。从多年水分动态测定值来看（表 9-3），黄绵土稳定贮水量占田间持水量的 60%～80%，在黄土高原北部土壤质地偏轻地区，由于土壤水分整体运行良好，能够比较稳定地保持在土壤中，但也只有田间持水量的 43.0%～55.9%，亏缺更多（韩仕峰等，1990）。

表 9-3　各类型土壤水分亏损比较

测定地区	土壤类型	田间持水量/%	稳定贮水量/%	稳定贮水量占田间持水量/%	亏损占田间持水量/%
澄城	台塬	21.3	12.9	60.6	39.4
洛川	高原	20.2	15.6	77.3	22.8
安塞	丘陵	18.4	10.3	55.9	44.1
绥德	峁丘	15.8	9.8	62.0	38.0
固原	丘陵	20.7	14.9	71.9	28.1
海原	缓丘	20.2	8.3	41.0	59.0

（三）黄土高原土壤水分利用率偏低

黄土高原土壤水分不仅储存能力差，而且利用率相当低。韩仕峰等（1990）对黄土高原西部 1986 年干旱期土壤有效水储量的研究结果表明，灌木林土壤水分利用率相对较高，但也未能达到充分利用程度，0～5m 土层平均剩余有效水储量为 89.38mm，按最大吸湿水值匡算，剩余有效水储量为 227.2mm。灌木林在海拔较低（1000m 以下）、气温较高、林龄较长的地区，土壤水分亏缺量才接近最大限度。乔木林 0～5m 土层平均剩余有效水储量为 200.92mm，按最大吸湿水值推算，剩余有效水储量为 344.57mm，而高者可达到 500～900mm。草地水分也有一定剩余量，人工草地 0～5m 土层平均剩余有效水储量为 270.25mm，天然草地为 109.22mm，0~2m 土层平均剩余有效水储量为 62.88mm。林地和草地都没有发挥出土壤水分利用的最大潜势，导致地面植被生长状况不好，如乔木林"小老树"到处可见，天然草地产量也只有 20~25kg/亩（1 亩≈666.67m^2，后文同）水平。总体来看，林地、草地水分存在利用率不足，其中人工草地和灌木林的水分利用率较高，草地剩余有效水少，接近最大利用量（韩仕峰等，1990）。

（四）黄土高原土壤干层普遍存在

土壤干层是土壤水分通过蒸发和蒸腾作用，以水汽方式不断逸入大气，又经长时间的土壤负补偿效用，土体某一深度形成的低湿层。黄土高原的土壤水分环境整体处于亏缺状态，从南部的森林带到北部的草原带，都有严重程度不一的水分亏缺现象，土壤干层在黄土高原从南到北大范围内普遍分布（杨维西，1996；杨文治和田均良，2004）。

降水是黄土高原土壤水分的基本来源。由于该区降水总量不多，土壤水分的补给来源不足，尤其是受该区降水多暴雨、降水季节和年际分配不均的影响，枯水年无水可补、丰水年水土流失，旱情难以得到缓解。据多年观测，6~9 月平均降水次数多达 42.8 次，但若以降水量小于 10mm 为无效降水的话，那么有效降水次数平均每月不足 3 次，有效降水量仅 214.6mm；3~5 月多年平均降水次数达 19.9 次，但有效降水平均每月不到 1 次。从南到北随纬度的增加，降水量渐趋减少，受此影响，土壤水分状况渐趋恶化，不论是农地、草地或是林地，土壤表层或深层储水都表现为渐次减少的趋势，即土壤的干化程度逐渐严重，干层厚度逐渐加深。

二、黄土高原土壤水分时空分布特征

流域土壤水分的时空分布特征是研究黄土丘陵沟壑区土壤水分的基础。长期以来，许多研究工作者就小流域土壤水分进行了长期而又深入的研究，徐学选等（2003）通过对燕儿沟流域的研究，发现黄土丘陵沟壑区的地貌、降水、植被等环境因子的空间组合使得该区域土壤水分具有较为显著的空间差异性。本节对延河流域雨季前、中、后 3 个时期土壤水分垂直分布特征及变异系数进行探究，以期得出较大尺度雨季前后土壤水分的具体分布特征和离散程度。

（一）延河流域土壤含水率的基本统计学特征

雨季前于延河流域取样点 265 个，剔除异常值、缺失值，实取 259 个样点进行描述性统计分析。由表 9-4 可知，不同土层土壤含水率的最小值在 1.49%~5.91%，最大值在 17.64%~26.28%，差距较大。就平均值而言，60~80cm、80~100cm、100~120cm、120~140cm 土层土壤含水率较其他土层要高，4 个土层含水率没有显著差异，其中 100~120cm 土层土壤含水率平均值最高，为 12.03%。0~20cm 土层土壤含水率最低，而且与其他土层有明显差异。0~120cm 土层土壤含水率随着土层深度增加而增加，如邱扬等（2000）研究为增长型曲线。而在 120~200cm 土层随着土层加深，土壤含水率减少，主要是因为深层土壤水分对浅层土壤进行补给。

表 9-4　雨季前延河流域土壤含水率的统计学基本特征（采样于 2010 年 5 月）

土层深度/cm	最小值/%	最大值/%	平均值/%	变异系数/%
0～20	3.48	17.86	9.76±2.60f	26.62
20～40	1.49	17.64	10.62±2.67e	25.14
40～60	5.51	18.98	11.41±2.60bc	22.77
60～80	5.80	23.71	11.87±2.67a	22.53
80～100	5.91	21.47	12.01±2.60a	21.64
100～120	5.49	19.91	12.03±2.76a	22.93
120～140	4.16	19.67	11.83±2.89a	24.40
140～160	4.31	21.26	11.55±3.20b	27.72
160～180	3.55	20.38	11.21±3.27cd	29.21
180～200	2.65	26.28	11.04±3.49d	31.61

注："平均值"一列不同小写字母表示不同土层间差异显著（$P<0.05$），下同

雨季中于延河流域取样点 328 个，实取 323 个样点进行描述统计。由表 9-5 可知，延河流域雨季中土壤含水率最小值的区间为 1.73%～6.69%，最大值区间为 20.90%～25.63%。土壤含水率最高的土层是 20～40cm 土层（14.60%），由于黄土高原土壤质地松软，降水比较容易入渗，因此 0～20cm 土层土壤含水率没有 20～40cm 高。从雨季中延河流域土壤含水率变化趋势也可以看出，随着土层的加深，于 20～40cm 出现峰值后，含水率逐渐变小。100～200cm 各土层土壤含水率没有显著差异。强烈而又集中的降水使黄土丘陵沟壑区土壤水分得到补给，但是水流下渗过快可能阻碍孔隙中空气的排出，进而堵塞通道，阻止土壤水分入渗（林成谷，1983），这可以解释 0～100cm 土层土壤含水率远远高于 100～200cm 土层。

表 9-5　雨季中延河流域土壤含水率的统计学基本特征（采样于 2010 年 8 月）

土层深度/cm	最小值/%	最大值/%	平均值/%	变异系数/%
0～20	6.69	23.33	14.22±3.82ab	26.85
20～40	6.28	24.10	14.60±3.56a	24.36
40～60	4.86	24.08	13.81±3.77b	27.29
60～80	3.81	22.46	12.66±3.83c	30.29
80～100	2.44	22.64	11.07±3.90d	35.26
100～120	1.68	22.46	9.76±3.91e	40.10
120～140	1.73	24.26	9.47±3.86e	40.79
140～160	2.95	23.97	9.28±3.73e	40.20
160～180	2.81	20.90	9.23±3.54e	38.32
180～200	2.44	25.63	9.31±3.63e	38.95

雨季后于延河流域取样点 171 个，实取 165 个样点对雨季后延河流域土壤含水率进行描述性统计。由表 9-6 可知，土壤含水率最小值区间为 3.93%～4.73%，最大值区间为 16.90%～27.39%，0～20cm 土层土壤含水率高于 20～40cm 土层，由于 11 月黄土丘陵沟壑区昼夜温差明显，表层土壤可以得到土壤凝结水的供给，因此土壤含水率较高。随

着土层加深至 100cm，土壤含水率缓慢增加，植物耗水是出现该趋势的主要原因。

表 9-6 雨季后延河流域土壤含水率的统计学基本特征（采样于 2010 年 11 月）

土层深度/cm	最小值/%	最大值/%	平均值/%	变异系数/%
0~20	4.42	17.25	10.76±2.09abc	19.44
20~40	4.71	16.90	10.49±2.40bc	22.83
40~60	4.73	18.42	10.92±2.66abc	24.38
60~80	4.65	23.25	11.30±2.86a	25.30
80~100	4.37	23.04	11.39±3.06a	26.84
100~120	4.39	24.12	11.12±3.31ab	29.74
120~140	4.35	24.42	10.85±3.51abc	32.36
140~160	3.99	24.73	10.54±3.52bc	33.39
160~180	3.93	20.31	10.43±3.65c	34.94
180~200	3.95	27.39	10.57±3.92bc	37.11

（二）延河流域土壤水分时间分布特征

由图 9-1 可知，延河流域 0~80cm 土层雨季中土壤含水率高于雨季前与雨季后，雨季后 0~20cm 土层土壤含水率高于雨季前，雨季后 40~80cm 土层土壤含水率皆低于雨季前。100~200cm 土层土壤含水率由大至小依次为：雨季前、雨季后、雨季中。随着土层加深，土壤含水率变化渐渐趋于平缓。

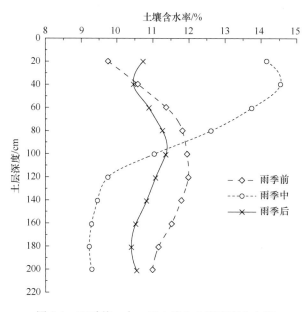

图 9-1 雨季前、中、后土壤含水率垂直分布图

雨季前，随土层加深，土壤含水率变化趋势整体为先增高后降低；随着集中降水月份的来临，浅层（0~80cm）土壤含水率急剧增高，而植物增长迅速，蒸腾量变大（王军和傅伯杰，2000），100~200cm 土层土壤水分大量消耗，由于土壤水分补给的滞后性，雨季中该层土壤含水率低于雨季前，这呼应了 Henninger 等（1976）的研究：降水对浅

层土壤水分影响很大；雨季后，0~80cm 土层水分下渗补给 100~200cm 土层，由于降水补给减少，雨季后各土层土壤含水率变化不大，0~20 土层土壤含水率较高主要是由于有地表凝结水的补给。整体上雨季后土壤含水率比雨季前要低，主要是由降水入不敷出或积累甚少导致（王孟本和李洪建，1995）。

（三）延河流域土壤水分空间分布特征

变异系数表示的是同一土层不同采样点土壤含水率的离散程度，从整体来看，变异系数较大，说明了延河流域土壤水分分布的复杂性。由图 9-2 可知，雨季前随着土层的加深，变异系数经过了"高—低—高"的变化过程，中间土层（60~80cm、80~100cm、100~120cm）随着采样点的不同，土壤含水率差异较表层与深层土壤要小，说明延河流域雨季前 60~120cm 土层土壤含水率在不同采样点差异不大。表层土壤含水率变异系数大是由植被耗水存在差异导致的；而深层土壤含水率在不同采样点差异大是因为土壤质地不同导致深层土壤对中间土层的水分补给有明显差异。雨季中土壤含水率变异系数变化较为复杂，由 20~40cm 土层开始，随着土层加深，变异系数逐渐增大，120~140cm 土层土壤含水率的变异性最大。由于微地形的再分布，表层土壤含水率分布差异较大，但从整体来看，降水相对降低了浅层土壤含水率的地域差异性，由于入渗，增加了深层土壤含水率的差异，雨季后深层土壤含水率的变异系数较大。40~200cm 土层变异系数由大至小依次为雨季中、雨季后、雨季前。离雨季越远，变异系数整体就越小，说明蒸发、降水对延河流域土壤水分影响巨大。由于研究尺度较大，同一层不同地点土壤含水率差异较大，具体表现在深层土壤含水率变异系数存在差异（180~200cm 土层雨季前变异系数为 0.3161、雨季中变异系数为 0.3895、雨季后变异系数为 0.3711）。

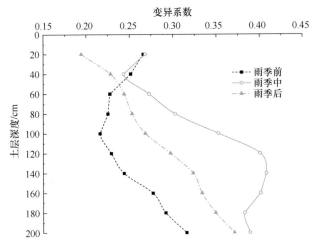

图 9-2 雨季前、中、后土壤含水率变异系数垂直分布图

第二节 黄土高原土壤水库

土壤水为土壤层内的非饱和水体，广泛分布于陆地表层，是大气水、地表水、土壤

水、地下水、植物水"五水"相互转化的中枢，又是植物生长的必要水源。无论是灌溉水，还是天然降水，都要转化为土壤水后才能被植物根系吸收。土壤水属于水资源的范畴，是水资源的重要组成部分。大气降水落到地面后，一部分被土壤截留、蓄存在大大小小的土壤孔隙中，形成了土壤水库。

一、土壤水库概述

（一）土壤水库的定义

大气降水落到地面以后，一部分形成径流汇入江、河、湖泊形成地表水；一部分渗入地下，受不透水层顶托，埋藏在含水层中形成地下水；还有一部分被土壤截留、蓄存形成土壤水，分析计算表明，土壤水占总降水量的60%～70%。但是，由于土壤水能够部分地被作物吸收利用，又属非重力水资源，无法直接开采利用。所以，长期以来未被视为水资源的组成部分。

土壤是布满大大小小空隙的松散多孔体，像河槽、湖盆、水库和地下含水层一样，土层深厚的土壤也有较大的蓄存、调节水分的功能，故称为"土壤水库"。黄土高原土层深厚，土壤水库具有庞大的库容，而且具有不占地、不跨坝、不怕淤、不耗能、不需要特殊地形等优点。

（二）土壤水库的功能

土壤水库的水对植被恢复极其可贵，因为土壤水库中储存的土壤水是植被生长需水的直接来源，无论是大气降水、地表水还是地下水都必须通过土壤这个载体，变成储存在土壤中的土壤水后，才能被植被吸收利用。土壤水库的作用远非如此，对于植被恢复和重建，土壤水库具有以下功能。

1. 对植被供水具有连续性

植被在整个生长发育过程中对水分的需求是连续不断的，而大气降水和灌溉都是间歇性供水，不能持续不断地满足植被对水分的需求。土壤水库可以使间歇性的不均匀供水变为对植被的连续均匀供水。

2. 对植被供水具有水稳性和调节能力

土壤是一种特殊的物质，它是由矿物质、有机质组成的类生物体。土壤水库实质上是由无数具有蓄水作用的土壤团粒、微粒结构体组成的。每个团粒都是一个蓄水单元，形成微型水库。团粒间又有一定数量的空隙，既能贮备一定数量的水源，又能灵活方便地调节土壤水分含量、流畅地输送毛管水。土壤水库能在不良的气候条件下，保证正常地供应植被所需要的水分，有良好的水稳性和自动调节能力。土壤水库对植被供水的调节作用有年内调节和年际调节，年内调节主要表现为随着当年降水的丰、枯变化，土壤水库表现为充水和失水的变化，土壤水库一年内可以多次重复作用。年际调节主要表现为丰水年贮存在深层土壤中的水分在枯水年时供植被吸收利用。

3. 对"三水"转化具有重要影响

雨前土壤水库的蓄水量大，则降水形成的地表水或地下水就多，相应的蓄存在土壤水库中的水分就减少，降水有效利用程度降低；雨前土壤水库的蓄水量小，则降水蓄存在土壤中的水分增加，地表水和地下水就相应减少，降水有效利用程度提高。分析表明，2m 土层可蓄存 550~600mm 的水量。可见土壤水库蓄水量的大小，对降水的"三水"转化有重要的影响。

（三）土壤水库的相关技术指标

与地面水库相类似，土壤水库也有相应的库容和控制水位（图 9-3），但土壤水库有其自身的特点（表 9-7）。

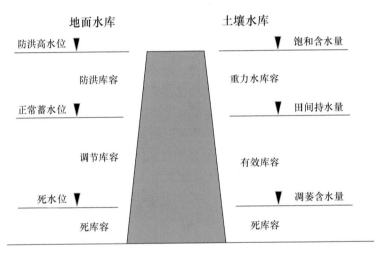

图 9-3 地面水库与土壤水库对照图

表 9-7 地面水库与土壤水库技术指标对照表

技术指标	地面水库	土壤水库
防洪库容/重力水库容	正常蓄水位与防洪高水位间库容	饱和含水量−田间持水量
调节库容/有效库容	死水位与正常蓄水位间库容	田间持水量−凋萎含水量
死库容	死水位下库容	凋萎含水量
最大库容/总库容	死库容+调节库容+防洪库容	饱和含水量
正常运用条件下最大蓄水量	调节库容+防洪库容	饱和含水量−凋萎含水量
调节水量	每次洪水过程增蓄水位之和	每次降水或灌水后土壤含水量增值之和

土壤作为一个水库，同样应具备两个条件：一是水源，二是库容。土壤水库的水源主要是大气降水和人工灌溉补给。库容的大小与土壤水分的有效性和调控深度密切相关。图 9-3 所示的土壤水库物理模型中，死水位对应于凋萎含水量调控深度内的蓄水量，其下为死库容；有效库容则对应于田间持水量和凋萎含水量之间的蓄水量；当土壤含水量大于田间持水量时，多余水量只能短时间地蓄存于土壤中，最终经入渗补给地下水或蒸发消耗掉，称为重力水库容；土壤总库容相当于土壤含水量达到饱和含水量时的蓄水

量。土壤水库各项库容的大小与土壤质地、结构和水分调控深度有关；土壤所能蓄存的水量，相当于土壤水库的"库容"，是土壤水库调控和利用水资源的基础，其大小与土壤类型、结构、质地、非饱和土层厚度和地下水埋深等有很大关系。

二、土壤水库蓄水数量特征和动态变化

（一）土壤水库库容和蓄水能力计算

土壤水库的调蓄能力可用3个基本土壤水分常数即饱和含水量、田间持水量和凋萎含水量来计算。饱和含水量反映土壤最大蓄水能力，田间持水量可视为正常蓄水能力，凋萎含水量相当于"死库容"。田间持水量与凋萎含水量的差值为有效水，反映土壤蓄水能力，相当于土壤水库的"有效库容"，即土壤水资源存贮、调蓄的空间。土壤水库几个蓄水库容的定义和计算方法分别如下（康绍忠，2000）。

（1）重力水库容 W_G：指饱和含水量 $\theta_S(z)$ 与田间持水量 $\theta_f(z)$ 之间的容积，其计算式为

$$W_G = \int_0^H A[\theta_S(z) - \theta_f(z)] dz \tag{9-1}$$

式中，H 是潜水埋深；A 是计算区域面积，z 是水入渗深度。

（2）有效库容 W_E：指植被可以利用的那部分库容，通常指田间持水量 $\theta_f(z)$ 和凋萎含水量 $\theta_{WP}(z)$ 之间的容积，其计算式为

$$W_E = \int_0^H A[\theta_f(z) - \theta_{WP}(z)] dz \tag{9-2}$$

（3）死库容 W_K：指植被在生长期不能利用的土壤水库容，通常指凋萎含水量以下的土壤水库容，其计算式为

$$W_K = \int_0^H A\theta_{WP}(z) dz \tag{9-3}$$

（4）总库容 W_S：指潜水面至地表的土壤总库容，包括重力水库容、有效库容和死库容，其计算式为

$$W_S = W_G + W_E + W_K \tag{9-4}$$

$$\text{或 } W_S = \int_0^H A\theta_S(z) dz \tag{9-5}$$

（5）土壤水储量 W_a：指一定厚度土层内水分的总储量，为与气象资料比较，常用毫米（mm）表示，其计算公式为

$$W_a = 0.1\rho \cdot v \cdot h \tag{9-6}$$

式中，ρ 为土壤含水量（%）；v 为土壤容重（g/cm³）；h 为土层厚度（cm）。

（6）土壤水库蓄水量 Q：指一定厚度土层内水分的总蓄积量（m³），其计算公式为

$$Q = 0.001 W_a \cdot s \tag{9-7}$$

式中，s 为土地表面面积（m²）。

(二)土壤水库研究深度的界定

降水是土壤水库主要的水分补给方式。大气降水落到地面后,一部分以径流形式汇入江、河、湖泊形成地表水,一部分渗入地下受不透水层顶托形成地下水,还有一部分被土壤截留、蓄存形成土壤水。黄土高原土壤是布满大大小小孔隙的疏松多孔体,具有显著的蓄存、调节水分的功能,称为土壤水库。广义上讲土壤水库应该是整个非饱和带土层的蓄水空间,其容量大小取决于土壤类型和非饱和土层的厚度。据有关研究,在南方土层厚度大于80cm就是厚土层(林景亮,1989;福建省土壤普查办公室,1991),土壤水库的蓄水能力与土壤类型、结构和地下水埋深有很大关系(靳孟贵等,1999),大多数研究者把0~1m土层定为土壤水库的研究厚度(张立恭,1997;曾大林,2000)。

黄土高原土层深厚,根据黄土堆积层序、接触关系、土体特征、生物群落化石及年龄材料,黄土可划分为古黄土(10~40m)、老黄土(50~150m)、新黄土(10~30m)和最新黄土(5~10m)。最新黄土分布广泛,质地均匀,疏松多孔,有良好的持水能力。

根据同类研究成果比较,黄土高原杨树、柳树耗水深度仅有2m,刺槐耗水主要集中于5m以内(马玉玺等,1990),柠条根系达5~7m,山桃、山杏、榆树和沙棘等灌木根系一般小于5m(李代琼等,1990)。一般而言,作物取0~2m土层(穆兴民,1996)、灌木乔木取0~5m土层(李代琼,1990)、草地取0~5m土层(邹厚远,1991)作为典型测试土样。由此可见,0~5m土层土壤水分消耗可代表大部分乔灌木林耗水状况,因此,5m深度可界定为土壤水库的研究深度。

(三)土壤水库静态库容

1. 土壤水库静态库容组成

研究区域:延安市安塞区,属森林草原区,处于黄土丘陵沟壑区的中心地带,总土地面积约2950km^2。降水量多年平均为501.5mm(表9-8),其年内分配具有明显旱季(10月到翌年5月)和雨季(6~9月)之分,分别占年降水量的26.7%和73.3%。降雨量远大于降雪量,加之冬季降水在全年降水量中所占比例很小,因此雨水资源可近似地代表降水资源。

表9-8 安塞区降水量历史变化

时期	1970~1975	1976~1980	1980~1985	1986~1990	1991~1995	1996~2000	2001~2010	多年平均
平均降水量/mm	465.0	525.5	558.1	506.1	499.5	416.8	535.8	501.5

土壤水库总库容表征了土壤所能蓄存的水分总量,研究区5m深土层的土壤水分总储量为1419.78mm(416 156×10^{4}m^3)。土壤水库总库容由死库容、重力水库容和有效库容组成,其中死库容为299.25mm(87 714×10^{4}m^3),占土壤总库容的21.08%;重力水库容为196.18mm(57 503×10^{4}m^3),占土壤总库容的13.82%;有效库容为924.35mm(270 939×10^{4}m^3),占土壤总库容的65.10%。最大有效库容为1120.53mm(328 442×10^{4}m^3),占总库容的78.92%(表9-9)。总体来看,有效库容>死库容>重力水库容。

表 9-9　土壤水库库容组成

指标	总库容	重力水库容	有效库容	死库容	最大有效库容
土壤水库库容/mm	1 419.78	196.18	924.35	299.25	1 120.53
土壤水库库容/($\times 10^4 m^3$)	416 156	57 503	270 939	87 714	328 442
占总库容比例/%	100.00	13.82	65.10	21.08	78.92

2. 不同利用类型土壤水库静态库容组成

从土地利用类型方面来看（表9-10），坡耕地和荒坡地总库容量最大，分别为 $156\,701\times 10^4 m^3$ 和 $149\,981\times 10^4 m^3$，分别占研究区土壤水库总库容的 37.65%和36.04%；其次为有林地、天然草地和疏林地，分别为 $39\,007\times 10^4 m^3$、$34\,068\times 10^4 m^3$ 和 $19\,536\times 10^4 m^3$，分别占研究区土壤水库总库容的 9.37%、8.19%和4.69%；再次为川台地、梯田和果园，分别为 $9860\times 10^4 m^3$、$3696\times 10^4 m^3$ 和 $2557\times 10^4 m^3$，分别占研究区土壤水库总库容的 2.37%、0.89%和0.61%；人工草地最小，为 $750\times 10^4 m^3$，占研究区土壤水库总库容的 0.18%。土壤死库容、重力水库容、有效库容和最大有效库容也表现出相同的趋势。

表 9-10　不同利用类型土壤库容组成　（单位：$\times 10^4 m^3$）

土地利用	总库容	重力水库容	有效库容	死库容	最大有效库容
川台地	9 860	1 362	6 420	2 078	7 782
梯田	3 696	511	2 406	779	2 917
坡耕地	156 701	21 652	102 021	33 028	123 673
果园	2 557	353	1 665	539	2 018
有林地	39 007	5 390	25 396	8 222	30 785
疏林地	19 536	2 699	12 719	4 118	15 418
天然草地	34 068	4 707	22 180	7 181	26 887
人工草地	750	104	488	158	592
荒坡地	149 981	20 724	97 646	31 612	118 369

3. 不同坡度分级土壤水库静态库容组成

从坡度分级方面来看（表9-11），>25°和10°~15°坡度级别土壤水库总库容最大，分别为 $172\,712\times 10^4 m^3$ 和 $126\,991\times 10^4 m^3$，分别占研究区土壤水库总库容的 41.50%和30.52%；其次为15°~25°和5°~10°坡度级别，分别为 $87\,402\times 10^4 m^3$ 和 $16\,197\times 10^4 m^3$，分别占研究区土壤水库总库容的 21.00%和3.89%；0°~3°和3°~5°坡度级别最小，分别为 $8766\times 10^4 m^3$ 和 $4089\times 10^4 m^3$，分别占研究区土壤水库总库容的 2.11%和0.98%。土壤死库容、重力水库容、有效库容和最大有效库容也表现出相同的趋势。

表 9-11　不同坡度级别土壤库容组成　　　　（单位：×10⁴m³）

坡度分级	总库容	重力水库容	有效库容	死库容	最大有效库容
0°~3°	8 766	1 211	5 707	1 848	6 918
3°~5°	4 089	565	2 662	862	3 227
5°~10°	16 197	2 238	10 545	3 414	12 783
10°~15°	126 991	17 547	82 678	26 766	100 225
15°~25°	87 402	12 077	56 903	18 422	68 980
>25°	172 712	23 865	112 444	36 403	136 309

4. 不同地貌类型土壤水库静态库容组成

从不同地貌类型方面来看（表 9-12），峁坡和沟坡土壤水库总库容分别为 206 073×10⁴m³ 和 210 081×10⁴m³，分别占研究区总库容的 49.52%和 50.48%；峁坡的重力水库容、有效库容和死库容分别占研究区总库容的 6.84%、32.24%和 10.44%；沟坡的重力水库容、有效库容和死库容分别占研究区总库容的 6.98%、32.87%和 10.64%；峁坡的最大有效库容占研究区总库容的 39.08%，沟坡的最大有效库容占研究区总库容的 39.84%；峁坡和沟坡土壤水库库容各组成成分基本相等。

表 9-12　不同地貌类型土壤库容组成　　　　（单位：×10⁴m³）

地貌类型	总库容	重力水库容	有效库容	死库容	最大有效库容
峁坡	206 073	28 474	134 164	43 434	162 638
沟坡	210 083	29 029	136 775	44 280	165 804

三、土壤水库蓄水量和亏缺量

（一）土壤水分分级指标

建立具有统一时空尺度和区域特征的土壤水分分级指标是土壤水库制图的前提和基础。黄土丘陵区土壤水库蓄水量及其生态供水潜力研究的对象是与地质、历史时期有渊源关系的现代黄土土壤。土壤水分的有效性原理是黄土高原土壤水库蓄水量分级的理论依据。

土壤有效水即土壤中能被作物吸收利用的那部分水，其范围在凋萎含水量与田间持水量之间，相应的土壤水吸力范围为 29.43~1471kPa（0.3~15 个工程大气压）；土壤有效水对于植被生长并非等同有效，凋萎含水量为有效水的起点，由该点开始，有效性逐渐提高，毛管破裂点为难效与易效的转折点。理论上土壤水分有效性以植被生长阻滞含水量和田间持水量为衡量指标。

在黄土高原，一般以田间持水量的 60%作为植被生长阻滞含水量。根据罗戴（1958）和道尔果夫（1961）提出的水分有效等级分类方法，参照李玉山（1962）对黄土高原塿土的等级分类结果，结合黄土丘陵区黄绵土的实际分布情况，采用田间持水量、凋萎含水量、植被生长阻滞含水量为指标，将黄土丘陵区土壤水分划分为重力水（100%田间持水量以上)、速效水(田间持水量的80%~100%)、迟效水(田间持水量的60%~80%)、难效水(田间持水量的40%~60%)、极难效水(凋萎含水量与40%田间持水量之间)和无效水(凋萎含水量以下)6个等级(表9-13)。

表9-13 安塞区土壤水分分级标准

序号	分级	土壤含水率/%	湿度范围	水分运行能力
1	无效水	<4.5	<凋萎含水量	不运行
2	极难效水	4.5~7.36	凋萎含水量与40%田间持水量之间	不运行
3	难效水	7.36~11.04	40%~60%田间持水量	不运行
4	迟效水	11.04~14.72	60%~80%田间持水量	缓慢运行
5	速效水	14.72~18.4	80%~100%田间持水量	迅速运行
6	重力水	>18.4	>100%田间持水量	向下淋失

注：4.5%和18.4%分别为实测黄绵土有效水的下限(凋萎含水量)和上限(田间持水量)(杨文治和邵明安，2000)

(二) 土壤水分剖面划分

土壤水分循环在时间上具有年周期的特征，在空间上表现为水分循环深度和强度存在差异。在土壤水分研究领域，以往对剖面土壤水分变化的定性描述较多，近年来已向定量化描述方向发展。土壤水分剖面量化指标主要有3种表示方法(杨文治和余存祖，1992；杨文治和邵明安，2000；吴钦孝等，2005)。

(1) 在土壤水分强烈蒸发时期的连续30天内，按照各层土壤水分绝对增减变化量从上到下机械地划分为速变层、活跃层、次活跃层和相对稳定层4个层次。该划分方法以人们在土壤水分研究中惯常使用的干土重百分比来表示水分等级，易于了解土壤水分的变化强度，但缺乏地区间的可比性。

(2) 按照周年垂直剖面土壤水分的变异系数变化从上到下机械地划分为活跃层、次活跃层和相对稳定层3个层次。该划分方法使用周年土壤水分的变异系数，在统计学上有可靠性，但缺乏直观认识和评价。

(3) 按照各层土壤水分年变幅占同层田间持水量的百分比和某层土壤最低含水量占田间持水量的百分比两个指标值，以三等分的方法划分为速变层、活跃层和相对稳定层3个层次。该划分方法把水分变化划定到田间持水量的范围内，比单纯的用变异系数划分更容易直观认识土壤水分的活动状况，但所提出的指标间界限不够明确，带有任意性。

黄土高原大部分地区地下水埋藏很深，可以认为不参与土壤水循环过程；土壤质地均一，土层深厚，在土体上部一般不存在倾斜且不透水的层次；土壤相对湿度较低，发生水平流动的可能性很小，主要是垂直方向上的流动。根据相关人员对土壤水分移动和植被耗水特性研究的成果，可以大体上将研究区土壤水分分为以下5个层次。

(1) 速变层：该层深0~60cm，与大气交换十分活跃，层内植被须根发达，植被耗水量大，土壤水分变化速度快，干旱时可达到凋萎含水量以下，降水后又可恢复到田间持水量水平以上。

(2) 活跃层：该层深60~120cm，层内须根较发达，植被耗水较多，土壤水分变化活跃，处于增湿和湿水的不稳定状态。

(3) 次活跃层：该层深 120~200cm，层内须根急剧减少，植被耗水少，层内土壤水分变化较小，只有在丰水年该土层水分才可得到补偿。

(4) 相对稳定层：该层深 200~300cm，层内根系分布少，植被耗水不大，土壤水分保持相对稳定，该土层水分只能在丰水年得到少量补偿。

(5) 稳定层：该层深 300~500cm，层内只有很少量根系分布，植被耗水很少，土壤水分保持稳定，就是在丰水年，该土层水分也不能得到补偿。

（三）土壤水分时空分布特征

从表 9-14 和表 9-15 可以看出，0~60cm 土层，雨季前主要为极难效水和难效水，分别占总土地面积的 52.08%和 43.35%，出现的频率分别为 52.17%和 42.36%；该层土壤水分容易得到降水的补偿，但因蒸发损失或林草植被蒸散的消耗量远大于补偿量，雨季前土壤水分基本处于无效或难利用状态，如果不能及时得到雨水补充，会对植被萌发和生长造成重大影响。雨季后，土壤含水率<4.5%的无效水面积由雨季前 133.60km² 变为 0，占比降低 4.56 个百分点；土壤含水率为 4.5%~7.36%的极难效水面积由雨季前 1526.51km² 急剧变为 0，占比降低高达 52.08 个百分点；土壤含水率为 7.36%~11.04%的难效水面积由雨季前 1270.74km² 急剧减少到 37.26km²，占比降低 42.08 个百分点。相反，土壤含水率为 11.04%~14.72%的迟效水面积由雨季前 0.27km² 急剧增加到 2140.24km²，占比提高 73.01 个百分点；土壤含水率为 14.72%~18.4%的速效水面积由雨季前 0km² 增加到 753.62km²，占比提高 25.71 个百分点。总体来看，该层土壤水分变化总面积达到 2983.59km²，土壤水分补偿程度最大，处于速变状态。

表 9-14　安塞区不同土层土壤水分剖面分布（2003 年 6 月）

含水率	分布	土层						
		0~60cm	60~120cm	120~200cm	200~300cm	300~400cm	400~500cm	0~500cm
<4.5%	面积/km²	133.60	94.46	79.56	0.00	0.00	79.56	0.00
	比例/%	4.56	3.22	2.71	0.00	0.00	2.71	0.00
	出现频率/%	3.38	1.72	1.13	0.00	0.00	1.13	0.00
4.5%~7.36%	面积/km²	1526.51	1501.16	459.69	560.45	298.15	310.56	560.45
	比例/%	52.08	51.21	15.68	19.12	10.17	10.60	19.12
	出现频率/%	52.17	48.83	23.99	27.10	15.95	24.01	27.10
7.36%~11.04%	面积/km²	1270.74	658.35	1290.30	1231.13	2482.44	2301.33	2215.08
	比例/%	43.35	22.46	44.02	42.00	84.69	78.51	75.57
	出现频率/%	42.76	28.96	38.47	34.29	75.92	62.10	64.19
11.04%~14.72%	面积/km²	0.27	670.90	1095.58	1137.87	71.33	197.04	114.63
	比例/%	0.01	22.89	37.38	38.82	2.43	6.72	3.91
	出现频率/%	0.01	18.09	34.03	36.86	1.74	8.49	3.23
14.72%~18.4%	面积/km²	0.00	6.25	5.99	1.67	79.20	1.67	40.96
	比例/%	0.00	0.21	0.20	0.06	2.70	0.06	1.40
	出现频率/%	0.00	0.73	0.71	0.08	4.72	0.08	2.52
>18.4%	面积/km²	0.00	0.00	0.00	0.00	0.00	40.96	0.00
	比例/%	0.00	0.00	0.00	0.00	0.00	1.40	0.00
	出现频率/%	0.00	0.00	0.00	0.00	0.00	2.52	0.00

表 9-15 雨季前后土壤水分分布

土壤剖面		无效水（<4.5%）		极难效水（4.5%~7.36%）		难效水（7.36%~11.04%）		迟效水（11.04%~14.72%）		速效水（14.72%~18.4%）		重力水（>18.4%）	
		面积/km²	比例/%	面积/km²	比例/%	面积/km²	比例/%	面积/km²	比例/%	面积/km²	比例/%	面积/km²	比例/%
0~60cm（速变层）	雨季前	133.60	4.56	1526.50	52.08	1270.70	43.35	0.27	0.01	0.00	0.00	0.00	0.00
	雨季后	0.00	0.00	0.00	0.00	37.26	1.27	2140.20	73.02	753.62	25.71	0.00	0.00
	差值	-133.60	-4.56	-1526.50	-52.08	-1233.44	-42.08	2139.93	73.01	753.62	25.71	0.00	0.00
60~120cm（活跃层）	雨季前	94.46	3.22	1501.16	51.21	658.35	22.46	670.90	22.89	6.25	0.21	0.00	0.00
	雨季后	0.00	0.00	0.00	0.00	37.26	1.27	1595.40	54.43	1296.60	44.24	1.85	0.06
	差值	-94.46	-3.22	-1501.16	-51.21	-621.09	-21.19	924.50	31.54	1290.35	44.03	1.85	0.06
120~200cm（次活跃层）	雨季前	79.56	2.71	459.69	15.68	1290.30	44.02	1095.58	37.38	5.99	0.20	0.00	0.00
	雨季后	0.00	0.00	270.36	9.22	641.24	21.88	1266.70	43.21	746.96	25.48	5.89	0.20
	差值	-79.56	-2.71	-189.33	-6.46	-649.1	-22.14	171.12	5.83	740.97	25.28	5.89	0.20
200~300cm（相对稳定层）	雨季前	0.00	0.00	560.45	19.12	1231.13	42.00	1137.87	38.82	1.67	0.06	0.00	0.00
	雨季后	96.93	3.31	386.62	13.19	1646.30	56.17	606.88	20.71	194.56	6.64	0.00	0.00
	差值	96.93	3.31	-173.83	-5.93	415.17	14.17	-530.99	-18.11	192.89	6.58	0.00	0.00
300~400cm（稳定层）	雨季前	0.00	0.00	298.15	10.17	2482.44	84.69	71.33	2.43	79.20	2.70	0.00	0.00
	雨季后	0.00	0.00	419.32	14.31	1917.50	65.42	585.07	19.96	5.98	0.20	3.28	0.11
	差值	0.00	0.00	121.17	4.14	-564.94	-19.27	513.74	17.53	-73.22	-2.50	3.28	0.11
400~500cm（稳定层）	雨季前	79.56	2.71	310.56	10.60	2301.33	78.51	197.04	6.72	1.67	0.06	40.96	1.40
	雨季后	0.00	0.00	419.32	14.31	1864.70	63.62	605.67	20.66	38.10	1.30	3.28	0.11
	差值	-79.56	-2.71	108.76	3.71	-436.63	-14.89	408.63	13.94	36.43	1.24	-37.68	-1.29
0~500cm	雨季前	0.00	0.00	560.45	19.12	2215.08	75.57	114.63	3.91	40.96	1.40	0.00	0.00
	雨季后	0.00	0.00	0.00	0.00	1058.56	36.11	1204.56	41.10	668.00	22.79	0.00	0.00
	差值	0.00	0.00	-560.45	-19.12	-1156.52	-39.46	1089.93	37.19	627.04	21.39	0.00	0.00

60~120cm 土层，雨季前主要为极难效水、难效水和迟效水，分别占总土地面积的 51.21%、22.46%和 22.89%，出现的频率分别为 48.83%、28.96%和 18.09%；土壤含水率变化相对较平稳。该层土壤水分得到降水补偿的同时，土壤蒸发减少，土壤干层的面积相对上层变化不大，但林草植被的耗水量在该土层较大，土壤水分基本也处于无效或难利用状态。雨季后，土壤含水率<4.5%的无效水面积由雨季前 94.46km^2 变为 0km^2，占比下降 3.22 个百分点；土壤含水率为 4.5%~7.36%的极难效水面积由雨季前 1501.16km^2 急剧变为 0km^2，占比下降 51.21 个百分点；土壤含水率为 7.36%~11.04%的难效水面积由雨季前 658.35km^2 急剧减少到 37.26km^2，占比下降 21.19 个百分点。相反，土壤含水率为 11.04%~14.72%的迟效水面积由雨季前 670.90km^2 增加到 1595.40km^2，占比提高 31.54 个百分点；土壤含水率为 14.72%~18.4%的速效水面积由雨季前 6.25km^2 急剧增加到 1296.60km^2，占比提高 44.03 个百分点。总体来看，该层土壤水分变化总面积达到 2216.71km^2，土壤水分补偿程度小于上层，处于活跃状态。

120~200cm 土层，雨季前主要为极难效水、难效水和迟效水，分别占总土地面积的 15.68%、44.02%和 37.38%，出现的频率分别为 23.99%、38.47%和 34.03%；该层土壤水分一般情况下不能得到降水径流的补偿，但该层土壤又是植被供水的调节土层，因此，该层土壤水分变化较大，土壤干层面积有所减少，但减幅不大，无效水、极难效水或难效水仍占相当的面积，而迟效水面积大幅度增加。雨季后，土壤含水率<4.5%的无效水面积由雨季前 79.56km^2 减少为 0km^2，占比降低 2.71 个百分点；土壤含水率为 4.5%~7.36%的极难效水面积由雨季前 459.69km^2 减少到 270.36km^2，占比降低 6.46 个百分点；土壤含水率为 7.36%~11.04%的难效水面积由雨季前 1290.30km^2 减少到 641.24km^2，占比降低 22.14 个百分点。相反，土壤含水率为 11.04%~14.72%的迟效水面积由雨季前 1095.58km^2 增加到 1266.70km^2，占比提高 5.83 个百分点；土壤含水率为 14.72%~18.4%的速效水面积由雨季前 5.99km^2 增加到 746.96km^2，占比提高 25.28 个百分点。总体来看，该层土壤水分变化总面积为 917.73km^2，土壤水分补偿程度远小于上两层，处于次活跃状态。

200~300cm 土层，雨季前主要为极难效水、难效水和迟效水，分别占总土地面积 19.12%、42.00%和 38.82%，出现的频率分别为 27.10%、34.29%和 36.86%；该层土壤水分也很少得到降水径流的补偿，相对于上层，植被的耗水作用在降低，土壤干化程度降低，土壤水分处于极难利用和难利用状态。雨季后，土壤含水率<4.5%的无效水面积由雨季前 0km^2 变为 79.56km^2，占比提高 3.31 个百分点；土壤含水率为 4.5%~7.36%的极难效水面积由雨季前 560.45km^2 减少到 386.62km^2，占比下降 5.93 个百分点；土壤含水率为 7.36%~11.04%的难效水面积由雨季前 1231.13km^2 增加到 1646.30km^2，占比提高 14.16 个百分点；土壤含水率为 11.04%~14.72%的迟效水面积由雨季前 1137.9km^2 减少到 606.88km^2，占比降低 18.11 个百分点；土壤含水率为 14.72%~18.4%的速效水面积由雨季前 1.67km^2 增加到 194.56km^2，占比提高 6.58 个百分点。总体来看，该土层土壤水分变化处于交错状态，土壤水分变化总面积为 713.73km^2，土壤水分仅得到少量补偿，处于相对稳定状态。

300~400cm 土层，雨季前主要为极难效水和难效水，分别占总土地面积的 10.17%和 84.69%，出现的频率分别为 15.95%和 75.92%；400~500cm 土层主要为极难效水、难效水和迟效水，分别占总土地面积的 10.60%、78.51%和 6.72%，出现的频率分别为 24.01%、62.10%和 8.49%。300~400cm 和 400~500cm 土层土壤很少受到外界因素干扰，土壤水分基本处于稳定状态，对植被生长的调节作用非常有限。雨季后，300~400cm 土层土壤含水率<4.5%的无效水面积保持不变；土壤含水率为 4.5%~7.36%的极难效水面积由雨季前 298.15km^2 增加到 419.32km^2，占比提高 4.14 个百分点；土壤含水率为 7.36%~11.04%的难效水面积由雨季前 2482.44km^2 减少到 1917.50km^2，占比降低 19.27 个百分点；土壤含水率为 11.04%~14.72%的迟效水面积由雨季前 71.03km^2 增加到 585.07km^2，占比提高 17.53 个百分点；土壤含水率为 14.72%~18.4%的速效水面积由雨季前 79.2km^2 减少到 5.98km^2，占比下降 2.50 个百分点。400~500cm 土层土壤水分变化最大的是难效水，占比下降 14.89 个百分点。总体来看，该土层土壤水分变化处于交错状态，土壤水分处于基本稳定状态。

从 0~500cm 土层雨季前土壤含水率分布来看，安塞区土壤水分主要为极难效水和难效水，分别占总土地面积的 19.12%和 75.57%，出现的频率分别达到 27.10%和 64.19%；说明经过干燥的冬、春两季蒸发和消耗，安塞区土壤条件非常恶劣，用于植被恢复和重建的水分补偿能力有限。雨季后，土壤含水率为 4.5%~7.36%的极难效水面积由雨季前 560.45km^2 减少到 0km^2，占比下降 19.12 个百分点；土壤含水率为 7.36%~11.04%的难效水面积由雨季前 2215.08km^2 减少到 1058.56km^2，占比下降 39.46 个百分点；土壤含水率为 11.04%~14.72%的迟效水面积由雨季前 114.03km^2 增加到1204.56km^2，占比提高 37.19 个百分点；土壤含水率为 14.72%~18.4%的速效水面积由雨季前 40.96km^2 增加到 668.00km^2，占比提高 21.39 个百分点。总体来看，0~500cm 土层土壤水分变化总面积为 1716.57km^2。

（四）土壤水库蓄水量变化特征

降水是黄土高原土壤水分的主要来源，而土壤水分亏缺得到补偿和恢复主要在雨季。降水先补给土壤水，后补给地表水和地下水。因而在降水过程中，黄土高原土壤水的蓄水量很容易得到恢复，土壤水资源在总的水资源中占有很大比例。

本次采样时间：雨季前，6 月 4~7 日；雨季后，10 月 28 日到 11 月 2 日。2003 年全年降水量为 577.8mm，其中 6~10 月降水量为 455.8mm，为研究区本年度所能补偿给土壤水资源的降水量。2003 年度雨季前后土壤水库贮水量/蓄水量统计见表 9-16。

表 9-16 雨季前后土壤水库贮水量/蓄水量统计表

项目			土壤剖面						合计
			0~60cm	60~120cm	120~200cm	200~300cm	300~400cm	400~500cm	
总蓄水量动态变化	雨季前	贮水量/mm	58.25	66.17	100.66	133.40	124.17	131.66	614.32
		蓄水量/(×10^{4}m^3)	17 074	19 396	29 506	39 100	36 397	38 592	180 065
	雨季后	贮水量/mm	112.34	123.73	142.44	136.98	141.82	131.55	788.87
		蓄水量/(×10^{4}m^3)	32 929	36 266	41 751	40 152	41 569	38 560	231 227
	后-前	贮水量/mm	54.09	57.56	41.78	3.58	17.65	-0.11	174.55
		蓄水量/(×10^{4}m^3)	15 855	16 870	12 245	1 052	5 172	-32	51 162
		蓄水量变化率/%	92.86	86.98	41.51	2.68	14.21	-0.08	28.41

续表

项目			土壤剖面						合计
			0～60cm	60～120cm	120～200cm	200～300cm	300～400cm	400～500cm	
有效水量动态变化	雨季前	贮水量/mm	22.34	30.26	52.78	73.55	64.32	71.81	315.07
		蓄水量/(×10^4m^3)	6 548	8 870	15 472	21 557	18 854	21 049	92 351
	雨季后	贮水量/mm	76.43	87.82	94.56	77.13	81.97	71.70	489.62
		蓄水量/(×10^4m^3)	22 403	25 740	27 717	22 609	24 026	21 017	143 513
	后–前	贮水量/mm	54.09	57.56	41.78	3.58	17.65	–0.11	174.55
		蓄水量/(×10^4m^3)	15 855	16 870	12 245	1 052	5 172	–32	51 162
		蓄水量变化率/%	242.12	190.19	79.14	4.88	27.43	–0.15	55.40

从表 9-16 可知，总体上雨季后土壤水库贮水量/蓄水量为 788.87mm/231 227×10^4m^3，比雨季前增加了 174.55mm/51 162×10^4m^3，增长幅度为 28.41%；雨季后土壤水库有效贮水量/有效蓄水量为 489.62mm/143 513×10^4m^3，比雨季前增加了 174.55mm/51 162×10^4m^3，增长幅度为 55.40%。

雨季前后土壤水库贮水量/蓄水量与有效贮水量/有效蓄水量在各土壤剖面上存在显著差别，分述如下。

0～60cm（土壤水分速变层），雨季前土壤水库贮水量/蓄水量为 58.25mm/17 074×10^4m^3，占该层总库容的 34.19%；雨季后土壤水库贮水量/蓄水量为 112.34mm/32 929×10^4m^3，占该层总库容的 69.54%；雨季后比雨季前增加了 54.09mm/15 855×10^4m^3，增长幅度达 92.86%。雨季前土壤水库有效贮水量/有效蓄水量为 22.34mm/6548×10^4m^3，占该层有效库容的 20.14%；雨季后土壤水库有效贮水量/有效蓄水量为 76.43mm/22 403×10^4m^3，占该层有效库容的 68.91%；增长幅度达 242.12%。

60～120cm（土壤水分活跃层），雨季前土壤水库贮水量/蓄水量为 66.17mm/19 396×10^4m^3，占该层总库容的 38.84%；雨季后土壤水库贮水量/蓄水量为 123.73mm/36 266×10^4m^3，占该层总库容的 72.62%；雨季后比雨季前增加了 57.56mm/16 870×10^4m^3，增长幅度达 86.98%。雨季前土壤水库有效贮水量/有效蓄水量为 30.26mm/8870×10^4m^3，占该层有效库容的 27.28%；雨季后土壤水库有效贮水量/有效蓄水量为 87.82mm/25 740×10^4m^3，占该层有效库容的 79.17%；增长幅度达 190.19%。

120～200cm（土壤水分次活跃层），雨季前土壤水库贮水量/蓄水量为 100.66mm/41 751×10^4m^3，占该层总库容的 62.70%；雨季后比雨季前增加了 41.78mm/12 245×10^4m^3，增长幅度达 41.51%。雨季前土壤水库有效贮水量/有效蓄水量为 52.78mm/15 472×10^4m^3，占该层有效库容的 35.69%；雨季后土壤水库有效贮水量/有效蓄水量为 94.56mm/27 717×10^4m^3，占该层有效库容的 63.94%；增长幅度达 79.14%。

200～300cm（土壤水分相对稳定层），雨季前土壤水库贮水量/蓄水量为 133.40mm/39 100×10^4m^3，占该层总库容的 46.98%；雨季后土壤水库贮水量/蓄水量为 136.98mm/40 152×10^4m^3，占该层总库容的 48.24%；雨季后比雨季前增加了 3.58mm/1052×10^4m^3，增长幅度为 2.68%。雨季前土壤水库有效贮水量/有效蓄水量为 73.55mm/21 557×10^4m^3，占该层有效库容的 39.78%；雨季后土壤水库有效贮水量/有效蓄水量为 77.13mm/22 609×

10^4m^3，占该层有效库容的 41.72%；增长幅度为 4.88%。

300～400cm（土壤水分稳定层），雨季前土壤水库贮水量/蓄水量为 124.17mm/36 297×10^4m^3，占该层总库容的 43.74%；雨季后土壤水库贮水量/蓄水量为 141.82mm/41 569×10^4m^3，占该层总库容的 49.94%；雨季后比雨季前增加了 17.65mm/5172×10^4m^3，增长幅度为 14.21%。雨季前土壤水库有效贮水量/有效蓄水量为 64.32mm/18 854×10^4m^3，占该层有效库容的 34.79%；雨季后土壤水库有效贮水量/有效蓄水量为 81.97mm/24 026×10^4m^3，占该层有效库容的 44.34%；增长幅度为 27.43%。

400～500cm（土壤水分稳定层），雨季前土壤水库贮水量/蓄水量为 131.66mm/38 592×10^4m^3，占该层总库容的 46.37%；雨季后土壤水库贮水量/蓄水量为 131.35mm/38 560×10^4m^3，占该层总库容的 46.33%；变化率仅–0.08%，基本维持雨季前水平。雨季前土壤水库有效贮水量/有效蓄水量为 71.81mm/21 049×10^4m^3，占该层有效库容的 38.84%；雨季后土壤水库有效贮水量/有效蓄水量为 71.70mm/21 017×10^4m^3，占该层有效库容的 38.79%；变化率仅–0.15%，基本维持雨季前水平。

总体来看，经过雨季，研究区土壤水库蓄水量得到了一定程度的补偿。0～60cm 土壤水分速变层、60～120cm 土壤水分活跃层和 120～200cm 土壤水分次活跃层的土壤水库贮水量/蓄水量占土壤水库总库容的 60%以上，其有效贮水量/有效蓄水量占有效库容的近 70%；200～300cm 土壤水分相对稳定层、300～400cm 土壤水分稳定层和 400～500cm 土壤水分稳定层的土壤水库贮水量/蓄水量没有占到土壤水库总库容的 50%以上，增长幅度有限或基本维持原状。雨季对土壤水库贮水量/蓄水量的补偿沿表层向深层减低的趋势非常明显。

（五）土壤水库有效供水量与亏缺量

亏缺量指田间持水量与实际贮水量之间的差值。黄土高原由于蒸发量大于降水量，而地下水又埋藏很深，因此土壤经常处于水分亏缺状态。根据土壤水分平衡性和有效性原理，对研究区不同土壤剖面土壤水库有效贮水量、蓄水量和亏缺量进行统计（表 9-17）。

表 9-17 不同土壤剖面土壤水库有效贮水量、蓄水量和亏缺量统计表

	项目	土壤剖面						合计
		0～60cm	60～120cm	120～200cm	200～300cm	300～400cm	400～500cm	
雨季前	有效贮水量/mm	22.34	30.26	52.78	73.55	64.32	71.81	315.07
	有效蓄水量/(×10^4m^3)	6 548	8 870	15 472	21 557	18 854	21 049	92 351
	亏缺贮水量/mm	88.58	80.66	95.11	111.32	120.55	113.06	609.28
	亏缺蓄水量/(×10^4m^3)	25 964	23 642	27 878	32 631	35 334	33 139	178 588
	亏缺率/%	79.86	72.72	64.31	60.22	65.21	61.16	65.91

在雨季降水量不能满足植被生长的条件下，0～60cm 土层土壤水库有 22.34mm/6548×10^4m^3 的有效贮水量/蓄水量，亏缺量为 88.58mm/25 964×10^4m^3，亏缺率达 79.86%；60～120cm 土层土壤水库有 30.26mm/8870×10^4m^3 的有效贮水量/蓄水量，亏缺量为

80.66mm/23 642×10^{4}m^3，亏缺率达 72.72%；120~200cm 土层土壤水库有 52.78mm/15 472×10^{4}m^3 的有效贮水量/蓄水量，亏缺量为 95.91mm/27 878×10^{4}m^3，亏缺率达 64.31%；200~300cm 土层土壤水库有 73.55mm/21 557×10^{4}m^3 的有效贮水量/蓄水量，亏缺量为 111.32mm/32 631×10^{4}m^3，亏缺率达 60.22%；300~400cm 土层土壤水库有 64.32mm/18 854×10^{4}m^3 的有效贮水量/蓄水量，亏缺量为 120.55mm/35 334×10^{4}m^3，亏缺率达 65.21%；400~500cm 土层土壤水库有 71.81mm/21 049×10^{4}m^3 的有效贮水量/蓄水量，亏缺量为 113.06mm/33 139×10^{4}m^3，亏缺率达 61.61%。

可以看出，研究区 0~300cm 土层雨季前土壤水库亏缺量已达 375.67mm，大于 6~9 月雨季降水量均值（367.8mm）；0~500cm 土层土壤水库有 315.07mm/92 351×10^{4}m^3 的可调节水量，总亏缺量为 609.28mm/178 588×10^{4}m^3，亏缺率达 65.91%，亏缺量相当于年均降水量的 1.21 倍，说明研究区雨季前土壤水分亏缺相当严重。

根据土壤水分形态分类与能量状态关系，当土壤含水量处于田间持水量状态时，水分同时处于易流动状态，为极易效水，可保证植物生理需水和植物体的繁茂生长和发育；当土壤含水量介于田间持水量与毛管断裂含水量之间时，对植物生理需水而言，处于速效水或迟效水范围，土壤生态供水能保证植物正常生长；当土壤含水量下降到毛管断裂含水量与凋萎含水量之间时，此时土壤水分对于植物已成为难效水或极难效水范围，土壤生态供水仅能维持植物的生命；土壤含水量低于凋萎含水量时，植物已完全处于凋萎状态。前面已经根据土壤水分的有效性对黄土高原土壤水分有效等级进行了分类。现对雨季降水量不能满足植物生长要求时，不同剖面土壤水库生态供水潜力描述（表 9-18）。

表 9-18 不同土壤剖面土壤水库生态供水潜力统计表

	项目	土壤剖面					
		0~60cm	60~120cm	120~200cm	200~300cm	300~400cm	400~500cm
	有效蓄水总量/(×10^{4}m^3)	6 547	8 873	15 471	21 566	18 854	21 041
无效水	蓄水量/(×10^{4}m^3)	419	313	370	0	0	468
	有效蓄水量/(×10^{4}m^3)	−61	−26	−11	0	0	−8
	占该层有效水/%	−0.93	−0.29	−0.07	0	0	−0.04
极难效水	蓄水量/(×10^{4}m^3)	8 042	7 835	2 993	4 759	2 462	2 753
	有效蓄水量/(×10^{4}m^3)	2 560	2 444	792	1 404	678	894
	占该层有效水/%	39.10	27.54	5.12	6.51	3.60	4.25
难效水	蓄水量/(×10^{4}m^3)	8 610	5 001	11 833	16 814	30 837	30 860
	有效蓄水量/(×10^{4}m^3)	4 046	2 637	5 655	9 446	15 506	17 920
	占该层有效水/%	61.80	29.72	36.55	43.80	82.24	85.17
迟效水	蓄水量/(×10^{4}m^3)	3	6 174	14 209	17 492	1 252	3 385
	有效蓄水量/(×10^{4}m^3)	2	3 764	8 963	10 682	825	2 206
	占该层有效水/%	0.03	42.44	57.93	49.53	4.38	10.48
速效水	蓄水量/(×10^{4}m^3)	0	75	100	34	1 845	38
	有效蓄水量/(×10^{4}m^3)	0	54	72	34	1 845	29
	占该层有效水/%	0.00	0.61	0.47	0.16	9.79	0.14

0~60cm 土层，土壤水库主要为难效水和极难效水，有效蓄水量分别为 4 046×10⁴m³ 和 2 560×10⁴m³，分别占该层有效蓄水总量的 61.80% 和 39.10%，该层土壤水库有效蓄水量仅能维持植物的生命。

60~120cm 土层，土壤水库主要为迟效水、难效水和极难效水，分别为 3 764×10⁴m³、2637×10⁴m³ 和 2444×10⁴m³，分别占该层有效蓄水量的 42.44%、29.72% 和 27.54%，也就是说该层有 42.44% 的土壤水库有效蓄水量可以保证植物的正常生长。

120~200cm 土层，土壤水库主要为迟效水、难效水和极难效水，分别为 8963×10⁴m³、5655×10⁴m³ 和 792×10⁴m³，分别占该层有效蓄水量的 57.93%、36.55% 和 5.12%，即该层有 57.93% 的土壤水库有效蓄水量可以保证植物的正常生长，仅 41.67% 的土壤水库有效蓄水量能维持植物的生命。

200~300cm 土层，土壤水库主要为迟效水、难效水和极难效水，分别为 10 682×10⁴m³、9446×10⁴m³ 和 1404×10⁴m³，分别占该层有效蓄水量的 49.53%、43.80% 和 6.51%，即该层有 49.53% 的土壤水库有效蓄水量可以保证植物的正常生长，仅 50.31% 的土壤水库有效蓄水量能维持植物的生命。

300~400cm 土层，土壤水库有速效水、迟效水、难效水和极难效水，分别为 1845×10⁴m³、825×10⁴m³、15 506×10⁴m³ 和 678×10⁴m³，分别占该层有效蓄水量的 9.79%、4.38%、82.24% 和 3.60%，即该层有 14.16% 的土壤水库有效蓄水量可以保证植物的正常生长，有 85.84% 的土壤水库有效蓄水量能维持植物的生命。

400~500cm 土层，土壤水库有迟效水、难效水和极难效水，分别为 2206×10⁴m³、17 920×10⁴m³ 和 894×10⁴m³，分别占该层有效蓄水量的 10.48%、85.17% 和 4.25%，仅该层有 10.48% 的土壤水库有效蓄水量可以保证植物的正常生长，有 89.42% 的土壤水库有效蓄水量仅能维持植物的生命（表 9-18）。

第三节 黄土高原土壤水分影响因子

土壤干层是黄土高原地区普遍存在的一种土壤水文现象，它是在一定的气候环境条件下如干旱半干旱地区，由于降水总量不足，加之植被蒸腾和地面蒸发，土壤一定深度范围内水分出现负平衡，经历一定时间后，在土壤一定深度形成的相对稳定和持久的低湿层。因此，凡是影响土壤水分的因素均会影响土壤干层的形成与发展。影响土壤水分状况的主要因子有气象因子、土壤因子、植被因子、地形因子、人为因子等。黄土高原地区气象因子主要包括降水及其过程、辐射强度、大气温度、风速、大气湿度，以及由这些因素决定的大气蒸发力。其中，降水是土壤水分的主要甚至唯一来源，其他因子都不同程度地消耗土壤水分。

一、土壤因子

（一）土壤类型及其剖面类型

黄土高原的土壤干燥化是外部条件和内部条件共同作用的产物。受土壤质地制约，黄土高原土壤水分物理特性包括持水性能、蒸发性能、稳定湿度和深层储水状况存在不同，呈现空间规律变化，即从东南向西北，持水性能渐次降低，蒸发性能渐趋增强，稳定湿度逐渐降低，深层储水能力渐次减弱。在这些水分物理特性的制约下，黄土高原土壤水分补偿从东南向西北，呈现为均衡补偿–准均衡补偿–周期性补偿亏缺–补偿失调–土壤强烈干燥的梯级变化（杨文治和邵明安，2000），其植被类型也由东南向西北在空间上呈现出地带性分布规律，愈向西北，植被草原化程度愈强烈（杨文治等，1998），其原因是植被生长所需的水分受土壤物理性能的影响渐趋减少，土壤干化程度渐趋增强。

众所周知，土壤具有一定的剖面构型，如典型的堆土剖面从上到下依次为耕作层、犁地层、老熟化层、古耕层、黏化层、钙集层和母质层，自然褐土剖面从上到下依次为枯枝落叶层、腐殖质层、黏化层、钙集层和母质层。不同层次土壤的质地、有机质含量、孔隙度等不同，因而土壤的水分常数不同，而目前的土壤干层判断方法和标准都没有考虑这些情况。

（二）土层厚度

土层厚度是影响一定层次土壤水分状况和土壤干层的重要因子之一，在特定条件下会转变为主导影响因子。众所周知，土层厚度不同，地下水埋深就不相同，因此在降水入渗深度和毛管水（有效）上升高度之间就存在包气带土层。如前所述，土壤干层形成的实质是土壤蒸发和植物蒸腾所造成的土壤水分利用层超出降水入渗深度，导致土壤深层水分不断耗损且得不到有效补充而形成的低湿层。在黄土高原土层深厚的地区，由于地下水埋深大，地下水不能补给到 2～10m 土层，而且土壤具有较大的饱和含水量和田间持水量，而黄土高原地区降水总量有限，无效降水和强降水比例较高，因此降水补充深度十分有限，一般在 2～3m，而植物的生长会消耗 2～10m 土层深度的土壤水分，从而形成土壤干层。

土壤干层形成的临界土层厚度可以用降水入渗深度和毛管水上升高度与速度来阐述。黄土高原地区，降水量在 200～600mm，降水入渗深度一般不超过 2m，最多达 3.5m。毛管水上升高度是指土壤水在土壤孔隙中因毛管作用而上升的最大高度。毛管水的上升高度可以由表面张力和水的重力来计算：

$$F_\uparrow = \pi D T_s \cos\alpha \tag{9-8}$$

$$F_\downarrow = \frac{1}{4}\pi D^2 h_c \gamma_w \tag{9-9}$$

式中，$F_\uparrow$ 为毛管力；D 为毛管直径；T_s 为水的表面张力（20℃时 T_s=0.074 18g/cm²）；α 为毛管壁与水面的接触角；$F_\downarrow$ 为水的重力；h_c 为毛管水上升高度；γ_w 为水的比重。由于毛管水达最大高度时 $F_\uparrow = F_\downarrow$，即

$$\pi D T_s \cos\alpha = \frac{1}{4}\pi D^2 h_c \gamma_w \tag{9-10}$$

从而得到

$$h_c = \frac{4T_s \cos\alpha}{\gamma_w D} \approx \frac{0.3}{D} \tag{9-11}$$

毛管水上升速度可由达西定律给出，

$$q = \frac{\pi D T_s \cos\alpha}{h_c} = \frac{\pi D^2 \gamma_w}{4} \qquad (9\text{-}12)$$

可见毛管水上升高度与毛管直径成反比，毛管水上升速度与毛管直径的平方成正比，毛管越细，毛管水上升高度越高，但上升速度越慢。假如毛管直径为 0.001mm，则毛管水上升高度约为 3m，而毛管水上升速度为 0.06mm/天，年上升量仅为 2.19mm。显然如此小的通量，对土壤水分的补给微不足道，在土壤水分不足和降水不能有效补充土壤水分的情况下，植物根本无法正常生长。

二、植被因子

（一）植被类型

在其他因子水平相同的情况下，不同植被类型对土壤水分的消耗速度不同，如果植被对土壤水分的消耗速度大于当地土壤水分的自然补给速度，则随着植被的生长，土壤水分最终被消耗到一定低的水平而形成土壤干层。图 9-4 给出了陕西富县和延安王瑶水库附近不同植被类型土壤水分剖面的分布状况。从中可以看出，农田与天然次生林和人工刺槐林相比，前者的土壤含水率明显高于后者，白蒿群落草地与人工柠条和刺槐林相比亦是如此。这种现象与植被的吸水量和蒸腾量不同有着密切的关系。程积民等（2000）对宁夏固原 14 龄柠条林地蒸腾测定的结果表明，14 龄柠条林地蒸腾耗水量占同期 0~500cm 土壤贮水量的一半，而天然草地植被仅占 15%。

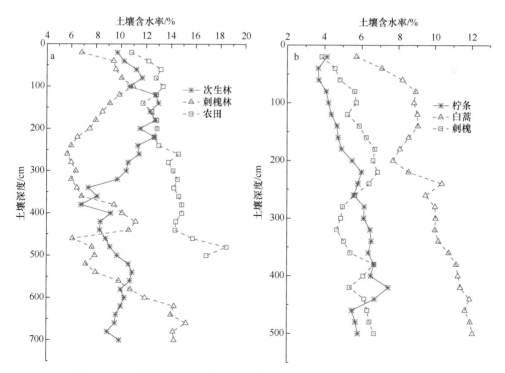

图 9-4　陕西富县（a）、延安王瑶水库（b）不同植被类型土壤水分剖面

杨维西（1996）认为植被类型选择不当是黄土高原土壤干层形成的重要原因之一，并指出干旱少雨的山西北部大面积栽植喜水喜湿的杨树、甘肃民勤地区营造大面积人工乔木林和耗水较强的灌木林都是明显的植被类型选择失当的案例。由于耗水性强的林分和灌木一般需要大量的水分供给，而在黄土高原的许多地区，干旱少雨，天然降水补充不足，种植的乔灌木为维持其正常的生长必然要通过根系吸收土壤内部的水分。而耗水性乔灌木根系发达，土壤内部的水分被强烈吸收，甚至可以延伸到很深的部位，在连续干旱条件下，被吸收的水分得不到补偿，最终导致土壤干化，形成土壤干层。因此，在黄土高原干旱少雨的地区，不宜大面积发展蒸腾作用旺盛的乔木树种，而应以耗水少、固沙能力强的灌木树种为主。一般认为，在年降水量低于 400mm 的地区大面积营造乔木林都不能取得良好的效果（侯庆春，1999）。而实际的情况是部分地区出于对经济效益的考虑，在适合灌木生长的地段栽种乔木，在适宜栽植旱生乔木树种的地段栽种耗水性强的速生树种，结果导致了土地退化和土壤干化。不同植被类型对水分需求的差异很大，如果环境条件不能长期满足植物的水分需求，群落的稳定性就会发生变化，以至于整个群落衰败。因此，植被类型的选择一定要依据环境中主要生态因子（黄土高原最主要的生态因子是水分）的状况，使所选植被类型的生态要求和环境条件之间的差距尽可能最小。

何福红等（2003b）对陕西长武王东沟小流域土壤水分测定也表明，土壤干层的分布随植被类型的不同而不同。小麦地、苜蓿地、苹果地和刺槐林地的土壤干层含水率分别为 12.5%、12.1%、11.3%和 9.1%，小麦地、苜蓿地的干化程度较轻，苹果地中等，刺槐林地干化程度最严重。另外，小麦地、苜蓿地干层厚度分别为 2.5m 和 2.8m，而苹果地和刺槐林地的干层厚度均大于 5m。

（二）生长年限

前已述及，不仅植被类型会影响土壤水分的状况，同一种植被类型下不同生长年限土壤水分状况也不相同，因此土壤干层的有无和严重程度不尽相同。图 9-5 给出了陕西长武和洛川苹果地、宁夏固原紫花苜蓿草地土壤水分随植被生长年限的变化。从中可以看出，随着生长年限的增加，土壤整个剖面含水率均不断减少。对于苹果地，8 龄苹果地 3~10m 土层土壤含水率高于 14 龄和 32 龄（15 龄和 28 龄）苹果地，而随着生长年限的增加，土壤含水率差异逐渐减小。而紫花苜蓿草地在生长 2~8 年土壤含水率持续下降，下降速度无明显减小的趋势。

（三）群落密度

在气候条件、植被类型及立地条件一致的情况下，群落密度成为影响土壤干层存在与否及其严重程度的重要因子。在一定条件下，群落的密度决定着群落的生产力，同时决定着群落的耗水量，因此一定意义上可以说高密度就等于高耗水。在气候干旱、土壤水分不足的黄土高原，过高的群落密度是土壤干层形成的主要原因之一。根据水量平衡原理估算，在宁夏中卫沙地一年生花棒、柠条和油蒿的栽种密度分别应为 1700 株/hm^2、1800 株/hm^2 和 7700 株/hm^2，而实际种植密度均在 60 000 株/hm^2 左右（杨维西，1996）。

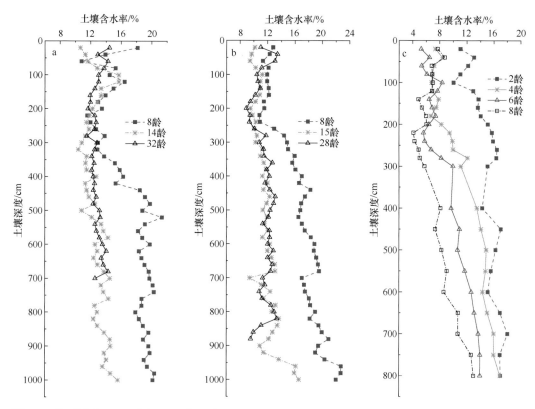

图 9-5 陕西长武（a）、洛川（b）苹果地和宁夏固原（c）紫花苜蓿草地土壤含水率剖面随生长年限的变化（穆兴民，2002；程积民等，2005）

这种超出土壤水分承载力十数倍的密度只能导致水分过早和过量消耗，从而导致土壤干化、土地衰退和植被死亡。许多人工草地由于生产力过高而出现土壤干化，其原因就在于没有将群落密度调节到适当的范围。表 9-19 给出了山西方山不同密度刺槐林地 0～100cm 土层在 1998 年和 1999 年生长季内土壤含水率的变化。从中可以看出，无论是 1998 年还是 1999 年，5～10 月土壤含水率均随刺槐密度的减小而增大。

表 9-19 不同密度刺槐林地 0～100cm 土层的土壤含水率（李世荣等，2003）

日期	株行距					
	1.5m×2m	1.5m×3m	1.5m×5m	1.5m×6m	1.5m×7m	1.5m×8m
1998 年 5 月	7.31	8.19	8.33	8.53	9.13	9.10
1998 年 6 月	6.81	7.56	7.68	8.09	8.33	8.45
1998 年 7 月	9.33	9.94	10.36	10.52	10.85	12.51
1998 年 8 月	6.90	7.52	7.92	8.24	8.48	8.59
1998 年 9 月	7.05	7.57	7.55	8.12	7.95	8.41
1998 年 10 月	7.20	7.91	8.08	7.64	7.82	8.24
平均	7.43	8.12	8.32	8.52	8.76	9.22

续表

日期	株行距					
	1.5m×2m	1.5m×3m	1.5m×5m	1.5m×6m	1.5m×7m	1.5m×8m
1999年5月	6.86	7.55	7.80	7.72	7.93	8.13
1999年6月	6.56	7.18	7.61	7.60	7.69	8.02
1999年7月	11.52	12.62	13.59	14.43	15.91	18.58
1999年8月	5.39	6.82	7.00	7.38	7.70	8.25
1999年9月	4.83	5.31	5.57	5.81	6.42	6.38
1999年10月	4.95	6.01	6.00	5.95	6.58	6.85
平均	6.69	7.58	7.93	8.15	8.71	9.37

三、地形因子

地形改变降水在地面上的分配，从而直接影响土壤水分的多寡，并通过影响辐射、风速等环境因子改变土壤对水分的保持。影响土壤水分的地形因子主要包括坡向、坡度、坡位、坡长。

（一）坡向

在地形因子中，坡向对土壤水分的影响最为显著。其主要原因是坡向不同，太阳辐射强度不同，土壤的蒸发和植被的蒸腾强度不同。一般来说，阳坡由于太阳辐射强度大，辐射时间长，土壤水分状况较差，在其他条件一致的情况下阳坡与阴坡相比往往更容易形成土壤干层，而且更为严重。图 9-6 给出了陕西宜君、黄陵、富县、米脂人工刺槐林地不同坡向 0～5m 土层的土壤含水率剖面。从中可以看出，西北坡土壤水分状况好于东南坡，东坡水分状况好于西坡，北坡土壤水分状况好于南坡。

（二）坡度

坡度也是影响土壤水分的重要因子之一，从而影响土壤干层。从图 9-7 可以看出，土壤 0～600cm 剖面各土层含水率均随坡度的增大而减小，从 10° 的 12.57% 下降到 18° 的 11.53% 和 35° 的 8.35%。坡度之所以会影响土壤水分状况，一是因为随着坡度的增大，单位面积坡面有效承雨面积减小；二是因为随着坡度的增大，降落到坡面上的降水在自身重力的作用下沿坡面流动，即随坡度的增大，降水的径流系数增大，而入渗到土体中的水量减少。

（三）坡位与坡长

不仅坡向和坡度会影响土壤的水分状况，坡位和坡长对土壤水分状况也有显著的影响。图 9-8 表明了土壤水分剖面分布状况随坡位的变化状况，从中可以看出，坡底和坡脚的土壤水分状况优于坡中土壤水分状况，坡中土壤水分状况优于坡顶土壤水分状况。坡位可对土壤水分产生影响是由于从坡顶到坡中再到坡脚、坡底，随着汇流面积的增大，上方汇流来水增多，地表积水厚度增大，降水入渗进入土壤的比例和时间都增多，从而

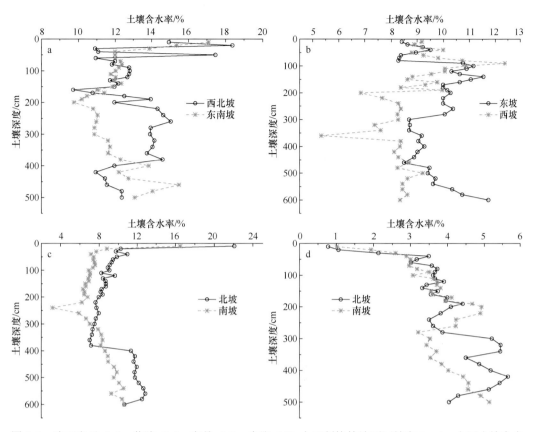

图 9-6 陕西宜君（a）、黄陵（b）、富县（c）、米脂（d）人工刺槐林地不同坡向 0～6m 土层土壤含水率剖面分布（王力，2002）

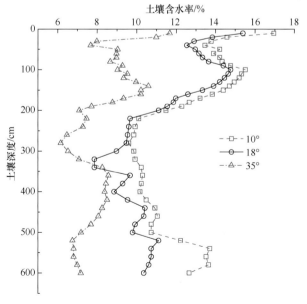

图 9-7 长武王东沟不同坡度土壤含水率（何福红等，2003a）

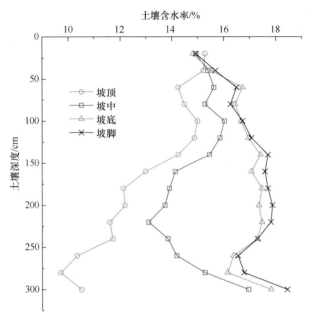

图 9-8 安塞区不同坡位土壤含水率

导致较高的土壤含水率。另外,如果坡面土壤厚度比较浅薄,上方土壤水分入渗到土壤底部,就会沿着不透水层斜面向下流动,而从坡顶到坡底要经历一个相当长的时间,从而使坡面土壤水分状况明显改善。在黄土高原土石山区,这个作用相当突出。

坡长也会对土壤水分状况产生影响。随着坡长的增加,相同坡位会有更大的汇流面积和更多的上方汇流来水,从而使土壤含水率有所增加,较好的土壤水分状况也能维持更长的时间。

四、人为因子

(一)人工植被

人工植被建造是控制黄土高原水土流失的重要措施之一,但由于人工植被、种植密度及立地条件选择不尽合理,人工植被土壤水分状况往往较天然植被土壤水分状况恶化。以延安研究区辽东栎林和铁杆蒿群落与人工植被土壤水分对比为例,自然植被和人工植被土壤含水率均表现为雨季末高而旱季末低。但是自然植被与人工植被相比,人工植被土壤含水率要低于自然植被(表 9-20)。辽东栎样地和刺槐样地、苜蓿和铁杆蒿样地位于同一坡面,其坡度、坡向等因素相似,苜蓿样地为梯田。可以看出,自然植被土壤含水率均高于人工植被。刺槐和苜蓿均为外来种,其生物产量明显高于辽东栎和铁杆蒿,所以,其耗水量也大于自然植被。2001 年铁杆蒿群落土壤含水率 7 月比 4 月低 1.5 个百分点,而苜蓿地则降低 2.7 个百分点。2002 年辽东栎土壤含水率 4 月与 7 月基本持平,而人工刺槐林、苜蓿地和天然草地则分别减少了 1.9 个百分点、0.4 个百分点和 0.3 个百分点。人工植被耗水量大于自然植被显然与其生物产量高有关。

表 9-20　延安研究区天然植被和人工植被的 0～5m 土层土壤含水率对比（庞敏等，2005）

日期	2001-4	2001-7	2001-10	2002-4	2002-7	2002-10	2003-7	2003-10	2004-4	2004-7	2004-10
辽东栎	10.5%	8.4%	12.0%	10.0%	10.0%	8.3%	8.2%	12.5%	11.2%	8.6%	8.9%
刺槐				9.8%	7.9%	7.7%	7.5%	12.2%	10.6%	7.4%	7.5%
铁杆蒿	14.5%	13.0%	17.2%	14.9%	14.6%	14.2%	13.7%	15.8%	16.7%	15.0%	14.9%
苜蓿	12.8%	10.1%	12.3%	8.3%	7.9%	7.9%	7.2%	11.6%	10.0%	6.5%	8.0%

（二）水土保持措施

水土保持是黄土高原生态恢复和重建的基础。黄土高原水土保持措施主要包括工程措施（坡面工程措施和沟道工程措施）、植被措施（林草植被建设）和耕作措施等。水土保持措施的实施促使区域土地利用/覆盖状况发生变化，在有效拦蓄径流和泥沙的同时，改变了水分和养分的静态分布格局与动态循环流动过程，必然会对土壤水分产生影响，可能促使土壤干层的形成与变化。这里主要谈论工程措施与整地措施对土壤水分的影响情况。

黄土高原水土保持坡面工程措施主要包括梯田、隔坡梯田、反坡梯田、鱼鳞坑、水平阶和水平沟等。由于黄土高原地形破碎，土地类型多样，地面坡度大，坡改梯是该区一项主要的水土保持坡面工程措施。宁夏固原一河谷断面从河滩到山顶不同地形土壤含水率测定结果（表 9-21）表明，土壤含水率与地形和土地类型有关系，表现为：二级台地＞河滩台地＞坡中梯田＞梁顶耕地＞坡中荒坡。其中，坡中荒坡土壤含水率仅为坡中梯田的 53%～81%。宁夏固原修建 2 年的梯田、台地和荒坡土壤含水率测定结果（表 9-22）表明，各土层土壤含水率荒坡仅为梯田的 61%～73%（Ⅰ）和 41%～54%（Ⅱ）；修建 2 年的梯田土壤含水率仍低于台地，修筑 5 年的梯田 3m 土层土壤含水率与台地接近。

表 9-21　宁夏固原河谷断面不同地形土壤含水率（穆兴民，2000）

土层深度/m	梁顶耕地	坡中荒坡	坡中梯田	二级台地	河滩台地
0～1	14.4%	11.2%	13.9%	15.2%	15.7%
1～2	11.0%	7.0%	13.3%	16.4%	13.2%
2～3	12.2%	6.6%	12.1%	16.6%	13.8%
平均值	12.6%	8.3%	13.1%	16.1%	14.2%

表 9-22　宁夏固原不同土地类型土壤含水率（穆兴民，2000）

土层深度/m	荒坡Ⅰ	梯田Ⅰ	荒坡Ⅱ	梯田Ⅱ	二级台地
0～1	7.78%	10.70%	5.92%	14.28%	15.24%
1～2	6.98%	11.50%	5.16%	12.24%	15.04%
2～3	8.72%	12.64%	6.04%	11.22%	14.18%
平均值	7.83%	11.61%	5.71%	12.58%	14.82%

注：Ⅰ和Ⅱ表示不同测定位置的荒坡和梯田

隔坡梯田由上部坡面和梯田本身组成，是一种具有聚流效果的梯田类型。据伊传逊（1984）连续 3 年的测定，隔坡梯田 0～1m 土层土壤平均含水率较坡地高 3.3%～12.2%。蒋定生（1997）比较隔坡梯田与水平梯田土壤含水率后指出无论在雨季还是旱季，隔坡梯田土壤含水率均高于水平梯田。上述结果表明，所有水土保持工程措施都能不同程度提高土壤含水率。

造林地整地可使立地条件得到某种程度改善，尤其通过拦截径流、蓄水保墒可提高土壤含水率。据韩刚等（2003）的研究，经先年秋季整地后的造林地，各种整地方法处理较未整地的土壤含水率在各层次深度均有不同程度的提高，且经历春季干旱少雨苗木快速生长期至当年夏季少雨干旱期后，有整地处理的土壤含水率仍然比未整地的高。其原因是整地措施改变了微地形，人为创造了具有积水能力的"小水库"，将水分储蓄，使之不流失。另外，经过整地翻松的土壤，土体会变得疏松多孔，总孔隙度（尤其是非毛管孔隙度）和田间持水量均有增加，土壤渗透能力增强，降水可以迅速渗入较深土层中保蓄起来，提高土壤含水率。

五、土地利用

土地利用类型对土壤水分时空分布格局具有显著的影响。

（一）不同土地利用类型土壤水分剖面分层

土壤水分是影响作物生长和植被恢复的重要因子（吴钦孝和赵鸿雁，1999；杨文治和田均良，2004；徐炳成等，2005），受降水、植被、地形、土壤质地和土地利用方式等因素的影响，土壤水分会形成一定的层次，土壤水分剖面特征反映土壤供水能力。为了比较不同土地利用类型土壤耗水状态，需要采用有序聚类法，通过最优分割方法研究局部相似的土层。

用数字1~10分别表示土壤剖面20~200cm各土层，土壤耗水相似土层合并为一类，合并后土层数用分类数 k 表示。用软件 DPS 中的有序聚类分析，以所有样点的最优分割为目标，列出所有可能的聚类解，如表 9-23 所示。对于所有样点，当分类数 $k=2$ 时，其误差函数为 0.7729，最优分割结果为 1~4、5~10，即 0~80cm 土层合并为第 1 层、80~200cm 合并为第 2 层；当分类数 $k=3$ 时，其误差函数为 0.5195，最优分割结果为 1~2、3~6、7~10，即 0~40cm 土层合并为第 1 层、40~120cm 合并为第 2 层、120~200cm 合并为第 3 层。以此类推，随着分类数的增加，误差函数依次减少。

根据有序聚类确定的分类数和误差函数，可以确定不同土地利用类型土壤含水率碎石图，如图 9-9 所示。利用拐点选取原则可以选择最优分类数。由图 9-9 可知，乔木林地分类数 $k=3$ 时偏离了光滑曲线，而且当 $k>3$ 时误差函数差别很小，形成陡峭的"悬崖"，其下特征根的点犹如"悬崖"下的碎石，因此 $k=3$ 为拐点，是乔木林地的最优分类数。由表 9-23 可知，当 $k=3$ 时，乔木林地土壤剖面可分为 3 层，第 1 层是 0~40cm 土层，第 2 层是 40~100cm 土层，第 3 层是 100~200cm 土层。0~20cm 或 0~40cm 土层一般为土壤水分弱利用层，土壤含水率较高（余新晓等，1996）。40~100cm 土层是刺槐疏导根的主要集中区，而吸收根主要分布于 40~200cm 土层（单长卷和梁宗锁，2006）。乔木林地最优分割的第 2~3 层均为根系集中耗水区，其水分大部分为植物所用，因此定义为土壤水分利用层。本节对乔木林地土壤水分剖面的划分与袁焕英和许喜明（2004）、陈海滨等（2003）、李俊等（2006）的研究结果一致，划分结果合理。

表 9-23 不同土地利用类型有序聚类结果

分类数 k	全部综合		乔木林地		灌木林地	
	误差函数	最优分割结果	误差函数	最优分割结果	误差函数	最优分割结果
2	0.7729	1~4, 5~10*	0.5300	1~3, 4~10	0.3198	1~4, 5~10
3	0.5195	1~2, 3~6, 7~10	0.2736	1~2, 3~5, 6~10	0.1107	1~2, 3~4, 5~10
4	0.3263	1, 2, 3~6, 7~10	0.1761	1~2, 3~4, 5~7, 8~10	0.0610	1~2, 3, 4, 5~10
5	0.2107	1, 2, 3, 4~5, 6~7, 8~10	0.1219	1~2, 3, 4~5, 6~8, 9~10	0.0308	1~2, 3, 4, 5~6, 7~10
6	0.0842	1, 2, 3, 4, 5~7, 8~10	0.0876	1, 2, 3, 4~5, 6~8, 9~10	0.0189	1, 2, 3, 4, 5~6, 7~10
7	0.0491	1, 2, 3, 4, 5~6, 7~8, 9~10	0.0540	1, 2, 3, 4, 5, 6~7, 8~10	0.0095	1, 2, 3, 4, 5, 6~7, 8~10
8	0.0266	1, 2, 3, 4, 5~6, 7, 8, 9~10	0.0268	1, 2, 3, 4, 5, 6~7, 8~9, 10	0.0040	1, 2, 3, 4, 5, 6, 7, 8~10
9	0.0110	1, 2, 3, 4, 5~6, 7, 8, 9, 10	0.0114	1, 2, 3, 4, 5, 6, 7~8, 9, 10	0.0011	1, 2, 3, 4, 5, 6, 7, 8, 9~10

分类数 k	草地		果园林地		农用地	
	误差函数	最优分割结果	误差函数	最优分割结果	误差函数	最优分割结果
2	0.1824	1~2, 3~10	0.1587	1~2, 3~10	0.1438	1~4, 5~10
3	0.0893	1~2, 3~5, 6~10	0.0789	1~2, 3~5, 6~10	0.0875	1~4, 5~9, 10
4	0.0605	1~2, 3, 4~5, 6~7, 8~10	0.0409	1~2, 3~4, 5~7, 8~10	0.0583	1~3, 4~7, 8~9, 10
5	0.0437	1~2, 3, 4~5, 6~7, 8~10	0.0304	1~2, 3, 4~5, 6~7, 8~10	0.0421	1~2, 3~4, 5~7, 8~9, 10
6	0.0278	1, 2, 3, 4~5, 6~7, 8~10	0.0210	1~2, 3, 4~5, 6~7, 8, 9, 10	0.0265	1~2, 3~4, 5~7, 8, 9, 10
7	0.0125	1~2, 3, 4~5, 6~7, 8, 9~10	0.0125	1, 2, 3, 4, 5~6, 7, 8, 9~10	0.0167	1~2, 3~4, 5~6, 7, 8, 9, 10
8	0.0076	1, 2, 3, 4~5, 6, 7, 8, 9~10	0.0057	1, 2, 3, 4, 5, 6, 7, 8, 9~10	0.0091	1, 2~3, 4, 5, 6, 7, 8, 9, 10
9	0.0031	1, 2, 3, 4~5, 6, 7, 8, 9, 10	0.0025	1, 2, 3, 4, 5, 6, 7, 8, 9~10	0.0030	1, 2, 3, 4, 5~6, 7, 8, 9, 10

*分割数字 1~10 表示自上而下依次排列的 20cm 厚土层

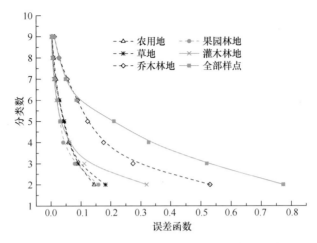

图 9-9 基于分类数与误差函数确定的不同土地利用类型土壤含水率碎石图

类似的，灌木林地最优分类数确定为 3，当分类数 $k>3$ 时，误差函数差别小，形成陡峭的"悬崖"。由表 9-23 知，当 $k=3$ 时，灌木林地 200cm 土层划分为 0～40cm、40～80cm、80～200cm 三层。相关研究表明，灌木林地土壤含水率在 0～40cm 土层较低，先是随着土层加深至 80cm 时达到最大值，然后随土层加深逐渐减小至平缓区。整体上灌木林地的土壤含水率偏低，但是其根系具有较高的吸水性，因此土壤水分能被高效利用。

同理，可以确定草地和果园林地的最优分类数均为 $k=3$，对应表 9-23，可将草地 0～200cm 土层划分为 0～40cm、40～120cm、120～200cm 三层，果园林地则划分为 0～40cm、40～100cm、100～200cm 三层。相关研究表明，草地表层土壤含水率最低，20～40cm 次之，40～120cm 土层土壤含水率相对较高，120～200cm 土层含水率随土层深度逐渐减少；而果园林地 0～40cm 土层土壤含水率最高，然后随着土层的加深，逐渐变低，但整体上 100～200cm 土层土壤含水率低于 40～100cm 土层。

对于农用地，分类数 $k \geqslant 2$ 时，误差函数差别就很小，直接形成陡峭的"悬崖"（图 9-9），因此 $k=2$ 是农用地土壤含水率的最优分类数，即划分为 0～80cm、80～200cm 土层。现有研究表明，整体上农用地 0～80cm 土层含水率较 80～200cm 土层低，说明农用地土壤耗水量主要集中在 0～80cm 土层。崔灵周和丁文峰（2000）研究指出粮食作物根系大多分布于浅层，杨文治和邵明安（2000）研究指出 100～200cm 土层根系吸水强度较弱，土壤贮水量变化不大，因此有序聚类划分结果合理。

（二）不同利用类型土壤水分随土壤深度分异特征

为减少干扰因素，选择相同坡位、坡向和坡度的不同土地利用类型土壤进行对比，测试土壤含水率随土壤深度（0～500cm）的变化，如图 9-10 所示。测试结果表明，梯田、坡耕地、果园、有林地、灌木和天然草地土壤含水率（0～500cm）分别为 16.30%、11.48%、7.54%、10.70%、6.03%和 11.75%。根据不同利用类型土壤水分沿垂直剖面变化的趋势可将其分为 4 种类型：第一类是快速增长型，以梯田为代表，土壤含水率的垂直变化表现为随土层深度增加而迅速增长，证明了梯田蓄水保水功能显著；第二类是波

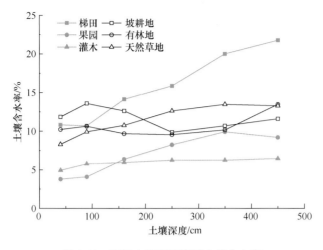

图 9-10 不同土地利用类型土壤含水率

动型,以坡耕地为代表,土壤含水率随土层深度增加有起伏,总体表现为低—高—低—平的波浪形趋势,其原因是裸露增加了表层土壤蒸发,而耕锄破坏了地表土壤结构;在径流和壤中流作用下,水分入渗与贮存使浅层土壤含水率出现上升;受犁底层影响,土壤含水率随深度增加逐渐降低,直至基本平衡稳定;第三类是缓慢增长型,包括果园和天然草地,土壤含水率随土壤深度的增加而升高,但增幅较小,相对比较平稳;第四类是平稳型,包括有林地和灌木林地,由于林地特有的保水和耗水功能,土壤含水率在图上表现为两条与横轴近似平行的线。

总体来看,由于土壤含水率测于雨季前(2003 年 6 月),经过冬春两季的干旱少雨、土壤蒸发和表层植被的损耗后,各土地利用类型表层土壤含水率低于下层;虽然果园、有林地和灌木林地各层次土壤含水率差异不大,但由于夏秋两季根系的吸收和强烈的蒸腾作用,其土壤含水率明显低于其他 4 种土地利用类型。

(三)不同土地利用类型土壤水分剖面变化特征

图 9-11 为不同时期不同土地利用类型土壤含水率剖面分布(0~100cm)。在雨前干旱季节,土壤水分损失量与降水补给量决定了土壤含水率的变化,使之随土壤深度增加而增加,呈递增趋势(图 9-11a)。表层 0~20cm 土壤含水率与其他各层土壤含水率差异较大,因为表层土壤受各种干旱气候、日光作用影响,水分蒸发量最大,并且缺少雨水的充分补给,所以表层土壤含水率要低于深层土壤。在雨前干旱状态,土地利用类型对土壤各个层次含水率的影响都很显著,各土层以果园用地和农耕地土壤含水率较高,灌木林地土壤含水率最低。原因与地表覆盖植被有关,灌木林地覆盖度大于果园用地,而且由于灌木林地多处于上坡、峁顶位置,土壤侵蚀严重,各种气候条件较其他土地利用类型差,由植物蒸腾等作用引起的土壤水分耗散较大,因此灌木林地土壤含水率低于果园用地。强烈的蒸腾耗水造成灌木林地各层土壤都显著比其他土地利用类型干旱(崔灵周,2000)。在雨中湿润季节,每种土地利用类型土壤含水率较雨前都有很大的提高,总体趋势为随土壤深度增加而减小(图 9-11b)。天然草地土壤含水率随土壤深度增加先

增后减，属于波动型。图 9-11b 充分地肯定了降水对表层土壤含水率的积极作用。由于表层土壤比深层土壤更容易得到雨水的净补给，因此表层土壤含水率明显增多。农耕地土壤含水率最高，因为其多种植玉米、豆子等谷物，覆盖度小，植物蒸腾作用较小，并且表层土壤经过长期耕作之后质地较为疏松，雨水更容易储存和下渗，土壤水分补给量最大，所以土壤含水率最高。0～100cm 剖面内，农耕地和果园用地各层次土壤含水率变化最为明显，天然草地和灌木林地次之，撂荒地、乔木林地、幼林地各层次土壤含水率变化较为平缓。在雨后半湿润季节，随着土层深度的增加，土壤含水率总体呈先减后增的趋势（图 9-11c）。与灌木林地、天然草地、乔木林地、幼林地相比，农耕地和果园用地具有较高土壤含水率。撂荒地 0～100cm 剖面的各层含水率变化最为明显。在雨后半湿润季节，表层 0～20cm 比其他各层更容易得到水分的补给，而中层 40～60cm 因植被根系分布存在差异，水分消耗速度不同，因此与表层土壤含水率差异显著，而深层土壤水分补给量小，消耗也小，所以与中层土壤含水率的差异没有表层和中层的差异显著。

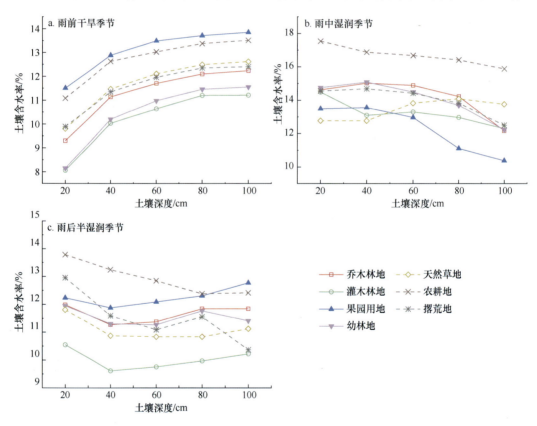

图 9-11　不同时期不同土地利用类型土壤含水率剖面分布（0～100cm）

六、降水与土壤水资源

黄土高原降水具有年际和年内分配不均、变率大的特点。受季风影响，降水量的年相对变率平均为 20%～30%，降水的季节相对变率多在 50%～90%。黄土高原降水的季节分配表现为夏季降水集中，6~8月的降水量占年降水量的50%~60%，9~11月为20%~30%，12月至翌年2月为1.5%~3.5%，3~5月为13%~20%。

延安市安塞区降水量多年平均为501.5mm，其年内分配具有明显旱季（10月至翌年5月）和雨季（6~9月）之分，分别占年降水量的26.7%和73.3%。按季节分配为春季（3~5月）15.4%，夏季（6~8月）58.0%，秋季（9~11月）24.1%，冬季（12月至翌年2月）2.5%，作物生长季（4~9月）占85.9%。1970~1975年年均降水量465mm，1976~1980年年均降水量525.5mm，到1980~1985年年均降水量达到最多，此后降水量逐渐减少，降水量呈明显减少趋势，到2001~2004年有增长趋势，平均为535.8mm（表9-8）。最大降水量867.0mm（1964年）和最小降水量266.5mm之比达3.25。降水变率大，北部化子坪镇为0.32，中部真武洞镇为0.27，南部招安乡为0.26。对安塞区1986~1995年气象资料统计，平均降水日数126.2天，平均降水量约4.0mm。降水量由北向南递增，以南部楼坪降水量最多，年平均为582mm，北部的镰刀湾降水量最少，年降水量为425mm，南北相差157mm。降雨量远大于降雪量，加之冬季降水在全年降水量中所占比例很小，因此雨水资源可近似地代表降水资源。

土壤含水率是降水等气候因素与下垫面的综合反映，在土壤、地貌、植被等因素一致的情况下，它反映了降水与蒸发的关系。由于气候存在地带性特征，因此，土壤含水率具有一定的地带性分布特征（徐学选，2003）。

分别对安塞区北部镰刀湾乡、中部真武洞镇和南部高桥北塔等地不同土地利用类型土壤进行不同分层（0~200cm）测定土壤含水率（表9-24）。测定结果表明，土壤含水率具有地区差异，表现为不同土地利用类型土壤含水率北部＜中部＜南部，南部较中、北部高出较多，北部与中南部差别较小。

表9-24 安塞区不同土地利用类型土壤含水率地区差异比较

类别	土层深度/cm	刺槐	草地	川台地	农坡地	平均值
北部阴坡	0~50	4.70%	5.28%	4.70%	4.67%	4.84%
	0~100	5.31%	5.41%	5.31%	4.35%	5.09%
	100~200	5.85%	5.49%	5.85%	4.57%	5.44%
	0~200	5.54%	5.44%	5.54%	4.44%	5.24%
中部阳坡	0~50	5.37%	4.93%	5.53%	4.90%	5.19%
	0~100	5.10%	4.69%	6.08%	4.82%	5.17%
	100~200	6.29%	4.32%	7.68%	5.28%	5.89%
	0~200	5.64%	4.54%	6.74%	5.01%	5.48%
南部半阴坡	0~50	6.29%	9.24%	7.85%	7.40%	7.69%
	0~100	6.70%	11.52%	9.06%	7.89%	8.79%
	100~200	6.15%	11.38%	13.86%	11.48%	10.72%
	0~200	6.47%	11.46%	11.06%	9.38%	9.59%

注：表中数据为徐学选于2000年实测含水率

第四节　植被恢复的土壤水分效应

退耕还林/草和植被恢复重建改变了土地利用的方式，土地利用方式的转换必然引起土壤水分的变化，从而影响生态环境建设的可持续发展。本节以延安、安塞和吴起为研究区域，研究退耕地植被、土壤水分的变异特征，对黄土丘陵区植被修复和生态重建具有重要的理论意义与实用价值。

一、植被恢复中植被变化特征

（一）不同植被类型退耕地植被变化特征

根据调查，选择了 76 个退耕后没有或很少受人工干扰而自然恢复的草地，对不同植被类型区植被群落特征、物种空间配置和物种数量及植被特征指数计算结果进行数据配对分析，配对样本数：延安 17 个、安塞 36 个、吴起 23 个。结果表明（表 9-25），不同植被类型区植被特征之间差异不是很显著，仅延安与安塞在物种丰富度之间和安塞与吴起在物种多样性之间存在显著的差异（$0.01 < P < 0.05$）。

表 9-25　不同植被类型区植被特征的描述性统计

植被类型区	统计特征	物种丰富度	物种多样性指数	物种均匀度
延安森林区北缘 （$n=17$）	平均值	1.500	0.697	0.361
	中数	1.400	0.720	0.350
	标准差	0.362	0.143	0.090
	方差	0.131	0.020	0.009
	最小值	0.900	0.350	0.200
	最大值	2.200	0.860	0.510
	变异系数	0.242	0.205	0.249
安塞森林草原区 （$n=36$）	平均值	1.275	0.694	0.350
	中数	1.300	0.695	0.350
	标准差	0.375	0.150	0.093
	方差	0.141	0.022	0.009
	最小值	0.600	0.520	0.220
	最大值	2.100	0.860	0.500
	变异系数	0.294	0.216	0.267
吴起草原区 （$n=23$）	平均值	1.306	0.595	0.340
	中数	1.300	0.580	0.330
	标准差	0.397	0.176	0.104
	方差	0.157	0.031	0.011
	最小值	0.800	0.250	0.150
	最大值	2.000	0.850	0.500
	变异系数	0.304	0.295	0.306

植被特征的变异系数范围为 0.205~0.306,为中等变异程度,相比较而言,物种多样性指数的变异系数最小。由变异系数可知,从延安森林区北缘至安塞森林草原区的植被特征变异趋势基本一致,物种丰富度呈下降趋势,延安物种丰富度为 1.500、安塞为 1.275,降低了 15%;而物种丰富度变异系数呈增大趋势,延安物种丰富度变异系数为 0.242、安塞为 0.294,增加了 21.49%;物种多样性指数和物种均匀度及其变异系数的变化与物种丰富度趋势一致,但其变化幅度都不大。

安塞森林草原区至吴起草原区的物种丰富度及其变异系数呈增大趋势,但增大的幅度不大;物种多样性指数呈减小趋势,安塞物种多样性指数为 0.694、吴起为 0.595,减小了 14.27%,物种多样性指数变异系数呈增大趋势,安塞物种多样性指数变异系数为 0.216、吴起为 0.295,增加了 36.57%;物种均匀度与物种多样性指数的变化趋势一致,但物种均匀度减小的幅度小,而其变异系数增大的幅度较大,为 14.61%。

(二)退耕地植被特征的时间变异

图 9-12 显示了退耕地植被随退耕年限的变化趋势。植被特征指数随退耕年限的变化趋势略有差异,但基本趋势一致。物种丰富度、物种多样性和物种均匀度随退耕年限的变化趋势图都有两个明显的峰值,且第二次峰值高于第一次,在退耕初期,物种丰富度、物种多样性和物种均匀度都呈上升趋势,在退耕 3~4 年时达到第一个峰值,随后随着退耕年限增加呈下降趋势,在退耕 7~8 年时达到低谷,随着退耕年限增长在退耕 15 年左右达到第二次峰值,在退耕 20 年后其变化逐渐趋于平缓,说明退耕 20 年后植被群落逐渐稳定。也就是说,植被的物种丰富度、物种多样性和物种均匀度在退耕时序范围内具有明显的变异特征。

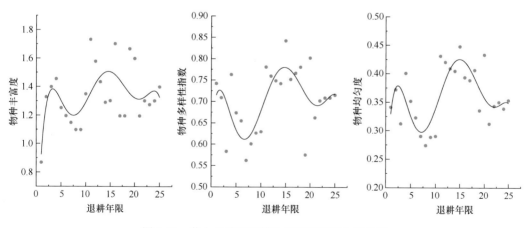

图 9-12 黄土丘陵区退耕地植被特征变化趋势图

植被是陆地景观中最活跃的因子之一,也是退耕还林/草环境效应评价的重要内容。较高的物种丰富度和多样性能够获取较丰富的风媒传播种子,从而使物种分布更加均匀。尽管不同植被类型区存在着植被、降水和气温的差异,使不同植被类型区之间的植被特征指数变异程度有所不同,但差异不是很大,主要因为不同植被类型区之间的地形地貌、土壤、植被恢复方式等无明显差异。整个黄土丘陵区退耕和植被恢复处在同一政策规定和管理水平下,不同植被类型区之间的植被恢复人工干扰方式与程度基本相同,因此表现出禁牧、投入低、封育或自然恢复等特点。

受耕作和施肥影响,坡耕地土壤养分含量较高,渗透性好,因此具有较高的含水量,在退耕地植被演替初期,土壤养分和含水量有一个降低的过程,而丰富的养分和水分使植被特征指数有一个上升的过程,即在土壤养分和水分的驱动下,植被恢复有一个剧烈变化的过程,物种丰富度、多样性和均匀度急剧上升,迅速达到一个峰值;随着植被演替的进行,土壤养分和水分含量逐步降低,使受养分和水分支持而迅速恢复植被的物种丰富度、多样性与均匀度在达到峰值后暂时下降,可以说,在这一阶段,土壤养分和水分含量对植被恢复与植被特征指数的变化起着决定性作用;随着植被演替的继续进行,植被对环境的适应能力逐步增强,植被特征指数逐步增加,达到第二次峰值,在该阶段,植被的恢复已不是单纯地在适用环境,而是在以自己的方式影响着环境,正是植被与环境的这种相互作用,使植被物种丰富度、多样性和均匀度逐步达到稳定。

二、不同退耕年限土壤水分变化特征

(一)不同退耕地年限土壤水分特征

主要通过空间代时间的方法来测定不同年限退耕地土壤水分变化,为减少由此产生的误差,对每个时间序列进行多点重复调查以增加样本数。首先通过访谈、历史资料查证等确定退耕的时间。土壤水分采用土钻取样,烘干法(105℃)测定,测深3m,取样深度间隔20cm。采样时间为2005年7~8月。对获取资料进行分析时,剔除了受特殊立地影响而形成的异常值,用于分析评价的样点为66个。

从表9-26可以看出,不同退耕年限土壤含水率平均值都未超过土壤水分2级标准,绝大部分处于3级水平;各土层土壤含水率最小值均出现在退耕16~20年时(60~120cm土层除外),退耕初期最高,在退耕15年土壤含水率总体呈下降趋势,至退耕16~20年时,比退耕初期平均下降了32.41%,退耕21~25年时才开始恢复,至退耕26~30年时,0~60cm、60~120cm、120~200cm、200~300cm、300~500cm土壤含水率分别恢复到退耕初期的70.01%、76.62%、71.72%、76.76%和72.18%。

表9-26 不同退耕年限土壤含水率剖面统计

退耕年限	样本数	土壤含水率/%						
		0~60cm	60~120cm	120~200cm	200~300cm	300~500cm	平均值	变异系数
0	5	11.07	10.31	10.89	11.66	11.79	11.14	0.05
1~5	19	8.98	8.87	9.56	9.55	10.13	9.42	0.05
6~10	13	9.68	9.56	8.30	8.28	9.39	9.04	0.08
11~15	9	7.39	7.37	7.65	8.33	9.14	7.98	0.10
16~20	7	6.66	6.73	7.21	7.94	9.12	7.53	0.14
21~25	7	6.90	6.68	7.51	8.47	9.18	7.75	0.14
26~30	6	7.75	7.90	7.81	8.95	8.51	8.18	0.06
平均值		8.35	8.20	8.42	9.03	9.61		
变异系数		0.19	0.17	0.16	0.14	0.11		

从变异系数来看,各层土壤含水率的变异系数为 0.1~0.2,中等变异程度;土壤含水率变异系数随着土层深度的增加呈减小趋势,0~60cm、60~120cm、120~200cm、200~300cm、300~500cm 土壤含水率变异系数分别为 0.19、0.17、0.16、0.14、0.11,说明表层土壤含水率随着退耕年限的增加,比深层的土壤水分更快地损失了。这表明,在一定退耕和植被恢复年限内,表层土壤水分比深层土壤水分受植被恢复的影响更加显著。随着植被演替的进行,土壤水分可以得到一定的恢复。

(二)黄土丘陵区退耕地土壤贮水量的变异特征

图 9-13 给出了黄土丘陵区退耕地 0~100cm、100~200cm 和 200~300cm 土层土壤贮水量随退耕年限的变化。从不同土层土壤贮水量变化趋势来看,随退耕年限增加,各土壤剖面贮水量呈波动式下降趋势。在退耕初期,各土壤剖面贮水量都有一个剧烈下降的过程,在退耕 3 年时有一个转折点,转折点处 0~100cm、100~200cm 和 200~300cm 土层贮水量分别为 117.5mm、112.9mm 和 122.7mm。随后,0~100cm 和 100~200cm 土层土壤贮水量随着退耕年限增加呈波动式下降趋势,在退耕 6 年左右时达到第一次峰值,此时 0~100cm 和 100~200cm 土层贮水量分别为 125.9mm(退耕 6 年时)和 115.5mm(退耕 6 年时),在退耕 15 年左右时达到低谷,此时 0~100cm 和 100~200cm 土层贮水量分别为 84.3mm(退耕 14 年时)和 97.2mm(退耕 14 年时),在退耕 20 年左右时达到第二次峰值,此时 0~100cm 和 100~200cm 土层贮水量分别 145.4mm(退耕 20 年时)和 130.9mm(退耕 20 年时);而 200~300cm 土层土壤贮水量自退耕 3 年时的转折点开始有一个缓慢下降的过程,在退耕 15 年左右时达到低谷,此时其土壤贮水量为 105.9cm(退耕 15 年时),随后随退耕年限增加呈上升趋势,在退耕 20 年左右达到第一次峰值,此时其土壤贮水量为 151.8cm(退耕 21 年时)。可见,不同土层土壤贮水量在调查退耕时序范围内具有显著的变异特征,其中 0~100cm 土层土壤贮水量变异程度最大,其次为 100~200cm 土层,200~300cm 土层土壤贮水量变异程度最小。

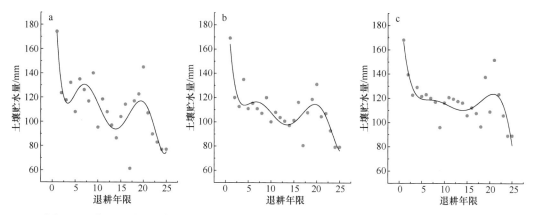

图 9-13 黄土丘陵区退耕地 0~100cm(a)、100~200cm(b)和 200~300cm(c)土层土壤贮水量随退耕年限的变化

从不同退耕年限土壤水分的变异趋势来看,受耕作和施肥影响,土壤渗透性好,退耕初期,土壤有较高的水分含量,在较高的土壤水分支持下,植被特征指数呈增长趋势,

随着耕作活动的停止和植被恢复对土壤水分的消耗,土壤水分有一个降低的过程,此时土壤水分的变异幅度也较大,至退耕3~4年时,植被特征指数达到第一次峰值,而土壤水分的急速降低也达到一个转折点。随着植被演替的进行,耗水量大的先锋植被群落逐步被耗水较少的植被群落代替,土壤水分可能得到少量的恢复,但植被演替过程对不同剖面土壤水分的消耗程度存在着显著区别,上层土壤水分的损耗比下层更大;土壤水分变化随着植被群落的每一次更替呈波动式下降,新一代植物群落比旧的植物群落有更好的抗干旱能力,也就是说,新一代植物群落比旧的植物群落能更好地适应和改变环境。

三、土壤水资源承载力

(一)里思模型

德国著名生态学家里思在他的论著《生物圈的第一性生产力》(Lieth and Whittaker, 1975)中提出的迈阿密与桑斯威特模型,对全球性植物生产力进行了估算,其基本数学表达式为

$$y_T=3000(1+e^{1.1315-0.1997T})^{-1} \quad (9\text{-}13)$$

$$y_R=3000(1-e^{-0.000664R}) \quad (9\text{-}14)$$

$$y_E=3000[1-e^{-0.0009695(E-20)}] \quad (9\text{-}15)$$

式中,T、R、E分别代表温度、年均降水量和年均蒸散量;y_T、y_R和y_E分别代表用温度、降水量和蒸散量估算的植物第一性生产力;常数"3000"为里思从全球53个样点实测的生产力数据中挑选的最大值;e为自然对数底数。

(二)里思模型改进

为计算符合黄土高原区的最高生产力,相关研究人员通过增加干旱半干旱区乔、灌、草等生产力资料弥补里思模型资料的不足,通过采用已取得共识的理想光能利用率突破最大值常数3000g/m²的限制。黄土高原实地测定和搜集整理的生产力资料有37组草地、29组灌木和22组乔木,加上从里思著作中摘出的25组符合黄土高原降水量与温度范围的18组样点数据,共106组生产力资料及与其相匹配的8种气候因子数据(包括年均温度、年均降水量、年均蒸散量、4~9月降水量、4~10月降水量、7月温度、年蒸发量、≥0℃和≥10℃的年积温)。将各类植被生产力[总生物量和地上生物量,g/(m²·年)]与同一地的土壤水资源进行拟合分析,得到二级4组共8个模型的b经验参数值(表9-27),可用于植被生产力的模拟(徐学选,2001)。

模型基本形式为

$$y=A(1-e^{bW_r}) \quad (9\text{-}16)$$

式中,y为植被生产力;A为利用不同光能的植被光合生产潜力,取一般和最大两级,分别为1000g/(m²·年)和2500g/(m²·年);e为自然对数底数;b为经验参数,与区域土壤贮水量对植被生长的满足程度正相关;W_r为植被生长地的年土壤贮水量(mm)。

表 9-27　不同植被类型生产力经验参数 b

植被光合生产潜力 A/[g/(m²·年)]	乔木	灌木	牧草地	混合
1000	-1.6×10^{-3}	-1.1×10^{-3}	-1.3×10^{-3}	-1.3×10^{-3}
2500	-5.0×10^{-4}	-4.0×10^{-4}	-4.4×10^{-4}	-4.4×10^{-4}

（三）土壤水资源植被承载力

土壤水资源植被承载力可分为三级，即Ⅰ级为 500～600g/(m²·年)、Ⅱ级为 400～500g/(m²·年)、Ⅲ级为＜400g/(m²·年)。表 9-28 为通过模型式（9-16）计算获得的黄土高原不同植被区土壤水资源植被承载力（徐学选，2001）。总体上黄土高原土壤水资源植被承载力，即植被总生产力最大值可达 2.6 亿 t，平均植被生产力约为 420g/(m²·年)，处于Ⅱ级水平；两类模型模拟的植被承载力十分接近，可比性极好。

表 9-28　黄土高原各植被区土壤水资源植被承载力

植被区	总面积/(×10⁴km²)	降水/mm	承载力（A=1000）		承载力（A=2500）	
			g/(m²·年)	万 t/年	g/(m²·年)	万 t/年
森林区	20.37	578.30	536.84	10 934.66	535.68	10 911.09
森林草原区	13.24	481.60	432.81	5 732.23	437.45	5 793.79
草原区	28.77	333.30	310.24	9 605.76	325.41	9 361.04
黄土高原	62.38	442.50	421.20	26 272.65	417.86	26 065.92

森林区主要分布在陕、晋南部和豫西部，植被生产力最大，超过 530g/(m²·年)，属于Ⅰ级水平；植被总生产力也最大，超过 1.09 亿 t/年，这要归功于其较高的年降水量（578.30mm）和植被面积（20.37×10⁴km²，占比 32.2%）。森林草原区和草原区主要分布在陕、晋中北部和青、甘、宁、蒙的全部或大部分地区，水资源相对不足。其中，草原区年降雨量最小（333.30mm），生产力也最弱，仅为 310.24～325.41g/(m²·年)，处于Ⅲ级水平，但由于总面积最大，达 28.77×10⁴km²，占比 46.1%，其植被总生产力仅次于森林区，为 0.93 亿～0.96 亿 t/年。森林草原区植被生产力仅为 432.81～437.45g/(m²·年)，且所占面积仅 13.24×10⁴km²，占比 21.7%，因此植被生产力和面积均不占优势，所以森林草原区的总生产力最低，仅为 0.57 亿～0.58 亿 t/年。

相比于我国其他地区同类植被，黄土高原植被生产力水平偏低，且由于 67.9%地区为灌、草带，植被平均生产力更低，因此，在黄土高原进行山川秀美工程建设时，应适地适种、合理布局，使得生态建设目标与水资源植被承载力相适应。

第五节　小　　结

黄土丘陵区处于干旱半干旱区，针对其水资源生态退化、供需失衡、环境恶化等问题，分析研究了黄土高原土壤特点，指出黄土高原土壤干层普遍存在，土壤水分长期处于低效状态，水分利用率总体偏低，但是土壤具有较高的持水能力；针对黄土高原典型延河流域，试验分析土壤水分时空分布特征，研究结果表明，在地貌、降水、植被等环境因子影响下,黄土丘陵沟壑区土壤水分具有显著空间差异性,而雨季补水和植物耗水是区域土壤水分变化的主要原因。

特殊沉降方式形成的点棱接触结构体,造就了黄土高原独特的土壤水库。在阐述土壤水库相关概念、指标和功能的基础上,分析了黄土高原土壤水库库容和蓄水能力,界定了土壤水库的研究深度,阐明了不同土地利用类型、坡度分级和地貌类型等条件下黄土高原土壤水库库容组成。

针对黄土高原土壤干层普遍现象,分析研究了影响土壤水分的土壤因子、植被因子、地形因子、人为因子、土地利用类型和降水等因素,阐明了土壤含水率与气候具有地带性分布特征。

在退耕还林/草的植被恢复背景下,以延安、安塞和吴起为研究区域,研究不同退耕年限植被和土壤水分变化特征;在改进里思模型的基础上,评估了黄土高原土壤水资源植被承载力,为黄土丘陵区植被修复和生态重建提供了理论与实践依据。

第十章　黄土高原植被恢复与生态系统服务功能

生态系统服务（ecosystem service，ES）与人类福祉密切相关，研究生态系统服务有利于人类更好地、可持续地从生态系统中获得福利（傅伯杰，2013；Crossman et al.，2014）。在过去的一个世纪里，全球生态环境的持续退化，使得生态系统服务功能成为全球关注的焦点（李文华等，2006）。联合国于 2001 年 6 月在全球范围内启动了第一个关于"生态系统服务与人类福祉"计划（MA），对全球范围内的 24 项生态系统服务进行了评估，大约 60%的人类赖以生存的生态系统服务正在退化或者处于不可持续利用状态，这种退化的趋势在 21 世纪上半叶有可能会进一步恶化，人类活动对全球生态系统服务功能产生了严重的影响，这不仅影响当代人类从生态系统中获益，还极大地危及人类后代的可持续发展（Bagstad et al.，2013a；Harrison et al.，2014；Zhang et al.，2017）。MA 还显示：地球系统为人类每年能够提供大概 15 万亿英镑的物质价值（Bagstad et al.，2013b；Sandifer et al.，2015；Wong et al.，2015）。但由于人类活动的日益加剧，直接或间接地破坏了生态系统服务功能，大约有 2/3 的价值遭受到破坏，畜牧渔等农业受到较大的影响（Kremen，2005；Ren et al.，2016；Zheng et al.，2016）。气候变化加剧、水土流失严重和生物多样性减少等一系列问题反过来又影响人类社会与经济的发展，对人类福祉产生重要的影响，成为人类社会可持续发展的主要障碍（Schomers et al.，2012；Wolff et al.，2015；Maes et al.，2016）。随着社会的发展，人类开始意识到自然环境对其生存和发展的重要性（Costanza et al.，2014；Leimona et al.，2015；Ramirez-Gomez et al.，2015）。特别是工业革命以来，随着科学技术的发展，人类改造自然的能力大大提高。为了满足日益增长的各种需求，人类在过去的 50 年中以前所未有的规模和速度改变着生态系统，人类的福利在过去的半个世纪得到了大幅度的提高，国家也得到了很大的发展（欧阳志云等，1999a），但是不可否认的是人类获取这些利益的成本越来越高，生态系统也面临着一系列的问题，成为人类继续获取福利的潜在障碍（傅伯杰等，2001，2009；傅伯杰，2010）。由于人类掠夺式的开发及获取资源，生态环境进一步恶化，出现了气候变化加剧、森林生态系统减少、水体污染、生物多样性减少等一系列问题，人类也逐渐认识到生态系统服务的重要性。

黄土高原生态环境脆弱，2000 年以来我国实施的大规模退耕还林/草工程是世界上规模最大的植被恢复工程，其中又以黄土高原植被覆盖度增加和各项生态系统服务功能提高的成效最为显著（傅伯杰和张立伟，2014；刘国彬等，2017；张琨等，2017）。随着植被的恢复，人类对生态系统的影响不断增强，生态系统服务过度被动供给所带来的生态与发展不平衡问题日益突显，人类福祉受到了威胁，各类生态系统也有不同程度的退化，生态与环境问题大量涌现，且在空间与时间上表现出高度的异质性，因此黄土高原的可持续发展成为长期致力的目标，生态系统服务供给也成为相关学科研究的前沿与热点。

第一节 黄土高原生态系统服务功能概述

长期的开发利用和巨大的人口压力，使我国生态系统和生态系统服务严重退化，生态系统呈现出由结构性破坏向功能性紊乱的方向发展。由此引起的水资源短缺、水土流失、沙漠化、生物多样性减少等生态问题持续加剧，对我国生态安全造成严重威胁（傅伯杰等，2001，2009；刘国彬等，2017）。国务院 2006 年 1 月发布的《国家中长期科学和技术发展规划纲要（2006—2020 年）》把生态脆弱区生态系统功能的恢复重建列为环境领域的 4 个优先主题之一，明确提出了构建生态系统服务综合评价体系。当前在"一带一路"倡议、丝绸之路经济带发展等国家重大战略推动下，黄土高原生态恢复取得了显著的成效，各项生态系统服务功能也有了明显的提升（Feng et al., 2016；Ouyang et al., 2016）。因此，开展黄土高原生态系统服务功能的评估，是生态系统恢复和生态建设、生态功能区划和保障我国生态安全的国家重大战略需求。

我国幅员辽阔，自然资源量大，生态系统类型丰富多样，但自然资源分布不均衡，人均自然资源占有量与世界平均水平相差甚远，加之低效的资源利用和粗放的资源管理方式，致使生态系统普遍处于比较脆弱、生态系统服务功能利用率处于较低的状态（吕一河等，2013；朱永官等，2016）。"十一五"规划已将生态系统服务的评估纳入其中，"十二五"规划中环境保护的内容之一就是建立生态补偿机制，生态系统和生物多样性价值评估正是建立生态补偿机制的一项重要基础。"十三五"规划提出加强生态保护修复，坚持保护优先、自然恢复为主，推进自然生态系统保护与修复，构建生态廊道和生物多样性保护网络，全面提升各类自然生态系统稳定性和生态服务功能，筑牢生态安全屏障。自 2000 年以来，我国政府实施了天然林保护、退耕还林/草、京津风沙源治理等一系列生态保护政策与生态建设工程，生态保护成效一直是国内外关注的核心问题。"全国生态环境十年变化（2000—2010 年）遥感调查与评估"项目，将国际生态学研究前沿与国家生态保护需求紧密联系起来，建立了区域生态系统服务的定量评价方法、综合生态系统服务功能与受益人口数量的区域生态保护重要性评估方法。有研究表明，2000～2010 年，我国食物生产、水源涵养、土壤保持、防风固沙、洪水调蓄、固碳、生物多样性保护 7 项生态服务中，有 6 项得到明显改善，只有生物多样性保护功能下降。天然林保护、退耕还林/草等生态建设与保护工程对生态系统服务功能的提升发挥了重要作用。研究还揭示了我国食物生产、水源涵养、土壤保持、防风固沙、洪水调蓄、固碳、生物多样性保护等生态系统服务的空间格局，明确了对保障国家生态安全具有重要意义的关键区域，这些区域虽然仅占全国国土面积的 37%，但提供了全国 56%～83%的生态系统服务（Ouyang et al., 2016；Song and Deng, 2017）。到 2018 年，黄土高原退耕还林/草工程已经实施了 18 年，国家林业和草原局最新统计显示，这 18 年来，我国累计投入退耕还林/草工程的资金达 4500 多亿。通过退耕还林/草，工程区森林覆盖度显著提高，过去荒山秃岭、水土流失、风沙肆虐的面貌得到明显改观。退耕还林/草的生态效果，在黄土高原表现得最为明显。我国累计完成退耕还林/草任务 4.47 亿亩，工程区森林覆盖度平均提高了 3 个多百分点，工程建设取得十分显著的生态成果。监测显示，长江、黄河中上游流经的 13 个省（自治区、直辖市），退耕还林/草工程每年产生的生态系统服务功能总价值超过 1 万亿元（Ouyang et al., 2016）。黄土高原的植被恢复工作始于 20 世纪 80 年代，历经 30 多年的治理，植被得以恢复。在植被恢复的背景下，仍然出现了大量的生态问题。例如，植被恢复后，不同生态系统服务之间的平衡关系？植被恢复如何影响生态系统服务功能？这是有待解决的问题。

第二节　纸坊沟流域生态系统服务功能

一、土壤保持功能评估

（一）土壤保持量空间分布及其变化分析

1998~2018 年纸坊沟流域土壤保持量呈增加趋势（图 10-1），其中处于轻微变化的位于中部，南部土壤保持量变化幅度较大。在 1998 年纸坊沟流域土壤保持量分布较均匀，此时土壤保持量集中在 45.03~231.57t/hm²；在 2008 年纸坊沟流域土壤保持量呈南北小、中部大的趋势，此时土壤保持量集中在 53.16~298.55t/hm²；在 2018 年纸坊沟流域土壤保持量分布较为均匀，此时土壤保持量集中在 78.12~320.15t/hm²。

图 10-1　纸坊沟流域 1998~2018 年土壤保持量（t/hm²）

（二）不同土地利用类型土壤保持量及其变化分析

通过 ArcGIS 统计分析可知（图 10-2），纸坊沟流域 1998~2018 年不同土地利用类型土壤保持量总计 1285.03~1747.67t/hm²，从 1998 年到 2008 年土壤保持量增加了 156.85t/hm²，从 2008 年到 2018 年增加了 306.49t/hm²，其中后 10 年增加较快。总体上，纸坊沟流域 20 年间的土壤保持量呈现明显的增加趋势。不同土地利用类型在典型小流域的土壤保持功能上发挥着重要作用。纸坊沟流域林地、灌木和草地 1998～2018 年土壤保持量呈增加趋势，耕地和裸地 1998～2018 年土壤保持量呈减小趋势，建筑用地、裸地和道路土壤保持量基本保持不变，并且土壤保持总量相对较少。

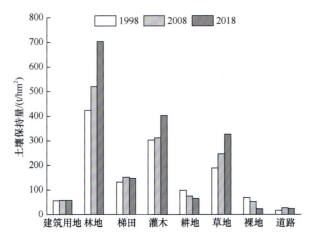

图 10-2 纸坊沟流域 1998～2018 年不同土地利用类型土壤保持量

二、水源涵养功能评估

（一）产水量空间分布及其变化分析

从产水量的地理分布格局来看，1998～2018 年纸坊沟流域产水量呈增加趋势（图 10-3），其中处于轻微变化的位于南部，北部产水量变化幅度较大。在 1998 年纸坊

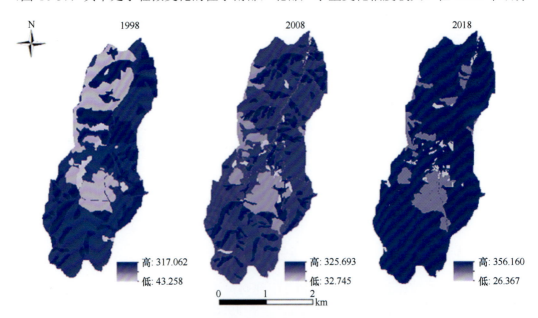

图 10-3 纸坊沟流域 1998～2018 年土壤产水量（mm）

沟流域产水量分布不均匀，北部产水量较低，南部产水量较高，产水量变化范围在 43.25～317.07mm；2008 年产水量呈南北小、中部大的趋势，产水量变化范围为 32.74～325.70mm；2018 年产水量呈南北小、中部大的趋势，产水量变化范围在 26.36～356.16mm。

（二）不同土地利用类型产水量及其变化分析

由图 10-4 可知，纸坊沟流域 1998～2018 年不同土地利用类型产水量总计 561.33～1287.67mm，从 1998 年到 2008 年产水量增加了 179.30mm，从 2008 年到 2018 年产水量增加了 547.03mm，后 10 年增加较快。不同土地利用类型在典型小流域的产水功能上发挥着重要作用。纸坊沟流域林地、梯田、灌木和草地 1998～2018 年产水量呈增加趋势，耕地 1998～2018 年产水量呈减小趋势，建筑用地、裸地和道路产水量基本保持不变，并且产水量相对较少。

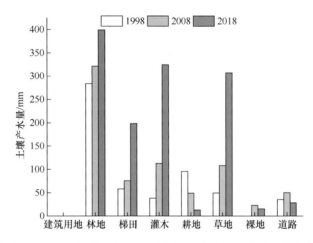

图 10-4　纸坊沟流域 1998～2018 年不同土地利用类型土壤产水量

三、碳储量功能评估

（一）碳储量空间分布及其变化分析

从碳储量的地理分布格局来看，1998～2018 年纸坊沟流域碳储量呈增加趋势（图 10-5）。1998 年纸坊沟流域碳储量分布不均匀，北部碳储量较高，南部碳储量较低，碳储量变化范围在 1.58～13.26t/hm²；2008 年碳储量呈南北高、中部低的趋势，碳储量变化范围在 3.02～16.99t/hm²；2018 年碳储量呈南北高、中部低的趋势，碳储量变化范围在 2.47～27.26t/hm²。总的来说，20 年间纸坊沟流域大部分区域碳储量增加，少部分区域碳储量减少，整体上纸坊沟流域空间碳储量呈增加趋势。

（二）不同土地利用类型碳储量及其变化分析

由图 10-6 可知，纸坊沟流域 1998～2018 年不同土地利用类型碳储量总计 45.14～72.16t/hm²，从 1998 年到 2008 年碳储量增加了 16.80t/hm²，从 2008 年到 2018 年碳储量增加了 10.24t/hm²，前 10 年增加较快。不同土地利用类型对典型小流域碳储量的增加发挥着重要作用。纸坊沟流域林地、梯田、灌木和草地 1998～2018 年碳储量呈增加趋势，耕地 1998～2018 年碳储量呈减小趋势，建筑用地、裸地和道路碳储量基本保持不变，并且碳储量相对较少。

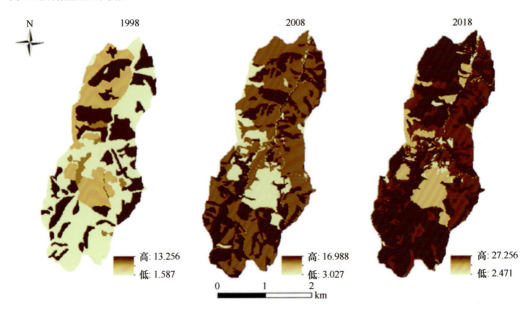

图 10-5　纸坊沟流域 1998～2018 年碳储量（t/hm²）

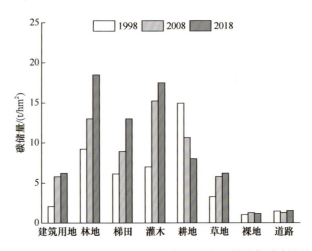

图 10-6　纸坊沟流域 1998～2018 年不同土地利用类型碳储量

四、生境质量评估

（一）生境质量指数空间分布及其变化分析

从生境质量指数的地理分布格局来看，1998～2018 年纸坊沟流域生境质量指数呈增加趋势（图 10-7），1998 年纸坊沟流域生境质量指数分布不均匀，中部生境质量指数较高，变化范围在 0.06～0.81；2008 年生境质量指数由北向南呈逐渐减小的趋势，变化范围在 0.05～0.92；2018 年生境质量指数呈南北高、中部低的趋势，变化范围在 0.09～0.91。

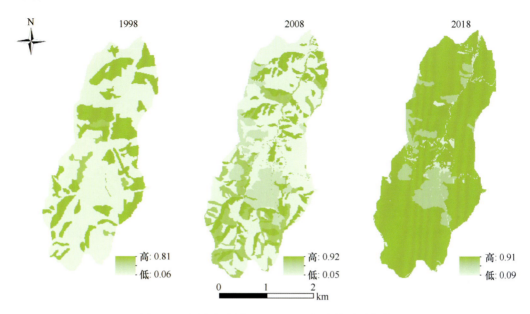

图 10-7　纸坊沟流域 1998～2018 年生境质量指数

（二）不同土地利用类型生境质量指数及其变化分析

纸坊沟流域林地、梯田、灌木和草地 1998～2018 年生境质量指数呈增加趋势，耕地 1998～2018 年生境质量指数呈减小趋势，建筑用地、裸地和道路生境质量指数基本保持不变（图 10-8）。纸坊沟流域 20 年间平均生境质量指数呈明显的增加趋势，说明纸坊沟流域生境质量在不断提高，这要归功于退耕还林/草政策的实施。不同土地利用类型的平均生境质量指数由大到小依次为林地、梯田、草地、耕地、灌木，建筑用地、裸地和道路相对较小，说明林地和草地的生境质量较好，与退耕还林/草政策和人类保护等活动密切相关。

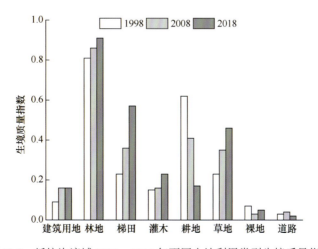

图 10-8　纸坊沟流域 1998～2018 年不同土地利用类型生境质量指数

五、生态系统服务功能综合评估

（一）数据标准化

由于在进行生态系统服务功能综合评估时，不能单纯地用实际值的大小来表示"好"与"坏"，因此，需要对生态系统服务功能（土壤保持、水源涵养、碳储量和生境质量）数据进行标准化处理，将各生态系统服务功能值数据标准化在 0～1，具体采用模糊隶属度函数，对原始数据无量纲化处理之后进行综合评估（欧阳志云等，1999b；谢高地等，2010），计算公式如下：

$$ES=(ES_i-ES_{min})/(ES_{max}-ES_{min}) \quad (10-1)$$

式中，ES 指的是生态系统服务功能值；ES_i 指的是第 i 种生态系统服务功能值；ES_{min} 和 ES_{max} 分别指的是第 i 种生态系统服务功能的最小值和最大值。

数据无量纲和标准化处理以后，就可以对各生态系统服务功能进行大小的比较，根据不同生态系统服务功能的重要性进行综合评估，参考《国家生态保护红线——生态功能红线划定技术指南（试行）》，在 ArcGIS 软件中采用 Quantile（分位数）进行各生态系统服务功能的重要性划分。为了便于理解和综合评估，我们将土壤保持、水源涵养、碳储量和生境质量服务均划分为极重要、非常重要、比较重要和一般重要 4 个等级，如表 10-1 所示。

表 10-1 生态系统功能类型分级标准

重要性分级	一般重要	比较重要	非常重要	极重要
碳储量	0～45	45～50	50～55	>55
水源涵养	0～115	115～145	145～175	>175
土壤保持	0～65	65～225	225～425	>425
生境质量	0～0.18	0.18～0.30	0.30～0.40	>0.40

（二）土壤保持功能重要性空间分布

图 10-9 反映了纸坊沟流域土壤保持功能重要性的空间分布。1998 年纸坊沟流域土壤保持功能重要性分布不均匀，中部大部分地区为一般重要和比较重要，北部为极重要；2008 年和 2018 年纸坊沟流域土壤保持功能重要性分布不均匀，中部大部分地区为极重要，北部和南部地区为一般重要与比较重要。

图 10-10 反映了纸坊沟流域 1998～2018 年土壤保持功能重要性面积分布。其中，1998～2018 年土壤保持功能一般重要区域面积为 611～664hm²，所占比例较高；其次是比较重要区域，面积为 100～146hm²；非常重要和极重要区域面积相对较低。

（三）水源涵养功能重要性空间分布

图 10-11 反映了纸坊沟流域水源涵养功能重要性的空间分布。其中，1998 年纸坊沟流域水源涵养功能重要性分布不均匀，中部和北部大部分地区为极重要，南部地区为一般重要和比较重要；2008 年纸坊沟流域水源涵养功能重要性分布较为均匀，基本

为非常重要水平；2018 年纸坊沟流域水源涵养功能重要性分布不均匀，从东往西重要性逐渐减弱。

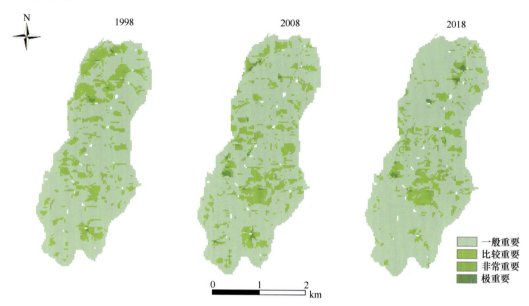

图 10-9　纸坊沟流域 1998~2018 年土壤保持功能重要性

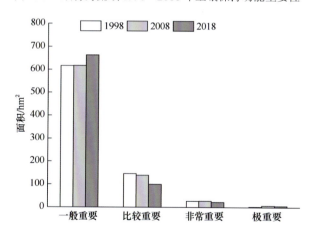

图 10-10　纸坊沟流域 1998~2018 年土壤保持功能重要性面积分布

图 10-12 反映了纸坊沟流域 1998~2018 年水源涵养功能重要性面积分布。1998~2018 年水源涵养功能非常重要区域面积为 314~534hm^2，所占比例较高；其次是极重要区域，面积为 152~376hm^2；一般重要和比较重要区域面积相对较低。

（四）碳储量功能重要性空间分布

图 10-13 反映了纸坊沟流域碳储量功能重要性的空间分布。其中 1998 年和 2018 年纸坊沟流域碳储量功能重要性分布均不均匀，1998 年中部和北部地区碳储量功能极重要，2018 年北部和南部地区碳储量功能极重要；2008 年纸坊沟流域碳储量功能重要性分布较为均匀。

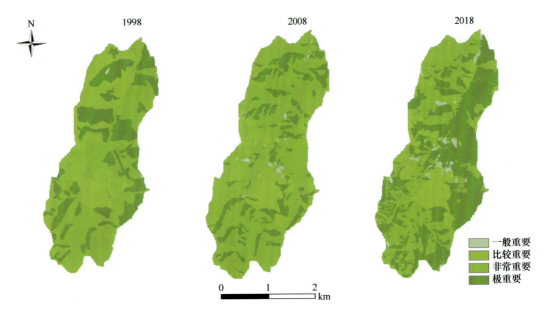

图 10-11　纸坊沟流域 1998～2018 年水源涵养功能重要性

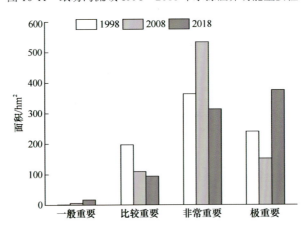

图 10-12　纸坊沟流域 1998～2018 年水源涵养功能重要性面积分布

图 10-14 反映了纸坊沟流域 1998～2018 年碳储量功能重要性面积分布。1998～2018 年水源涵养功能非常重要区域面积为 356～534hm^2，所占比例较高；其次是极重要区域，面积为 31～314hm^2；一般重要和比较重要区域面积相对较低。

（五）生境质量重要性空间分布

图 10-15 反映了纸坊沟流域生境质量重要性的空间分布。其中，1998 年纸坊沟流域生境质量重要性分布不均匀，中部和北部地区生境质量极重要；2008 年纸坊沟流域生境质量重要性分布较为均匀（基本为比较重要）；2018 年纸坊沟流域生境质量重要性分布较为均匀（基本为极重要）。

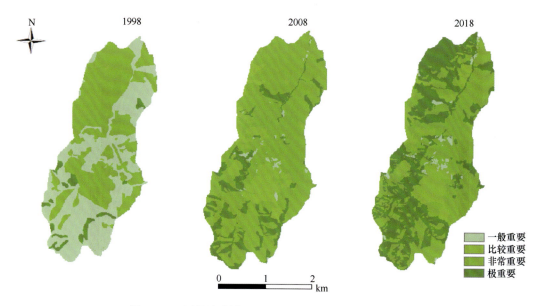

图 10-13 纸坊沟流域 1998~2018 年碳储量功能重要性

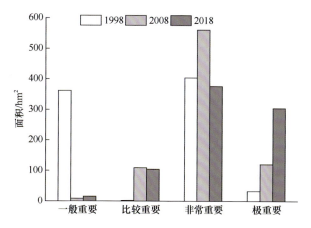

图 10-14 纸坊沟流域 1998~2018 年碳储量功能重要性面积分布

图 10-16 反映了纸坊沟流域 1998~2018 年生境质量重要性面积分布。2008 年生境质量一般重要区域面积为 427hm^2，所占比例较高；1998 年比较重要面积约为 534hm^2，极重要区域面积相对较低。

六、生态系统服务功能影响因素

（一）生态系统服务功能驱动因素分析

Pontius（2001）提出的二元 Logistic 回归方程中，可以用 ROC（relative operating characteristics）方法检验各回归变量对响应变量的解释程度，以生态系统服务功能值为因变量，以相关分析中的 25 个变量为自变量（解释因子），进行 Logistic 回归分析。

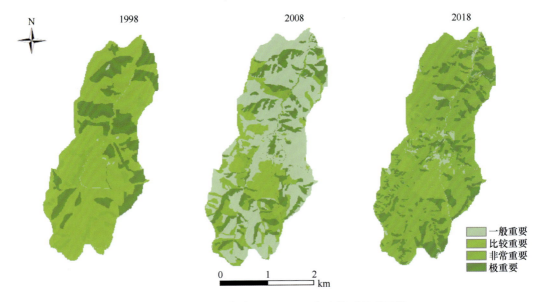

图 10-15　纸坊沟流域 1998~2018 年生境质量重要性

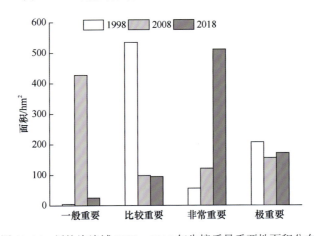

图 10-16　纸坊沟流域 1998~2018 年生境质量重要性面积分布

由表 10-2 可知，水源涵养功能 ROC 值均高于 0.80，一般来说，ROC 高于 0.7 说明 Logistic 回归方程具有很好的解释力，其拟合度较高，说明了回归方程解释程度较高，其影响因子具有很好的解释力。对于纸坊沟流域，人工林地、人工灌丛和自然灌丛最大持水量（X_{20}）、降水量（X_{24}）与水源涵养功能的回归系数符号为正，总人口（X_{22}）和蒸发量（X_{25}）与水源涵养功能的回归系数符号为负，说明人工林地、人工灌丛和自然灌丛最大持水量、降水量对水源涵养功能具有一定的促进作用，而总人口、蒸发量对水源涵养功能具有一定的抑制作用；耕地、退耕草地和人工草地总人口、GDP（X_{23}）与水源涵养功能的回归系数符号为正，说明耕地、退耕草地和人工草地总人口、GDP 对水源涵养功能起着促进作用。另外，植被特性（X_1~X_4）、土壤养分特性、土壤物理特性（X_{13}~X_{16}）等自然环境因素对水源涵养功能具有较高的解释力，可产生重要的影响。

表 10-2　1998~2018 年水源涵养的 Logistic 回归结果

土地利用类型		植被特性					土壤养分特性							土壤物理特性				土壤持水特性				经济特性			降水/蒸发		ROC
		X_1	X_2	X_3	X_4	X_5	X_6	X_7	X_8	X_9	X_{10}	X_{11}	X_{12}	X_{13}	X_{14}	X_{15}	X_{16}	X_{17}	X_{18}	X_{19}	X_{20}	X_{21}	X_{22}	X_{23}	X_{24}	X_{25}	
纸坊沟	耕地	-0.6	0.3	-0.9	0.3	-1.5	1.1	-0.3	0.2	0.7	-0.6	-0.6	0.7	1.3	0.8	0.6	-0.6	1.2	-1.2	0.7	4.3	0.4	7.9	6.8	0.3	-1.3	0.86
	退耕草地	-0.3	0.2	-0.6	-0.6	-1.6	2.3	-0.6	0.5	-1.1	0.3	1.6	0.3	0.9	-0.6	0.9	0.8	0.9	0.6	0.6	3.2	0.6	5.3	7.1	0.2	-1.6	0.89
	人工草地	0.5	0.3	-1.3	0.2	-0.6	1.0	0.5	-0.6	0.3	0.5	0.3	0.5	1.1	1.3	0.3	1.3	1.1	0.9	1.3	2.1	0.5	6.2	5.3	0.6	-0.6	0.87
	人工林地	-0.9	0.5	0.2	-0.5	0.5	0.8	0.6	0.9	0.6	0.2	0.2	0.6	-0.3	1.6	0.5	1.6	0.6	1.6	1.6	6.8	0.9	-8.4	-1.2	7.6	-4.5	0.87
	人工灌丛	0.8	0.6	-0.3	0.4	1.8	0.7	0.2	0.3	-0.2	-0.4	0.1	1.1	0.8	1.9	0.6	1.6	0.3	2.3	0.5	7.2	1.2	-7.1	-1.3	8.3	-7.3	0.83
	自然灌丛	-0.3	0.4	-0.5	0.6	-2.4	0.3	0.5	0.3	0.5	0.3	0.3	0.6	0.6	-1.5	1.3	0.8	0.5	1.8	0.4	6.3	1.4	-6.3	-0.8	6.4	-5.9	0.85

注：X_1-丰富度指数 S；X_2-优势度指数 S；X_3-多样性指数 D；X_4-均匀度指数 JP；X_5-有机碳 SOC；X_6-全氮 TN；X_7-全磷 TP；X_8-速效磷 SAP；X_9-铵态氮 NH$_4^+$-N；X_{10}-硝态氮 NO$_3^-$-N；X_{11}-微生物量碳 SMBC；X_{12}-微生物量氮 SMBN；X_{13}-pH；X_{14}-土壤含水量 SM；X_{15}-容重 BD；X_{16}-电导率 Ec；X_{17}-总孔隙度 TP；X_{18}-毛管孔隙度 CP；X_{19}-非毛管孔隙度 NP；X_{20}-最大持水量 MW；X_{21}-有效持水量 EW；X_{22}-总人口；X_{23}-GDP；X_{24}-降水量；X_{25}-蒸发量。下同

表 10-3　1998~2018 年碳储量的 Logistic 回归结果

土地利用类型		植被特性					土壤养分特性							土壤物理特性				土壤持水特性				经济特性			降水/蒸发		ROC
		X_1	X_2	X_3	X_4	X_5	X_6	X_7	X_8	X_9	X_{10}	X_{11}	X_{12}	X_{13}	X_{14}	X_{15}	X_{16}	X_{17}	X_{18}	X_{19}	X_{20}	X_{21}	X_{22}	X_{23}	X_{24}	X_{25}	
纸坊沟	耕地	0.6	0.9	-0.6	0.9	0.3	-0.6	-0.8	0.9	0.8	0.6	0.9	0.9	1.1	0.7	0.6	0.6	0.7	-0.6	0.9	1.6	0.9	8.2	7.2	-0.3	0.6	0.95
	退耕草地	0.9	0.5	-1.3	0.6	0.2	0.5	0.6	0.3	0.6	0.9	1.2	1.3	0.6	0.3	0.9	0.3	-0.6	0.2	-1.2	1.9	-0.6	6.3	8.3	-1.2	1.1	0.92
	人工草地	1.3	0.6	-1.2	-0.3	0.6	0.9	1.3	0.6	-0.5	0.6	0.6	1.6	0.5	0.6	0.3	0.5	0.3	0.3	1.6	2.3	0.3	2.4	1.4	-0.3	0.3	0.86
	人工林地	1.6	0.8	0.5	0.2	3.6	1.3	1.2	2.3	1.3	-1.2	0.6	0.5	0.6	0.2	0.5	0.4	0.5	0.5	1.3	-2.1	0.5	-7.9	0.5	4.3	-3.2	0.85
	人工灌丛	0.5	1.3	0.6	0.5	2.8	0.6	0.4	-0.2	0.7	0.4	-0.2	0.3	0.3	-0.5	-0.5	1.9	0.5	-1.2	0.5	2.7	0.8	-6.9	0.3	5.2	-2.1	0.80
	自然灌丛	0.8	1.2	0.8	0.8	2.9	0.3	0.6	0.4	1.3	0.5	2.1	0.3	0.5	0.4	1.4	1.6	0.5	1.9	0.9	1.6	0.2	-3.2	0.2	6.2	-5.4	0.83

由表 10-3 可知，碳储量的 ROC 值均在 0.80 及以上，说明了回归方程解释程度较高，其影响因子具有很好的解释力。对于纸坊沟流域，人工林地、人工灌丛和自然灌丛总人口、蒸发量与碳储量功能的回归系数符号为负，说明人工林地、人工灌丛和自然灌丛总人口、蒸发量对碳储量功能具有一定的抑制作用；耕地和退耕草地总人口、GDP 与碳储量功能的回归系数符号为正，说明耕地和退耕草地总人口、GDP 对碳储量功能起着促进作用。另外，植被特性（$X_1 \sim X_4$）、土壤养分特性（$X_5 \sim X_{12}$）、土壤物理特性（$X_{13} \sim X_{16}$）等自然环境因素对碳储量功能也具有较高的解释力，可产生重要的影响。

由表 10-4 可知，土壤保持功能的 ROC 值均在 0.80 以上，其影响因子具有很好的解释力。对于纸坊沟流域，人工林地、人工灌丛和自然灌丛总人口、GDP、蒸发量与土壤保持功能的回归系数符号为负，说明人工林地、人工灌丛和自然灌丛总人口、GDP、蒸发量对土壤保持功能具有一定的抑制作用；耕地、退耕草地和人工草地总人口、GDP 与土壤保持功能的回归系数符号为正，说明耕地、退耕草地和人工草地总人口、GDP 对土壤保持功能起着促进作用。另外，植被特性（$X_1 \sim X_4$）、土壤养分特性（$X_5 \sim X_{12}$）、土壤物理特性（$X_{13} \sim X_{16}$）等自然环境因素对土壤保持功能也具有较高的解释力，可产生重要的影响。

由表 10-5 可知，纸坊沟流域生境质量的 ROC 值均高于 0.80，说明了回归方程解释程度较高，其影响因子具有很好的解释力。生境质量的回归系数基本与土壤保持功能相一致，除了经济因素和降雨/蒸发的影响，植被特性对生境质量也有重要影响。

此外，对影响生态系统服务功能的驱动因子进行相关性分析，相关系数以热值图显示（图 10-17），纸坊沟流域生态系统服务功能影响因子相关分析与回归分析的结果一致。

（二）环境因素对生态系统服务功能的影响

应用 Canoco 4.5 软件基于线性模型对生态系统服务功能进行冗余分析（RDA）。其中将植被多样性、土壤物理特性、土壤养分特性、土壤持水特性、经济特性、降水量、蒸发量作为解释变量，碳储量功能、土壤保持功能、水源涵养功能和生境质量作为相应变量。进行冗余分析时，对数据进行中心化和标准化处理，排序轴特征值采用 Monte Carlo permutation test 检验显著性，并按照其特征值进行重要性排序，绘制 RDA 二维排序图，其数据统计结果如表 10-6 所示。纸坊沟流域生态系统服务功能–环境因素关系的排序图（图 10-18）表明：第 1、第 2 排序轴特征值分别为 68.96% 和 23.19%，2 个排序轴共解释 92.87%。说明第 1、第 2 排序轴较好地反映了各个生态系统服务功能与环境因子的关系，环境因子对各个生态系统服务功能具有很好的解释力。进一步的分析表明：土壤养分特性、经济特性和降水量与碳储量功能、水源涵养功能和土壤保持功能呈正相关；其中经济特性箭头较长，对生态系统服务功能影响较大。将植被多样性、土壤物理特性、土壤养分特性、土壤持水特性、经济特性、降水量、蒸发量对生态系统服务功能的影响以雷达图显示（图 10-19），纸坊沟流域环境因子和生态系统服务功能的相关分析结果与 RDA 排序结果相一致。

表 10-4　1998~2018 年土壤保持功能的 Logistic 回归结果

土地利用类型		植被特性				土壤养分特性						土壤物理特性					土壤持水特性			经济特性			降水/蒸发		ROC
		X_1	X_2	X_3	X_4	X_5	X_6	X_7	X_8	X_9	X_{10}	X_{11}	X_{12}	X_{13}	X_{14}	X_{15}	X_{16}	X_{17}	X_{18}	X_{19}	X_{20}	X_{21}	X_{22}	X_{23}	X_{24}	X_{25}	
纸坊沟	耕地	-0.2	0.6	0.6	0.3	-0.6	1.2	0.5	1.3	0.6	0.6	0.3	0.6	0.3	0.5	0.4	1.1	1.3	0.6	0.7	0.6	0.3	9.8	8.6	1.3	0.1	0.86
	退耕草地	0.3	0.5	-0.3	-0.6	0.2	0.6	0.6	-1.2	0.5	0.3	0.2	0.5	0.5	0.9	0.3	0.2	1.2	-0.5	0.4	0.3	-0.3	6.2	7.2	0.2	0.3	0.85
	人工草地	0.3	0.9	-0.3	0.2	0.3	-0.2	1.3	0.2	0.3	0.2	-0.6	0.3	-0.4	-0.4	-0.2	-0.6	-0.5	0.9	0.3	0.2	0.1	1.3	0.4	0.5	0.8	0.85
	人工林地	0.2	1.3	-0.2	0.1	0.2	0.3	-0.2	0.5	0.2	0.5	0.5	-0.3	0.9	1.1	0.3	0.5	0.7	1.1	1.0	5.6	-2.1	-5.3	-1.3	3.5	-2.3	0.92
	人工灌丛	0.5	1.2	0.5	0.4	0.2	0.5	0.5	0.6	0.1	0.6	0.4	0.5	0.6	0.2	0.5	0.8	0.9	0.3	-1.6	5.4	1.9	-4.6	-1.2	3.6	-2.6	0.91
	自然灌丛	0.6	0.6	0.4	0.5	0.4	0.4	0.9	0.4	0.3	0.6	0.3	1.1	0.5	0.5	0.5	2.3	0.6	0.5	0.2	5.8	1.8	-3.2	-2.1	5.7	-4.1	0.86

表 10-5　1998~2018 年生境质量的 Logistic 回归结果

土地利用类型		植被特性				土壤养分特性						土壤物理特性					土壤持水特性			经济特性			降水/蒸发		ROC
		X_1	X_2	X_3	X_4	X_5	X_6	X_7	X_8	X_9	X_{10}	X_{11}	X_{12}	X_{13}	X_{14}	X_{15}	X_{16}	X_{17}	X_{18}	X_{19}	X_{20}	X_{21}	X_{22}	X_{23}	X_{24}	X_{25}	
纸坊沟	耕地	0.3	0.2	0.2	0.3	1.3	0.9	0.2	0.2	0.6	0.3	0.6	1.3	0.6	0.3	0.3	-0.6	1.7	0.1	-0.3	0.3	1.3	8.2	9.2	0.3	-0.6	0.86
	退耕草地	0.9	0.3	0.3	0.2	4.3	-1.2	0.3	0.1	0.6	-1.3	0.5	0.2	0.5	0.6	-0.2	0.3	0.3	0.3	-0.6	0.6	-0.2	7.2	8.3	0.2	-0.9	0.85
	人工草地	0.4	0.6	-0.1	0.6	2.6	1.1	0.1	-0.3	0.5	-1.2	0.9	1.1	-0.3	0.5	0.6	0.5	0.2	0.2	0.5	0.2	0.1	0.5	-0.6	0.6	-1.3	0.89
	人工林地	3.5	0.1	0.5	0.2	3.2	0.8	-0.2	0.6	0.2	0.6	0.4	0.2	-0.2	0.3	0.5	0.6	0.5	0.6	0.5	0.5	0.6	-9.3	-1.6	0.2	1.2	0.81
	人工灌丛	3.6	0.3	0.6	0.2	-2.5	1.3	-0.3	-0.3	0.3	0.2	0.2	0.5	-0.3	0.1	-0.3	0.8	0.2	0.5	0.3	0.1	0.5	-8.7	-2.8	0.3	0.3	0.81
	自然灌丛	3.8	0.5	0.2	0.3	-1.8	0.9	-0.3	0.3	0.2	0.5	0.2	0.6	-0.4	0.3	0.3	0.9	0.2	0.9	0.3	0.3	0.4	-7.6	-1.7	0.2	0.3	0.86

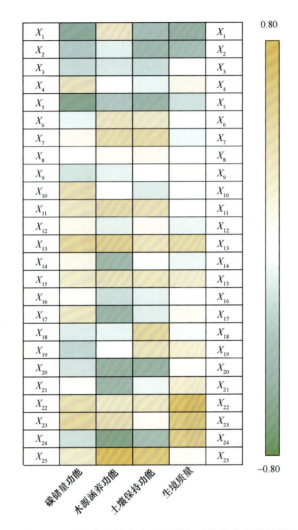

图 10-17　纸坊沟流域生态系统服务功能热值相关性图

表 10-6　RDA 排序的特征值和累积解释率

指标	1	2	3	4
特征值	0.758	0.146	0.069	0.021
F	6.98	3.12	0.98	0.13
物种–环境相关系数	1.00	1.00	1.00	1.00
物种数据	96.8	99.1	100.0	100.0
物种–环境关系	96.8	99.1	100.0	100.0

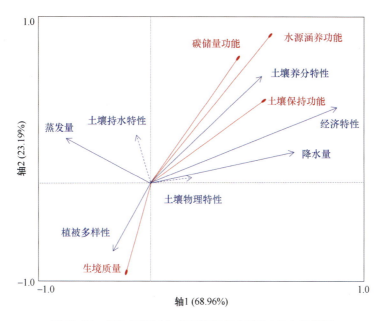

图 10-18　纸坊沟流域生态系统服务功能的 RDA 排序图

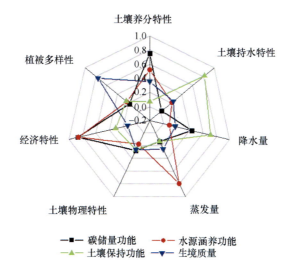

图 10-19　纸坊沟流域生态系统服务功能的雷达图

第三节　小　　结

尽管生态系统服务长期以来被人们所忽视,但黄土高原生态环境脆弱区的生态系统服务功能依然是客观存在的,这些服务功能远不足以维持系统的自我循环,导致生态环境恶化趋势日趋严重。为此,必须科学分析该地区生态系统服务的现状与不足,并采取科学合理可行的生态系统恢复对策,为生态-经济系统的协调可持续发展提供生态保障。

黄土高原纸坊沟流域土壤碳储量虽整体呈增加趋势,变化幅度却很小。土壤有机碳的累积和恢复是一个长期过程,植被恢复应着眼于长期效应,频繁的土地利用变化可能会降低土壤碳截流效果,而长期保持更有利于本区域土壤固存大气中的 CO_2。随着退耕还林/草的开展和坝地的增加,从生态系统流失的碳可以通过固碳重新被土壤和植被吸收,从而恢复退化的土壤,增加生态系统碳储量。乔木林地与灌木林地虽均为碳汇,然而互相转换后均造成 CO_2 降低,即不利于土壤碳的保持,因而就林地来说,更适合保持不变,转换树种后,对土壤进行了扰动,反而造成了碳损失。增加生态系统的碳汇功能应从增加输入量、减少输出量和增加稳定性去实现。那么需要将尺度效应(尺度耦合与转换)纳入,加强固碳过程的物理机制,同时消除地理格局与气候因素的影响,完成土壤—植被—流域—区域—景观格局的尺度转化与推移,合理控制不同尺度下的固碳效应。

黄土高原地区严重的水土流失会引起土地资源的退化,该区是否继续实施大规模退耕还林/草工程是一个值得深思的问题。黄土高原植被恢复应该已进入了自然演替阶段,其固碳效应也进入了一定的稳定时期,如果继续大规模实施退耕还林/草工程,将是弊大于利,需要谨慎为之。目前,我国开展生态系统固碳研究可能存在一些误区,政策对固碳措施的影响较大。例如,如不能充分考虑当地的气候条件和土壤环境条件,盲目开展生态固碳工程将导致土壤退化和水土流失。农田管理的不规范及施肥、土地利用变化都可能导致 CO_2 的泄漏。因此,黄土高原采用何种固碳措施需要认真考虑和权衡各种资源优先顺序。例如,退耕还林/草有利于增加碳汇,但农田面积和作物总生产量的降低又会导致固碳量减少;转变土地利用方式或提高耕作强度可生产更多有价值的作物,但可能会减少栖息地,并增加 CO_2 的排放量。因此,需要确定碳汇/源和土地利用变化对潜在碳汇与生态效益的影响。

参 考 文 献

安韶山, 黄懿梅. 2006. 黄土丘陵区柠条林改良土壤作用的研究. 林业科学, 42(1): 70-74.
安韶山, 黄懿梅. 李壁成, 等. 2006. 黄土丘陵区植被恢复中土壤团聚体演变及其与土壤性质的关系. 土壤通报, 37(1): 45-51.
白晋华, 胡振华, 郭晋平. 2009. 华北山地次生林典型森林类型枯落物及土壤水文效应研究. 水土保持学报, 23(2): 84-89.
白雪娟, 曾全超, 安韶山, 等. 2018. 子午岭人工林土壤微生物生物量及酶活性. 应用生态学报, 29: 2695-2704.
白雪爽, 胡亚林, 曾德慧, 等. 2008. 半干旱沙区退耕还林对碳储量和分配格局的影响. 生态学杂志, 27(10): 1647-1652.
曹富强, 刘朝晖, 刘敏, 等. 2010. 森林凋落物及其分解过程的研究进展. 广西农业科学, 41(7): 693-697.
陈芙蓉, 程积民, 于鲁宁, 等. 2011. 封育和放牧对黄土高原典型草原生物量的影响. 草业科学, 28(6): 1079-1084.
陈海滨, 孙长忠, 安锋, 等. 2003. 黄土高原沟壑区林地土壤水分特征的研究. 西北林学院学报, 18(4): 13-16.
陈怀满. 2010. 环境土壤学. 北京: 科学出版社.
陈霁巍, 穆兴民. 2000. 黄河断流的态势、成因与科学对策. 自然资源学报, 15(1): 31-35.
陈孟立, 曾全超, 黄懿梅, 等. 2018. 黄土丘陵区退耕还林还草对土壤细菌群落结构的影响. 环境科学, 39: 1824-1832.
陈珊, 张常钟, 刘东波, 等 1995. 东北羊草草原土壤微生物生物量的季节变化及其与土壤生境的关系. 生态学报, 15(1): 91-94.
陈晓琳, 李忠武, 王晓燕, 等. 2011. 中亚热带红壤丘陵区松林生态系统表层土壤活性有机碳空间分异规律. 地理研究, 30(10): 1825-1834.
陈亚楠, 马露莎, 张向茹, 等. 2014. 陕西黄土高原刺槐枯落叶生态化学计量学特征. 生态学报, 34(15): 4412-4422.
陈玉水, 任祖淦, 唐福钦, 等. 1988. 优化肥料组合改善农田生态环境物质循环的研究. 土壤通报, 29(4): 164-167.
陈云明, 刘国彬, 侯喜录. 2002. 黄土丘陵半干旱区人工沙棘林水土保持和土壤水分生态效益分析. 应用生态学报, 13(11): 1389-1393.
陈中赫, 刘敬娟. 2003. 辽宁铁岭农田耕层土壤养分状况及其变化. 土壤通报, 34(1): 77-78.
陈佐忠, 汪诗平. 2000. 中国典型草原生态系统. 北京: 科学出版社.
成毅. 2011. 宁南山区植被恢复对不同粒径土壤团聚体中微生物多样性分布的影响. 杨凌: 西北农林科技大学硕士学位论文.
程积民. 1993. 黄土高原草地资源与建设. 西安: 陕西人民出版社: 205.
程积民. 2012. 黄土高原植被恢复与土壤种子库. 北京: 科学出版社.
程积民, 杜峰, 万惠娥. 2000. 黄土高原半干旱区集流灌草立体配置与水分调控. 草地学报, 8(3): 210-217.
程积民, 井赵斌, 金晶炜, 等. 2014. 黄土高原半干旱区退化草地恢复与利用过程研究. 中国科学: 生命科学, 44(3): 267-279.
程积民, 万惠娥. 2002. 中国黄土高原植被建设与水土保持. 北京: 中国林业出版社.

程积民, 万惠娥, 胡相明, 等. 2006. 半干旱区封禁草地凋落物的积累与分解. 生态学报, 26(4): 1207-1212.

程积民, 万惠娥, 王静. 2005. 黄土丘陵区紫花苜蓿生长与土壤水分变化. 应用生态学报, 16(3): 435-438.

程曼. 2015. 黄土丘陵区典型植物枯落物分解对土壤有机碳、氮转化及微生物多样性的影响. 杨凌: 西北农林科技大学博士学位论文.

崔凤娟, 刘景辉, 李立军. 2012. 免耕秸秆覆盖对土壤活性有机碳库的影响. 西北农业学报, 21(9): 195-200.

崔静, 陈云明, 黄佳健, 等. 2012. 黄土丘陵半干旱区人工柠条林土壤固碳特征及其影响因素. 中国生态农业学报, 20(9): 1197-1203.

崔灵周, 丁文峰. 2000. 紫色土丘陵区农用地土壤水分动态变化规律研究. 土壤与环境, 93: 207-209.

党亚爱, 李世清, 王国栋, 等. 2007. 黄土高原典型土壤全氮和微生物氮剖面分布特征. 植物营养与肥料学报, 13(6): 1020-1027.

道尔果夫 С И. 1961. 灌溉农业生物学基础. 北京: 科学出版社.

邓蕾. 2014. 黄土高原生态系统碳固持对植被恢复的响应机制. 杨凌: 西北农林科技大学博士学位论文.

董贵青, 张养安. 2009. 黄土丘陵沟壑区不同植被覆盖对土壤氮素的影响. 水土保持研究, 16(5): 190-193.

董莉丽, 郑粉莉, 秦瑞杰. 2010. 基于LB法不同植被类型下土壤团聚体水稳性研究. 干旱地区农业研究, 28(2): 191-196.

董扬红. 2015. 陕北黄土高原不同植被类型土壤活性有机碳组分及酶活性特征研究. 杨凌: 西北农林科技大学硕士学位论文.

杜华栋, 焦菊英, 寇萌, 等. 2013. 黄土丘陵沟壑区土壤侵蚀环境下芽库的季节动态及垂直分布. 应用生态学报, 24(5): 1269-1276.

杜沐东. 2013. 不同生态区农田土壤有机碳含量空间变异特征及其影响因素分析. 成都: 四川农业大学硕士学位论文.

樊军, 郝明德, 邵明安. 2004. 黄土旱塬农业生态系统土壤深层水分消耗与水分生态环境效应. 农业工程学报, 20(1): 61-64.

方华军, 程淑兰, 于贵瑞, 等. 2015. 森林土壤氧化亚氮排放对大气氮沉降增加的响应研究进展. 土壤学报, 52(2): 262-271.

方精云, 刘国华, 徐崇龄. 1996. 中国陆地生态系统碳库. 现代生态学的热点问题研究. 北京: 中国科学技术出版社: 251-267.

方晰, 田大伦, 项文化. 2002. 速生阶段杉木人工林碳素密度、储量和分布. 林业科学, 38(3): 14-19.

方瑛. 2017. 黄土高原人工刺槐林生态系统生态化学计量学特征. 杨凌: 西北农林科技大学硕士学位论文: 1-3.

冯瑞芳, 杨万勤, 张健. 2006. 人工林经营与全球变化减缓. 生态学报, 26(11): 3870-3877.

福建省土壤普查办公室. 1991. 福建土壤. 福州: 福建科学技术出版社.

付东磊, 刘梦云, 刘林, 等. 2014. 黄土高原不同土壤类型有机碳密度与储量特征. 干旱区研究, 31(1): 44-50.

傅伯杰. 2010. 我国生态系统研究的发展趋势与优先领域. 地理研究, (3): 383-396.

傅伯杰. 2013. 生态系统服务与生态安全. 北京: 高等教育出版社.

傅伯杰, 陈利顶, 马克明. 1999. 黄土丘陵区小流域土地利用变化对生态环境的影响——以延安市羊圈沟流域为例. 地理学报, (3): 241-246.

傅伯杰, 刘世梁, 马克明. 2001. 生态系统综合评价的内容与方法. 生态学报, 21(11): 1885-1892.

傅伯杰, 张立伟. 2014. 土地利用变化与生态系统服务: 概念, 方法与进展. 地理科学进展, 33(4): 441-446.

傅伯杰, 赵文武, 张秋菊, 等. 2014. 黄土高原景观格局变化与土壤侵蚀. 北京: 科学出版社.
傅伯杰, 周国逸, 白永飞, 等. 2009. 中国主要陆地生态系统服务功能与生态安全. 地球科学进展, (6): 4-9.
高强, 马明睿, 韩华. 2015. 去除和添加凋落物对木荷林土壤呼吸的短期影响. 生态学杂志, 34(5): 1189-1197.
高人, 周广柱. 2002. 辽宁东部山区几种主要森林植被类型枯落物层持水性能研究. 沈阳农业大学学报, 33(2): 115-118.
高旺盛, 陈源泉, 董孝斌. 2003. 黄土高原生态系统服务功能的重要性与恢复对策探讨. 水土保持学报, 17(2): 59-61.
高翔, 王济, 蔡雄飞, 等. 2013. 喀斯特地貌不同坡度下土壤侵蚀经验模型研究. 贵州农业科学, 14(12): 1847-1851.
高学田, 郑粉莉. 2004. 陕北黄土高原生态环境建设与可持续发展. 水土保持研究, 11(4): 47-49.
高艳鹏. 2010. 半干旱黄土丘陵沟壑区主要树种人工林密度效应评价. 北京: 北京林业大学博士学位论文.
高阳. 2014. 黄土高原地区林草生态系统碳密度和碳储量研究. 杨凌: 西北农林科技大学博士学位论文.
高阳, 程积民, 刘伟. 2011. 黄土高原地区不同类型天然草地群落学特征研究. 草业科学, 28(3): 1066-1069.
高阳, 程积民, 赵钰, 等. 2013. 黄土区典型人工林草本层生态恢复效应. 草地学报, 21(1): 79-86.
郭继勋. 1994. 羊草草原分解者亚系统. 长春: 吉林大学出版社.
郭继勋, 祝廷成. 1988. 羊草草甸枯枝落叶的分解、积累与营养物质含量动态. 植物生态学与地植物学学报, 12(3): 197-203.
郭胜利, 马玉红, 车生国, 等. 2009. 黄土区人工与天然植被对凋落物量和土壤有机碳变化的影响. 林业科学, 45(10): 14-18.
国家林业局. 2011a. 2011 中国林业基本情况. http://www.forestry.gov.cn/portal/main/s/58/content-492268.html [2014-02-19].
国家林业局. 2011b. 中国林业发展报告. 北京: 中国林业出版社.
韩刚, 韩恩贤, 薄颖生, 等. 2003. 黄土高原不同整地方法造林试验. 陕西林业科技, (4): 34-37.
韩仕峰, 李玉山, 石玉洁, 等. 1990. 黄土高原土壤水分资源特征. 水土保持通报, 10(1): 36-43.
韩兴国, 李凌浩. 2012. 内蒙古草地生态系统维持机理. 北京: 中国农业大学出版社: 268-275.
韩亚飞, 伊文慧, 王文波, 等. 2014. 基于高通量测序技术的连作杨树人工林土壤细菌多样性研究. 山东大学学报(理学版), 49: 1-6.
何福红, 黄明斌, 党廷辉. 2003a. 黄土高原沟壑区小流域土壤干层的分布特征. 自然资源学报, 18(1): 30-36.
何福红, 黄明斌, 党廷辉. 2003b. 黄土高原沟壑区小流域综合治理的生态水文效应. 水土保持研究, 10(2): 33-37.
贺纪正, 曹鹏, 郑袁明. 2013. 代谢异速生长理论及其在微生物生态学领域的应用. 生态学报, (9): 14-24.
贺纪正, 陆雅海, 傅伯杰. 2015. 土壤生物学前沿. 北京: 科学出版社.
贺纪正, 张丽梅. 2013. 土壤氮素转化的关键微生物过程及机制. 微生物学通报, 40(1): 98-108.
贺金生, 韩兴国. 2010. 生态化学计量学: 探索从个体到生态系统的统一化理论. 植物生态学报, 34(1): 2-6.
洪江涛, 吴建波, 王小丹. 2014. 藏北高寒草原紫花针茅根系碳氮磷生态化学计量学特征. 山地学报, 32(4): 467-474.
侯扶江, 肖金玉, 南志标. 2002. 黄土高原退耕地的生态恢复. 应用生态学报, 8: 923-929.
侯红. 2013. 大针茅(Stipa grandis)草原群落枯落物特诊及分解动态研究. 呼和浩特: 内蒙古大学硕士学

位论文.

侯庆春. 1999. 黄土高原人工林草地土壤干层初探. 中国水土保持, (5): 23-26.

侯晓瑞. 2012. 黄土丘陵区土壤有机碳氮空间分布与储量研究. 杨凌: 西北农林科技大学硕士学位论文.

胡婵娟, 傅伯杰, 靳甜甜, 等. 2009. 黄土丘陵沟壑区植被恢复对土壤微生物生物量碳和氮的影响. 应用生态学报, 20(1): 45-50.

胡婵娟, 傅伯杰, 刘国华, 等. 2008. 黄土丘陵沟壑区典型人工林下土壤微生物功能多样性. 生态学报, 29(2): 727-733.

胡海清, 陆昕, 孙龙. 2012. 土壤活性有机碳组分及测定方法. 森林工程, 28(5): 18-22.

胡会峰, 刘国华. 2006. 中国天然林保护工程的固碳能力估算. 生态学报, 26(1): 291-296.

胡良军, 邵明安. 2002. 黄土高原植被恢复的水分生态环境研究. 应用生态学报, (8): 1045-1048.

胡良军, 邵明安, 杨文治. 2004. 黄土高原土壤水分的空间分异及其与林草布局的关系. 草业学报, 13(6): 14-20.

胡宁, 马志敏, 蓝家程, 等. 2016. 石漠化区植被恢复过程凋落叶分解特征及其对土壤有机碳/氮的影响——以重庆中梁山为例. 中国岩溶, (5): 539-549.

华娟, 赵世伟, 张扬, 等. 2009. 云雾山不同草地群落土壤活性有机碳分布特征. 草地学报, 17(3): 315-320.

黄从德, 张健, 邓玉林, 等. 2007. 退耕还林地在植被恢复初期碳储量及分配格局研究. 水土保持学报, 21(4): 130-133.

黄从德, 张健, 杨万勤, 等. 2009. 四川森林土壤有机碳储量的空间分布特征. 生态学报, 29(3): 1217-1225.

黄高宝, 张恩和. 2002. 甘肃黄土高原生态环境建设与农业可持续发展战略研究. 水土保持学报, 16(1): 16-19.

黄靖宇, 宋长春, 张金波, 等. 2008. 凋落物输入对三江平原弃耕农田土壤基础呼吸和活性碳组分的影响. 生态学报, 28(7): 3417-3424.

黄容, 潘开文, 王进闯, 等. 2010. 岷江上游半干旱河谷区 3 种林型土壤氮素的比较. 生态学报, 30(5): 1210-1216.

黄银晓, 林舜华. 1995. 海河流域植物中碳的输出(或存留)量和土壤中的库存量. 环境科学, 5: 14-17.

贾燕锋, 王宁, 韩鲁艳, 等. 2008. 黄土丘陵沟壑区坡沟植被生态序列研究. 中国水土保持科学, 6(6): 50-57.

姜灿烂, 何园球, 刘晓利, 等. 2010. 长期施用有机肥对旱地红壤团聚体结构和稳定性的影响. 土壤学报, 47(4): 715-722.

姜培坤, 周国模. 2003. 侵蚀型红壤植被恢复后土壤微生物量碳, 氮的演变. 水土保持学报, 17(1): 112-114.

姜沛沛, 曹扬, 陈云明, 等. 2016. 不同林龄油松(*Pinus tabulaeformis*)人工林植物、凋落物与土壤 C、N、P 化学计量特征. 生态学报, (19): 6188-6197.

蒋定生. 1997. 黄土高原水土流失与治理模式. 北京: 中国水利水电出版社.

蒋跃利. 2014. 宁南山区植被恢复对土壤氮素矿化和酶活性的影响. 杨凌: 西北农林科技大学硕士学位论文.

焦菊英, 焦峰, 温仲明. 2006. 黄土丘陵沟壑区不同恢复方式下植物群落的土壤水分和养分特征. 植物营养与肥料学报, 12(5): 667-674.

焦菊英, 马祥华, 白文娟, 等. 2005. 黄土丘陵沟壑区退耕地植物群落与土壤环境因子的对应分析. 土壤学报, 42(5): 744-752.

焦醒, 刘广全. 2009. 黄土高原刺槐生长状况及其影响因子. 国际沙棘研究与开发, 6(2): 42-47.

靳孟贵, 张人权, 孙连发, 等. 1999. 土壤水资源评价的研究. 水利学报, 16(2): 73-78.

康绍忠. 2000. 农用水管理学. 西安: 陕西科学技术出版社.

康绍忠, 刘晓明, 熊运章. 1992. 冬小麦根系吸水模式的研究. 西北农业大学学报, 20(2): 5-12.
李斌, 张金屯. 2003. 黄土高原地区植被与气候的关系. 生态学报, 23(1): 82-89.
李博, 杨持, 林鹏. 2000. 生态学. 北京: 高等教育出版社: 249-250.
李代琼, 吴钦孝, 刘克俭, 等. 1990. 宁南沙棘、柠条蒸腾和土壤水分动态研究. 中国水土保持, (6): 29-32, 45.
李贵桐, 赵紫娟, 黄元仿, 等. 2002. 秸秆还田对土壤氮素转化的影响. 植物营养与肥料学报, 8(2): 162-167.
李鉴霖, 江长胜, 郝庆菊, 等. 2013. 缙云山土地利用方式对土壤有机碳及全氮的影响. 西北农林科技大学学报(自然科学版), 41(11): 137-145.
李俊, 毕华兴, 李孝广, 等. 2006. 晋西黄土残塬沟壑区不同植被类型土壤水分动态研究. 水土保持研究, 136: 65-68.
李克让, 王绍强, 曹明奎. 2003. 中国植被和土壤碳贮量. 中国科学: 地球科学, 33(1): 72-80.
李茂金. 2012. 凋落物输入对两种森林土壤碳氮及氮矿化的影响. 长沙: 中南林业科技大学硕士学位论文.
李明峰, 董云社, 齐玉春, 等. 2005. 温带草原土地利用变化对土壤碳氮含量的影响. 中国草地学报, 27(1): 1-6.
李茜. 2013. 黄土高原不同树种枯落叶混合分解对土壤性质的影响. 杨凌: 西北农林科技大学博士学位论文.
李强, 周道玮, 陈笑莹. 2014. 地上枯落物的累积、分解及其在陆地生态系统中的作用. 生态学报, 34(14): 3807-3819.
李世清, 任书杰, 李生秀. 2004. 土壤微生物体氮的季节性变化及其与土壤水分和温度的关系. 植物营养与肥料学报, 10(1): 18-23.
李世荣, 张卫强, 贺康宁. 2003. 黄土半干旱区不同密度刺槐林地的土壤水分动态. 中国水土保持科学, (2): 28-32.
李文华, 欧阳志云, 赵景柱. 2002. 生态系统服务功能研究. 北京: 气象出版社.
李小强, 安芷生, 周杰, 等. 2003. 全新世黄土高原塬区植被特征. 海洋地质与第四纪地质, 23(3): 109-114.
李鑫. 2016. 宁南山区典型植物茎叶分解过程及其对土壤养分和微生物群落的影响. 杨凌: 西北农林科技大学硕士学位论文.
李学斌, 陈林, 田真, 等. 2011. 荒漠草原典型植物群落枯落物蓄积量及其持水性能. 水土保持学报, 25(6): 144-147.
李学斌, 陈林, 张硕新, 等. 2012. 围封条件下荒漠草原4种典型植物群落枯落物枯落量及其蓄积动态. 生态学报, 32(20): 6575-6583.
李娅芸. 2016. 宁南山区典型植物根系分解特征及其对土壤养分和微生物多样性的影响. 杨凌: 西北农林科技大学硕士学位论文.
李娅芸, 刘雷, 安韶山, 等. 2016. 应用Le Bissonnais法研究黄土丘陵区不同植被区及坡向对土壤团聚体稳定性和可蚀性的影响. 自然资源学报, 31(2): 287-298.
李意德, 吴仲民, 曾庆波, 等. 1998. 尖峰岭热带山地雨林生态系统碳平衡的初步研究. 生态学报, 18(4): 371-378.
李玉山. 1962. 墣土水分状况与作物生长. 土壤学报, 10(3): 289-304.
李玉山. 1983. 土壤水库的功能和作用. 水土保持通报, 5: 27-30.
李玉山. 2001. 黄土高原森林植被对陆地水循环影响的研究. 自然资源学报, 16(5): 427-432.
李玉山. 2002. 苜蓿生产力动态及其水分生态环境效应. 土壤学报, 39(3): 404-411.
李玉山, 韩仕峰, 汪正华. 1985. 黄土高原土壤水分性质及其分区. 中国科学院西北水土保持研究所集刊(土壤水分与土壤肥力研究专集), (2): 1-17.

李裕元, 邵明安. 2003. 子午岭植被自然恢复过程中植物多样性的变化. 生态学报, 24(2): 252-260.

李忠佩, 张桃林, 陈碧云. 2004. 可溶性有机碳的含量动态及其与土壤有机碳矿化的关系. 土壤学报, 41(4): 544-552.

梁二, 蔡典雄, 代快, 等. 2010. 中国农田土壤有机碳变化: Ⅱ. 土壤固碳潜力估算. 中国土壤与肥料, 6: 87-92.

梁宗锁, 左长清, 焦巨仁. 2003. 生态修复在黄土高原水土保持中的作用. 西北林学院学报, 18(1): 20-24.

林波, 刘庆, 吴彦, 等. 2004. 亚高山针叶林人工恢复过程中凋落物动态分析. 应用生态学报, (9): 1491-1496.

林成谷. 1983. 土壤学(北方本). 北京: 农业出版社.

林景亮. 1989. 福建土种志. 福州: 福建省土壤普查办公室.

刘国彬, 胡维银, 许明祥. 2003. 黄土丘陵区小流域生态经济系统健康评价. 自然资源学报, 18(1): 44-49.

刘国彬, 上官周平, 姚文艺, 等. 2017. 黄土高原生态工程的生态成效. 中国科学院院刊, 32(1): 11-19.

刘国华, 傅伯杰, 吴钢, 等. 2003. 环渤海地区土壤有机碳库及其空间分布格局的研究. 应用生态学报, 14(9): 1489-1493.

刘建军, 王得祥, 雷瑞德, 等. 2003. 火地塘林区锐齿栎林土壤碳循环的动态模拟. 西北农林科技大学学报(自然科学版), 31(6): 14-18.

刘金根, 薛建辉. 2009. 坡向对香根草护坡地植物群落特征的影响. 生态学杂志, 28(3): 384-388.

刘举, 常庆瑞, 张俊华, 等. 2004. 黄土高原不同林地植被对土壤肥力的影响. 西北农林科技大学学报(自然科学版), 32(B11): 111-115.

刘雷, 安韶山, 黄华伟. 2013. 应用 Le Bissonnais 法研究黄土丘陵区植被类型对土壤团聚体稳定性的影响. 生态学报, 33(20): 6670-6680.

刘梦云, 常庆瑞, 齐雁冰, 等. 2012. 黄土台塬不同林分结构土壤有机碳质量分数特征. 植物营养与肥料学报, 18(6): 1418-1427.

刘全友, 孙建中, 黄银晓, 等. 1994. 海河流域土壤中碳的库存与通量研究. 环境科学学报, 14(2): 177-183.

刘尚华, 吕世海, 冯朝阳, 等. 2008. 京西百花山区六种植物群落凋落物及土壤呼吸特性研究. 中国草地学报, 30(1): 78-86.

刘效东, 乔玉娜, 周国逸. 2011. 土壤有机质对土壤水分保持及其有效性的控制作用. 植物生态学报, 35(12): 1209-1218.

刘兴诏, 周国逸, 张德强, 等. 2010. 南亚热带森林不同演替阶段植物与土壤中 N, P 的化学计量特征. 植物生态学报, 34(1): 64-71.

刘洋, 黄懿梅, 曾全超. 2016b. 黄土高原不同植被类型下土壤细菌群落特征研究. 环境科学, 37: 3931-3938.

刘洋, 曾全超, 黄懿梅. 2016a. 基于 454 高通量测序的黄土高原不同乔木林土壤细菌群落特征. 中国环境科学, 36: 3487-3494.

刘雨, 郑粉莉, 安韶山, 等. 2010. 燕沟流域土壤微生物学性质对植被恢复过程的响应. 植物营养与肥料学报, 16(4): 824-832.

刘增文. 2002. 森林生态系统中枯落物分解速率研究方法. 生态学报, 22(6): 954-956.

刘增文, 高文俊, 潘开文, 等. 2006. 枯落物分解研究方法和模型讨论. 生态学报, (6): 1993-2000.

刘增文, 赵先贵. 2001. 森林生态系统养分循环特征参数研究. 西北林学院学报, (4): 21-24.

刘中奇, 朱清科, 邝高明, 等. 2010. 半干旱黄土丘陵沟壑区封禁流域植被枯落物分布规律研究. 草业科学, 27(4): 20-24.

柳敏, 宇万太, 姜子绍, 等. 2006. 土壤活性有机碳. 生态学杂志, 25(11): 1412-1417.

卢小亮. 2011. 杨树人工林凋落物分解特性及其对土壤性质的影响. 南京: 南京林业大学硕士学位论文.
吕世华, 陈玉春. 1999. 西北植被覆盖对我国区域气候变化影响的数值模拟. 高原气象, 18(3): 416-424.
吕一河, 马志敏, 傅伯杰, 等. 2013. 生态系统服务多样性与景观多功能性——从科学理念到综合评估. 生态学报, 33(4): 1153-1159.
马露莎, 陈亚楠, 张向茹, 等. 2014. 黄土高原刺槐叶片生态化学计量学特征. 水土保持研究, 21(3): 57-67.
马任甜. 2017. 黄土高原刺槐、柠条人工林土壤-植物生态化学计量特征研究. 杨凌: 西北农林科技大学硕士学位论文: 1-2.
马任甜, 安韶山, 黄懿梅. 2017. 黄土高原不同林龄刺槐林碳、氮、磷化学计量特征. 应用生态学报, 28(9): 2787-2793.
马炜. 2013. 长白落叶松人工林生态系统碳密度测定与预估. 北京: 北京林业大学博士学位论文.
马祥华, 焦菊英. 2005. 黄土丘陵沟壑区退耕地自然恢复植被特征及其与土壤环境的关系. 中国水土保持科学, 3(2): 15-22.
马永跃, 王维奇. 2011. 闽江河口区稻田土壤和植物的C、N、P含量及其生态化学计量比. 亚热带农业研究, 7(3): 182-187.
马玉红, 郭胜利, 杨雨林, 等. 2007. 植被类型对黄土丘陵区流域土壤有机碳氮的影响. 自然资源学报, 22(1): 98-105.
马玉玺, 杨文治, 韩仕峰. 1990. 黄土高原刺槐生长动态研究. 水土保持学报, 4(2): 27-32.
穆兴民. 2000. 黄土高原土壤水分与水土保持措施相互作用. 农业工程学报, 16(2): 40-45.
穆兴民. 2002. 黄土高原水土保持对河川径流及土壤水文的影响. 杨凌: 西北农林科技大学博士学位论文.
穆兴民, 陈霁伟. 1999. 黄土高原水土保持措施对土壤水分的影响. 土壤侵蚀与水土保持学报, 5(4): 39-44.
穆兴民, 王万忠, 高鹏, 等. 2014. 黄河泥沙变化研究现状与问题. 人民黄河, 36(12): 1-7.
倪银霞. 2016. 宁南山区植被恢复对土壤氮矿化中微生物的影响. 杨凌: 西北农林科技大学硕士学位论文.
宁夏回族自治区林业调查规划院, 国家林业局西北林业调查规划设计院. 2009. 宁夏回族自治区森林资源与生态状况调查成果报告.
牛丹. 2016. 宁南山区植被恢复对土壤有机氮矿化的影响. 杨凌: 西北农林科技大学硕士学位论文.
牛西午, 张强, 杨治平, 等. 2003. 柠条人工林对晋西北土壤理化性质变化的影响研究. 西北植物学报, 23(4): 628-632.
牛小云. 2015. 日本落叶松枯落物分解过程及其生物学特征研究. 北京: 中国林业科学研究院博士学位论文.
欧阳志云, 王如松, 赵景柱. 1999a. 生态系统服务功能及其生态经济价值评价. 应用生态学报, 10(5): 635-639.
欧阳志云, 王效科, 苗鸿. 1999b. 中国陆地生态系统服务功能及其生态经济价值的初步研究. 生态学报, 19(5): 607-613.
潘复静, 张伟, 王克林, 等. 2011. 典型喀斯特峰丛洼地植被群落凋落物C∶N∶P生态化学计量特征. 生态学报, 31(2): 335-343.
潘根兴. 1999. 中国土壤有机碳和无机碳库量研究. 科技通报, 15(5): 330-332.
庞敏, 侯庆春, 薛智德, 等. 2005. 延安研究区主要自然植被类型土壤水分特征初探. 水土保持学报, 19(4): 138-141.
裴蓓, 高国荣. 2018. 凋落物分解对森林土壤碳库影响的研究进展. 中国农学通报, 34(26): 58-64.
彭琳. 2012. 改变凋落物的输入方式对慈竹林土壤有机碳和酶活性的影响. 雅安: 四川农业大学硕士学位论文.

彭少麟, 刘强. 2001. 森林凋落物动态及其对全球变暖的响应. 生态学报, 22(9): 164-174.

彭文英, 张科利, 杨勤科. 2006. 退耕还林对黄土高原地区土壤有机碳影响预测. 地域研究与开发, 25(3): 94-99.

彭新华, 张斌, 赵其国. 2003. 红壤侵蚀裸地植被恢复及土壤有机碳对团聚体稳定性的影响. 生态学报, 10: 2176-2183.

彭新华, 张斌, 赵其国. 2004. 土壤有机碳库与土壤结构稳定性关系的研究进展. 土壤学报, 41(4): 618-623.

彭镇华, 董林水, 张旭东, 等. 2005. 黄土高原水土流失严重地区植被恢复策略分析. 林业科学研究, 18(4): 471-478.

朴世龙, 方精云, 贺金生, 等. 2004. 中国草地植被生物量及其空间分布格局. 植物生态学报, 28(4): 491-498.

秦娟, 上官周平. 2012. 白榆/刺槐不同林型生长季土壤呼吸速率的变化特征. 西北农林科技大学学报(自然科学版), 40(6): 91-98.

青烨, 孙飞达, 李勇, 等. 2015. 若尔盖高寒退化湿地土壤碳氮磷比及相关性分析. 草业学报, 24(3): 38-47.

邱尔发, 陈卓梅, 郑郁善, 等. 2005. 麻竹山地笋用林凋落物发生、分解及养分归还动态. 应用生态学报, 16(5): 811-814.

邱扬, 傅伯杰, 王军, 等. 2000. 黄土丘陵小流域土壤水分时空分异与环境关系的数量分析. 生态学报, 20(5): 741-747.

任海, 彭少麟. 2001. 恢复生态学导论. 北京: 科学出版社.

任书杰, 于贵瑞, 陶波, 等. 2007. 中国东部南北样带654种植物叶片氮和磷的化学计量学特征研究. 环境科学, 28(12): 1-9.

单长卷, 梁宗锁. 2006. 黄土高原刺槐人工林根系分布与土壤水分的关系. 中南林学院学报, 26(1): 19-21.

邵明安, 贾小旭, 王云强, 等. 2016. 黄土高原土壤干层研究进展与展望. 地球科学进展, 31(1): 14-22.

邵明安, 杨文治, 李玉山. 1987. 植物根系吸收土壤水分的数学模型. 土壤学报, 24(4): 295-305.

沈宏, 曹志洪, 胡正义. 1999. 土壤活性有机碳的表征及其生态效应. 生态学杂志, 18(3): 32-38.

宋长青, 吴金水, 陆雅海, 等. 2013. 中国土壤微生物学研究10年回顾. 地球科学进展, 10: 1087-1105.

宋轩, 李树人, 姜凤岐. 2001. 长江中游栓皮栎林水文生态效益研究. 水土保持学报, (2): 76-79.

苏静, 赵世伟, 马继东, 等. 2005. 宁南黄土丘陵区不同人工植被对土壤碳库的影响. 水土保持研究, 12(3): 50-52.

孙彩丽, 刘国彬, 马海龙, 等. 2012. 不同沙生植被土壤易氧化有机碳组分及其含量的差. 草业学报, 20(5): 864-869.

唐克丽. 1998. 黄土高原生态环境建设关键性问题的研讨. 水土保持通报, 18(1): 1-7.

田大伦. 1989. 马尾松人工林密度与枯枝落叶量的关系. 林业科技通讯, (5): 23-25.

涂夏明, 曹军骥, 韩永明, 等. 2012. 黄土高原表土有机碳和无机碳的空间分布及碳储量. 干旱区资源与环境, 26(2): 114-118.

涂玉, 尤业明, 孙建新. 2012. 油松-辽东栎混交林地表凋落物与氮添加对土壤微生物生物量碳、氮及其活性的影响. 应用生态学报, 23(9): 2325-2331.

万素梅. 2008. 黄土高原地区不同生长年限苜蓿生产性能及对土壤环境效应研究. 杨凌: 西北农林科技大学硕士学位论文.

王宝荣, 杨佳佳, 安韶山, 等. 2018. 黄土丘陵区植被与地形特征对土壤和土壤微生物生物量生态化学计量特征的影响. 应用生态学报, 29(1): 247-259.

王长庭, 龙瑞军, 曹广民, 等. 2006. 三江源地区主要草地类型土壤碳氮沿海拔变化特征及其影响因素. 植物生态学报, 30(3): 441-449.

王春梅, 刘艳红, 邵彬, 等. 2007. 量化退耕还林后土壤碳变化. 北京林业大学学报, 29(3): 112-119.

王春阳, 周建斌, 王祥, 等. 2011. 黄土高原区不同植物凋落物可溶性有机碳的含量及生物降解特性. 环境科学, 32(4): 1139-1145.

王飞, 李锐, 谢永生. 2001. 历史时期黄土高原生态环境建设分析. 水土保持研究, 8(2): 138-142.

王凤友. 1989. 森林凋落量研究综述. 生态学进展, (6): 82-89.

王国梁, 刘国彬, 侯喜禄. 2002a. 黄土高原丘陵沟壑区植被恢复重建后的物种多样性研究. 山地学报, 20(2): 182-187.

王国梁, 刘国彬, 许明祥. 2002b. 黄土丘陵区纸坊沟流域植被恢复的土壤养分效应. 水土保持通报, 22(1): 1-5.

王晗生. 2009. 黄土高原环境异质性与植被的恢复与重建. 生态学报, 29(5): 2445-2455.

王建林, 钟志明, 王忠红, 等. 2014. 青藏高原高寒草原生态系统土壤碳磷比的分布特征. 草业学报, 23(2): 9-19.

王经民, 汪有科. 1996. 黄土高原生态环境脆弱性计算方法探讨. 水土保持通报, 16(3): 32-36.

王晶, 解宏图, 朱平, 等. 2003. 土壤活性有机质(碳)的内涵和现代分析方法概述. 生态学杂志, 22(6): 109-112.

王娟. 2013. 子午岭区天然辽东栎次生林群落固碳现状. 杨凌: 西北农林科技大学硕士学位论文.

王军, 傅伯杰. 2000. 黄土丘陵小流域土地利用结构对土壤水分时空分布的影响. 地理学报, 55(1): 84-91.

王凯博, 上官周平. 2011. 黄土丘陵区燕沟流域典型植物叶片C、N、P化学计量特征季节变化. 生态学报, 31(17): 4985-4991.

王力. 2002. 陕北黄土高原土壤水分亏缺状况与林木生长关系. 杨凌: 西北农林科技大学博士学位论文.

王力, 李裕元, 李秋秋. 2004. 黄土高原生态环境的恶化及其对策. 自然资源学报, 19(2): 263-271.

王孟本, 李洪建. 1995. 晋西北黄土区人工林土壤水分动态的定量研究. 生态学报, 15(2): 178-184.

王淼, 姬兰柱, 李秋荣, 等. 2003. 土壤温度和水分对长白山不同森林类型土壤呼吸的影响. 应用生态学报, 14(8): 1234-1238.

王鹏程, 邢乐杰, 肖文发, 等. 2009. 三峡库区森林生态系统有机碳密度及碳储量. 生态学报, 29(1): 97-107.

王清奎. 2011. 碳输入方式对森林土壤碳库和碳循环的影响研究进展. 应用生态学报, 22(4): 1075-1081.

王清奎, 汪思龙, 于小军, 等. 2007. 杉木与阔叶树叶凋落物混合分解对土壤活性有机质的影响. 应用生态学报, 18(6): 1203-1207.

王绍强, 于贵瑞. 2008. 生态系统碳氮磷元素的生态化学计量学特征. 生态学报, 28(8): 3937-3947.

王绍强, 周成虎, 李克让, 等. 2000. 中国土壤有机碳库及空间分布特征分析. 地理学报, 55(5): 533-544.

王舒, 马岚, 高甲荣, 等. 2016. 晋西黄土区土地利用方式对土层有机质变异的影响. 南京林业大学学报(自然科学版), 5: 1-8.

王晓宁, 向家平, 赵廷宁, 等. 2009. 晋西黄土丘陵沟壑区植被演替规律研究. 水土保持通报, 29(3): 105-109.

王岩, 沈其荣, 史瑞和, 等. 1996. 土壤微生物量及其生态效应. 南京农业大学学报, 4: 23-31.

王月玲, 张源润, 蔡进军, 等. 2005. 宁南黄土丘陵区不同生态恢复与重建中的土壤水分变化研究. 中国农学通报, 21(7): 367-369, 376.

温仲明, 焦峰, 刘宝元, 等. 2005. 黄土高原森林草原区退耕地植被自然恢复与土壤养分变化. 应用生态学报, 16(11): 2025-2029.

吴建国, 艾丽. 2008. 土壤颗粒组分中氮含量及其与海拔和植被的关系. 林业科学, 44(6): 10-19.

吴林坤, 林向民, 林文雄. 2014. 根系分泌物介导下植物–土壤–微生物互作关系研究进展与展望. 植物生态学报, 38(3): 298-310.

吴钦孝, 丁汉福, 刘克俭. 1989. 黄土丘陵半干旱地区柠条根系的研究. 水土保持通报, 9(3): 45-49.

吴钦孝, 韩冰, 李秧秧. 2005. 黄土丘陵区小流域土壤水分入渗特征研究. 中国水土保持科学, 2(2): 1-5.
吴钦孝, 杨文治. 1998. 黄土高原植被建设与持续发展. 北京: 科学出版社.
吴钦孝, 赵鸿雁. 1999. 黄土高原水土保持目标及对策. 水土保持研究, 6(2): 77-81.
吴统贵, 陈步峰, 肖以华, 等. 2010. 珠江三角洲3种典型森林类型乔木叶片生态化学计量学. 植物生态学报, 34(1): 58-63.
吴彦, 刘庆, 乔永康, 等. 2001. 亚高山针叶林不同恢复阶段群落物种多样性变化及其对土壤理化性质的影响. 植物生态学报, 25(6): 648-655.
吴艳芹. 2013. 云雾山典型草原枯落物分解特性及影响因子研究. 杨凌: 西北农林科技大学硕士学位论文.
吴愉萍. 2009. 基于磷脂脂肪酸(PLFA)分析技术的土壤微生物群落结构多样性的研究. 杭州: 浙江大学博士学位论文.
向云. 2018. 黄土丘陵区草地枯落物分解特征及其对土壤性质的影响. 杨凌: 西北农林科技大学博士学位论文.
肖礼. 2017. 黄土丘陵区梯田土壤微生物群落和活性特征及其影响因素. 杨凌: 西北农林科技大学硕士学位论文.
肖礼, 黄懿梅, 赵俊峰, 等. 2017. 土壤真菌组成对黄土高原梯田种植类型的响应. 中国环境科学, 37: 3151-3158.
谢高地, 张钇锂, 鲁春霞, 等. 2001. 中国自然草地生态系统服务价值. 自然资源学报, 16(1): 47-53.
邢肖毅. 2013. 黄土丘陵区侵蚀环境对土壤氮素及微生物群落结构的影响. 杨凌: 西北农林科技大学硕士学位论文.
邢肖毅, 黄懿梅, 安韶山, 等. 2013. 黄土丘陵区不同植被土壤氮素转化微生物生理群特征及差异. 生态学报, 33(18): 5608-5614.
徐炳成, 山仑, 李凤民. 2005. 黄土丘陵半干旱区引种禾草柳枝稷的生物量与水分利用效率. 生态学报, 25(9): 2209-2213.
徐秋芳, 姜培坤, 沈泉. 2005. 灌木林与阔叶林土壤有机碳库的比较研究. 北京林业大学学报, 27(2): 18-22.
徐侠, 陈月琴, 汪家社, 等. 2008. 武夷山不同海拔高度土壤活性有机碳变化. 应用生态学报, 19(3): 539-544.
徐香兰, 张科利, 徐宪立, 等. 2003. 黄土高原地区土壤有机碳估算及其分布规律分析. 水土保持学报, 17(3): 13-15.
徐学选. 2001. 黄土高原土壤水资源及其植被承载力研究. 杨凌: 西北农林科技大学博士学位论文.
徐学选, 刘文兆, 高鹏, 等. 2003. 黄土丘陵区土壤水分空间分布差异性分析. 生态环境, 12(1): 52-55.
许炯心. 2000. 黄土高原生态环境建设的若干问题与研究需求. 水土保持研究, 7(2): 10-13.
许明祥, 刘国彬. 2004. 黄土丘陵区刺槐人工林土壤养分特征及演变. 植物营养与肥料学报, 10(1): 40-46.
许泉, 芮雯奕, 刘家龙, 等. 2006. 我国农田土壤碳氮耦合特征的区域差异. 生态与农村环境学报, 22(3): 57-60.
薛志婧. 2012. 宁南山区小流域土壤属性空间异质性及土壤碳、氮储量研究. 杨凌: 西北农林科技大学硕士学位论文.
闫韫. 2008. 布吉河生物修复过程中氮循环功能菌群分布研究. 哈尔滨: 哈尔滨工业大学硕士学位论文.
杨帆, 潘成忠, 鞠洪秀. 2016. 晋西黄土丘陵区不同土地利用类型对土壤碳氮储量的影响. 水土保持研究, 4: 318-324.
杨佳佳. 2014. 延河流域植被类型对土壤酶活性和土壤碳氮形态的影响. 杨凌: 西北农林科技大学硕士学位论文.
杨佳佳, 张向茹, 马露莎, 等. 2014. 黄土高原刺槐林不同组分生态化学计量关系研究. 土壤学报, 51(1):

133-142.

杨景成, 韩兴国, 黄建辉. 2003. 土地利用变化对陆地生态系统碳贮量的影响. 应用生态学报, 14(8): 1385-1390.

杨绒, 赵满兴, 周建斌. 2005. 过硫酸钾氧化法测定溶液中全氮含量的影响条件研究. 西北农林科技大学学报(自然科学版), (12): 107-111.

杨尚斌. 2010. 黄土丘陵区延河流域退耕还林(草)土壤固碳潜力评估. 杨凌: 西北农林科技大学硕士学位论文.

杨维西. 1996. 试论我国北方地区人工植被的土壤干化问题. 林业科学, 32(1): 78-85.

杨文治. 1981. 黄土高原土壤水分状况分区(试拟)与造林问题. 水土保持通报, 1(2): 13-19.

杨文治. 2001. 黄土高原土壤水资源与植树造林. 自然资源学报, 16(5): 433-438.

杨文治, 邵明安. 2000. 黄土高原土壤水分研究. 北京: 科学出版社.

杨文治, 邵明安, 彭新德, 等. 1998. 黄土高原环境的旱化与黄土水分关系. 中国科学, 28(4): 357-365.

杨文治, 石玉洁, 费维温. 1985. 黄土高原几种土壤在非饱和条件下水分的蒸发性能和抗旱力评价. 土壤学报, 22(1): 13-23.

杨文治, 田均良. 2004. 黄土高原土壤干燥化问题探源. 土壤学报, 41(1): 1-6.

杨文治, 余存祖. 1992. 黄土高原区域治理与评价. 北京: 科学出版社.

杨新国, 赵伟, 陈林, 等. 2015. 荒漠草原人工柠条林土壤与植被的演变特征生态环境学报, (4): 590-594.

杨新民, 杨文治. 1989. 黄土丘陵区人工林地土壤水分平衡初探. 林业科学, 25(6): 29-33.

杨阳, 刘秉儒, 杨新国, 等. 2014. 荒漠草原中不同密度人工柠条灌丛土壤化学计量特征. 水土保持通报, 5(34): 66-72.

杨益, 牛得草, 文海燕, 等. 2012. 贺兰山不同海拔土壤颗粒有机碳、氮特征. 草业学报, 21(3): 57-63.

姚玉璧, 王毅荣, 李耀辉, 等. 2005. 中国黄土高原气候暖干化及其对生态环境的影响. 资源科学, 27(5): 146-152.

伊传逊. 1984. 隔坡梯田效益研究. 中国水土保持, (6): 16-17.

于东升, 史学正, 孙维侠, 等. 2005. 基于1:100万土壤数据库的中国土壤有机碳密度及储量研究. 应用生态学报, 16(12): 2279-2283.

于树, 汪景宽, 高艳梅. 2006. 地膜覆盖及不同施肥处理对土壤微生物量碳和氮的影响. 沈阳农业大学学报, 37(4): 602-606.

余新晓, 张建军, 朱金兆, 等. 1996. 黄土地区防护林生态系统土坡水分条件的分析与评价. 林业科学, 32(4): 289-292.

袁焕英, 许喜明. 2004. 黄土高原半干旱丘陵沟壑区人工林土壤水分动态研究. 西北林学院学报, 19(2): 5-8.

曾大林. 2000. 对当代林业水土保持作用的几点认识. 中国水土保持, (6): 25-27.

曾全超. 2015. 黄土高原不同植被生态系统土壤微生物多样性及其影响因素研究. 北京: 中国科学院研究生院(教育部水土保持与生态环境研究中心)硕士学位论文.

曾全超. 2018. 黄土高原辽东栎枯落物分解的微生物作用机制. 杨凌: 西北农林科技大学博士学位论文.

曾全超, 董扬红, 李鑫, 等. 2014a. 基于Le Bissonnais法对黄土高原森林植被带土壤团聚体及土壤可蚀性特征研究. 中国生态农业学报, 22(9): 1093-1101.

曾全超, 李鑫, 董扬红, 等. 2015a. 黄土高原不同乔木林土壤微生物量碳氮和溶解性碳氮的特征. 生态学报, 35(11): 3598-3605.

曾全超, 李鑫, 董扬红, 等. 2015b. 陕北黄土高原土壤性质及其生态化学计量的纬度变化特征. 自然资源学报, 30(5): 870-879.

曾全超, 李娅芸, 刘雷, 等. 2014b. 黄土高原草地植被土壤团聚体特征与可蚀性分析. 草地学报, 22(4): 743-749.

张春梅, 焦峰, 温忠明, 等. 2011. 延河流域自然与人工植被地上生物量差异及其土壤水分效应的比较. 西北农林科技大学学报(自然科学版), 39(4): 132-138, 146.

张春森, 胡艳, 史晓亮. 2016. 基于 AVHRR 和 MODIS NDVI 数据的黄土高原植被覆盖时空演变分析. 应用科学学报, 34(6): 702-712.

张国斌, 田大伦, 方晰, 等. 2008. 不同退耕还林不同造林模式下土壤有机碳分布特征. 中南林业科技大学学报(自然科学版), 28(2): 8-12.

张海燕, 肖延华, 张旭东, 等. 2006. 土壤微生物量作为土壤肥力指标的探讨. 土壤通报, 37(3): 422-425.

张宏. 2014. 黄土高原不同植被区侵蚀环境下有机碳及其组分分布特征. 杨凌: 西北农林科技大学硕士学位论文.

张剑, 汪思龙, 王清奎, 等. 2009. 不同森林植被下土壤活性有机碳含量及其季节变化. 中国农业生态学报, 17(1): 41-47.

张金屯. 2004. 黄土高原植被恢复与建设的理论和技术问题. 水土保持学报, 18(5): 120-124.

张金屯, 李斌. 2003. 黄土高原地区植被与气候的关系. 生态学报, 23(1): 82-89.

张劲峰, 宋洪涛, 耿云芬, 等. 2008. 滇西北亚高山不同退化林地植被与土壤养分特征. 生态学杂志, 27(7): 1064-1070.

张科利, 彭文英, 杨红丽. 2007. 中国土壤可蚀性值及其估算. 土壤学报, 44(1): 7-13.

张雷明, 上官周平, 史俊通. 2001. 黄土区坡面水肥条件与植被建设. 干旱区资源与环境, 15(4): 68-74.

张立恭. 1997. 山民江上游水源涵养林涵水能力综合评价. 四川林业勘察设计, (4): 27-31.

张鹏云, 赵松岭. 1983. 试用现代科学观点探讨黄土高原的林木. 兰州大学学报(社会科学版), 4: 21-24.

张圣民. 2018. 黄土高原农田土壤有机碳储量及固碳能力研究. 杨凌: 西北农林科技大学硕士学位论文.

张树萌, 黄懿梅, 倪银霞, 等. 2018. 宁南山区人工林草对土壤真菌群落的影响. 中国环境科学, 38: 1449-1458.

张伟东, 汪思龙, 杨会侠, 等. 2010. 树种和凋落物对杉木林土壤微生物性质的影响. 应用与环境生物学报, 16(2): 168-172.

张文辉, 刘国彬. 2007. 黄土高原植被生态恢复评价、问题与对策. 林业科学, 43(1): 102-106.

张向茹. 2014. 宁南山区枯落物分解对土壤微生物群落结构及有机碳形态的影响. 杨凌: 西北农林科技大学博士学位论文.

张小全, 武曙红. 2010. 林业碳汇项目的理论与实践. 北京: 中国林业出版社.

张晓鹏, 潘开文, 王进闯, 等. 2011. 桤-木荷林凋落叶混合分解对土壤有机碳的影响. 生态学报, 31(6): 1582-1593.

张晓伟, 许明祥, 师晨迪, 等. 2012. 半干旱区县域农田土壤有机碳固存速率及其影响因素——以甘肃庄浪县为例. 植物营养与肥料学报, 18(5): 1086-1095.

张兴昌, 邵明安. 2000. 黄土丘陵区小流域土壤氮素流失规律. 地理学报, 67(5): 617-626.

张远东, 赵常明, 刘世荣. 2004. 川西亚高山人工云杉林和自然恢复演替系列的林地水文效应. 自然资源学报, 19(6): 761-768.

张振国, 范变娥, 白文娟, 等. 2007. 黄土丘陵沟壑区退耕地植物群落土壤抗蚀性研究. 中国水土保持科学, (1): 7-13.

张振明, 余新晓, 牛健植, 等. 2005. 不同林分枯落物层的水文生态功能. 水土保持学报, 19(3): 139-143.

赵琳, 李世清, 李生秀, 等. 2004. 半干旱区生态过程变化中土壤硝态氮累积及其在植物氮素营养中的作用. 干旱地区农业研究, 22(4): 14-20.

赵满兴, 周建斌, 延志莲. 2010. 不同土层土壤对可溶性有机氮、碳的吸附特性研究. 土壤通报, (6): 1328-1332.

赵世伟, 苏静, 吴金水, 等. 2006. 子午岭植被恢复过程中土壤团聚体有机碳含量的变化. 水土保持学报, 20(3): 114-117.

赵彤. 2014. 宁南山区植被恢复工程对土壤原位矿化中微生物种类和多样性的影响. 杨凌: 西北农林科技大学硕士学位论文.

赵彤, 蒋跃利, 闫浩, 等. 2013a. 黄土丘陵区不同坡向对土壤微生物生物量和可溶性有机碳的影响. 环境科学, 34(8): 3223-3230.

赵彤, 闫浩, 蒋跃利, 等. 2013b. 黄土丘陵区植被类型对土壤微生物量碳氮磷的影响. 生态学报, 33(18): 5615-5622.

赵晓单. 2017. 黄土高原人工刺槐林和柠条林土壤团聚体稳定性及其影响因素. 北京: 中国科学院大学(中国科学院教育部水土保持与生态环境研究中心)硕士学位论文.

赵晓单, 曾全超, 安韶山, 等. 2016. 黄土高原不同封育年限草地土壤与植物根系的生态化学计量特征. 土壤学报, 6(53): 1541-1551.

赵艳云, 程积民, 万惠娥, 等. 2007. 林地枯落物层水文特征研究进展. 中国水土保持科学, 5(2): 130-134.

赵永存, 徐胜祥, 王美艳, 等. 2018. 中国农田土壤固碳潜力与速率: 认识、挑战与研究建议. 中国科学院院刊, 33(2): 191-197.

郑粉莉, 唐克丽, 白红英. 1994. 黄土高原人类活动与生态环境演变的研究. 水土保持研究, (S1): 36-42.

郑淑霞, 上官周平. 2006. 黄土高原地区植物叶片养分组成的空间分布格局. 自然科学通报, 16(8): 965-973.

钟春棋, 曾从盛, 仝川. 2010. 不同土地利用方式对闽江口湿地土壤活性有机碳的影响. 亚热带资源与环境学报, 5(4): 64-70.

周莉, 李保国, 周广胜. 2005. 土壤有机碳的主导影响因子及其研究进展. 地球科学进展, 20(1): 99-105.

周涛, 史培军. 2006. 土地利用变化对中国土壤碳储量变化的间接影响. 地球科学进展, 21(2): 138-143.

周玉荣, 于振良, 赵士洞. 2000. 我国主要森林生态系统碳贮量和碳平衡. 植物生态学报, 24(5): 518-522.

周正虎, 王传宽. 2016. 微生物对分解底物碳氮磷化学计量的响应和调节机制. 植物生态学报, 40(6): 620-630.

朱秋莲, 邢肖毅, 张宏, 等. 2013. 黄土丘陵沟壑区不同植被区土壤生态化学计量特征. 生态学报, 33(15): 4674-4682.

朱显谟. 1998. 黄土高原国土整治"28字方略"的理论与实践. 中国科学院院刊, 3: 232-236.

朱显谟. 2000. 抢救"土壤水库"实为黄土高原生态环境综合治理与可持续发展的关键. 水土保持学报, 14(1): 1-6.

朱永官, 李刚, 张甘霖, 等. 2016. 土壤安全: 从地球关键带到生态系统服务. 地理学报, 70(12): 1859-1869.

朱兆良. 1963. 土壤中氮素的转化. 土壤学报, (3): 328-338.

朱兆良. 2008. 中国土壤氮素研究. 土壤学报, 45(5): 778-783.

朱兆龙. 2009. 超声激励下土壤团聚体粘结能测量研究. 北京: 中国农业大学博士学位论文.

朱至诚. 1983. 陕北黄土高原上森林草原的范围. 植物生态学与地植物学丛刊, 7(2): 122-131.

祝滔. 2013. 缙云山不同土地利用方式对土壤碳、氮组分的影响. 重庆: 西南大学硕士学位论文.

邹厚远, 关秀琦, 张信, 等. 1997. 云雾山草原自然保护区的管理途径探讨. 草业科学, 14(1): 3-4.

邹厚远, 鲁子瑜, 刘克俭. 1991. 沙打旺种群对土壤水分的影响及其调节. 生态学杂志, 10(3): 15-17.

左竹, 张建峰, 李桂花. 2011. 养分投入和作物根系对土壤微生物氮转化的影响. 中国农学通报, 27(27): 18-22.

Aerts R, Caluwe H D. 1997. Nutritional and plant mediated controls on leaf litter decomposition of carex species. Ecology, 78(1): 244-260.

Agren G I. 2008. Stoichiometry and nutrition of plant growth in natural communities. Annual Review Ecology, Evolution, and Systematics, 39(1): 153-170.

Agustin R, Adrian E. 2000. Small scale spatial soil plant relationship in semiarid gypsum environments. Plant and Soil, 2(20): 139-150.

Alarcón-Gutiérrez E, Floch C, Augur C, et al. 2009. Spatial variations of chemical composition, microbial functional diversity, and enzyme activities in a Mediterranean litter (*Quercus ilex* L.) profile. Pedobiologia, 52(6): 387-399.

Albaladejo J, Ortiz R, Garcia-Franco N, et al. 2013. Land use and climate change impacts on soil organic carbon stocks in semi-arid Spain. Journal of Soils and Sediments, 13(2): 265-277.

Albiach R, Canet R, Pomanes F, et al. 2000. Microbial biomass content and enzymatic activities after the application of organic amendments to a horticultural soil. Bioresource Technology, 75(1): 43-48.

Amiotti N M, Zalba P, Sanchez L F, et al. 2000. The impact of single trees on properties of loess-derive grassland soils in Argentina. Ecology, 81(12): 3283-3290.

An S S, Huang Y M, Zheng F L. 2009. Evaluation of soil microbial indices along a revegetation chronosequence in grassland soils on the Loess Plateau, Northwest China. Applied Soil Ecology, 41(3): 286-292.

An S S, Mentler A, Mayer H, et al. 2010. Soil aggregation, aggregate stability, organic carbon and nitrogen in different soil aggregate fractions under forest and shrub vegetation on the Loess Plateau, China. Catena, 81(3): 226-233.

An S S, Zheng F L, Zhang F, et al. 2008. Soil quality degradation processes along deforestation chronosequence in the Ziwuling area, China. Catena, 75: 248-256.

Anderson J M, Swift M J. 1983. Decomposition in tropic forests // Sutton S L, Whitmore T C, Chadwick A C. Tropical Rain Forest: Ecology and Management. Oxford: Blackwell Scientific: 287-309.

Austin A T, Vivanco L. 2006. Plant litter decomposition in a semiarid ecosystem controlled by photo degradation. Nature, 442(7102): 555-558.

Bagstad K J, Johnson G W, Voigt B, et al. 2013a. Spatial dynamics of ecosystem service flows: a comprehensive approach to quantifying actual services. Ecosystem Services, 4: 117-125.

Bagstad K J, Semmens D J, Waage S, et al. 2013b. A comparative assessment of decision-support tools for ecosystem services quantification and valuation. Ecosystem Services, 5: 27-39.

Bai X J, Wang B R, An S S, et al. 2019. Response of forest species to C∶N∶P in the plant-litter-soil system and stoichiometric homeostasis of plant tissues during afforestation on the Loess Plateau, China. Catena, 183: 104186.

Banerjee S, Kirkby C A, Schmutter D, et al. 2016. Network analysis reveals functional redundancy and keystone taxa amongst bacterial and fungal communities during organic matter decomposition in an arable soil. Soil Biology and Biochemistry, 97: 188-198.

Bannari A, Morin D, Bonn F, et al. 1995. A review of vegetation indices. Remote Sensing Reviews, 13(1-2): 95-120.

Barbara L B, Mark R W, Allison A. 1999. Patterns in nutrient availability and plant diversity of temperate North American wetlands. Ecology, (7): 2151-2169.

Bardgett R D, Leemans D K, Cook R, et al. 1997. Seasonality of the soil biota of grazed and ungrazed hill grasslands. Soil Biology and Biochemistry, 29(8): 1285-1294.

Bardgett R D, McAlister E. 1999. The measurement of soil fungal: bacterial biomass ratios as an indicator of ecosystem self-regulation in temperate meadow grasslands. Biology and Fertility of Soils, 29: 282-290.

Berg B. 2000. Litter decomposition and organic matter turnover in northern forest soils. Forest Ecology and Management, 133: 13-22.

Berg B, Mcclaugherty C. 1989. Nitrogen and phosphorus release from decomposing litter in relation to the disappearance of lignin. Canadian Journal of Botany, 67(4): 1148-1156.

Berg B, McClaugherty C. 2008. Decomposition as a process // Berg B, McClaugherty C. Plant Litter. 2nd ed. Berlin Heidelberg: Springer: 11-33.

Berg E V D, Reich P. 1993. Organic carbon in soils of the world. Soil Science Society of America Journal, 57(1): 192-194.

Bohn H L. 1982. Estimate of organic carbon in world soils. Soil Science Society of America Journal, 40(3): 468-470.

Bokhorst S, Huiskes A, Convey P. 2007. External nutrient input into terrestrial ecosystems of the Falkland Islands and the maritime Antarctic region. Polar Biology, 30: 1315-1321.

Bond-Lamberty B, Wang C K, Gower S. 2004. A global relationship between the heterotrophic and autotrophic components of soil respiration? Global Change Biology, 10(10): 1756-1766.

Bonet A. 2004. Secondary succession of semi-arid mediterranean old-fields in southeastern Spain: insights for conservation and restoration of degraded lands. Journal of Arid Environments, 56: 213-223.

Boone R D, Nadelhoffer K J, Canary J D, et al. 1998. Roots exert a strong influence on the temperature sensitivity of soil respiration. Nature, 396(6711): 570-572.

Bormann B T, Sidle R C. 1990. Changes in productivity and distribution of nutrients in a chronosequence at Glacier Bay National Park, Alaska. Journal of Ecology, 78: 561-578.

Bossio D A, Scow K M. 1995. Impact of carbon and flooding on the metabolic diversity of microbial communities in soils. Applied and Environmental Microbiology, 61(11): 4043-4050.

Bothwell L D, Selmants P C, Giardina C P, et al. 2014. Leaf litter decomposition rates increase with rising mean annual temperature in Hawaiian tropical montane wet forests. Peer J, 2(13): e685.

Bradford M A, Berg B, Maynard D S, et al. 2016. Understanding the dominant controls on litter decomposition. Journal of Ecology, 104: 229-238.

Brandt L A, King J Y, Hobbie S E, et al. 2010. The role of photodegradation in surface litter decomposition across a grassland ecosystem precipitation gradient. Ecosystems, 13(5): 765-781.

Brandt L A, King J Y, Milchunas D G. 2007. Effects of ultraviolet radiation on litter decomposition depend on precipitation and litter chemistry in a shortgrass steppe ecosystem. Global Change Biology, 13(10): 2193-2205.

Bray J R, Gorham E. 1964. Litter production in forests of the world. Advances in Ecological Research, 2(8): 101-157.

Bronick C J, Lal R. 2005. Soil structure and management: a review. Geoderma, 124(1-2): 3-22.

Brye K R, Kucharik C J. 2003. Carbon and nitrogen sequestration in two prairie topochronosequences on contrasting soils in Southern Wisconsin. The American Midland Naturalist, 149: 90-103.

Burton A, Pregitzer K, Hendrick R. 2000. Relationships between fine root dynamics and nitrogen availability in Michigan northern hardwood forests. Oecologia, 125: 389-399.

Busse M D, Sanchez F G, Ratcliff A W. 2009. Soil carbon sequestration and changes in fungal and bacterial biomass following incorporation of forest residues. Soil Biology and Biochemistry, 41: 220-227.

Butenschoen O, Krashevska V, Maraun M, et al. 2014. Litter mixture effects on decomposition in tropical montane rainforests vary strongly with time and turn negative at later stages of decay. Soil Biology and Biochemistry, 77: 121-128.

Cambardella C A, Elliott E T. 1992. Carbon and nitrogen distribution in aggregates from cultivated and native grassland soils. Soil Science Society of America Journal, 57(4): 1071-1076.

Cao M K, Woodward F I. 1998. Net primary and ecosystem production and carbon stocks of terrestrial ecosystems and their responses to climate change. Global Change Biology, 4(2): 185-198.

Carolyn H, Daniel U. 1983. Plant soil relationships on bentonite mine spoils and sagebrush grassland in the Northern High Plains. Journal of Range Management, 38 (3): 289-293.

Castro A J, Verburg P H, Martín-López B, et al. 2014. Ecosystem service trade-offs from supply to social demand: a landscape-scale spatial analysis. Landscape Urban Planning, 132: 102-110.

Castro P, Freitas H. 2000. Fungal biomass and decomposition in *Spartina maritima* leaves in the Mondego salt marsh (Portugal). Hydrobiologia, 428: 171-177.

Chai Y, Cao Y, Yue M, et al. 2019. Soil abiotic properties and plant functional traits mediate associations between soil microbial and plant communities during a secondary forest succession on the Loess Plateau. Frontiers in Microbiology, 10: 895.

Chang R Y, Fu B J, Liu G H, et al. 2011. Soil carbon sequestration potential for "Grain for Green" Project in Loess Plateau, China. Environmental Management, 48: 1158-1172.

Chapin F S, Autumn K, Pugnaire F. 1993. Evolution of suites of traits in response to environmental stress. The American Naturalist, 142(S1): S78-S92.

Chen L, Wang J, Wei W, et al. 2010. Effects of landscape restoration on soil water storage and water use in the Loess Plateau Region, China. Forest Ecology and Management, 259(7): 1291-1298.

Chen P, Shang J, Qian B, et al. 2017. A new regionalization scheme for effective ecological restoration on the Loess Plateau in China. Remote Sensing, 9(12): 1323.

Chen X G, Zhang X Q, Zhang Y P, et al. 2009. Carbon sequestration potential of the stands under the Grain for Green Program in Yunnan Province, China. Forest Ecology and Management, 258: 199-206.

Chen Y, Wang K, Lin Y, et al. 2015. Balancing green and grain trade. Nature Geoscience, 10(8): 739-741.

Cheng L, Zhang N, Yuan M, et al. 2017. Warming enhances old organic carbon decomposition through altering functional microbial communities. Isme Journal, 11(8): 1825-1835.

Chimney M, Pietro K C. 2006. Decomposition of macrophyte litter in a subtropical constructed wetland in south Florida (USA). Ecological Engineering, 27: 301-321.

Christensen B T. 1992. Physical fractionation of soil and organic matter in primary particle size and density separates. Advances in Soil Science, 20: 1-90.

Cleveland C C, Liptzin D. 2007. C∶N∶P stoichiometry in soil: is there a "redfield ratio" for the microbial biomass? Biogeochemistry, 85(3): 235-252.

Conant R T, Paustian K, Elliott E T. 2011. Grassland management and conversion into grassland: effects on soil carbon. Ecological Application, 11: 343-355.

Costanza R, de Groot R, Sutton P, et al. 2014. Changes in the global value of ecosystem services. Global Environmental Change, 26: 152-158.

Cotrufo M F, Soong J L, Horton A J, et al. 2015. Formation of soil organic matter via biochemical and physical pathways of litter mass loss. Nature Geoscience, 8: 776-779.

Craine J M, Ocheltree T W, Nippert J B, et al. 2013. Global diversity of drought tolerance and grassland climate-change resilience. Nature Climate Change, 3(1): 63-67.

Crow S E, Lajtha K, Bowden R D, et al. 2009. Increased coniferous needle inputs accelerate decomposition of soil carbon in an old-growth forest. Forest Ecology and Management, 258(10): 2224-2232.

Dalal R C, Chan K Y. 2001. Soil organic matter in rainfed cropping systems of the Australian cereal belt. Australian Journal of Soil Research, 39: 435-464.

Dalgleish H J, Koons D N, Hooten M B, et al. 2011. Climate influences the demography of three dominant sagebrush steppe plants. Ecology, 92(1): 75-85.

Dalias P, Anderson J M, Bottner P, et al. 2001. Temperature responses of carbon mineralization in conifer forest soils from different regional climates incubated under standard laboratory conditions. Global Change Biology, 6: 181-192.

David L J, David S, Daniel V M, et al. 2004. Role of dissolved organic nitrogen (DON) in soil N cycling in grassland soils. Soil Biology and Biochemistry, 36(5): 749-756.

De Baets S, Meersmans J, Vanacker V, et al. 2013. Spatial variability and change in soil organic carbon stocks in response to recovery following land abandonment and erosion in mountainous drylands. Soil Use and Management, 29: 65-76.

De Baets S, van de Weg M J, Lewis R, et al. 2016. Investigating the controls on soil organic matter decomposition in tussock tundra soil and permafrost after fire. Soil Biology and Biochemistry, 99: 108-116.

De Deyn G B, Cornelissen J H C, Bardgett R D. 2008. Plant functional traits and soil carbon sequestration in contrasting biomes. Ecology Letters, 11: 516-531.

De Groot R S, Wilson M A, Boumans R M. 2002. A typology for the classification, description and valuation of ecosystem functions, goods and services. Ecological Economics, 41(3): 393-408.

Degryze S, Six J, Paustian K, et al. 2004. Soil organic carbon pool changes following land-use conversions. Global Change Biology, 10: 1120-1132.

Deng L, Shangguan Z P. 2011. Food security and farmers' income: impacts of the Grain for Green Programme on rural households in China. Journal of Food, Agriculture and Environment, 9: 826-831.

Deng L, Shangguan Z P. 2013. Carbon storage dynamics through forest restoration from 1999 to 2009 in China: a case study in Shaanxi province. Journal of Food, Agriculture and Environment, 11: 1363-1369.

Deng L, Shangguan Z, Sweeney S. 2014. "Grain for Green" driven land use change and carbon sequestration on the Loess Plateau, China. Scientific Reports, 4: 7039.

Dixon R K, Brown S, Houghton R A, et al. 1994. Carbon pools and flux of global forest ecosystems. Science, 263(5144): 185-190.

Eaton J M, Mc Goff N M, Byme K A, et al. 2008. Land cover change and soil organic carbon stocks in the Republic of Ireland 1851—2000. Climate Change, 91: 317-334.

Elser J J, Fagan W F, Denno R F, et al. 2000. Nutritional constraints in terrestrial and freshwater food webs. Nature, 408(6812): 578-580.

Eswaren H, Berg E V D, Reich P. 1993. Organic carbon in soils of the world. Soil Sci Sco Am J, 57: 92-194.

Fan J W, Zhong H P, Harris W, et al. 2008. Carbon storage in the grasslands of China based on field measurements of above-and below-ground biomass. Climatic Change, 86(3-4): 375-396.

Fan J, Hao M D, Malhi S S, et al. 2011. Influence of 24 annual applications of fertilisers and/or manure to alfalfa on forage yield and some soil properties under dryland conditions in northern China. Crop & Pasture Science, 62: 437-443.

Fang J Y, Chen A P, Peng C H, et al. 2001. Changes in forest biomass carbon storage in China between 1949 and 1998. Science, 292(5525): 2320-2322.

Fanin N, Fromin N, Buatois B, et al. 2013. An experimental test of the hypothesis of non-homeostatic consumer stoichiometry in a plant litter-microbe system. Ecol Lett, 16: 764-772.

Feng X M, Fu B J, Lu N, et al. 2013. How ecological restoration alters ecosystem services: an analysis of carbon sequestration in China's Loess Plateau. Scientific Reports, 3: 2846.

Feng X M, Fu B J, Piao S L, et al. 2016. Revegetation in China's loess plateau is approaching sustainable water resource limits. Nature Climate Change, 6(11): 1019-1022.

Feng X, Li J, Cheng W, et al. 2017. Evaluation of AMSR-E retrieval by detecting soil moisture decrease following massive dryland re-vegetation in the Loess Plateau, China. Remote Sensing of Environment, 196: 253-264.

Fidelis A, Di Santi Lyra M F, Pivello V R. 2013. Above- and below-ground biomass and carbon dynamics in Brazilian Cerrado wet grasslands. Journal of Vegetation Science, 24(2): 356-364.

Field D J, Minasny B. 1999. A description of aggregate liberation and dispersion in a horizons of Australian Vertisols by ultrasonic agitation. Geoderma, 91(1-2): 11-26.

Field D J, Minasny B, Gaggin M. 2006. Modelling aggregate liberation and dispersion of three soil types exposed to ultrasonic agitation. Australian Journal of Soil Research, 44(5): 497-502.

Finlay B J. 2002. Global dispersal of free-living microbial eukaryote species. Science, 296(5570): 1061-1063.

Fog K. 1998. The effect of added nitrogen on the rate of decomposition of organic matter. Biological Reviews, 63(3): 433-462.

Fonseca W, Alice F E, Rey-Benayas J M. 2012. Carbon accumulation in aboveground and belowground biomass and soil of different age native forest plantations in the humid tropical lowlands of Costa Rica. New Forests, 43(2): 197-211.

Foster D, Swanson F, Aber J, et al. 2003. The importance of land-use legacies to ecology and conservation. Bio Science, 53: 77-88.

Fu B J, Chen L, Ma K, et al. 2000. The relationships between land use and soil conditions in the hilly area of the loess plateau in northern Shaanxi, China. Catena, 39(1): 69-78.

Fu B J, Wang S, Liu Y, et al. 2017. Hydrogeomorphic ecosystem responses to natural and anthropogenic changes in the Loess Plateau of China. Annual Review of Earth and Planetary Sciences, 45: 223-243.

Fu B J, Yu L, Lü Y, et al. 2011. Assessing the soil erosion control service of ecosystems change in the Loess Plateau of China. Ecological Complexity, 8(4): 284-293.

Fu X L, Shao M A, Wei X R, et al. 2010. Soil organic carbon and total nitrogen as affected by vegetation types in Northern Loess Plateau of China. Geoderma, 155: 31-35.

Gallo M E, Porras-Alfaro A, Odenbach K J, et al. 2009. Photoacceleration of plant litter decomposition in an arid environment. Soil Biology and Biochemistry, 41(7): 1433-1441.

Gao Y Z, Chen Q, Lin S, et al. 2011. Resource manipulation effects on net primary production, biomass

allocation and rain-use efficiency of two semiarid grassland sites in Inner Mongolia, China. Oecologia, 165: 855-864.
Gartner T B, Cardon Z G. 2004. Decomposition dynamics in mixed-species leaf litter. Oikos, 104: 230-246.
Gong F, Li Y. 2016. Fixing carbon, unnaturally. Science, 354(6314): 830-831.
Gong X, Brueck H, Giese K M, et al. 2008. Slope aspect has effects on productivity and species composition of hilly grassland in the Xilin River Basin, Inner Mongolia, China. Journal of Arid Environments, 72(4): 483-493.
Gulis V, Kuehn K A, Schoettle L N, et al. 2017. Changes in nutrient stoichiometry, elemental homeostasis and growth rate of aquatic litter-associated fungi in response to inorganic nutrient supply. ISME J, 11: 2729-2739.
Guo L B, Gifford R M. 2002. Soil carbon stocks and land use change: a meta-analysis. Global Change Biology, 8: 345-360.
Guo Q. 2004. Slow recovery in desert perennial vegetation following prolonged human disturbance. Journal of Vegetation Science, 15: 757-762.
Güsewell S. 2004. N∶P ratios in terrestrial plants: variation and functional significance. New Phytol, 164: 243-266.
Hall E K, Maixner F, Franklin O, et al. 2011. Linking microbial and ecosystem ecology using ecological stoichiometry: a synthesis of conceptual and empirical approaches. Ecosystems, 14: 261-273.
Halpern C B, Spies T A. 1995. Plant-species diversity in natural and managed forests of the Pacific-northwest. Ecological Applications, 5(4): 913-934.
Han S R, Woo S Y, Lee D K. 2010. Carbon storage and flux in aboveground vegetation and soil of sixty-year old secondary natural forest and large leafed mahogany (*Swietenia macrophylla* King) plantation in Mt. Makiling, Philippines. Asia Life Sciences, 19(2): 357-372.
Han W X, Fang J Y, Guo D L, et al. 2005. Leaf nitrogen and phosphorus stoichiometry across 753 terrestrial plant species in China. New Phytol, 168(2): 377-385.
Hanson P J, Edwards N T, Garten C T, et al. 2000. Separating root and soil microbial contributions to soil respiration: a review of methods and observations. Biogeochemistry (Dordrecht), 48(1): 115-146.
Harrison P A, Berry P M, Simpson G, et al. 2014. Linkages between biodiversity attributes and ecosystem services: a systematic review. Ecosystem Services, 9: 191-203.
Hartman W H, Richardson C J. 2013. Differential nutrient limitation of soil microbial biomass and metabolic quotients (qCO_2): is there a biological stoichiometry of soil microbes? PLoS ONE, 8(3): e57127.
Hättenschwiler S, Tiunov A V, Scheu S. 2005. Biodiversity and litter decomposition in terrestrial ecosystems. Annual Review of Ecology, Evolution, and Systematics, 36: 191-218.
Hector A, Beale A J, Minns A, et al. 2000. Consequences of the reduction of plant diversity for litter decomposition: effects through litter quality and microenvironment. Oikos, 90(2): 357-371.
Henninger D L, Petersen G W, Engman E T. 1976. Surface soil moisture within a watershed: variations, factors influencing, and relationship to surface runoff. Soil Science Society of America Journal, 40(5): 773-776.
Hillel D. 1975. Simulation of evaporation from bare soil under steady and diurnally fluting evaporativity. Soil Soc Amer Proc, 120(3): 230-237.
Hitz C, Egli M, Fitze P. 2001. Below-ground and above-ground production of vegetational organic matter along a climosequence in alpine grasslands. Journal of Plant Nutrition and Soil Science, 164(4): 389-397.
Hobbie S E, Gough L. 2002. Foliar and soil nutrients in tundra on glacial landscapes of contrasting ages in northern Alaska. Oecologia, 131: 453-462.
Holst J, Liu C, Nicolas B, et al. 2007. Microbial N turnover and N-oxide (N_2O/NO/NO_2) fluxes in semi-arid grassland of Inner Mongolia. Ecosystems, 10(4): 623-634.
Hooper D U, Bignell D E, Brown V K. 2000. Interactions between aboveground and belowground biodiversity in terrestrial ecosystems: patterns, mechanisms and feedbacks. Bioscience, 50: 1049-1061.
Hopkins F M, Filley T R, Gleixner G, et al. 2014. Increased belowground carbon inputs and warming

promote loss of soil organic carbon through complementary microbial responses. Soil Biology and Biochemistry, 76: 57-69.

Houborg R, Soegaard H, Boegh E. 2007. Combining vegetation index and model inversion methods for the extraction of key vegetation biophysical parameters using Terra and Aqua MODIS reflectance data. Remote Sensing of Environment, 106(1): 39-58.

Houghton R A, Hackler J L, Lawrence K T. 1999. The US carbon budget: contributions from land-use change. Science, 285(5427): 574-578.

House J I, Hall D O. 2001. Productivity of Tropical Savannas and Grasslands. San Diego: Academic Press: 363-400.

Huang Y M, Liu D, An S S. 2015. Effects of slope aspect on soil nitrogen and microbial properties in the Chinese Loess region. Catena, 125: 135-145.

Huang Z, Wan X, He Z, et al. 2013. Soil microbial biomass, community composition and soil nitrogen cycling in relation to tree species in subtropical China. Soil Biology and Biochemistry, 62: 68-75.

Huete A, Didan K, Miura T, et al. 2002. Overview of the radiometric and biophysical performance of the MODIS vegetation indices. Remote Sensing of Environment, 83(1-2): 195-213.

Izaurralde R C, Mc GIll W B, Bryden A, et al. 1998. Scientific challenges in developing a plan to predict and verify carbon storage in Canadian prairie soils // Lal R, Kimble J, Follett R, et al. Advances in Soil Science: Management of Carbon Sequestration in Soil. Boca Raton: CRC Press: 433-446.

Jandl R, Lindner M, Vesterdal L, et al. 2007. How strongly can forest management influence soil carbon sequestration? Geoderma, 137: 253-268.

Jangid K, Williams M A, Franzluebbers A J, et al. 2011. Land-use history has a stronger impact on soil microbial community composition than aboveground vegetation and soil properties. Soil Biology and Biochemistry, 43: 2184-2193.

Janssens I A, Lankreijer H, Matteucci G, et al. 2001. Productivity overshadows temperature in determining soil and ecosystem respiration across European forests. Global Change Biology, 7(3): 269-278.

Jenkinson D S, Brookes P C, Powlson D S. 2004. Measuring soil microbial biomass. Soil Biology and Biochemistry, 36(1): 5-7.

Jia G M, Cao J, Wang C Y, et al. 2005. Microbial biomass and nutrients in soil at the different stages of secondary forest succession in Ziwulin, Northwest China. Forest Ecology and Management, 217: 117-125.

Jia X X, Wei X R, Shao M A, et al. 2012. Distribution of soil carbon and nitrogen along a revegetational succession on the Loess Plateau of China. Catena, 95: 160-168.

Jiang H M, Jiang J P, Jia Y, et al. 2006. Soil carbon pool and effects of soil fertility in seeded alfalfa fields on the semi-arid Loess Plateau in China. Soil Biology and Biochemistry, 38: 2350-2358.

Jiang J P, Xiong Y C, Jia Y, et al. 2007. Soil quality dynamics under successional alfalfa field in the semi-arid Loess Plateau of Northwestern China. Arid Land Research and Management, 21: 287-303.

Jiao F, Wen Z M, An S S, et al. 2013. Successional changes in soil stoichiometry after land abandonment in Loess Plateau, China. Ecological Engineering, 58: 249-254.

Kalbitz K, Kaiser K, Bargholz P, et al. 2006. Lignin degradation controls the production of dissolved organic matter in decomposing foliar litter. European Journal of Soil Science, 57: 504-516.

Kalbitz K, Solinger S, Park J H, et al. 2000. Controls on the dynamics of dissolved organic matter in soil: a review. Soil Science, 165: 277-304.

Kang H Z, Xin Z J, Berg B, et al. 2010. Global pattern of leaf litter nitrogen and phosphorus in woody plants. Annals of Forest Science, 67(8): 811.

Keiluweit M, Nico P, Harmon M E, et al. 2015. Long-term litter decomposition controlled by manganese redox cycling. Proceedings of the National Academy of Sciences of the United States of America, 112(38): 5253-5260.

Kelley K R, Stevenson F J. 1995. Forms and nature of organic N in soil. Fertilizer Research, 42(1-3): 1-11.

Kellomaki S, Wang K Y. 1996. Photosynthetic responses to needle water potentials in Scots pine after a four-year exposure to elevated CO_2 and temperature. Tree Physiology, 16(9): 765-772.

Kerkhoff A J, Fagan W F, Elser J J, et al. 2006. Phylogenetic and growth form variation in the scaling of nitrogen and phosphorus in the seed plants. American Naturalist, 168: 103-122.

Koenigs F F R. 1978. Comments on the paper by P. F. North (1976): towards an absolute measurement of soil structural stability using ultrasound, in Journal of Soil Science 27, 451-459. Journal of Soil Science, 29: 117-124.

Koerselman W, Meuleman A F M. 1996. The vegetation N∶P ratio: a new tool to detect the nature of nutrient limitation. J Appl Ecol, 33: 1441-1450.

Kolchugina T P, Vinson T S. 1998. The future role of Russian forests in the global carbon cycle. Ambio, 27(7): 579-580.

Kong D X, Miao C Y, Wu J W, et al. 2016. Impact assessment of climate change and human activities on net runoff in the Yellow River Basin from 1951 to 2012. Ecol Eng, 91: 566-573.

Kremen C. 2005. Managing ecosystem services: what do we need to know about their ecology? Ecology Letters, 8(5): 468-479.

Kucera C, Kirkham D. 1971. Soil respiration studies in tallgrass prairie in Missouri. Ecology, 52(5): 912-915.

Kuzyakov Y. 2010. Priming effects: interactions between living and dead organic matter. Soil Biology and Biochemistry, 42: 1363-1371.

Lal R. 2002. Soil carbon sequestration in China through agricultural intensification and restoration of degraded and desertified ecosystems. Land Degradation and Development, 13: 469-478.

Lal R. 2004. Soil carbon sequestration to mitigate climate change. Geoderma, 123: 1-22.

Lal R. 2005. Forest soils and carbon sequestration. Forest Ecology and Management, 220: 242-258.

Lal R. 2018. Digging deeper: a holistic perspective of factors affecting soil organic carbon sequestration in agroecosystems. Global Change Biology, 24(8): 3285-3301.

Lal R, Bruce J P. 1999. The potential of world cropland soils to sequester C and mitigate the greenhouse effect. Environmental Science & Policy, 2: 177-185.

Lal R, Kimble J M. 1997. Conservation tillage for carbon sequestration. Nutrient Cycling in Agroecosystems, 49: 243-253.

Lamb D. 1998. Large-scale ecological restoration of degraded tropical forest lands: the potential role of timber plantations. Restor Ecol, 6: 271-279.

Langley J A, Hungate B A. 2003. Mycorrhizal controls on belowground litter quality. Ecology, 84: 2302-2312.

Le Bissonnais Y. 1996. Aggregate stability and assessment of soil crustability and erodibility Ⅰ. Theory and methodology. European Journal of Soil Science, 47: 425-428.

Leimona B, van Noordwijk M, de Groot R, et al. 2015. Fairly efficient, efficiently fair: lessons from designing and testing payment schemes for ecosystem services in Asia. Ecosystem Services, 12: 110-128.

Li W J, Li J H, Knops J M H, et al. 2009. Plant communities, soil carbon, and soil nitrogen properties in a successional gradient of sub-alpine meadows on the eastern Tibetan Plateau of China. Environmental Management, 44: 755-765.

Li X R, Kong D S, Tan H J, et al. 2007. Changes in soil and vegetation following stabilization of dunes in the southeastern fringe of the Tengger Desert, China. Plant and Soil, 300: 221-231.

Li X, Narajabad B, Temzelides T. 2016. Robust dynamic energy use and climate change. Quantitative Economics, 7(3): 821-857.

Li Y S, Huang M B. 2008. Pasture yield and soil water depletion of continuous growing alfalfa in the Loess Plateau of China. Agriculture, Ecosystems and Environment, 124: 24-32.

Liang C, Schimel J P, Jastrow J D. 2017. The importance of anabolism in microbial control over soil carbon storage. Nature Microbiology, 2(8): 17105.

Lieth H, Whittaker R H. 1975. Primary Productivity of the Biosphere. New York: Springer Verlag.

Liu D, Huang Y M, Sun H Y, et al. 2018. The restoration age of *Robinia pseudoacacia* plantation impacts soil microbial biomass and microbial community structure in the Loess Plateau. Catena, 165: 192-200.

Liu D, Wang H L, An S S, et al. 2019. Geographic distance and soil microbial biomass carbon drive biogeographical distribution of fungal communities in Chinese Loess Plateau soils. Science of the Total Environment, 660: 1058-1069.

Liu G Y, Chen L L, Shi X R, et al. 2019. Changes in rhizosphere bacterial and fungal community composition with vegetation restoration in planted forests. Land Degradation and Development, 30(10): 1147-1157.

Liu J J, Sui Y Y, Yu Z H, et al. 2014. High throughput sequencing analysis of biogeographical distribution of bacterial communities in the black soils of northeast China. Soil Biology and Biochemistry, 70: 113-122.

Liu X, Li F M, Liu D Q, et al. 2010. Soil organic carbon, carbon fractions and nutrients as affected by land use in semi-arid region of Loess Plateau of China. Pedosphere, 20: 146-152.

Loch R J. 1994. A method for measuring aggregate water stability of dryland soils with relevance to surface seal development. Australian Journal of Soil Research, 32: 687-700.

Loranger G, Ponge J F, Imvert D, et al. 2002. Leaf decomposition in two semi evergreen tropical forests influence of litter quality. Biology and Fertility Soil, 35: 247-252.

Ludwig J A, Whitford W G, Cornelius J M. 1989. Effects of water, nitrogen and sulfur amendments on cover, density and size of Chihuahuan Desert ephemerals. Journal of Arid Environments, 16(1): 35-42.

Lundquist E J, Jackson L E, Scow K M. 1999. Wet-dry cycles affect dissolved organic carbon in two California agricultural soils. Soil Biology & Biochemistry, 31: 1031-1038.

Luyssaert S, Schulze E D, Borner A, et al. 2008. Old-growth forests as global carbon sinks. Nature, 455(7210): 213-215.

Mace G M, Norris K, Fitter A H. 2012. Biodiversity and ecosystem services: a multilayered relationship. Trends in Ecology Evolution, 27(1): 19-26.

Maes J, Liquete C, Teller A, et al. 2016. An indicator framework for assessing ecosystem services in support of the EU Biodiversity Strategy to 2020. Ecosystem Services, 17: 14-23.

Makarieva A M, Gorshkov V G, Li B L, et al. 2008. Mean mass-specific metabolic rates are strikingly similar across life's major domains: evidence for life's metabolic optimum. Proceedings of the National Academy of Sciences, 105: 16994-16999.

Malhi S S, Harapiak J T, Nyborg M, et al. 2003. Total and light fraction organic C in a thin Black Chernozemic grassland soil as affected by 27 annual applications of six rates of fertilizer N. Nutrient Cycling in Agroecosystems, 66(1): 33-41.

Malhi S S, Zentner R P, Heier K. 2002. Effectiveness of alfalfa in reducing fertilizer N input for optimum forage yield, protein concentration, returns and energy performance of bromegrass-alfalfa mixtures. Nutrient Cycling in Agroecosystems, 62: 219-227.

Man C, Zhijing X, Yun X. 2015. Soil organic carbon sequestration in relation to revegetation on the Loess Plateau, China. Plant & Soil, 397(1-2): 31-42.

Manzoni S, Jackson R B, Trofymow J A, et al. 2008. The global stoichiometry of litter nitrogen mineralization. Science, 321: 684-686.

Marco A D, Meola A, Maisto G, et al. 2011. Non-additive effects of litter mixtures on decomposition of leaf litters in a Mediterranean maquis. Plant and Soil, 344(1-2): 305-317.

Marscher H. 1995. Mineral Nutrition of Higher Plants. London: Academic Press: 34-40.

Marschner B, Bredow A. 2002. Temperature effects on release and ecologically relevant properties of dissolved organic carbon in sterilised and biologically active soil samples. Soil Biology and Biochemistry, 34(4): 459-466.

Marshall T J, Holmes J W, Rose C W. 1996. Soil Physics. Cambridge: Cambridge University Press.

Martín J R, Álvaro-Fuentes J, Gonzalo J, et al. 2016. Assessment of the soil organic carbon stock in Spain. Geoderma, 264: 117-125.

Martiny J B H, Bohannan B J M, Brown J H, et al. 2006. Microbial biogeography: putting microorganisms on the map. Nature Reviews Microbiology, 4(2): 102.

Mathews J. 1975. Efficient use of tractors. The Agricultural Engineer, 30: 66-69.

McGroddy M E, Daufresne T, Hedin L O. 2004. Scaling of C∶N∶P stoichiometry in forests worldwide: implications of terrestrial redfield-type ratios. Ecology, 85: 2390-2401.

Mclendon T, Teclente E F. 1991. Nitrogen and phosphorus effects on secondary succession dynamics on a semi-arid sagebrush site. Ecology, 72: 2016-2024.

Medina-Villar S, Rodríguez-Echeverria S, Lorenzo P, et al. 2016. Impacts of the alien trees *Ailanthus altissima* (Mill.) Swingle and *Robinia pseudoacacia* L. on soil nutrients and microbial communities. Soil Biol Biochem, 96: 65-73.

Meier I C, Leuschner C. 2010. Variation of soil and biomass carbon pools in beech forests across a precipitation gradient. Global Change Biology, 16(3): 1035-1045.

Mensah F, Schoenau J J, Malhi S S. 2003. Soil carbon changes in cultivated and excavated land converted to grasses in east-central Saskatchewan. Biogeochemistry, 63: 85-92.

Mitchell S W, Csillag F. 2001. Assessing the stability and uncertainty of predicted vegetation growth under climatic variability: northern mixed grass prairie. Ecological Modelling, 139 (2-3): 101-121.

Mitra A, Sengupta K, Banerjee K. 2011. Standing biomass and carbon storage of above-ground structures in dominant mangrove trees in the Sundarbans. Forest Ecology and Management, 261: 1325-1335.

Moinet G Y, Hunt J E, Kirschbaum M U, et al. 2018. The temperature sensitivity of soil organic matter decomposition is constrained by microbial access to substrates. Soil Biology and Biochemistry, 116: 333-339.

Mooshammer M, Wanek W, Zechmeister-Boltenstern S, et al. 2014. Stoichiometric imbalances between terrestrial decomposer communities and their resources: mechanisms and implications of microbial adaptations to their resources. Front Microbiol, 5: 1-10.

Mougin E, Seena D L, Rambal S, et al. 1995. A regional Sahelian grassland model to be coupled with multispectral satellite data. I. Model description and validation. Remote Sensing of Environment, 52(3): 181-193.

Mouginot C, Kawamura R, Matulich K L, et al. 2014. Elemental stoichiometry of fungi and bacteria strains from grassland leaf litter. Soil Biol Biochem, 76: 278-285.

Mueller P, Jensen K, Megonigal J P. 2016. Plants mediate soil organic matter decomposition in response to sea level rise. Global Change Biology, 22(1): 404-414.

Nabuurs G J, Dolman A J, Verkaik E, et al. 2000. Article 3.3 and 3.4 of the Kyoto Protocol: consequences for industrialised countries' commitment, the monitoring needs, and possible side effects. Environmental Science and Policy, 3: 123-134.

Nadelhoffer K J, Boone R D, Bowden R D, et al. 2004. The DIRT experiment: litter and root influences on forest soil organic matter stocks and function // Aber J D. Forests in Time: the Environmental Consequences of 1000 Years of Change in New England. New Haven, CT: Yale University Press: 300-315.

Nelson J D J, Schoenau J J, Malhi S S. 2008. Soil organic carbon changes and distribution in cultivated and restored grassland soils in Saskatchewan. Nutrient Cycling in Agroecosystems, 82: 137-148.

Ngao J, Epron D, Brechet C, et al. 2005. Estimating the contribution of leaf litter decomposition to soil CO_2 efflux in a beech forest using ^{13}C-depleted litter. Global Change Biology, 11(10): 1768-1776.

Nie D P. 1991. Biological cycling of the nutrient elements in forest ecosystems. Forest Research, 4(4): 435-439.

North P F. 1976. Towards an absolute measurement of soil structural stability using ultrasound. Journal of Soil Science, 27(4): 451-459.

Oades J M, Waters A G. 1991. Aggregate hierarchy in soils. Australian Journal of Soil Research, 29(6): 815-828.

Odum E P. 1960. Organic production and turnover in old field succession. Ecology, 41(1): 34-49.

Olson J S. 1963. Energy storage and the balance of producers and decomposition in ecological systems. Ecology, 44: 332-341.

Oren R, Ellsworth D S, Johnsen K H, et al. 2001. Soil fertility limits carbon sequestration by forest ecosystems in a CO_2-enriched atmosphere. Nature, 411(6836): 469-472.

Ouyang Z, Zheng H, Xiao Y, et al. 2016. Improvements in ecosystem services from investments in natural capital. Science, 352(6292): 1455.

Øvreås L, Torsvik V. 1998. Microbial diversity and community structure in two different agricultural soil communities. Microbial Ecology, 36: 303-315.

Palviainen M, Finér L, Kurka A M, et al. 2004. Release of potassium, calcium, iron and aluminium from Norway spruce, Scots pine and silver birch logging residues. Plant and Soil, 259(1/2): 123-136.

Panikov N S. 1999. Understanding and prediction of soil microbial community dynamics under global change. Applied Soil Ecology, 11(2-3): 161-176.

Parton W J, Scurlock J M O, Ojima D S, et al. 1993. Observations and modeling of biomass and soil organic matter dynamics for the grassland biome worldwide. Global Biogeochemical Cycles, 7(4): 785-809.

Patrick L D, Ogle K, Bell C W, et al. 2009. Physiological responses of two contrasting desert plant species to precipitation variability are differentially regulated by soil moisture and nitrogen dynamics. Global Change Biology, 15(5): 1214-1229.

Peri P L, Lasagno R G. 2010. Biomass, carbon and nutrient storage for dominant grasses of cold temperate steppe grasslands in southern Patagonia, Argentina. Journal of Arid Environments, 74(1): 23-34.

Perry D A, Oren R, Hart S C. 2008. Forest Ecosystems. Baltimore: The Johns Hopkins University Press.

Persson J, Fink P, Goto A, et al. 2010. To be or not to be what you eat: regulation of stoichiometric homeostasis among autotrophs and heterotrophs. Oikos, 119: 741-751.

Pettorelli N, Vik J O, Mysterud A, et al. 2005. Using the satellite-derived NDVI to assess ecological responses to environmental change. Trends in Ecology & Evolution, 20(9): 503-510.

Phoenix G K, Emmett B A, Britton A J, et al. 2012. Impacts of atmospheric nitrogen deposition: responses of multiple plant and soil parameters across contrasting ecosystems in long-term field experiments. Global Change Biology, 18: 1197-1215.

Polyakova O, Billor N. 2007. Impact of deciduous tree species on litter fall quality, decomposition rates and nutrient circulation in pine stands. Forest Ecology and Management, 253(1-3): 11-18.

Pontius Jr R G, Schneider L C. 2001. Land-cover change model validation by a ROC method for the Ipswich watershed, Massachusetts. USA Agriculture, Ecosystems & Environment, 85(1-3): 239-248.

Post W M, Kwon K C. 2000. Soil carbon sequestration and land-use change: processes and potential. Global Change Biology, 6: 317-327.

Potthoff M, Jackson L E, Steenwerth K L, et al. 2005. Soil biological and chemical properties in restored perennial grassland in California. Restoration Ecology, 13: 61-73.

Powlson D, Prookes P, Christensen B T. 1987. Measurement of soil microbial biomass provides an early indication of changes in total soil organic matter due to straw incorporation. Soil Biology and Biochemistry, 19(2): 159-164.

Pregitzer K S, Laskowski M J, Burton A J, et al. 1998. Variation in sugar maple root respiration with root diameter and soil depth. Tree Physiology, 18: 665-670.

Propastin P A, Kappas M W, Herrmann S M, et al. 2012. Modified light use efficiency model for assessment of carbon sequestration in grasslands of Kazakhstan: combining ground biomass data and remote-sensing. International Journal of Remote Sensing, 33(5): 1465-1487.

Puri G, Ashman M R. 1998. Relationship between soil microbial biomass and gross N mineralisation. Soil Biology & Biochemistry, 30(2): 251-256.

Raich J W, Schlesinger W H. 1992. The global carbon dioxide flux in soil respiration and its relationship to vegetation and climate. Tellus, 44B: 81-89.

Raine S R, So H B. 1993. An energy-based parameter for the assessment of aggregate bond energy. Journal of Soil Science, 44(2): 249-259.

Ramirez-Gomez S O, Torres-Vitolas C A, Schreckenberg K, et al. 2015. Analysis of ecosystem services provision in the Colombian Amazon using participatory research and mapping techniques. Ecosystem Services, 13: 93-107.

Reich P B. 2005. Global biogeography of plant chemistry: filling in the blanks. New Phytol, 168: 263-266.

Reich P B, Oleksyn J. 2004. Global patterns of plant leaf N and P in relation to temperature and latitude. Proceedings of the National Academy of Sciences of the United States of America, 101(30): 11001-11006.

Reid W V, Mooney H A, Carpenter S R, et al. 2005. Millennium Ecosystem Assessment Synthesis Report. Washington, DC: Island Press.

Reiners W A. 1986. Complementary models for ecosystems. The American Naturalist, 127: 59-73.

Ren H, Chen H, Li L, et al. 2013. Spatial and temporal patterns of carbon storage from 1992 to 2002 in forest ecosystems in Guangdong, Southern China. Plant and Soil, 363(1-2): 123-138.

Ren Y, Lv Y, Fu B J. 2016. Quantifying the impacts of grassland restoration on biodiversity and ecosystem services in China: a meta-analysis. Ecological Engineering, 95: 542-550.

Rey A, Pegoraro E, Jarvis P G. 2008. Carbon mineralization rates at different soil depths across a network of European forest sites (FORCAST). European Journal of Soil Science, 59: 1049-1062.

Riikka R, Erland B. 2009. Different utilization of carbon substrates by bacteria and fungi in Tundra soil. Applied and Environmental Microbiology, 75(11): 3611-3671.

Roesch L F, Fulthorpe R R, Riva A, et al. 2007. Pyrosequencing enumerates and contrasts soil microbial diversity. ISME Journal, 1: 283-290.

Rubey W W. 1951. Geologic history of sea water, an attempt to state the problem. Geol Soc Amer Bull, 62(9): 1111-1147.

Ruiz-Jaen M C, Potvin C. 2011. Can we predict carbon stocks in tropical ecosystems from tree diversity? Comparing species and functional diversity in a plantation and a natural forest. New Phytologist, 189(4): 978-987.

Russell E W. 1973. Soil Conditions and Plant Growth. 10th ed. London: Longman: 849.

Sanaullah M, Chabbi A, Rumpel C, et al. 2012. Carbon allocation in grassland communities under drought stress followed by ^{14}C pulse labeling. Soil Biology & Biochemistry, 55: 132-139.

Sandifer P A, Sutton-Grier A E, Ward B P. 2015. Exploring connections among nature, biodiversity, ecosystem services, and human health and well-being: opportunities to enhance health and biodiversity conservation. Ecosystem Services, 12: 1-15.

Sauer T J, Cambardella C A, Brandle J R. 2007. Soil carbon and tree litter dynamics in a red cedar-scotch pine shelterbelt. Agroforestry System, 71(3): 163-174.

Scurlock J M O, Hall D O. 1998. The global carbon sink: a grassland perspective. Global Change Biology, 4(2): 229-233.

Shangguan Z P. 2007. Soil desiccation occurrence and its impact on forest vegetation in the Loess Plateau of China. International Journal of Sustainable Development & World Ecology, 14: 299-306.

She D L, Shao M A, Timm L C, et al. 2009. Temporal changes of an alfalfa succession and related soil physical properties on the Loess Plateau, China. Pesquisa Agropecuária Brasileira, 44: 189-196.

Shepherd T G, Saggar S, Newman R H, et al. 2001. Tillage-induced changes to soil structure and organic carbon fractions in New Zealand soils. Australian Journal of Soil Research, 39: 465-489.

Shirazi M A, Boersma L. 1984. A unifying qunantitative analysis of soil texture. Soil Science Society of America Journal, 48: 142-147.

Sidari M, Ronzello G, Vecchio G, et al. 2008. Influence of slope aspects on soil chemical and biochemical properties in a *Pinus laricio* forest ecosystem of Aspromonte (Southern Italy). European Journal of Soil Biology, 44(4): 364-372.

Singh K, Pandey V C, Singh B, et al. 2012a. Ecological restoration of degraded sodic lands through afforestation and cropping. Ecological Engineering, 43: 70-80.

Singh K, Singh B, Singh R R. 2012b. Changes in physico-chemical, microbial and enzymatic activities during restoration of degraded sodic land: ecological suitability of mixed forest over monoculture plantation. Catena, 96: 57-67.

Six J, Elliot E T, Paustian K. 2000. Soil structure and soil organic matter: II. A normalized stability index and the effect of mineralogy. Soil Science Society of America Journal, 64(3): 1042-1049.

Smith P. 2008. Land use change and soil organic carbon dynamics. Nutrient Cycling in Agroecosystems, 81: 169-178.

Sombroek W G, Nachtergaele F O, Hebel A. 1993. Amounts, dynamics and sequestering of carbon in tropical and subtropical soils. Ambio, 22(7): 417-426.

Song W, Deng X. 2017. Land-use/land-cover change and ecosystem service provision in China. Science of the Total Environment, 576: 705.

Spaccini R, Piccolo A, Haberhauer G, et al. 2000. Transformation of organic matter from maize residues into labile and humic fractions of three European soils as revealed by 13C distribution and CPMAS-NMR spectra. European Journal of Soil Science, 51(4): 583-594.

Spielvogel S, Prietzel J, Auerswald K, et al. 2009. Site-specific spatial patterns of soil organic carbon stocks in different landscape units of a high-elevation forest including a site with forest dieback. Geoderma, 152(3-4): 218-230.

Steinbach A, Schulz S, Giebler J, et al. 2015. Clay minerals and metal oxides strongly influence the structure of alkane-degrading microbial communities during soil maturation. The ISME Journal, 9(7): 1687.

Sterner R W, Elser J J. 2002. Ecological Stoichiometry: the Biology of Elements from Molecules to the Biosphere. New York: Princeton University Press: 55-58, 97-103.

Su Y Z. 2007. Soil carbon and nitrogen sequestration following the conversion of cropland to alfalfa forage land in northwest China. Soil and Tillage Research, 92: 181-189.

Sulzman E W, Brant J B, Bowden R D, et al. 2005. Contribution of aboveground litter, belowground litter, and rhizosphere respiration to total soil CO_2 efflux in an old growth coniferous forest. Biogeochemistry, 73: 231-256.

Sun W Y, Song X Y, Mu X M, et al. 2015. Spatiotemporal vegetation cover variations associated with climate change and ecological restoration in the Loess Plateau. Agric For Meteorol, 209: 87-99.

Tanentzap A J, Burrows L E, Lee W G, et al. 2009. Landscape-level vegetation recovery from herbivory: progress after four decades of invasive red deer control. J Appllied Ecology, 46: 1064-1072.

Tang H P, Zhang X S. 2003. Establishment of optimized eco-productive paradigm in the farming pastoral zone of northern China. Acta Botanica Sinca, 45: 1166-1173.

Taylor B R, Parsons P W F J. 1989. Nitrogen and lignin content as predictors of litter decay rates: a microcosm test. Ecology, 70(1): 97-104.

Taylor J P, Wilson B, Mills M S, et al. 2002. Comparison of microbial numbers and enzymatic activities in surface and subsoils using various techniques. Soil Biology and Biochemistry, 34(3): 387-401.

Templer P H, Groffman P M, Flecker A S, et al. 2005. Land use change and soil nutrient transformations in the Los Haitises region of the Dominican Republic. Soil Biology & Biochemistry, 37: 215-225.

Tian H Q, Chen G S, Zhang C, et al. 2010. Pattern and variation of C∶N∶P ratios in China's soils: a synthesis of observational data. Biogeochemistry, 98(1/3): 139-151.

Tippkötter R. 1994. The effect of ultrasound on the stability of mesoaggregates (60-2000μm). Zeits Pflanzenernahr Bodenkunde, 157: 99-104.

Tóth J A, Lajtha K, Kotroczó Z, et al. 2007. The effect of climate change on soil organic matter decomposition. Acta Silvatica & Lignaria Hungarica, 3: 75-85.

Uhl C, Kauffman J B. 1990. Deforestation, fire susceptibility and potential tree response to fire in eastern Amazon. Ecology, 71: 437-449.

Vesterdal L, Ritter E, Gundersen P. 2002. Change in soil organic carbon following afforestation of former arable land. Forest Ecology and Management, 169: 137-147.

Vieira F C, Bayer B C, Zanatta J A, et al. 2007. Carbon management index based on physical fraction of soil organic matter in an Acrisol under long-term no-till cropping systems. Soil & Tillage Research, 96(6): 195-204.

Vinton M A, Burke I C. 1995. Interactions between individual plant-species and soil nutrient status in shortgrass steppe. Ecology, 76(4): 1116-1133.

Vitousek P M, Matson P A. 1985. Disturbance, nitrogen availability, and nitrogen losses in an intensively managed loblolly pine plantation. Ecology, 66(4): 1360.

Vitousek P M, Porder S, Houlton B Z, et al. 2010. Terrestrial phosphorus limitation: mechanisms, implications, and nitrogen-phosphorus interactions. Ecol Appl, 20(1): 5-15.

Wagg C, Bender S F, Widmer F, et al. 2014. Soil biodiversity and soil community composition determine ecosystem multifunctionality. Proceedings of the National Academy of Sciences, 111(14): 5266-5270.

Wander M M, Traina S J, Stinner B R, et al. 1994. The effects of organic and conventional management on biologically active soil organic matter fraction. Soil Science Society of America Journal, 58(4): 113-110.

Wang J, Liu G, Zhang C, et al. 2019. Higher temporal turnover of soil fungi than bacteria during long-term secondary succession in a semiarid abandoned farmland. Soil and Tillage Research, 194: 104305.

Wang Q, He T, Wang S, et al. 2013. Carbon input manipulation affects soil respiration and microbial community composition in a subtropical coniferous forest. Agricultural and Forest Meteorology, 178-179: 152-160.

Wang S P, Wilkes A, Zhang Z C, et al. 2011. Management and land use change effects on soil carbon in northern China's grasslands: a synthesis. Agricultura, Ecosystems and Environment, 142: 329-340.

Waterworth R M, Richards G P. 2008. Implementing Australian forest management practices into a full carbon accounting model. Forest Ecology and Management, 255: 2434-2443.

Wei X R, Shao M A, Fu X L, et al. 2010. Changes in soil organic carbon and total nitrogen after 28 years of grassland afforestation: effects of tree species, slope position, and soil order. Plant and Soil, 331: 165-179.

Wessells M L S, Bohlen P J, Mccartney D A, et al. 1997. Earthworm effects on soil respiration in corn agroecosystems receiving different nutrient inputs. Soil Biology & Biochemistry, 29(3-4): 409-412.

Wiesmeier M, Hübner R, Spörlein P, et al. 2014. Carbon sequestration potential of soils in southeast Germany derived from stable soil organic carbon saturation. Global Change Biology, 20(2): 653-665.

Wiesmeier M, Kreyling O, Steffens M, et al. 2012. Short-term degradation of semiarid grasslands results from a controlled-grazing experiment in Northern China. Journal of Plant Nutrition and Soil Science, 175: 434-442.

Wolff S, Schulp C J E, Verburg P H. 2015. Mapping ecosystem services demand: a review of current research and future perspectives. Ecological Indicators, 55: 159-171.

Wong C P, Bo J, Kinzig A P, et al. 2015. Linking ecosystem characteristics to final ecosystem services for public policy. Ecology Letters, 18(1): 108.

Woods D K. 2000. Dynamics in late-successional hemlock-forests over three decades. Ecology, 81: 110-126.

Wright I J, Reich P B, Cornelissen J H C, et al. 2005. Assessing the generality of global leaf trait relationships. New Phytol, 166: 485-496.

Wu G L, Liu Z H, Zhang L, et al. 2010. Long-term fencing improved soil properties and soil organic carbon storage in an alpine swamp meadow. Plant and Soil, 332: 331-337.

Wu T, Schoenau J J, Li F, et al. 2004. Influence of cultivation and fertilization on total organic carbon and carbon fractions in soils from the Loess Plateau of China. Soil and Tillage Research, 77: 59-68.

Xiao K Q, Bao P, Bao Q L, et al. 2014. Quantitative analyses of ribulose-1,5-bisphosphate carboxylase/oxygenase (RubisCO) large-subunit genes (*cbbL*) in typical paddy soils. FEMS Microbiology Ecology, 87(1): 89-101.

Xu S, Liu L, Sayer E J. 2013a. Variability of above-ground litter inputs alters soil physicochemical and biological processes: a meta-analysis of litterfall-manipulation experiments. Biogeosciences, 10: 5245-5272.

Xu X, Thornton P E, Post W M. 2013b. A global analysis of soil microbial biomass carbon, nitrogen and phosphorus in terrestrial ecosystems. Glob Ecol Biogeogr, 22: 737-749.

Xu Z, Yu G, Zhang X, et al. 2015. The variations in soil microbial communities, enzyme activities and their relationships with soil organic matter decomposition along the northern slope of Changbai Mountain. Applied Soil Ecology, 86: 19-29.

Xuan F, Zhijing X, Bicheng L, et al. 2012. Soil organic carbon distribution in relation to land use and its storage in a small watershed of the Loess Plateau, China. Catena, 88: 6-13.

Xue Z J, An S S, Cheng M, et al. 2014. Plant functional traits and soil microbial biomass in different vegetation zones on the Loess Plateau. Journal of Plant Interactions, 9(1): 899-900.

Yang Y S, Guo J F, Chen G S, et al. 2004. Litterfall, nutrient return, and leaf-litter decomposition in four plantations compared with a natural forest in subtropical China. Annals of Forest Science, 61(5): 465-476.

Yang Y S, Guo J F, Chen G S, et al. 2005. Carbon and nitrogen pools in Chinese fir and evergreen broadleaved forests and changes associated with felling and burning in mid-subtropical China. Forest Ecology and Management, 216(1-3): 216-226.

Yang Y, Dou Y, An S S. 2018. Testing association between soil bacterial diversity and soil carbon storage on the Loess Plateau. Science of the Total Environment, 626: 48-58.

Yang Y, Dou Y, Huang Y M, et al. 2017. Links between soil fungal diversity and plant and soil properties on the Loess Plateau. Frontiers in Microbiology, 8: 2198.

Yimer F, Ledin S, Abdelkadir A. 2006. Soil property variations in relation to topographic aspect and vegetation community in the south-eastern highlands of Ethiopia. Forest Ecology and Management, 232(1-3): 90-99.

Yoder R E. 1936. A direct method of aggregate analysis of soils and a study of the physical nature of erosion. Journal of American Society of Agronomy, 28: 337-351.

Zech W, Senesi S, Kaiser K, et al. 1997. Chemical control of soil organic matter dynamics in the tropics. Geoderma, 79: 117-161.

Zechmeister-Boltenstern S, Keiblinger K M, Mooshammer M, et al. 2015. The application of ecological stoichiometry to plant-microbial-soil organic matter transformations. Ecol Monogr, 85(2): 133-155.

Zederer D P, Talkner U, Spohn M, et al. 2017. Microbial biomass phosphorus and C∶N∶P stoichiometry in forest floor and a horizon as affected by tree species. Soil Biol Biochem, 111: 166-175.

Zelles L, Bai Q. 1993. Fractionation of fatty acids derived from soil lipids by solid phase extraction and their quantitative analysis by GC-MS. Soil Biology and Biochemistry, 25: 495-507.

Zeng Q C, An S S, Liu Y, et al. 2019a. Biogeography and the driving factors affecting forest soil bacteria in an arid area. Science of the Total Environment, 680: 124-131.

Zeng Q C, An S S, Liu Y. 2017. Soil bacterial community response to vegetation succession after fencing in the grassland of China. Science of the Total Environment, 609: 2-10.

Zeng Q C, Dong Y, An S S. 2016. Bacterial community responses to soils along a latitudinal and vegetation gradient on the Loess Plateau, China. PLoS ONE, 11: e0152894.

Zeng Q C, Jia P, Wang Y, et al. 2019b. The local environment regulates biogeographic patterns of soil fungal communities on the Loess Plateau. Catena, 183: 104220.

Zeng Z X, Liu X L, Jia Y, et al. 2007. The effect of conversion of cropland to forage legumes on soil quality in a semiarid agroecosystem. Journal of Sustainable Agriculture, 32: 335-353.

Zhang B, Shi Y T, Liu J H, et al. 2017. Economic values and dominant providers of key ecosystem services of wetlands in Beijing, China. Ecological Indicators, 77: 48-58.

Zhang C, Liu G, Xue S, et al. 2016. Soil bacterial community dynamics reflect changes in plant community and soil properties during the secondary succession of abandoned farmland in the Loess Plateau. Soil Biology and Biochemistry, 97: 40-49.

Zhang C, Xue S, Liu G B, et al. 2011. A comparison of soil qualities of different revegetation types in the Loess Plateau, China. Plant and Soil, 347(1-2): 163-178.

Zhang J B, Cai Z C, Zhu T B, et al. 2013. Mechanisms for the retention of inorganic N in acidic forest soils of southern China. Scientific Reports, 3: 2342.

Zhang J, Ge Y, Chang J, et al. 2007. Carbon storage by ecological service forests in Zhejiang Province, subtropical China. Forest Ecology and Management, 245(1-3): 64-75.

Zhang K, Dang H, Tan S, et al. 2010. Change in soil organic carbon following the "Grain-for-Green" programme in China. Land Degradation and Development, 21: 16-28.

Zhang T J, Wang Y W, Wang X G, et al. 2009. Organic carbon and nitrogen stocks in reed meadow soils converted to alfalfa fields. Soil and Tillage Research, 105: 143-148.

Zhang T, Shao M F, Ye L. 2012. 454 Pyrosequencing reveals bacterial diversity of activated sludge from 14 sewage treatment plants. ISME Journal, 6: 1137-1147.

Zhao F Z, Ren C J, Han X H, et al. 2018. Changes of soil microbial and enzyme activities are linked to soil C, N and P stoichiometry in afforested ecosystems. For Ecol Manage, 427: 289-295.

Zhao S W, Zhao Y G, Wu J S. 2010. Quantitative analysis of soil pores under natural vegetation successions on the Loess Plateau. Science China Earth Sciences, 53: 617-625.

Zheng H, Li Y, Robinson B E, et al. 2016. Using ecosystem service trade-offs to inform water conservation policies and management practices. Frontiers in Ecology the Environment, 14(10): 527-532.

Zhong Y, Yan W, Wang R, et al. 2018. Decreased occurrence of carbon cycle functions in microbial communities along with long-term secondary succession. Soil Biology and Biochemistry, 123: 207-217.

Zhou Z Y, Li F R, Chen S K, et al. 2011. Dynamics of vegetation and soil carbon and nitrogen accumulation over 26 years under controlled grazing in a desert shrubland. Plant and Soil, 341: 257-268.

Zhu Z L, Field D J, Minasny B. 2010. Measuring and modelling the actual energy invovled in aggregate breakdown. Catena, 82: 53-60.

Zhu Z L, Minasny B, Field D J. 2009a. Measurement of aggregate bond energy using ultrasonic dispersion. European Journal of Soil Science, 60: 695-705.

Zhu Z L, Minasny B, Field D J. 2009b. Adapting technology for measuring soil aggregate dispersive energy using ultrasonic dispersion. Biosystems Engineering, 104: 258-265.

后　　记

本书交付出版之际，感触良多。自参加工作以来，一直有一个梦想：什么时候我也可以编写一本专著。这个梦想一直在心中萦绕，多年来未曾放弃过，曾经多次尝试，未果。有自身的倦怠，有社会舆论的导向，也有科研积累不够，一直未能付诸行动。终于，本书的出版，圆了我一个梦。

首先，感谢国家自然科学基金多年来对我和团队工作的支持。曾几何时，拿到国家自然科学基金是多少青年学者的企盼！像每一个刚参加工作的"青椒"一样，我也曾从懵懂无知和茫然不知所措，如大海捞针般寻找方向，到孜孜不倦地求索，撰写申请书到夜不能寐，提交后忐忑不安，得到后惊喜若狂，每一幅画面都是如此清晰。从2006年得到第一个青年自然科学基金项目至今，陆续得到了国家自然科学基金委员会和很多匿名评审专家的大力支持，本书是在课题组七个基金项目的基础上产生的，是对两个青年自然科学基金项目、五个面上基金项目研究成果的总结和凝练。不管水平高低，至少数据是真实的、可靠的，取得这些数据所付出的劳动和汗水历历在目。然后，感谢几位一直战斗在一起的良师益友，是他们的坚持与努力，使得团队多年来处于螺旋式良性上升的状态。最后，谢谢我的学生，无论是在本人论文的撰写还是本书的完成方面，他们均付出了大量的时间和精力。

感谢的话，永远说不完，但由衷感谢所有支持过我的家人和同事、朋友！

编写本书的初衷，缘于以下几个方面。

（1）完成了几个基金课题和相关项目，我们到底取得了哪些科学认识？发现了哪些科学问题？下一步从哪些科学问题入手开展研究？发表了一些相关文章，要不要整体上总结一下？在这些思考的驱动下，下定决心整理成书，既是对团队工作的总结，也是承前启后，为未来开展工作做个铺垫。

（2）某年某月的某一天，团队成员在聊天中无意说起：您最近一段时间工作重心应集合土壤学基础与前沿。说者无心，听者有意，此话犹如一针强心剂猛地令我醒悟。我本人是从事土壤学研究的，把握前沿科学问题一直是我的工作核心，除此之外，聚焦基础知识可以为学生打开科研的大门。借此机会，撰写本书以为广大学生提供土壤学的基础知识与研究思路。

（3）对科学的认识，起源于"是什么"，发展于"为什么"，终止于"怎么办"。到目前为止，我们的研究，更多的还是处在探索"是什么"的阶段，或多或少可回答一些"为什么"，但远远不够，需要在今后的工作中回答更多的"为什么"。

书是人类最好的朋友，是人类进步的阶梯。我愿本书对读者略有启发，为学科发展添砖加瓦。书中难免有不足之处，敬请广大读者不吝赐教，为土壤科学的发展共同努力！

安韶山

2019年9月于杨凌